高等院校环境保护专业教材

环境管理学

（修订版）

朱庚申　著

中国环境科学出版社·北京

图书在版编目(CIP)数据

环境管理学 / 朱庚申著．–2 版（修订本）–北京：中国环境科学出版社，2002.9

高等院校环境保护专业教材

ISBN 7–80163–391–1

I．环⋯ II．朱⋯ III．环境管理学–高等学校–教材 IV．X3

中国版本图书馆 CIP 数据核字（2002）第 063929 号

出 版 中国环境科学出版社
（100036 北京海淀区普惠南里 14 号）
网 址: http://www.cesp.com.cn
电子信箱: cesp @ public.east.cn.net
印 刷 北京市联华印刷厂
经 销 各地新华书店
版 次 2002 年 9 月第 2 版 2003 年 12 月第 3 次印刷
印 数 5 001—10 000
开 本 787 × 1092 1/16
印 张 21
字 数 500 千字

定 价 29.00 元

初版前言

环境保护伴随着人类社会解决环境问题的需求而产生于20世纪60年代，以1972年的斯德哥尔摩“人类环境会议”为起点，人类开始了全球性的环境保护行动。作为环境科学的一个重要分支，环境管理最初是以工作领域的面貌而出现的。但随着环境保护事业的不断发展，环境管理在实践中遇到了一些难以解决的问题。进入80年代以后，人们开始从理论上寻求突破，国内一些专家和学者提出了生态经济理论，并以此为依据来指导我国的环境管理实践。

然而，十几年的环境管理实践告诉我们，生态经济理论无法解释环境管理实践中存在的许多现象和难题。比如说环境管理的对象是什么？为什么经济落后地区（国家）的环保工作（环境意识）也相对落后？为什么同等经济发展水平的地区环境保护工作不同步？……这些问题无法从原有的理论中找到正确答案。

实践证明，作为一门学科，没有正确理论的支撑，环境管理就不能发展；作为一个工作领域，没有正确理论的指导，环境管理实践就不能深入。

面对21世纪知识创新、技术创新和管理创新的挑战，人类如何看待过去几十年的环境保护实践？如何认识今天所面临的环境问题？如何确立更为有效的环境战略？已成为人类必须回答和解决的重大课题。

以此为前提，环境管理学的产生已势所必然。环境管理以一个学科的面貌出现，必将推进人类环境科学的发展，必将对今后的环境保护实践产生重大的影响。

作者根据多年来《环境管理》的教学与科研成果，在本人编写的全国环保局长岗位培训《环境管理讲义》基础上，撰写了这部《环境管理学》论著，旨在为环境管理工作者提供可读性和可操作性强的工作指南，为设有各类环保专业的高校及承担各种形式环保岗位培训任务的教学部门提供具有科学性、系统性和适用性的最新环境管理教材。

由于环境科学正处于不断发展之中，加之《环境管理学》一书从写作到编辑出版时间较紧，书中难免存在疏漏之处，敬请广大读者、专家、学者指正。

作　者

2000年5月于秦皇岛

目 录

第一章　环境管理学概述……1

第一节　环境管理学的产生……1

一、环境管理学产生的背景……1

二、环境管理学在环境科学中的学科地位……3

第二节　环境管理学研究对象和内容……8

一、环境管理学的研究对象……8

二、环境管理学的研究内容……10

第二章　环境管理的基本问题……15

第一节　环境与环境问题……15

一、环境……15

二、环境问题……19

三、环境问题的实质……24

第二节　环境管理概念、内涵、性质与特点……26

一、环境管理的概念及内涵……27

二、环境管理的性质和特点……29

第三节　环境管理的类型与模式……30

一、环境管理的类型……30

二、环境管理的模式……32

第四节　环境管理的手段与职能……34

一、环境管理的手段……34

二、环境管理的职能……42

第三章　环境管理思想与原则……48

第一节　环境管理思想……48

一、一般管理思想产生与发展的历史线索……48

二、环境管理思想……53

三、中国的环境管理思想……58

第二节　环境管理原则……62

一、随机制宜原则……62

二、能级分布原则……63

三、管理动力原则 64
四、管理反馈原则 66

第四章 环境管理理论 71
第一节 环境管理与系统论 72
一、系统论的基本知识 72
二、系统论的基本观点 78
三、大系统论 82
第二节 环境管理与控制论 84
一、控制论及其产生与发展 85
二、控制与控制论系统 87
三、控制论在环境管理中的应用 91
第三节 环境管理与行为科学 93
一、需要 94
二、动机 102
三、行为 103
四、激励与改造 105
第四节 关于生态经济理论的再认识 110
一、生态经济理论不适于对管理系统的研究 110
二、生态经济理论作为环境管理基础理论的悖论 111

第五章 环境管理方法 114
第一节 环境预测方法 114
一、回归预测方法 114
二、马尔可夫链状预测方法 116
三、灰色系统预测方法 117
第二节 环境评价方法 118
一、经济环境评价 118
二、政策环境评价 119
第三节 环境决策方法 124
一、环境决策分类 124
二、德尔菲决策方法 126
三、多阶段决策法 127
四、多目标决策法 129
五、非确定型决策法 131

第六章 环境战略 135
第一节 环境保护的发展历程 135
一、国际环境保护运动简介 135

二、全球环境保护的发展历程 139
三、中国环境保护的发展历程 142
第二节　环境战略概述 146
一、什么是环境战略 146
二、环境战略的特点 146
三、关于环境战略的讨论 147
第三节　可持续发展战略 149
一、可持续发展思想的形成 149
二、可持续发展的概念与内涵 153
三、可持续发展的理论基础 157
四、中国的可持续发展战略 160
第四节　可持续的环境战略 171
一、可持续的环境战略内涵 171
二、可持续的环境战略思想 172
三、可持续的环境战略内容 175

第七章　环境保护方针、政策 179
第一节　中国环境保护的基本方针 179
一、环境保护的“三十二字”方针 179
二、环境保护的“三同步、三统一”方针 179
第二节　中国环境保护的基本政策 180
一、中国坏境政策产生的背景 180
二、环境保护是基本国策 181
三、环境保护的基本政策 189
第三节　中国环境保护的单项政策 194
一、环境保护的产业政策 195
二、环境保护的行业政策 197
三、环境保护的技术政策 198
四、环境保护的经济政策 199
五、环境保护的能源政策 202

第八章　环境保护对策和措施 204
第一节　污染防治对策和措施 204
一、以浓度控制为基础，浓度控制与总量控制相结合 204
二、以末端控制为基础，末端控制与全过程控制相结合 205
三、以分散控制为基础，分散控制与集中控制相结合 206
四、以区域治理为基础，区域治理与行业治理相结合 207
第二节　生态保护对策和措施 208
一、加强植被保护，防止水土流失和荒漠化 209

二、加强资源规划和管理，促进资源保护 211
三、加强自然保护区和湿地建设，保护生物多样性 213
四、加强江河源头生态建设，做好流域生态保护 216
第三节 环境管理对策和措施 219
一、加强宏观调控，促进微观管理 220
二、坚持以新带老，以项目管理促进污染治理 220
三、坚持以点带面，开展区域环境综合治理 222
四、坚持以外促内，强化企业内部自主管理 223
五、加强指导与服务，促进环境执法监督 226

第九章 环境管理制度和标准 229
第一节 环境管理制度 229
一、环境管理制度存在的基本条件 229
二、环境管理制度类型 230
三、中国的环境管理制度 232
四、环境管理制度的改革与发展 239
第二节 环境标准 243
一、环境标准概述 243
二、环境标准的分级和分类 245
三、环境标准的制定、管理与实施 246
四、ISO14000 系列标准 248

第十章 宏观环境管理 258
第一节 实施环境与发展综合决策 258
一、建立环境与发展综合决策机制 258
二、建立并完善环境与发展综合决策制度 259
三、环保部门参与环境与发展综合决策 260
第二节 加强环境法制建设 263
一、加强环境行政立法 264
二、加强环境经济立法 265
三、提高环境执法地位 266
第三节 实行环境质量政府负责制 267
一、建立强有力的统一监督管理机制 267
二、完善环境管理体制 268
三、增加环境保护投入，加强基础设施建设 269
第四节 加快产业结构调整 270
一、产业结构调整与环境保护的关系 270
二、调整产业结构的原则 271
三、产业结构调整的对策 272

第五节　环境教育与公众参与……274
一、环境教育的概念、内容及形式……274
二、中国环境教育存在的问题……278
三、中国环境教育的对策……279
四、公众参与……281

第十一章　专项环境管理……283
第一节　环境规划管理……283
一、环境规划的组织……283
二、环境规划的审批……286
三、环境规划的实施……287
第二节　建设项目环境管理……288
一、建设项目环境管理概念和程序……289
二、建设项目环境管理内容……290
三、废物进口项目环境管理……293
四、海岸工程及海洋工程建设项目环境管理……295
第三节　区域环境管理……296
一、城市环境管理……297
二、乡镇环境管理……299
三、农业环境管理……302
四、流域环境管理……307
五、海洋环境管理……310
第四节　环境监督管理……313
一、环境监督管理的内容和重点……313
二、严格执法，依法开展环境管理……315
三、强化环境监督，充分发挥基本职能……318
四、做好协调与服务，发挥辅助职能……319

第一章　环境管理学概述

什么是环境管理学，它产生的历史背景、在环境科学体系中的地位以及研究对象和内容是什么，这对于每一个环境保护工作者特别是从事环境管理工作的人来说，是首先关心和要弄清楚的问题。

第一节　环境管理学的产生

环境管理学的产生有着深刻的社会历史背景，既是人类环境科学发展的需要，又是人类环境保护实践发展的必然。

一、环境管理学产生的背景

1. 环境科学发展的客观需要

20 世纪是人类社会发展进程中继 18 世纪工业革命以来科学技术发展最快、最辉煌的一个世纪。在这一百年的时间里，人类创造了比人类有史以来所有时期科学技术总和还要多的科学技术和成果。人类的科学知识体系发展到十一类，它们是哲学、数学科学、自然科学、社会科学、思维科学、系统科学、人体科学（即生命科学）、行为科学、军事科学、文艺理论和环境科学。

其中，环境科学产生于 20 世纪 60 年代。是从 20 世纪中叶环境问题成为全球性重大问题后开始的，至今仅有 40 多年的历史，在人类知识体系中是一门最年轻的科学，然而又是发展最快的一门科学。当时有许多科学家，包括生物学家、化学家、地理学家、医学家、工程学家、物理学家和社会科学家等对环境问题共同进行调查和研究。他们在各个原有学科的基础上，运用原有学科的理论和方法，研究环境问题。通过这种研究，逐渐出现了一些新的分支学科和工作领域。例如环境地学、环境生物学、环境化学、环境物理学、环境医学、环境工程学、环境经济学、环境法学和环境管理等。环境科学正是在这些分支学科或工作领域的基础上孕育产生的。环境科学是人类关于环境与发展关系以及运动规律的科学，是在对传统的发展观进行深刻反思的基础上重新选择人类社会发展模式和发展战略的必然产物。环境科学的出现标志着人类环境时代的到来。

然而，作为环境科学的一个分支，环境管理不同于其它的学科，没有一个较为独立完整的理论体系。它是借助于其它学科的理论和方法来开展环境管理工作的，是环境科学体系中其它学科的综合与集成。这给人们提出了这样一些问题：环境管理到底是什么？它与其它学科的关系怎样？在环境科学体系中，如何认识环境管理的地位与作用？如果说环境管理是一个工作领域，那么它以什么理论为指导？如果说环境管理是一门学科，那么它的研究对象和研究内容又是什么？

回答和解决这些问题就成了环境科学的研究内容，是环境科学不断完善和发展过程中面临的一个重大课题。在这种情况下，环境管理学的产生就成为客观必然，同时也为环境管理学的发展创造了前提条件。

2．环境管理实践发展的需要

环境管理是从环境保护实践中产生，又在环境保护实践中发展起来的，它既是一门学科，又是一个工作领域。作为一门专业学科，环境管理是环境科学与管理科学交叉渗透的产物，是环境科学的一个重要分支。作为一个工作领域，它是环境保护工作的一个重要组成部分，主要解决环境保护的实践问题。

但是，在长期的环境保护实践中，环境管理大多以工作领域的面貌出现，存在着两个亟待解决的问题：

第一，作为工作领域的环境管理缺乏理论上的指导。

起初，环境管理仅仅是作为一项微观、局部的由环境保护部门组织、实施、控制污染的一般性工作在环境保护事业中存在。从1972年的“人类环境会议”到1992年的联合国“环境与发展大会”，这20年期间，中国的环境保护经历了从起步到探索、再到改革与创新的几个发展阶段。环境管理的概念和内涵在不断发展，环境管理的实践在逐步深化，环境管理取得了较大的成就，也积累了一些探索性经验和作法。

然而，由于缺乏理论上的指导，环境管理在一个较长的时期内没有取得突破性进展。在实际工作中存在着很大的盲目性和随意性，基本上处于“摸着石头过河”的状态。地方政府的环境责任不明确，环境保护部门的职能、地位与作用不清楚。人们错误地认为，地方政府的责任就是抓经济建设，不承担环境保护的责任和义务，而环境保护部门要对区域环境质量负责。责任的倒置造成了职能的混乱和环保工作的长期被动局面。另外，从国家到地方政府及各级环境保护部门都曾一度认为，环境管理仅仅是微观层次的环境保护工作，把环境保护的工作重心和注意力放在了局部的污染预防和治理上来。而忽视了宏观的环境决策与管理，这正是导致我国环境形势不断恶化、环境问题积重难返的根本原因。

理论上的滞后严重阻碍了环境管理实践的深入与发展，使我国的环境保护工作经历了很长的一个探索过程，其中不乏出现了一些决策上的重大失误和工作上的挫折，其教训是深刻的。

第二，作为学科的环境管理的理论研究脱离中国的环境保护实践。

长期以来，我国的许多环保专家和学者就环境管理的理论问题进行了有意义的研究，取得了一些进展和重要成果，从理论上回答了一些在环境管理实践中产生的问题。譬如，我国环境保护的战略方针、政策和环境对策是什么，环境保护部门的职能是什么，地方政府的环境责任是什么，贯彻预防为主思想的建设项目环境管理的法规和制度等问题都得到了较好的回答，对我国的环境保护工作起到了指导作用。

然而，我国环境管理的理论研究缺乏总体上的规划和指导，大多停留在纯理论的、单项的研究阶段，其研究的方向和成果缺乏针对性和可操作性，环境管理的理论研究表现出超前性和滞后性两大特点。

一方面，在认识和研究国外先进的环境管理经验和管理理论问题上，不是有选择地借鉴而是盲目地照搬，脱离了中国经济和科技发展水平落后的国情，曾经提出了一些过高过急而无法实现的目标和要求。例如，在 80 年代末期为实施总量控制而制定的排污许可证制度至今没有得到有效实施，成为一项可望不可及的管理制度。其原因就是在当时的历史条件下我国的经济、科技水平还很低，与总量控制相关的环境法制建设和环境管理水平还很落后，在客观上不具备实施总量控制的条件和基础。在今天看来，就总体而言总量控制的目标和要求仍然超越现实，同时实施浓度控制和总量控制在理论上讲不通，在实践中行不通。这是理论研究超前的明显例证。

另一方面，我国环境管理的理论研究在许多方面又落后于环境管理的实践，无法为环境保护工作提供及时的、准确的理论指导。例如，怎样解决环境管理中管什么和怎么管的问题？能有效指导环境管理实践的理论基础到底是什么？如何处理宏观环境管理和微观环境管理的关系？什么是适合中国国情的环境管理模式和体制？等理论问题一直没有得到很好的解决。这种理论研究与工作实践的巨大反差和不协调影响了具有作为学科和工作领域双重特征的环境管理的发展。

正因为如此，在我国前二十年的环境保护历程中，虽然以污染防治为中心的环境保护工作取得了阶段性、局部性成果，但是国家总体的环境形势还在恶化，环境污染和生态破坏不断加重的趋势没有得到有效遏制，环境管理工作的被动局面一直没有得到根本性的扭转。正如第三、四次全国环境保护会议对全国环境形势和环保工作所作的“局部有所控制，整体还在恶化，前景令人担忧”的概括性总结。

在这种情况下，我国环境保护部门、环境教育和科研部门都深刻认识到中国的环境保护工作需要从理论上寻找突破，用《环境管理学》将环境管理的学科和工作领域两大特征统一起来以总结和认识中国环境保护的客观规律已成为一项紧迫的任务。特别是近些年来，许多环保专家和学者开始了环境管理理论和管理体制的创新研究，从管理创新入手来推进国家的环境管理实践，实施中国的可持续发展战略。

在 21 世纪，人类将面临着知识创新、技术创新和管理创新的挑战。如何总结几十年的环境管理实践，如何认识人类今天所面临的环境问题，如何辨识以往的环境管理理论并建立能指导客观实践的环境管理理论体系，确立 21 世纪可持续的人类环境战略正是环境管理学产生的背景和前提。

环境管理学的产生是对以工作领域为特征的环境管理实践的总结和提炼，是环境管理理论的升华和发展，是人类关于人与自然认知规律发展的必然。

总之，环境管理从一个工作领域发展成为一门完整的学科——环境管理学，它标志着环境科学理论体系的不断完善与成熟，不仅是中国环境保护事业发展的客观需要，更是全球环境保护事业发展的需要。

二、环境管理学在环境科学中的学科地位

1. 环境管理学的概念

在环境管理以一个学科的面貌出现之际，有必要对“环境管理学”给予科学的界定。

什么是环境管理学？在这里下一个概括性的定义：

环境管理学是综合运用环境科学和管理科学的理论与方法来研究人类—环境系统的管理过程和运动规律，以调整经济、社会发展同环境保护之间的关系，优化资源配置，改善环境质量，正确处理国民经济各部门、各社会团体和个体有关环境问题的一门学科。

应当说，环境管理学与环境管理在概念上有些相近之处，其原因在于前者的研究范围和对象包括了后者的研究范围和对象。环境管理学是以环境管理实践为基础，通过对人类环境管理的理论与实践的提炼和总结，将作为学科的环境管理和作为工作领域的环境管理完整地统一起来的产物。

2．环境科学的学科体系

环境科学是一个庞大的学科体系，涉及到的专业学科十分广泛。它是哲学、数学科学、社会科学、自然科学、技术科学在环境领域综合作用的结果。它由方法论基础学科、专业基础学科和技术基础学科三个系列所组成。如图 1-1 所示。

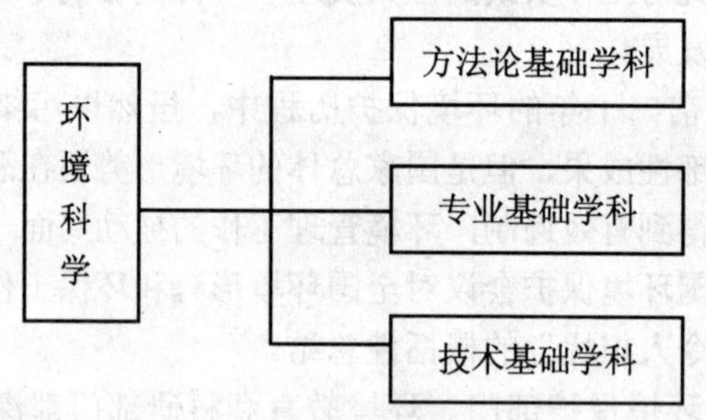

图 1-1　环境科学体系结构

（1）环境科学的方法论基础学科

环境科学的方法论基础学科包括环境哲学、环境数学、环境心理学、系统论、控制论和信息论。如图 1-2 所示。

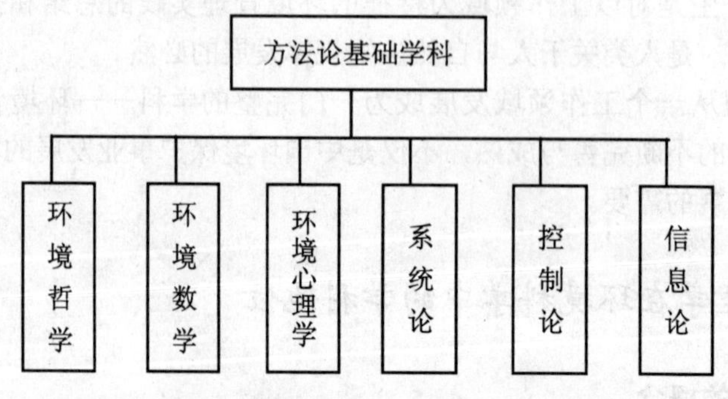

图 1-2　环境科学的方法论基础学科

环境哲学是从哲学的高度来揭示环境问题的本质，阐述人类与环境的关系。比如说，人们长期以来争论不休的以人为主体的环境中“人性”问题就是一个在环境科学史上具有哲学意义的问题。对“人性”问题的不同哲学思考决定了具有不同价值判断的关于人的环境理论。

环境数学是环境科学分析的数学工具，主要包括运筹学和环境统计学两部分。运筹学是环境科学方法与技术的主干，较多地应用于定量化环境决策之中。环境统计学亦称环境统计方法，主要研究环境系统中数据资料的搜集、整理、分析和推断，以便从中找出规律。

环境心理学是研究环境保护活动中群体与个体、个体与个体之间交往的心理现象和心理活动规律的一门学科。与它相近的学科是组织行为学。从方法论的意义上讲，环境心理学属于心理学的范畴，因而它对心理学的方法具有完整的承续性。把心理学方法用于人事管理，以利于人尽其才。把心理学方法用于组织和领导管理，以利于改进组织工作。把心理学方法用于工程管理，以利于处理好人和物的关系。

系统论是研究环境系统的模式、原则和变化规律，并对其结构和功能进行数学描述的一门学科。在环境科学领域中，主要运用大系统协调理论来研究生态—经济—社会系统的变化规律以及该系统结构与功能的关系。

控制论是研究各种系统控制和调节的一般规律的科学。是自动控制、电子技术、无线电通信、生物学、数理逻辑、统计力学、社会管理学等多种科学和技术相互渗透的一门综合性学科。控制论在发展过程中产生了一系列分支，如生物控制论、工程控制论、智能控制论和社会控制论等。在环境科学领域内，主要运用社会控制论来研究生态—经济—社会系统的控制问题，以实现该系统的协调和持续发展。

信息论是研究信息的本质，并用数学方法研究信息的计量、传递、交换和储存的一门学科。信息论方法的本质是把对象系统的运动过程抽象为信息传递和信息转换的过程，通过对信息和反馈信息的分析和处理，达到对系统运动过程的正确认识和控制的科学方法。

（2）环境科学的专业基础学科

环境科学的专业基础学科由环境管理学、环境法学、环境经济学、环境生物学、环境规划学、环境医学、环境地学、环境化学和环境物理学所组成。如图 1-3 所示。

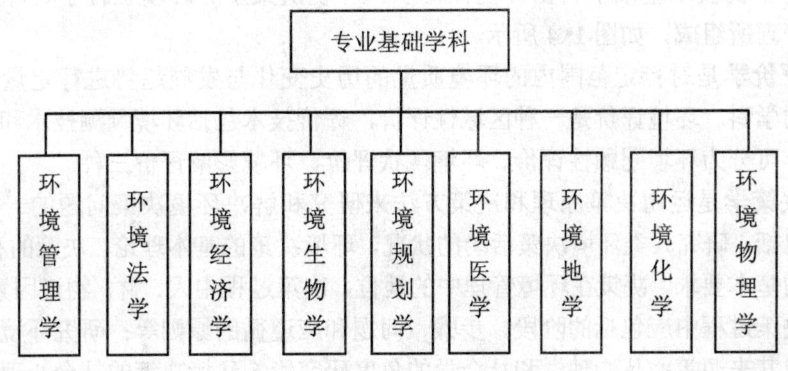

图 1-3 环境科学的专业基础学科

环境法学是以环境保护法律现象及其发展规律为研究对象的一门学科，是法学理论与实践在环境保护领域的应用。主要研究关于保护自然资源和防治环境污染的立法体系、法律制度和法律措施，调整人们因保护环境而产生的社会关系。

环境经济学是以经济—环境系统为研究对象，运用经济科学和环境科学的原理与方法，研究经济发展和环境保护之间的对立统一关系，探讨合理调节人类经济活动和环境之间物质交换的基本规律的学科。其目的是使经济活动能取得最佳的经济效益和环境效益。

环境生物学是以受人类干预的生态系统为研究对象，研究生物与受人类干预的环境之间相互作用的规律及其机理的学科。环境生物学研究的主要内容是环境污染引起的生态效应，生物或生态系统对污染的净化功能，利用生物对环境进行监测、评价的原理和方法以及自然保护等。其目的在于为人类合理地利用自然生态和自然资源，保护和改善人类的生存环境提供理论基础，促进环境和生物朝有利于人类的方向发展。

环境规划学是以生态学和区域经济学为基础，以系统理论与方法为指导，研究特定时空条件下生态—经济—社会系统的变化规律和发展趋势，为制定环境保护目标提供科学决策依据的一门学科。

环境医学主要研究环境与人群健康的关系，特别是研究环境污染对人群健康的有害影响及其预防的一门学科。环境医学是预防医学的一个重要组成部分，主要包括环境流行病学、环境毒理学、环境医学监测、公害病及其预防、环境卫生标准等内容。

环境地学是以人—地环境系统为对象，研究其发展、组成和结构，调节和控制，改造和利用的学科。环境地学同地理学和地质学在研究对象方面有共同性，但前者尤侧重人类活动对地理环境的影响。环境地学的分支学科包括：环境地质学、环境地球化学、污染气象学、环境土壤学和环境海洋学等。

环境化学是研究环境（包括岩石环境、水环境、生物环境、大气环境）中污染物的化学组成及其中发生的迁移、转化过程，特别是界面上的化学组成和过程的学科。研究内容主要包括：污染化学、环境分析化学等。

环境物理学是运用物理学的理论与方法研究人类与其生存的物理环境之间相互作用的学科。其分支学科包括：环境声学、环境光学、环境热学、环境电磁学和环境空气动力学等。

（3）环境科学的技术基础学科

环境科学的技术基础学科由环境评价学、环境决策学、环境工程学、环境监测学和环境信息管理所组成。如图 1-4 所示。

环境评价学是对特定范围内的环境质量的历史变化与发展趋势进行定量的判定、解释和预测的学科。环境评价是一种区域性评价，评价技术包括环境预测技术和系统分析技术。其内容可分为环境回顾性评价、环境现状评价、环境影响评价三种。

环境决策学是运用决策原理和决策方法来研究和解决环境决策问题的一门学科。其主要内容包括：研究人类环境决策活动的状况，环境决策的基本理论，决策的种类、特点，合理决策的基本要求，决策在环境管理中的地位，决策过程中人、财、物诸因素的关系等；研究环境决策过程中应包括的阶段、步骤、问题和应遵循的原则等；研究环境决策所需的情报信息及其来源等；从心理学和社会学的角度研究影响环境决策的社会心理因素以及决策者的决策能力开发等。

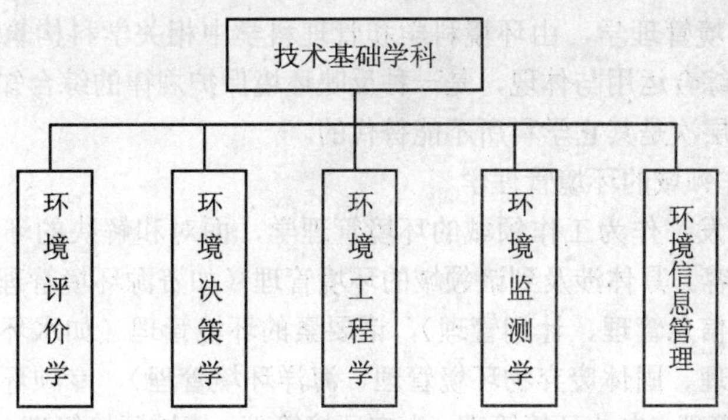

图 1-4　环境科学的技术基础学科

环境工程学是研究运用工程技术和有关学科的原理与方法，防治环境污染和生态破坏、保护和合理利用自然资源以改善环境质量的学科。主要研究内容包括大气污染防治工程、水污染防治工程、固体废物的处理和利用、噪声控制技术以及生态工程技术的开发和利用等方面。

环境监测学是运用各种定性和定量的科学方法，对环境系统中污染物的含量、迁移转化形式及途径进行监测和分析，为研究环境质量的变化规律和强化监督管理提供定量化决策信息的一门学科。

环境信息管理是以计算机技术为主体，通过网络系统对环境数据与信息的收集、传递、存贮和加工进行规范化处理的管理技术。

3．环境管理学在环境科学体系中的地位

环境管理学是环境科学与管理科学相互交叉的综合性学科，是管理学在环境保护领域中的延伸与应用。因此，管理学中的一般管理理论、管理原则、管理思想与方法同样适用于环境管理学。同时，作为环境科学的一个重要分支，环境管理学是环境科学理论、环境科学思想与方法的综合体现，是环境科学体系中其它学科理论与知识的综合运用。所以，环境管理学在环境科学体系中具有重要和特殊的地位。

要了解环境管理学在环境科学体系中的地位，应从作为学科的环境管理学和作为工作领域的环境管理学两个角度来认识。

（1）作为学科的环境管理学

环境管理学是环境科学体系中的一门重要学科。它由理论基础、专业基础、技术基础三部分内容所组成。

环境管理学的理论基础由管理社会学理论、管理心理学理论和系统理论所组成。其中，管理社会学理论的核心是社会—经济控制论和行政管理学，管理心理学理论的核心是行为科学理论，系统理论的核心是大系统协调理论。

环境管理学的专业基础由环境管理、环境法学、环境规划、生态环境保护、环境经济学和环境监理所组成。

环境管理学的技术基础由环境评价和环境预测技术、环境决策技术、环境工程技术、

环境监测技术和环境信息管理技术所组成。

作为学科的环境管理学，由环境科学和管理科学中相关学科构筑而成，是这些学科基本理论与原则的综合运用与体现，是一种反映环境保护规律的综合知识体系。在环境科学体系中的地位与层次是其它学科所不能替代的。

（2）作为工作领域的环境管理学

从客观实际出发，作为工作领域的环境管理学，面对和解决的环境问题包括了环境科学的全部实践内容。具体涉及到诸领域的环境管理（如资源环境管理、人事管理、资金管理、技术管理、信息管理、计划管理），诸要素的环境管理（如水环境管理、大气环境管理、噪声环境管理、固体废弃物环境管理、海洋环境管理），专项环境管理（如城市环境管理、乡镇环境管理、农业环境管理、生态环境管理、流域环境管理、海洋环境管理等），行业或部门环境管理（如冶金行业、电镀行业、电力行业、印染行业、酿造行业、造纸行业、服务行业环境管理等）。

总之，环境管理学是建立在环境科学和管理科学共同基础之上的，是环境科学和管理科学相互交叉的边缘性和综合性学科。如图1-5所示。

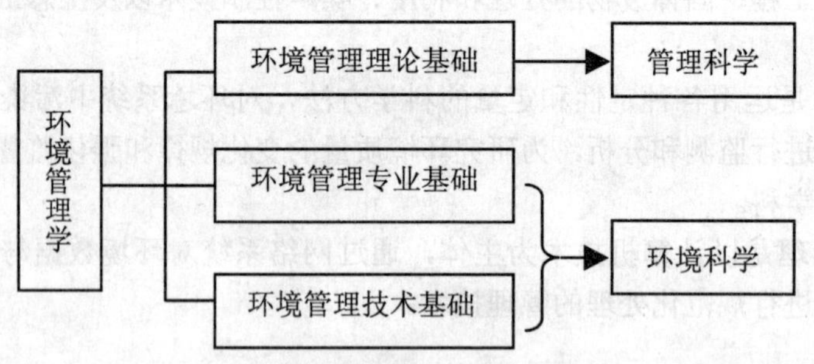

图1-5 作为工作领域的环境管理学

第二节 环境管理学研究对象和内容

一、环境管理学的研究对象

环境管理学是环境科学与管理科学相互交叉产生的一门综合性学科，具有很强的横断性特征。以生态—经济—社会系统作为自己的研究对象。

1．生态—经济—社会系统的构成

生态—经济—社会系统是一个开放的、巨复合非自律系统。它由生态、经济和社会三个子系统所组成，每个子系统又是一个开放的复合系统，各自处于不同的系统层次并发挥不同的系统作用。这些子系统之间相互联系、相互影响、相互制约，构成了生态—经济

—社会系统的矛盾运动。

生态子系统在整体系统中处于基础地位。其中，丰富的自然资源是人类社会可持续发展的物质基础，良好的生态环境是人类社会可持续发展的环境基础。在整个系统中，生态子系统在受制于其它子系统的同时，又对其它子系统产生巨大的反作用。相对于社会和经济子系统，生态子系统的变化表现出滞后性，这种滞后性又造成经济和社会子系统发展的滞后性。

经济子系统是生态与社会子系统相互联系和作用的纽带，是实现物质、能量和信息循环与交流的中间环节，是确保整体系统运动与变化的动力支撑和保障。可持续发展要以持续改善和提高生活质量为目的，只有经济发展才能使人类摆脱贫困，为解决资源与环境问题提供资金和技术，保障社会进步。同时，经济发展又是以生态子系统和社会子系统处于良好状态为前提的。

社会子系统在整体系统中处于核心地位，是最高层次的调控子系统。合理的国家制度，良好的社会秩序，健全的法律体系，有效的人口控制和科学持续的消费行为是实现生态—经济—社会系统可持续发展的保证。其中，人口问题是社会子系统的主体。人口数量的多少与素质的高低对整体系统产生巨大的影响，人类的生产与消费方式对其它子系统产生直接的制约作用。来自于社会子系统的这种影响和制约是持久和深刻的。

2. 生态—经济—社会系统的特征

生态—经济—社会系统是一个包括人口、资源、环境、经济、社会等诸多要素在内的多目标决策系统。表现出一般系统所具有的层次性、协同性和整体性三大特征。

系统的层次性特征主要表现为系统结构的层次性和系统联系的层次性。在系统结构上，一方面这个系统从属于更大系统——地球物理系统，成为这个更大系统的要素。另一方面，这个系统的要素又可成为具有自己诸要素的子系统，而且每个子系统又包含若干下位子系统。在系统联系上，该系统内要素（或者称为子系统）之间、要素与系统之间的联系是有顺序地按层次进行的。例如，人口要素在社会子系统中处于较高的层次而本身又构成一个子系统，它对整体系统及其他要素的影响是在二级子系统层次上通过对资源与环境的作用来实现的。

但由于人类受传统发展观的影响，长期以来采取了不可持续的发展模式，使生态—经济—社会系统结构的层次性和联系的层次性遭到破坏。环境管理的目的就是通过人类的调控来恢复该系统的层次性，以增强系统结构及联系的有序性。

系统的协同性特征主要是通过子系统之间的相互作用和联系而表现为两种形式。一方面是子系统间的协同，各子系统的变化与发展在其它子系统的作用和影响下存在趋同的现象。另一方面是子系统间的竞争，各子系统内物质、能量、信息的交流与变换都受到其它子系统的限制与影响，围绕各种资源的开发和利用以及由此产生的生产与消费的供需问题存在相互制约和矛盾的关系。子系统之间既协同又竞争构成了系统内部的矛盾运动。其中，协同作用的大小决定了该复合系统整体性功能的强弱。从协同论的角度看，对生态—经济—社会系统实施环境管理，其目的就是要对生态、经济、社会子系统进行协调以增强系统内子系统间的协同作用，降低子系统间的竞争，减少“耗散”影响。通过建立该系统内人口、资源、环境、社会和经济各要素间最佳的系统联系和协同方式，提高系统的有序性和持续稳定性。

系统的整体性特征表现为系统内部矛盾运动的整体性和人类对该系统发展变化及环境保护目标的整体性要求。系统内部矛盾运动的整体性意味着该系统内各子系统之间以及子系统对系统整体的影响不是孤立和单向的。系统整体的发展变化规律不是各个子系统发展变化规律的简单加和，系统整体的特征和属性也不是各子系统特征和属性的简单加和。人类对生态—经济—社会系统发展变化及环境保护目标的整体性要求意味着社会、经济的发展不能以牺牲环境为代价，环境保护工作不能阻碍经济、社会的发展；意味着生态、经济和社会子系统必须服从发展的持续性这一整体要求；意味着人类的自然行为、经济行为和社会行为必须符合该系统的客观发展规律。那种单纯追求经济利益，片面强调环境保护和资源的开发与利用，孤立地看待人口问题及社会发展的行为、观念和思维方式都是与这一整体性要求格格不入的。

总之，生态—经济—社会系统内子系统之间存在相互作用、相互制约的系统关系。一方面，每一子系统的性质和行为都影响到其它子系统的性质和行为，进而影响到系统整体的性质和行为。另一方面，每一子系统在影响其它子系统的同时，至少被其它一个子系统所影响。也就是说，没有一个子系统是独立影响系统整体的。因此，离开生态问题来谈社会和经济发展是不可能的，离开社会问题来谈生态保护和经济发展是不客观的，离开经济发展来谈生态保护和社会进步是不现实的。

将生态—经济—社会系统作为环境管理学的研究对象，是由环境管理的学科性质和特点决定的。只有从系统整体出发来研究环境与发展的辩证关系，从人类社会的发展战略高度来认识环境保护的规律，才能有效开展宏观和微观的环境管理工作。正确处理和解决环境保护、经济建设、社会发展三者之间的对立统一关系，确立21世纪的环境战略。

二、环境管理学的研究内容

综上所述，环境管理学是以一般管理理论为指导，以生态—经济—社会为主要研究对象的学科和工作领域。因此，环境管理学的研究内容从属于环境科学的研究范畴。主要包括环境管理的理论研究，环境管理的方法研究，环境管理的体制研究，环境管理的战略研究，环境保护的政策研究，环境保护的对策研究等六个方面。

1. 环境管理理论研究

环境管理的理论研究是环境管理学的主要任务之一。环境管理从一个工作领域发展成为一门学科必须有坚实的理论基础作为支撑。这种理论不仅能够解释人类环境保护的重大理论问题以揭示环境保护的发展规律，而且能够回答环境保护实践中提出的各种问题以指导当前和未来一个时期内环境保护的具体实践。

一切事物都处于不断的运动与变化之中。与此相应，任何一种理论与学说也都不是一成不变的。随着人类社会的进步和人们对环境保护认识的深化，环境管理的理论也在不断发展，传统的环境管理理论与经验已不能满足当今迅速发展的环境保护的客观需要。因此，环境管理的理论研究已成为人类环境科学理论研究中的重要内容和组成部分。建立一个什么样的环境管理理论，它关系国家和区域环境战略、环境策略、环境政策与环境对策的制定与实施，影响到国家环境管理指导思想的确立，涉及到国家环境管理体制的改革与国家可持续发展战略的有效实施。

开展环境管理的理论研究，要以科学研究的方法论为指导，从实际出发认真总结人类的环境保护实践，在对传统的环境理论进行归纳和综合的基础上深入研究现代的管理科学理论（包括社会、经济控制论，管理心理学，行为科学和大系统理论等）在环境领域的运用与发展。运用系统分析方法和系统反馈原理对传统的环境理论进行创新性研究，以建立能揭示环境保护规律，指导环境管理实践并适应 21 世纪的知识创新、技术创新和管理创新挑战的环境管理理论。

2．环境管理方法研究

环境管理方法是一般管理方法在环境保护领域中的运用与发展。主要包括环境系统工程方法，环境预测方法，环境决策方法和权变分析方法。无论是以国家和政府的面貌出现，还是以个人的面貌出现，作为一个环境管理者，必须掌握一定的管理方法。犹如过河要解决桥和船的问题。不仅要把知识运用于解决实际问题，而且要找到解决问题的正确途径，这样才能达到预定的管理目标。

有关管理的方法研究，在所见的各类管理书籍和杂志上是较多见的。而有关环境管理的方法研究，所见到的书籍和资料却为数不多，其原因是大多数专家和学者往往侧重于环境管理的实践部分。

到目前为止，管理学者普遍认为系统工程方法、预测方法和决策方法是管理的三个主要方法，把这些方法应用于环境保护领域，自然就成了环境管理的主要方法。从管理方法的规范化角度来认识，这种观点无疑是正确的。

然而，由于环境问题的多变性、复杂性和综合性，决定了环境管理必须充分考虑客观不断变化的实际情况。在运用上述三种方法的同时，要从实际出发运用权变分析方法开展环境管理。

权变分析方法亦称为情势分析方法，是一种将环境管理理论与环境管理实践紧密结合，把特定的周围环境作为一个重要的边界条件来参与管理的方法。其基本思想是具体情况具体分析，针对不断变化的客观现实，采取灵活多变的管理对策和措施来解决环境问题。

管理是科学、也是艺术，管理需要知识、也需要务实。这是任何有经验的管理者早已共知的事实。如果说环境系统工程方法、环境预测方法和环境决策方法是环境管理中的定量化、程序化方法。那末，权变分析方法则是环境管理中定性的、非程序化管理方法。这种定性的、非程序化管理方法不可能使环境管理者得到在各种情况下必须做什么和应当怎么做的专门答案，但可以使所有环境管理工作者，在他们的实际工作中，能准确把握事物间的基本关系、正确理解和运用环境科学理论和管理技能。

另外，经济与环境协调发展判别标准的研究和协调度的定量或半定量分析方法也是环境管理方法研究的内容之一。

理论如何运用到实际工作中，要视具体情况而定。就好比医生不能不顾病人的疾病而乱开药方；工程技术人员不能运用物理和冶金学原理像设计飞机那样去设计汽车；药剂师不能用配制洗涤剂的方法去配制药品。

所以，环境管理的方法研究，特别是权变分析方法的研究，经济与环境协调发展的判别标准研究和协调度的定量或半定量分析是环境管理方法研究的重要内容。

3．环境管理体制研究

体制创新问题是管理中的一个重要问题。因此，环境管理的体制研究就成为环境管理学的重要研究内容。

环境管理的体制也称为环境管理的机制，实质上是管理的系统结构。系统理论指出：结构决定功能，有什么样的系统结构就有什么样的系统功能。就是说，不同的环境管理体制决定了不同的环境管理职能。要想充分发挥环境管理职能，必须从环境管理的体制改革入手，正确处理国家管理体制与环境管理体制的相互关系，调整各管理体制之间的相互联系及其作用的方式和顺序，减少制约力，增强协同力。

长期以来，由于受国家管理体制的影响，我国的环境管理体制基本上采取了以“块块管理”为主的区域管理体制。一方面，以地方政府为主的人事管理体制是造成各级环境保护行政管理部门无法独立开展环境管理的重要原因，来自于地方政府的行政干预和影响常常使环境保护部门陷于进退两难的境地，环境管理工作很难深入开展。另一方面，在环境保护机构设置上，从上到下形成了一个倒置的“金字塔”结构。人力充沛、庞大的国家环境保护机构设置与人员紧缺、任务繁重的基层环境保护部门设置形成了巨大的反差，很难适应国家环境保护事业发展的需要。

所以，开展环境管理体制的研究不仅是一个重要的理论问题，更是一个重要的实践问题，它对国家的环境保护事业及经济建设产生至关重要的影响。实现环境管理体制的改革是国家环境保护事业稳步发展的保证，是摆在国家和政府面前当务之急的任务。

4．环境管理战略研究

环境管理战略是指为解决未来一个时期内一些根本性、长期性、事关全局的重大环境问题所确定的环境保护发展方向和指导方针。

环境管理战略是制定环境管理政策和对策的依据，有什么样的环境管理战略，就有什么样的管理政策和管理对策。作为国家的环境管理战略，首先是国家可持续发展战略的一个重要组成部分，体现出国家可持续发展的战略思想。其次，环境管理战略又包含若干环境管理政策和管理对策。

1996 年召开的第四次全国环境保护会议上确立的我国环境战略是：通过产业结构调整实现经济增长方式的根本性转变。为了确保这个战略的有效实施，还需要制定相应的环境管理战略和一系列的环境管理政策及管理对策。比如要加强宏观环境决策，强化环境执法监督，加大环保投入，加快环境科技发展，调整环境管理模式，等等。这些是属于环境管理的战略研究范畴，还是属于环境管理的政策或对策研究内容，所确定的环境管理战略应当如何实施，应建立怎样的监督机制等，是需要通过环境管理的战略研究来回答的。

从某种意义上讲，开展环境管理的战略研究比开展环境管理的方法研究更为重要和迫切。这是因为战略问题是涉及到发展方向的高层次理论问题，它对环境管理实践具有重大的现实指导作用。

5．环境保护政策研究

环境管理工作要依据环境政策，并在总的政策和原则指导下制定出一系列体现环境保护政策、落实环境保护目标所必需的环境保护对策。其中，环境保护政策可分为国家环境保护政策、地方环境保护政策、基本环境保护政策和单项环境保护政策等不同的层面和类型。

环境管理实践告诉我们，有不同的环境保护政策，就会有不同的环境保护对策。因而，就会有不同的环境保护实践内容和效果。环境管理实践也证明，环境保护的各项政策之间必须相互衔接和协调一致，才能充分发挥政策的宏观指导作用，才能有效开展环境管理工作。

在世界上，许多发达国家如瑞典、芬兰、挪威、美国、比利时、荷兰、英国等从 70 年代开始相继制定了行之有效的、有利于环境保护的资源政策、能源政策、税收政策（包括生态环境补偿税政策，污染产品税政策，排污税政策，燃料税政策等经济政策），以及有利于农业发展的保险政策等。这些政策在国家环境保护工作中发挥了巨大的作用。

在我国，80 年代中期国家制定了“预防为主”、“谁污染谁治理”和“强化管理”的三项指导性的环境政策。在 90 年代，中国又相继出台了环境保护的产业政策、行业政策、技术政策。但是，在某些领域还存在着政策空白，例如有关生态保护的环境政策，有关资源补偿的环境政策，有关农业环境保护政策等都存在着空白和不完善的问题，需要加强研究和不断完善。还有，已经出台的各项政策之间存在着相互不协调、不统一的问题。政策的制定与实施缺乏整体性考虑，可操作性差。这些问题的存在严重地影响了这些领域环境管理工作的深入开展。

另外，已有的环境政策在实际工作中暴露出明显的不足和局限性，很不适应强化环境管理的需要。比如，目前实行的排污收费的经济政策就是一个例证。我国一直是只征收超标排污费，而且是单因子收费，收费额度远远低于治理污染的成本。在这种情况下，谁又能主动积极治理污染呢？面对当前国家提出的“一控双达标”要求，这种现实的经济政策更是无能为力。实现工业污染源达标排放不仅要求企业增加污染防治设施的基建费用，而且还要支付环保设施的运转费用。这些投入要高出超标排污费的几十倍。对于企业来说，达标排放就意味着增加了生产成本，降低了经济效益，谁先达标，谁就吃亏。因此，企业缺少污染治理的内在动力和积极性，普遍存在着观望和等待的心理。能拖就拖，甚至已经通过达标验收了，还出现偷排现象。产生这些问题的主要原因就是现有的环境政策不能适应环境保护形势发展的客观需要。

因此，填补环境政策的空白，完善现有的各项环境政策，使各个领域的环境政策相互衔接、相互协调形成一个有机的整体，推进各方面的环境管理工作正是环境管理学的研究内容。开展这方面的研究，要以国家的可持续发展战略为指导，在借鉴国外的先进经验基础上，根据当前国家环境保护的客观需要，从具体国情出发，制定出与市场经济体制相适应的、可操作性强的、规范、适用的环境政策。

6．环境保护对策研究

开展环境管理离不开环境政策的指导，但仅有环境政策是远远不够的，还必须制定一系列与之相适应的环境对策。如果说环境政策是关于环境管理工作方向性和原则性的宏观指导，那么，环境对策则是环境政策的扩展和延伸，是宏观层次上的环境政策在微观层次上的分解与落实，是关于环境管理工作可操作性和实践性的原则规定。环境保护对策可分解为指导性对策和具体对策两个方面。

指导性对策是对环境政策的原则性解析与规定，是一种非程序化的原则要求。1996年以后，为实现经济增长方式的转变，国家根据环保产业政策所制定的污染设备和落后生产工艺的强制淘汰制度就是指导性对策。至于怎样淘汰，如何分步强制淘汰污染设备和落后的生产工艺，需要哪些保障手段，如何操作等具体问题还需要更详细的具体对策进行规定和解释。

具体对策是对环境政策的具体解析和规定，是一种程序化和规范化的具体措施。例如，关闭小造纸、小印染、小电镀、小冶炼、小炼胶等“15 小”；为贯彻“预放为主”环境政策所制定的建设项目环境管理制度；为贯彻“各级地方政府对本辖区环境质量负责”的法律规定所制定的环境保护目标责任制和城市环境综合整治定量考核的行政管理制度等就是一些具体的环境对策。这些对策不仅包含了具有国家法律、法规意义的原则性规定，而且还同时明确了具体的实施办法和程序。

在实际工作中，有关环境对策的制定与实施存在以下几方面的问题：一是指导性对策和具体对策的制定与实施往往存在着一些矛盾和不协调的现象，如鼓励企业开展污染治理的优惠政策由于缺乏相应的环境对策而没有得到较好地执行；二是某些已有的环境对策过于形式化，特别是集中控制和排污许可证等具体对策的制定脱离了中国的国情，在环境管理实践中没有得到很好地实施。

所有这些，都是环境管理学的研究内容，需要在今后的环境管理实践中不断加以研究和解决。

思考题

1. 环境管理学产生的背景是什么？
2. 什么是环境管理学？学科性质是什么？
3. 环境管理学在环境科学中的学科地位是什么？
4. 环境管理学的研究对象是什么？
5. 环境管理学的研究内容有哪些方面？
6. 谈谈你对环境管理学的认识。

第二章　环境管理的基本问题

要了解环境管理是什么，首先要了解环境管理的基本问题以及这些问题之间的基本关系是什么。在这一章，我们主要来介绍与环境管理有关的若干基本问题。通过这一部分知识的学习，使人们对环境管理有一个最基本的了解。

第一节　环境与环境问题

环境与环境问题是环境管理中两个基本和重要的概念，也是人们说得最多、用得最多的两个词汇。有什么样的环境管理概念和思想，建立什么样的环境管理理论和环境战略，如何深化环境管理实践，取决于对环境这一概念的理解程度和对环境问题的认识水平。

一、环境

环境是人们最熟悉的一个词汇，有宇宙环境，自然环境，社会环境，生活环境，生产环境，学习环境、政治环境等。然而，由于人们的工作领域和认识问题的角度不同，对于环境的理解又千差万别。

1. 环境的概念

许多专家学者从各自的角度对于环境的概念进行了不同的阐述。有的书籍把环境定义为“人们赖以生存的自然环境和社会环境的总体”。在这一定义中，用自然环境和社会环境的概念来定义环境，很显然是不科学不准确的，在逻辑上也说不通。还有的书籍把环境定义为“是人类进行生产和生活活动的场所，是人类生存和发展的物质基础”。在这一概念中，把环境简单理解为空间和物质显然是不全面的。到目前为止，有关环境的定义多达几十个，但还没有一个被公众普遍认可和接受的。

我们抛开各种环境的具体特征和形态，不难发现，无论是大环境，还是小环境，其环境的实质是相同的。在这里我们给环境下一个概括性的定义。

所谓环境是指组织运行活动的外部存在，即围绕人类生存的空间及其中可直接、间接影响人类生存和发展的各种外部条件和因素的总体以及它们之间的相互关系。这里的外部条件和因素既包括了以空气、水、土地、自然资源、植物、动物和人等资源为内容的物质因素，又包括了以观念、制度、行为准则和空间等为内容的非物质因素。既包括了自然因素和社会因素两大类，也包括了生命体和非生命体两种形式。

环境按其属性划分有自然环境和社会环境。自然环境是指直接或间接影响人类生存和发展的一切自然物质、能量、生存空间和自然现象的总和。按照环境要素自然环境又可分为大气环境、水环境、土壤环境、生物环境及地质环境等。社会环境是指在自然环境的基础上经过人类长期有意识的社会劳动、加工、改造了的自然物质而创造出的人工环境。如城市、乡镇和村落等人类有目的、有计划创造出来的聚落环境。社会环境又可分为经济环境、生产环境、交通环境、城市环境、文化环境及政治环境等。

环境按其性质又可划分为物理环境、化学环境和生物环境。按其与人类生活的密切关系和人类活动的影响程度还可分为聚落环境、地理环境、地质环境和宇宙环境等。

在环境科学领域中，有关环境的分类一般都是按照环境的属性来划分的。

2. 环境的内涵

怎样理解“环境”这一概念呢？

（1）环境是一个相对概念。

谈到环境总是相对于某个主体而言的，它因主体的不同而不同，随主体的变化而变化。对于生态科学而言，环境概念是指以生物为主体的环境。对于环境科学而言，我们谈到的环境概念是以人为主体的环境，即人类环境。人是这个环境的主体，而构成这个环境的外部条件和因素既包括了自然因素，也包括了社会和经济因素。就是说，离开了人类这个主体来谈人类环境是毫无意义的。

人类环境与生物环境之间既存在着联系又存在着区别：联系表现为两种环境之间存在着从属的关系，人类环境包含生物环境。区别在于两种环境的主体不同，前者是以人类为主体的环境，后者是以生物为主体的环境。

环境不仅局限于一个组织的周边事物，因为环境问题不能被简单地认为是某一组织的问题，诸如大气污染、海洋污染、臭氧层破坏之类的问题，都是全球关注的问题。从这个意义上讲，“外部存在”可以从组织内部延伸到全球系统。所以，在考虑环境问题时，不仅包括组织内部和组织外部的周边事物，还应把思路向更大范围扩展——全省、全国、全人类，这就是“地球村”的深刻含义。

（2）环境是一个不断变化与发展的概念。

首先，环境是一个不断变化的概念。环境随着主体的变化而变化，相对于不同的主体，环境的内容和形式是不一样的。

其次，环境是一个不断发展的概念。人类环境不是从来就有的，它的形成经历了与人类社会同样漫长的发展过程。在时间上，环境随着人类社会的发展而发展；在空间上，环境随着人类活动领域的扩张而扩张。

在地球的原始地理环境刚刚形成的时候，地球上没有生物，当然更没有人类，只有原子、分子的化学及物理运动。在距今大约 200 万—300 万年前出现了古人类，人类的诞生使地表环境的发展进入了一个高级的、在人类的参与和干扰下发展的新阶段。人类用自己的劳动来利用和改造环境，把自然环境转变为新的生存环境，而新的生存环境又反作用于人类……在这一反复曲折的过程中，人类在改造宏观世界的同时，也改造了人类自己。人类在创造社会财富的同时，也创造了自身的生存环境。

人类的伟大劳动与创造，摆脱了生物规律的一般制约，进入到了社会发展阶段，从而给自然界打上了人类活动的烙印，并相应地在地表环境形成了一个新的智能圈或技术圈。我们今天赖以生存的环境，就是这样由简单到复杂，由低级到高级发展演变而来的。它既不是单纯地由自然因素构成，也不是单纯地由社会因素构成的，而是在自然因素的基础上，经过人类加工改造形成的。它凝聚着自然因素和社会因素的交互作用，体现着人类利用和改造自然的性质和水平，影响着人类的生产和生活方式，关系着人类的生存和发展。

人类社会进入 20 世纪 60 年代，随着环境保护的产生，人们对环境概念的理解也经历了一个不断发展的过程。在环境科学领域内，起初，人们把环境仅仅理解为自然环境，即包括了天然的和经过人工改造的自然环境。在许多国家的环境法律中把环境就明确规定为“自然因素的总体”。例如，在 1989 年的《中华人民共和国环境保护法》中明确指出：“本法所称环境，是指影响人类生存和发展的各种天然的和经过人工改造的自然因素的总体，包括大气、水、海洋、土地、矿藏、森林、草原、野生生物、自然遗迹、人文遗迹、自然保护区、风景名胜区、城市和乡村等。”

其实，对环境的这种理解和定义是非常片面和狭窄的。在这里人们忽视了一个最基本的事实：环境问题是由人类不可持续的发展模式造成的，是人类的自然行为、经济行为和社会行为综合作用的产物。其中涉及到大量的社会因素，如国家的发展模式，国家的管理体制，国家的科技发展水平，国家的环境政策和产业政策等等。所有这些都与环境保护密切相关，不考虑这些社会因素，环境问题就无法得到根本性的解决。因此，环境科学中的环境概念应当包含社会因素在内，即直接和间接影响人类生存与发展的一切自然因素与社会因素的总体。

这就意味着在环境科学领域，我们不仅要深化对环境概念的理解，不断完善和发展环境概念的内涵，而且要从环境法律上加以明确规定。这关系到一个国家的环境战略思想和环境保护政策的正确制定与有效实施。

（3）环境本身是一个系统。

环境的概念是抽象的，但环境的形态和内涵又是具体的。任何一个具体的环境都是一个复杂的系统而不是简单要素的综合。因此，任何环境都具有一定的结构并表现出一定的功能，其演进和运动都遵循一定的规律并表现出系统的目的性、层次性、动态性和整体性等特征。

（4）环境与人类的关系是一个对立统一的关系。

环境造就了人类，人类改造了环境，人类与其生存环境构成了人类—环境系统。在这个系统内人类与环境之间相互联系、相互影响、相互依赖、相互制约。其中，人类在这个系统中处于较高的层次和主动的地位，对环境所施加的影响是“主动的”、“居高临下的”。而环境对人类的影响往往是“被动和滞后的”。但这种“被动和滞后”的影响又是持续的、不可抗拒的，对人类—环境系统的再输入又产生“主动的”和“居高临下”的影响。

环境是人类赖以生存的基础。然而，人类不是消极地依赖于环境，而是积极地利用并改造环境。随着人类社会的发展，其利用和改造的程度和范围在不断扩大。但由于缺乏对人类—环境系统发展规律的深刻认识，人类在利用和改造环境的同时也使这个环境遭到了破坏，有时是毁灭性的破坏——结构性破坏。环境的破坏反过来又影响和制约着人类的生存和发展。

正如恩格斯在《自然辩证法》中指出的：“我们不要过分陶醉于我们对自然界的胜利。

对于每一次这样的胜利，自然界都报复了我们。”所以，环境与人类的关系是一种既对立又统一的系统关系。环境与人类这种既对立又统一的关系表现在整个人类—环境系统的发展过程中。如何变对立为统一的关系，是环境科学所要面对和解决的问题，是人类与环境的一个永恒主题。

3．环境因素

环境因素又称环境要素，是指构成人类环境整体的各个独立的、性质不同并且与环境整体发生相互作用的基本成分，包括自然环境因素和社会环境因素两大类。自然环境因素通常指水、大气、生物、土壤、自然资源、动物、植物等。社会环境因素通常指综合生产力、科学技术、社会制度、宗教信仰、观念等。

环境因素组成环境结构单元，环境结构单元又组成环境整体或环境系统。例如，由水组成水体，全部水体总称为水圈；由大气组成大气层，整个大气层总称为大气圈；由生物体组成生物群落，全部生物群落构成生物圈。

具有或能产生重大环境影响的环境因素称为重要环境因素。环境因素和环境影响之间的关系是因果关系，环境因素的重要性应与可能造成的环境影响程度相一致。

4．环境质量

环境质量是环境管理中经常应用的基本概念之一，是指环境总体或各要素对人类生存繁衍及社会经济发展影响的优劣程度或适宜程度，是反映人群的具体要求而形成对特定环境评定的一种概念。环境质量优劣的标志就是指环境对人类所产生的影响大小。从定性的角度看，环境质量好说明环境适应于人类的生存与发展，环境质量差说明环境不适应于人类的生存与发展。

人类生存的环境质量按其属性可分为自然环境质量和社会环境质量。其中，自然环境质量按环境要素又可分为水环境质量、大气环境质量、土壤环境质量、生物环境质量和声环境质量等。社会环境质量又可分为政治环境质量、经济环境质量、文化环境质量、卫生环境质量和服务环境质量等。

环境质量是指以人为主体的环境质量。因此说，环境质量也是一个相对的、不断变化、发展的概念。

如何衡量环境质量的优劣呢？需要有一个衡量的尺度，这个衡量的尺度就是环境质量标准。它以满足人类对环境的需求程度为度量，在保障人体健康、维护生态良性循环和保障社会物质财产不受损害的前提下，考虑技术经济条件，对环境中有害物质或因素所做的限制性规定。

环境质量标准一般从人类的生存条件、生产条件、审美条件和生态结构四个方面来度量。

因此，环境质量标准也是相对的、变化和发展的，是根据科学试验和积累的经验人为制定出来的。随着人类对环境质量的需求以及人类环境医学的进步与发展，环境质量标准也将不断改进和完善。

环境质量是人类生活质量的重要组成部分。人类发展经济的目的是为了改善和提高生活质量，生活质量的优劣主要通过社会财富的拥有量、环境质量状况、健康与教育水平四个指标体现出来。其中，环境质量是一个重要的衡量指标。如果经济发展了，物质生活丰富了，人们手中的钱多了，但呼吸的空气不新鲜，喝的水变脏了，生活环境被污染，何谈生活质量！所以，失去良好的环境质量就等于失去良好的生活质量，改善环境质量就是改善生活质量。

环境质量具有可度量性、区域性和反馈性三大特征。

（1）环境质量的可度量性。环境质量是由组成环境要素的种类、数量和性质决定的，而任何一种环境要素的种类、数量和性质都是可以通过定性和定量的科学方法进行描述和判定的，所以环境质量具有可度量性。对环境质量的度量和评价是通过具体的环境指标来进行的。例如，对大气环境质量的评价是根据SO_2、NO_X、TSP和工业烟尘等指标进行的；对生物环境质量的评价是通过生物多样性的种类、生物量等指标进行的。

（2）环境质量的区域性。不同的地域环境，所表现出的环境功能属性和特征存在着很大的差异。就是说，环境系统的组成和结构不同，其环境系统的物质能量交换强度和循环规律不同，环境系统的抗干扰能力和稳定性也不一样，其环境质量也截然不同。环境质量表现出明显的区域性特征。

例如，热带雨林环境系统的组成和结构复杂，生物总量丰富，环境容量大，对外界具有很强的抗冲击和干扰能力，能较好地保持稳定的结构和良好的环境质量，是一个比较完善的自调节反馈系统。而寒带和荒漠地域环境系统组成结构简单，抗外界干扰和冲击能力弱，环境容量小，环境质量可变性大，属于脆弱型的生态环境系统。一旦遭到破坏就很难恢复和维持其系统的稳定。

（3）环境质量的反馈性。环境质量作为环境功能的一种外在表现形式，一方面取决于人类活动的影响程度和方式，处于一种被动的、从属的地位；另一方面也反作用于人类自身，这种反作用具有持续的后效性，其反作用力的大小与人类对其影响的程度成正比关系。当受到较小的人类影响时，环境质量对人类的反作用就小，当来自于人类活动的影响导致环境系统的结构性破坏时，环境质量将很难恢复和改善，环境质量对人类的反作用力就大。此时，必将对人类的生存与发展产生巨大的影响和制约，使发展难以持续。

二、环境问题

环境问题是伴随着人类社会的发展而产生的，是人与环境对立统一关系的产物。在人类社会发展的不同时期，产生了不同的环境问题，与此同时，人们对环境问题有了不同的理解和认识。

1. 环境问题的概念

环境问题是指在人类活动或自然因素的干扰下引起环境质量下降或环境系统的结构损毁，从而对人类及其它生物的生存与发展造成影响和破坏的问题。

环境问题按照产生的原因分为原生环境问题和次生环境问题两类。其中，由于自然因素引起的环境问题称为原生环境问题，也称第一类环境问题。如火山喷发造成的大气污染，地震造成的地质破坏和水体污染等。由于人类活动引起的环境问题称为次生环境问题，也称第二类环境问题或人为环境问题。

次生环境问题又分为环境污染和生态破坏两大类。

环境污染是指由于人类在工农业生产和生活消费过程中向自然环境排放的、超过其自然环境消纳能力的有毒有害物质或能量（也称为污染因子）致使环境系统的结构与功能发生变化而引起的一类环境问题。如水体污染、大气污染、固体废弃物污染、噪声污染和“白色污染”等问题。其中，引起环境污染的这些物质或因子简称为“污染物”。环境污染产生的直接原因是由于人类的生产技术落后造成的，而根本原因是人类不可持续的发展模式和消费模式的产物。

应当指出的是，只要有人类存在，污染物的产生就是不可避免的。但是，只要选择了可持续的发展模式并解决了资源开发和利用技术，环境污染问题是完全可以避免的。

生态破坏是指人类在各类自然资源的开发利用过程中不能合理、持续地开发利用资源而引起的生态环境质量恶化或自然资源枯竭的一类环境问题。如森林毁灭、荒漠化、水土流失、草原退化和生物多样性减少等问题。生态破坏是一种结构性破坏，生态系统的结构一旦遭到破坏，就失去了系统的稳定性和自律性，其生态系统的功能是无法自行恢复的。需要在人类的调控下来恢复其功能。但这种恢复是一个漫长而痛苦的过程，即便可以恢复，其恢复周期需要半个世纪甚至是上百年的时间。例如荒漠化的控制，森林资源的恢复，土地资源的恢复等均需要半个世纪以上或更长的时间。

因此，在所有的环境问题中，生态破坏比环境污染给人类造成的威胁更大、更持久、更深刻。

2. 环境问题的产生与发展

在人类社会发展初期——古代文明阶段，由于人口数量极少，生产力水平低下，人们还没有能力去创造人工环境。采集和狩猎是人类的基本生存方式，此时人们的生活资料完全来往自于自然环境，人类的活动对环境的影响微弱，不存在人为的环境问题。

随着社会生产力的逐步发展，人类改造自然的能力日益增强，人类社会逐步进入到以养殖和种植业为主要特征的农业文明阶段。此时人们的生活资料均为原始加工，人类的生存环境不断得到改善。但与此同时在一些局部范围内，也开始出现了人为的环境问题——生态破坏。这类环境问题最早是在一些文明古国的农业中发生的。主要是由于人类大量开垦荒地和砍伐森林，造成了局部地区严重的水土流失和荒漠化，旱涝灾害经常发生。可以肯定地说，农业生态破坏是人类社会发展过程中最早出现的环境问题。

工业发展造成的环境问题，主要是从产业革命开始的。人类社会进入 18 世纪后，由于科学技术的快速发展，建立在个人才能、技术和经验之上的小生产被建立在科学技术成果之上的大生产所代替，社会生产力有了大幅度提高，人类利用和改造环境的能力大为增强。人类的经济活动大规模地改变了环境的组成和结构，从而也改变了环境中的物质循环和能量流动方式。以牛顿力学和技术革命为先遣军的工业文明，一方面创造了比人类有史以来生产力之和还要大得多的生产力和“空前的物质繁荣”，另一方面也带来了新的环境问题，大量的工业废弃物排放到自然环境中，产生了严重的环境污染。例如，在 19 世纪 70—90 年代，英国伦敦多次发生可怕的有毒烟雾事件，20 世纪 30 年代发生的比利时马斯河谷的大气污染事件就是这一时期由于工业污染所造成的许多环境问题之代表。

人类社会进入到 20 世纪中叶，由于社会生产力的高速发展和科学技术的突飞猛进，人类开发、利用和改造自然的能力空前增强，从自然环境中获取的资源日益增多，排放的工业废弃物迅速增加。由此产生的环境问题更加突出，震惊世界的环境公害事件接连不断发生，第一次给人类敲响了警钟。例如，1948年10月美国的多诺拉烟雾事件，1952年12月英国的伦敦烟雾事件，1953年日本的水俣病事件，1968年日本的米糠油事件等都是由于工业污染造成的区域性环境问题。

在这一时期，人类的主要环境问题是由于工业化进程所带来的环境污染问题。而生态破坏问题并没有引起人们的高度重视。

到了20世纪70年代以后，人类的环境问题变得更加严峻和复杂。已由过去单一的环境污染问题发展成为包括生态破坏和环境污染在内的综合性环境问题。一方面，由于人口过快增长和不可持续的消费方式使人们从自然环境中获取的资源大大超过其补给和再生增殖能力，从而造成了资源的严重枯竭和生态环境的严重退化。另一方面，由于排入自然环境的工业和生活废弃物远远超出了自然环境的自净能力，尤其是其中有害物质的增加，干扰和破坏了自然界物质系统的正常循环和变换方式，甚至影响到全球气候的变化。这两个方面的环境问题相互影响，形成复合效应，不仅对一个地区、一个国家造成危害，而且形成国与国之间的问题，有的还发展成为全球性环境问题。

由于各个国家的发展情况不同，环境问题的类型也不一样。发展中国家环境问题常常是由于极端贫困和发展不足造成的，表现为环境污染和生态破坏的双重结果；发达国家所产生的环境问题则主要是由于缺乏全面规划和发展过剩造成的，主要表现为环境污染问题。

环境问题产生的原因和表现形式不同决定了人类对环境问题有不同的认识过程。

3. 当前的环境问题

今天，人类在创造了空前的物质文明和精神文明的同时，也将人类自己带向了生存的陷阱。温室效应与全球气候变暖、臭氧层破坏、酸雨、生物多样性减少与生态危机、全球性水资源危机、水土流失与荒漠化、海洋污染以及热带雨林的减少等，都成为制约人类生存与发展的主要因素，也是当前人类社会共同关注的焦点问题。

概括起来，当前的环境问题主要可归纳为有着相互关联和影响的四个方面：

（1）人口问题

人口的急剧增长可以认为是当前首要的环境问题。近百年来，世界人口的增长速度达到了人类历史上的最高峰，2000年人口已达60亿！

人既是生产者又是消费者。从生产的角度来说，任何生产都需要大量的自然资源投入，如农业生产需要耕地，工业生产需要能源、各类矿产资源、各类生物资源等。人口急剧增加对土地资源、森林资源、矿产资源、草地资源、水资源、能源和环境资源及环境要素产生巨大压力。从消费的角度讲，随着人口的增加，生活水平的提高，对土地的占用、对各类资源和能源的需求与消耗在不断扩大，排出的生活废弃物在不断增多。因此，人口增加的另一后果是环境污染加剧。

众所周知，地球上的资源是有限的，即便是可恢复使用的水资源、可再生利用的生物资源，其可恢复和可再生的速度是有限的。尤其是土地资源不仅总面积有限，人类难以改变，而且是不可迁移和不可重叠利用的。地球上有限的空间和有限的各类资源将限定地球上的人口也必定是有限的。如果人口急剧增加，超过了环境的合理承载力，则必造成非常严重甚至是不可逆转的生态破坏和环境污染。

所以，从保护环境和合理、持续利用资源的角度看，根据人类各个阶段的科学技术水平，计划和控制相应的人口数量，是保护环境实现人类社会持续发展的主要措施。

（2）资源问题

资源问题是当今世界上人类所面临的另一个主要问题。随着全球人口的增长和经济的发展，对资源的需求与日俱增，人类正经受着资源短缺或耗竭的严重挑战。全球资源匮乏和危机主要表现在：土地资源在不断减少和退化，森林资源在不断缩小，淡水资源出现严重不足，某些矿产资源濒临枯竭等。

土地资源损失与破坏已成为全球性的问题，发展中国家尤为严重。据联合国环境规划署的资料，从1975年到2000年，全球有3亿公顷耕地被侵蚀，另有3亿公顷用于新的城镇和公路建设。

森林是多样性非常丰富的生态系统，具有维持地球陆地生态平衡、调节气候、固土、固沙、防风、蓄水等功能。全球70%—80%的生物存在于森林之中，支持着几百万个物种，为人类提供范围广泛的生物资源。然而据有关资料统计，近半个世纪以来，由于过量砍伐以及酸雨污染等原因致使森林资源减少了50%左右，其中被誉为“地球之肺”的热带雨林正在以每分钟29公顷，每年1540万公顷的速度消失。温带落叶林与几千年前相比已减少了40%左右。为了人类的明天，拯救森林已成为全球当务之急。

与其它自然资源不同，水是一种不可替代的资源。目前，世界上有40多个国家和地区缺水，占全球陆地面积的60%。约有20亿人用水紧张，10多亿人得不到良好的饮用水。全球出现水资源危机的主要原因有三：一是农业、工业、生活用水量急剧增加，据世界气象组织的统计，自20世纪初以来，人类对淡水的需求急剧增加，从1900年到1995年，水的消耗增长了6倍，比世界人口增长速度快2倍。二是水资源污染严重，因污染原因致使目前全世界1/5的人享用不到洁净水。三是乱砍滥伐森林造成雨量减少，地下水得不到补充。

水资源短缺已成为世界大多数国家经济发展的障碍，成为全球普遍关注的问题。当前，世界正面临着水资源短缺和用水量持续增长的双重矛盾。正如联合国早在1977年所发出的警告：“水资源危机将成为继石油危机之后的一项严重的社会危机。”

（3）生态破坏

全球性生态破坏主要包括：森林锐减、土地退化、水土流失、荒漠化和生物多样性消失等。

土地退化是当代最为严重的生态问题之一，它正在削弱人类赖以生存和发展的基础。土地退化的根本原因在于环境污染、农业生产规模扩大和强度增加、过度放牧以及人为破坏植被所导致的水土流失、沙漠化、土地贫瘠和土地盐碱化。

水土流失是当今世界上一个普遍存在的生态环境问题。据最新估计，全世界现有水土流失面积为2500万公顷，占全球陆地面积的16.8%，每年流失的土壤高达250多亿吨。

土地沙漠化是指非沙漠地区出现的风沙现象、以沙丘起伏为主要标志的沙漠景观的环境退化过程。目前，全球有36亿公顷干旱土地受到沙漠化的直接危害，占全球干旱土地的70%。沙漠化的扩展使可利用的土地面积缩小，土地产出减少，降低了养育人口的能力，成为影响全球生态环境的重大问题。

地球上已被描述的生物物种大约有 140 万种，其中动物大约为 100 万种，植物为 30 多万种，微生物有 10 多万种。而尚未被描述的物种可能比这些要多得多，据估计大约在 500 万种至 5000 万种之间。由于人类的各种非理性活动、破坏行为以及环境污染已经导致了生物多样性的急剧减少甚至灭绝，致使人类赖以生存和发展的各类生物资源和生物基因大幅度减少，这是制约人类社会未来持续发展的最重要问题。

全球海岸生态环境特别是海滩湿地、红树林、盐沼和海草地正迅速地被城市、工业和娱乐场地以及海产养殖所代替，加上日益严重的环境污染致使海洋渔业资源和沿海生态环境遭受前所未有的破坏。发展中国家的红树林减少已超过 1/3，发达国家沿海湿地大部分已消失。海岸带生态环境的破坏是不可逆转的，将给人类造成长期的影响。

（4）环境污染

环境污染作为全球性的重要环境问题，主要指的是温室气体的过量排放造成的全球气候变暖、广泛的大气污染和酸沉降、臭氧层破坏、有毒有害化学物质的污染危害及其越境转移、海洋污染等。

导致气候变暖的主要原因是由于在工业化的过程中，人类向环境排放了大量的温室气体如 CO_2、CH_4、N_2O 等，其中，CO_2 是主要的温室气体。控制 CO_2 的过量排放，其实质就是要限制人类对能源的利用，即意味着需要巨大的技术和经济的投入。

酸雨污染或酸沉降导致的环境酸化是 20 世纪最大的环境污染问题之一。伴随着人口的快速增长和迅速的工业化，酸雨污染和环境酸化问题一直呈发展趋势，影响地域逐渐扩大，由局地问题发展成为跨国问题，由工业化国家扩大到发展中国家。现在世界上有三大酸雨区，主要集中在欧洲、北美和中国的南部。形成酸雨的主要原因是由于在煤炭和石油的燃烧过程中向大气排放了大量 SO_X 和 NO_X 所致，其中 SO_X 是主要气体。

世界经济现代化是建立在包括核能在内的生化能源基础之上的，全球气候变暖和酸雨污染的实质就是人类利用生化能源的结果。而生化能源具有以下根本性的缺陷：一是原能源潜力宣告枯竭，这是人类进入 21 世纪无法逃避的现实；二是这一能源的燃烧导致了全球性的气候变暖和其它生态危机，人类早已陷入了这一危机之中；三是我们只能在世界上的少数地区，寻找到传统的能源矿藏。

基于上述原因，作为经济载体的能源在 21 世纪上半叶迅速接近枯竭的时候，能源价格将会不断上涨，经济危机在所难免，甚至会成为战争的导火索。为了保障经济的持续增长和人类社会的持续发展，就要求人类在 21 世纪从改变传统的能源结构入手，开发非生化能源及清洁能源，这是防止全球气候变暖和酸雨污染的根本途径。

处于大气平流层中的臭氧层是地球的一个保护层，它能阻止过量的紫外线到达地球表面，以保护地球上动植物免遭过量紫外线的伤害。然而，20 世纪 70 年代以来，根据世界各地地面观测站对大气臭氧总量的观测记录，人们发现自 1958 年以后，全球臭氧总量呈现逐渐减少的趋势。而且有研究表明，平流层中臭氧浓度减少 10%，则地球表面的紫外线强度将增加 20%，这将对人类和其它生物产生严重危害。造成臭氧层破坏的主要原因是人类在工业生产过程中向大气排放了过量消耗臭氧的物质——氟氯化碳 CFCs、氯化亚氮、四氯化碳、甲烷和氟氯烃等。

海洋污染是目前海洋环境面临的最重大问题。海洋污染主要发生在受人类活动影响广泛的沿岸海域。据估计，其中输入海洋的污染物有 50%是通过河流输入的，有 25%是由空气输入的，海运和海上倾倒各占 10%左右。海洋污染引起浅海或近岸海域中氮磷等营养物质聚集，促使浮游生物过量繁殖，以致发生赤潮，给沿岸海洋渔业生产造成巨大的经济损失。

因此，赤潮的广泛发生可以看作是世界海洋污染与海洋生态环境质量恶化的一个突出特征。

4. 人类对环境问题的认识过程

人类社会采取什么样的环境战略和对策完全取决于人类对环境问题的认识水平。随着人类社会的进步和发展，人们对环境问题的认识经历了由浅入深，由片面到全面，由现象到本质的演化过程。

开始时，人们只看到了工业生产对环境的影响，把环境问题简单地归结为环境污染问题，由此产生了以工业污染防治为中心的人类环境保护运动。此后，人们发现工业污染物的产生与排放来自于技术上的原因，主要是由于技术落后造成的。因此把环境污染问题归结为技术问题，简单地认为只要开发和推广应用型污染治理技术，就可以解决环境问题。

后来，人们发现环境问题不只是环境污染，生态破坏问题也是一个重要的方面。这些问题的产生均源于人类的各种经济活动，此时人们才逐渐把环境问题与经济建设和社会发展联系起来，认识到环境问题是在经济、社会发展过程中出现的，因而也只能在经济、社会的进一步发展中得到解决。在这里，关键问题是如何正确处理环境与发展之间的对立统一关系。1962 年，美国莱切尔·卡逊撰写的《寂静的春天》中指出了农药对环境造成污染的长期性和严重性。1972 年 2 月，经济合作发展组织在总结环境污染产生原因的基础上，提出了污染者负担原则。同年 6 月 5 日至 16 日在斯德哥尔摩召开的联合国人类环境会议上，发表了《联合国人类环境宣言》。初步阐明了环境与经济、社会发展之间的关系，指出：环境问题不仅是一个技术问题，也是一个重要的经济问题，不能只用自然科学的方法解决污染问题，还要用一种更完善的方法，在发展过程中去解决环境问题。1980 年，联合国在斯德哥尔摩召开的人口、资源、环境和发展关系研讨会上进一步指出：人口、资源、环境和发展之间存在着相互制约、相互促进的关系，新的发展战略应当正确处理这四者之间的关系。

人们对环境问题认识的转变，导致了环境战略思想的转变，即由过去局部的、末端污染治理，转变为区域的、综合污染防治；由微观的、具体的环境决策转变为从宏观环境与经济的总体发展战略与发展规划上进行综合决策。

综上所述不难发现，随着人类社会的不断进步，环境问题是不断发展的，人类对环境问题的认识也是不断发展的。那么，到底应该怎样来认识今天我们所面对的环境问题，这是环境科学理论必须回答和解决的。

三、环境问题的实质

环境问题的实质是什么？不同的人有不同的回答。长期以来一直是环境科学界探讨和研究的重点问题之一。国内外许多专家和学者从各自的学科领域阐述了自己的观点。有人认为环境问题的实质是技术问题，有人认为环境问题的实质是经济问题，有人认为环境问题的实质是资源利用问题，还有人认为环境问题的实质是社会问题，等等。所有这些观点都是从不同的角度出发来研究环境问题的，代表了一定历史时期人们关于环境问题的认识水平。

第一种观点是从环境问题产生的直接原因出发得出的结论，认为环境问题是人类科学技术落后的产物，继而把环境问题作为一类新出现的技术问题去研究解决。

第二种观点是从环境与人类经济活动的相互关系出发得出的结论，比第一种认识水平有了深化和提高。认为环境问题不仅仅产生于技术领域，在技术领域之外也存在着大量的环境问题，环境问题属于经济领域的范畴，是人类各种经济活动的产物，因而把环境问题作为经济问题去研究和解决。

第三种观点是从资源学角度出发得出的结论。此种观点认为人类环境问题的产生，不论是发达国家还是发展中国家都是由于对资源价值认识不足，缺少经济发展规划，盲目或不合理开发资源，低效利用资源而造成的。因而主张把环境问题看成是资源开发、利用问题进行研究和解决。

第四种观点是从社会学角度出发得出的结论。认为环境问题不仅仅是一个技术和经济问题，更是一个社会问题，其立论是建立在行为科学理论基础之上的，认为人的行为不仅是经济行为，还包括社会行为与自然行为，环境问题不仅存在于经济领域，而且存在于广泛的社会领域。因此，环境问题的实质是社会问题。

上述这些观点都是从环境问题产生的原因来认识的。听起来似乎都非常有道理，但又给人一种似是而非的感觉，让人感到无所适从，不能令人满意。

究竟如何来认识今天人类所面对的环境问题，它的实质究竟是什么？这不仅是一个认识论问题，更是一个涉及到如何确立人类环境战略的重大问题。我们知道，环境科学是围绕着回答和解决人类与环境的关系这一核心问题而产生与发展的，所以，认识和回答环境问题也不能离开这一核心，须从人类与环境的关系入手，以环境问题对人类的影响作为基本前提和出发点来研究其实质才能得出令人满意和信服的答案。

环境问题对人类的影响是随着环境问题的发展而发展的，不论是在深度上，还是在广度上，不同的历史时期有很大的区别。即使是在同一个历史时期的不同国家和地区，其影响也是不一样的。

纵观环境问题的产生与发展过程，我们知道，18 世纪产业革命的兴起是环境问题产生的第一个高潮。在此之前，冶炼、印染、造纸等手工业作坊排出的废液，各类矿业开采过程中排出的废物，对周围环境造成了污染。但由于那时工业规模较小，排放量一般未超过环境的自净能力，对环境的污染并不十分严重，污染危害范围也是局部的，环境问题并没有引起人们的注意。

人类社会进入 18 世纪中叶至 19 世纪中叶，生产发展史上出现了一次伟大的革命——工业革命。这一时期，以传统的家庭作坊为特征的小规模手工业迅速发展成为社会化大生产，随之而来便出现了大量的环境问题。然而，由于人们缺乏对环境问题的足够认识，加之当时工业环境问题对人类的影响无论是广度还是深度都远不及今天环境问题对人类的影响。所以，面对这样一个新兴工业革命所带来的变化，人们看到的只是“工业文明”表面的“社会物质繁荣”，而把环境问题看作是工业生产的必然产物，是生产附属问题。

基于这样的一个思想认识，在长达近两个世纪的时间里，人类对环境问题的出现采取了熟视无睹、任其发展的态度，在较早步入工业化的国家里产生了许多局地环境公害。在这一时期，受培根、笛卡尔“驾驭自然，作自然的主人”的思想影响，人类社会处于一个极端的、失去理智的发展时期。

到了 20 世纪中叶，人类的环境污染问题由局地公害发展成了全球性公害。50—60 年代相继发生了震惊世界的“八大环境公害”事件，70 年代，又相继出现了全球十大环境公害事件。这些环境问题的出现，严重阻碍了各个国家和地区的社会、经济发展，迫使人们对环境问题进行重新认识，意识到环境问题不再是生产附属问题，而是一个发展问题。不可持续的发展模式（包括不可持续的消费模式）是各种环境问题产生的根本原因。

从 20 世纪 60 年代开始，西方国家纷纷采取行动和措施来防治工业污染，解决人们所面对的环境问题。一方面，他们建立相应的专门环境保护机构以负责环境保护工作。另一方面，他们把环境问题上升到发展高度，通过国家环境立法来规范人们的经济行为，通过制定区域规划来调整经济的发展规模和速度。到了 70 年代，工业落后的发展中国家也开始采取行动解决本国的环境问题。以 1972 年斯德哥尔摩的“人类环境会议”为起点，人类开始了全球性的环境保护行动。

在这一时期，由于对环境问题认识的转变，各个国家都先后制定了本国的环境对策，解决了一些有代表性的局部环境污染问题。

人类社会进入 20 世纪 80 年代中期以后，世界环境形势更加严峻。严重的环境污染造成了全球性的水资源短缺，加快了森林毁灭、全球气候变暖和臭氧层破坏的速度。严重的生态破坏造成了生物多样性的急剧减少，加快了水土流失和荒漠化的速度，世界范围的洪涝灾害频繁发生。所有这些使人类进一步认识到：环境问题不再是一个发展问题，而是一个安全问题。严重的环境污染和生态破坏不仅影响到区域社会的可持续发展，而且构成了国家和地区的安全问题——环境安全，它已经成为国家和地区安全的重要组成部分，直接威胁着人类的生存。

大量的客观事实充分证明，环境问题给人类造成的损害远远大于战争给人类造成的损害。人类如果不采取有效措施控制环境污染和生态破坏不断加剧的趋势，人类社会的发展不仅不能得以持续，而且人类的生存基础将被瓦解和动摇。

由此可见，环境问题的实质不仅仅是发展问题，更是安全问题，进而是生存问题。对环境问题的认识就是对人类生存问题的认识，解决环境问题就是解决人类自身的生存问题，这是人类对环境问题的最高思考。

只有站在生存的高度来认识我们今天所面对的环境问题，才能制定更为有效的环境战略和对策；才能处理好环境与发展的关系，加快实现经济增长方式的转变；才能真正把环境保护纳入到国家和区域经济、社会发展规划之中，实施人类社会的可持续发展战略。

第二节　环境管理概念、内涵、性质与特点

关于环境管理的概念与内涵，目前国际上有不同的解释。我国的一些环保专家和学者从 20 世纪 80 年代开始，也提出了各自的观点和看法。但随着环境管理实践的深化和人

类关于环境问题认识的发展，环境管理的概念与内涵发生了很大变化。原有的概念与内涵已经不能全面揭示环境管理的本质特征和属性，环境管理从概念到理论正面临着知识创新的挑战。

一、环境管理的概念及内涵

伴随着人们对环境问题的认识过程，环境管理的概念也有一个不断发展的过程。

早在 20 世纪 70—80 年代，人们把环境管理狭义地理解为环境保护部门采取各种有效措施和手段控制污染的行为。例如：通过制定国家环境法律、法规和标准，运用经济、技术、行政等手段来控制各种污染物的排放。这种狭义的理解仅停留在环境管理的微观层次上，把环境保护部门视为环境管理的主体，把污染源作为环境管理的对象。并没有从人的管理入手，没有从环境与发展的决策高度，从国家经济、社会发展战略的高度来思考。因此，狭义的环境管理并不能从根本上解决环境问题。

到了 20 世纪 90 年代，随着环境问题的发展以及人们对环境问题认识的不断提高，人们发现，基于对环境管理的传统理解已越来越突出地限制了环境管理理论与实践的发展。人们普遍认识到，要想从根本上解决环境问题，必须站在经济、社会发展的战略高度采取对策和控制措施，从区域发展的综合决策入手来解决环境问题。因此，有必要扩展环境管理的范围，并且通过确立一个科学的概念来刻划环境管理的本质。

1. 环境管理的概念

所谓环境管理是指依据国家的环境政策、环境法律、法规和标准，坚持宏观综合决策与微观执法监督相结合，从环境与发展综合决策入手，运用各种有效管理手段，调控人类的各种行为，协调经济、社会发展同环境保护之间的关系，限制人类损害环境质量的活动以维护区域正常的环境秩序和环境安全，实现区域社会可持续发展的行为总体。其中，管理手段包括法律、经济、行政、技术和教育五个手段，人类行为包括自然、经济、社会三种基本行为。

环境管理的这一概念将环境管理的理论与实践很好地衔接为一个整体，它既反映了环境管理思想的转变过程，又概括了环境管理的实践内容。同时，透过这一概念的变化反映出了人类对环境保护规律认识的深化程度。

从这一概念出发，我们可以得出如下结论：

（1）环境管理是针对次生环境问题而言的一种管理活动，主要解决由于人类活动所造成的各类环境问题。

（2）环境管理的核心是对人的管理。长期以来，环境管理中的一个误区就是把污染源作为管理对象，环保部门围绕着各种污染源开展环境管理，工作长期处于被动局面。原因是人们只关心环境问题产生的地理特征和时空分布，这种环境管理，实质上是一种物化管理——对污染源和污染设施的管理，而忽视了对人的管理。

人是各种行为的实施主体，是产生各种环境问题的根源。只有解决人的问题，从人的三种基本行为入手开展环境管理，环境问题才能得到有效解决。应当认识到，管理对象的变化是环境管理理论创新与实践深化的一个重要标志。

（3）环境管理是国家管理的重要组成部分。环境管理的目的是解决环境污染和生态破坏所造成的各类环境问题，保证区域的环境安全，实现区域社会的可持续发展。环境管理涉及到包括社会领域、经济领域和资源领域在内的所有领域。环境管理的内容非常广泛和复杂，与国家的其它管理工作紧密联系、相互影响和制约，成为国家管理系统的重要组成部分。

因此，环境管理与国家管理的系统关系是一种要素与整体的关系，是下位子系统与上位子系统的关系。这就决定了有什么样的国家发展战略就有什么样的环境战略，有什么样的国家管理体制和模式就有什么样的环境管理体制和模式。

2. 环境管理的内涵

回顾中国二十多年来的环境保护历程，不能否认这样一个基本事实：尽管国家在环境保护方面做了大量的工作，但是，环境问题产生的速度远大于环境问题解决的速度。原因在哪里？

原因就在于，这期间的环境管理都是做的微观管理工作，环境保护没有进入决策层次，没有站在宏观的角度，没有站在转变发展战略的制高点上开展环境管理。环保部门的工作属于“修修补补”的工作，整天跟在污染源后面跑，等环境问题出现以后再去解决，总是被动挨打。

实践告诉人们，环境管理只有微观部分是远远不够的，必须有宏观管理的内容。也就是说，环境管理应当包括宏观管理和微观管理两部分。

（1）宏观环境管理

所谓宏观环境管理是指以国家的发展战略为指导，从环境与发展综合决策入手，制定一系列具有指导性的环境战略、政策、对策和措施的行为总体。主要包括加强国家环境法制建设，加快环保机构改革，实施环境与发展综合决策，制定国家的环境保护方针、政策，制定国家的环保产业政策、行业政策和技术政策，通过产业结构调整实现经济增长方式的转变。

（2）微观环境管理

所谓微观环境管理是指在宏观环境管理指导下，以改善区域环境质量为目的、以污染防治和生态保护为内容、以执法监督为基础的环保部门经常性的管理工作。主要包括环境规划管理，建设项目环境管理，专项环境管理，环境监督管理，加强指导与服务等内容。

概括地说，宏观环境管理是从综合决策入手，解决发展战略问题，实施主体是国家和地方政府。微观环境管理是从执法监督入手，解决具体的污染防治和生态破坏问题，实施主体是环保部门。这二者之间存在着相互补充的系统关系，其中，宏观环境管理高度统一，微观环境管理非常具体；微观环境管理以宏观环境管理为指导，是宏观环境管理的分解和落实；离开宏观管理的指导，微观管理将无法实施；离开微观环境管理，宏观管理的目标将无法实现。

在这里，环境与发展综合决策是宏观环境管理与微观环境管理的结合点，也是新形势下各级环境保护部门开展环境管理的切入点。

二、环境管理的性质和特点

怎样理解环境管理的性质和特点，涉及到环境管理地位的确定和职能的划分，至关重要。

1. 环境管理的性质

由于环境管理是国家管理的重要组成部分，这就决定了环境管理的性质是国家意志的体现，是政府行为。作为各级地方政府的组成机构，各级环境保护行政主管部门应当在同级人民政府的领导下，依据国家的环境政策、法律、法规和标准，代表国家行使政府职能，对人们的自然行为、经济行为、社会行为进行综合的管理，以维护区域正常的环境秩序。

因此说，环境管理具有行政管理的权威性和强制性特征。

环境管理的权威性表现为环境保护行政主管部门代表国家和政府开展环境管理工作，行使环境保护的权力和职能，政府其它部门要在环保部门的统一监督管理之下履行国家法律所赋予的环境保护责任和义务。环境管理的强制性表现为在国家法律和政策允许的范围内为实现环境保护目标所采取的强制性对策和措施。例如，关闭“15 小”、污染限期治理等，就是根据国家的环保产业政策、环保行业政策、环保技术政策，为实现经济增长方式转变所采取的强制性措施。

2. 环境管理的特点

除此之外，环境管理还具有区别于一般行政管理的区域性、综合性、社会性和决策的非程序化特点。

（1）环境管理的区域性

作为一个工作领域，环境管理存在很强的区域性特点。这个特点是由环境问题的区域性、经济发展的区域性、资源配置的区域性、科技发展的区域性和产业结构的区域性等特点所决定的。

中国的地域广阔，各地情况差异很大。从地理位置上看是“西高东低”，但从经济发展水平和人们的环境意识上看却是“东高西低”。环境管理的区域性特点告诉我们，开展环境管理要从国情、省情、地情出发，既要强调全国的统一化管理，又要考虑区域发展的不平衡性，防止简单化，不搞“一刀切”。我们既不能盲目照搬国外先进的管理经验，又不能盲目推广国内个别地区的管理作法。既不能按照东部沿海地区的发展模式来发展中、西部地区的经济，又不能完全按照东部沿海地区环境保护的标准和要求来推进中、西部地区的环境保护工作。开展环境管理工作，要从实际情况出发，制定有针对性的环境保护目标和环境管理的对策与措施。

（2）环境管理的综合性

环境管理的综合性是由环境问题的综合性、管理手段的综合性、管理领域的综合性和应用知识的综合性等特点所决定的。因此说，开展环境管理必须从环境与发展综合决策入手，建立地方政府负总责、环保部门统一监督管理、各部门分工负责的管理体制，走区域环境综合治理的道路。

环境管理的综合性是区别于一般行政管理的主要特点之一。在实际环境管理工作中，既要充分发挥环境保护部门的职能和作用，又要动员全社会的力量，极大地调动社会各阶层及政府各部门的环境保护积极性，实施分工合作、综合协调、综合管理。

（3）环境管理的社会性

保护环境就是保护人的环境权和生存权。所以，环境保护是全社会的责任与义务，涉及到每个人的切身利益，开展环境管理除了专业力量和专门机构外，还需要社会公众的广泛参与。这意味着一方面要加强环境保护的宣传教育，提高公众的环境意识和参与能力；另一方面要建立健全环境保护的社会公众参与和监督机制，这是强化环境管理的两个重要条件。

培养公众具有较强的环境意识和参与能力是做好环境保护工作的社会基础。离开了这个社会基础，环境保护事业将一事无成。有了这个社会基础，才能更好地发挥环境保护部门执法监督的职能。

实践证明，环境管理离不开强有力的监督。而来自于社会公众的这种“自下而上”的监督远大于来自于政府的“自上而下”的监督。为做到这一点，提高社会公众的环境意识及建立健全环境保护的社会公众参与和监督机制是非常重要的，也是推进国家环境保护事业的一项紧迫任务。

（4）环境决策的非程序化特点

决策可分为程序化决策和非程序化决策两种，它是针对组织活动所存在的例行和非例行两种活动而分类的。程序化决策是针对诸如材料管理、财务管理、工商税务管理、交通管理等一类例行活动而言的。这类决策可以程序化到呈现出重复和例行状态，可以程序化到制订出一套处理这些决策的固定程序，以致每当它出现时，不需要再重复处理它们。非程序化决策是指那种从未出现过的，或者其确切的性质和结构还不很清楚或者相当复杂的决策。诸如新产品的研究和开发、企业的多样化经营、新工厂的扩建、环境执法监督等一类非例行状态的决策。这类决策可以非程序化到使它们表现为新颖、无结构、具有不寻常影响的程度。

一般行政管理具有决策的程序化特点，对于重复出现的问题可采用固定的程序来决策、来解决。而环境管理中的决策大多数表现为新颖、无结构、具有非寻常的、非重复的例行状态和不寻常的影响。这是因为每一环境问题的产生具有非例行、非寻常状态，每一环境问题的处理和解决的程序与方案无法预先设定。因此，环境决策具有明显的非程序化特点，这是环境管理与一般行政管理的另一个重要区别。

第三节　环境管理的类型与模式

一、环境管理的类型

从不同角度对环境管理进行分类，有助于加深对环境管理的认识和理解，把握不同领域和不同层次环境管理的关系。

1. 从环境管理的范围来划分

（1）流域环境管理

这是以特定流域为管理对象，以解决流域环境问题为内容的一种环境管理。根据流域的大小不同，流域环境管理可分为跨省域、跨市域、跨县域、跨乡域的流域环境管理。例如，中国针对淮河流域、太湖流域、辽河流域、长江流域、黄河流域、珠江流域和松花江流域开展的环境管理就是典型的跨省域的流域环境管理，而滇池流域和巢湖流域的环境管理就是省域内的跨市域、跨县域的流域环境管理。

（2）区域环境管理

区域环境管理是以行政区划为归属边界，以特定区域为管理对象，以解决该区域内环境问题为内容的一种环境管理。根据行政区划的范围大小，可分为省域环境管理、市域环境管理、县域环境管理等。又可分为城市环境管理、农业环境管理、乡镇环境管理、经济开发区环境管理、自然保护区环境管理等。

（3）行业环境管理

这是一种以特定行业为管理对象，以解决该行业内环境问题为内容的环境管理。由于行业不同，行业环境管理可分为几十种类型。如钢铁行业环境管理、电力行业环境管理、冶金工业环境管理、化工行业环境管理、建材行业环境管理、医药行业环境管理、造纸行业环境管理、酿造行业环境管理、印染行业环境管理、交通部门环境管理、服务行业环境管理等。

（4）部门环境管理

这是以具体的单位和部门为管理对象，以解决该单位或部门内的环境问题为内容的一种环境管理。如企业环境管理就是一种部门环境管理。

2. 从环境管理的属性来划分

（1）资源环境管理

资源环境管理是指依据国家资源政策，以资源的合理开发和持续利用为目的，以实现可再生资源的恢复与扩大再生产、不可再生资源的节约使用和替代资源的开发为内容的环境管理。例如流域环境管理就是一种典型的资源环境管理。这是因为，我们可以把一个流域的水环境容量根据发展的公平性原则看成是面对整个流域可以重新进行优化分配的一种“资源”。同样，污染物总量控制也是一种资源环境管理。这是由于一个区域的污染物总量控制目标可看成是一种“资源”——即根据国家产业政策和企业的技术优势在该区域内通过排污交易市场进行再分配的“资源”。对总量目标的分解其实质就是对这种“资源”的再分配。

（2）质量环境管理

这是一种以环境质量标准为依据，以改善环境质量为目标，以环境质量评价和环境监测为内容的环境管理。这种管理是一种标准化的环境管理。开展质量环境管理，意味着不考虑经济行为主体的生产技术水平和污染防治技术水平，也不考虑资源开发技术能力怎样，管理者只关心环境质量问题。达到区域环境质量标准就允许继续保持你的生产行为或资源开发行为，达不到区域环境质量标准，就要依法终止你的生产行为或资源开发行为。

所以，开展这种类型的环境管理在完全法制化国度里容易实施，而在发展中国家由于受到经济发展水平和科技发展水平等因素的制约和影响，实践性较差。

（3）技术环境管理

这是一种通过制定环境技术政策、技术标准和技术规程，以调整产业结构、规范企业的生产行为、促进企业的技术改革与创新为内容，以协调技术经济发展与环境保护关系为目的的环境管理。从广义上讲，环境保护技术可分为环境工程技术（具体包括污染治理技术、生态保护技术）、清洁生产技术、环境预测与评价技术、环境决策技术、环境监测技术等方面。技术环境管理要求有比较强的程序性、规范性、严谨性和可操作性。

3．从环保部门的工作领域来划分

（1）计划环境管理

计划环境管理是依据规划或计划而开展的环境管理。这是一种超前的主动管理，也称为环境规划管理。其主要内容包括：制定环境规划；将环境规划分解为环境保护年度计划；对环境规划的实施情况进行检查和监督；根据实际情况修正和调整环境保护年度计划方案，改进环境管理对策和措施。

（2）建设项目环境管理

这是一种依据国家的环保产业政策、行业政策、技术政策、规划布局和清洁生产工艺要求，以管理制度为实施载体，以建设项目为管理内容的一类环境管理。建设项目包括新建、扩建、改建和技术改造项目四类。

（3）环境监督管理

这是从环境管理的基本职能出发，依据国家和地方政府的环境政策、法律、法规、标准及有关规定对一切生态破坏和环境污染行为以及对依法负有环境保护责任和义务的其它行业和领域的行政主管部门的环境保护行为依法实施的监督管理。

以上从三个不同角度对环境管理进行了分类，应当说，这种分类具有理论上的意义，其目的在于使人们对环境管理有一个更加深入的了解。在实践中，各种环境管理的界线非常模糊甚至于很难分清。至于这种分类方法是否科学和能否让所有的人普遍认可，属于分类方法学的范畴，不在本书的研究范围。

二、环境管理的模式

管理模式与组织模式是两个不同的概念。组织模式是指管理系统的组织结构模式，而管理模式是指管理系统的运行模式。但是二者之间又有一定的联系。一般说来，管理模式受组织模式的影响和制约，管理模式是特定的组织模式的映象。就是说，有什么样的组织模式，往往有什么样的管理模式。

所谓环境管理模式是指在特定的环境管理组织模式中所确定的环境管理系统的运行模式。到目前为止，关于环境管理的模式共有三种类型：一是区域管理模式，二是行业管理模式，三是区域与行业相结合的管理模式。

1. 区域管理模式

区域管理模式也称为“块块管理”模式。它是将同一区域内的环境问题，不分行业、不分领域、不分类别均纳入该区域环境管理范围的管理模式。这种模式是世界各国最早普遍采用的、以行政区划为特征的管理模式。该模式的确立，主要源于国家的区域行政管理体制和模式，源于环境保护组织机构的“块块管理”的人事制度和体制。我国《环境保护法》中关于“地方政府对本辖区环境质量负责”的法律规定就是区域管理模式的表征。

区域管理模式是环境管理模式中的主要模式，是其它管理模式的基础。在我国的长期环境管理实践中，诸如资源环境管理、经济协作区环境管理、城市环境管理、乡镇环境管理、农业环境管理和自然保护区环境管理等都是采用的区域管理模式。

2. 行业管理模式

行业管理模式也称为“垂直管理”或“条条管理”模式。这是跨越行政区域范围，以行业作为管理对象，以行业环境问题作为管理内容的一种管理模式，是对区域管理模式的补充。这种管理模式出现的时间较短，最早出现在经济体制比较完备的西方国家。在我国，这种管理模式还不很成熟，只是作为一个补充和辅助的模式而存在的。在环境管理实践中，到目前为止，还没有一个非常成熟的行业管理模式和经验以供借鉴。

我们要清醒认识到下面这样一个事实：以“块块管理”为主的区域管理模式是造成地区间环境保护工作不平衡的重要原因之一。这是因为，如果仅仅采取区域管理模式，那么，由于区域经济发展的不平衡，必然造成区域之间环境管理力度的不均衡。因而必然造成不同地区的同一行业企业在环保投入上存在很大的差异，进而必然影响到企业的生产成本和经济效益。这样，不同地区、同一行业的企业产品进入物质流通领域以后必然形成了不公平的市场竞争环境。其结果是，一方面破坏了市场经济公平竞争的原则，从而阻碍了经济的持续、健康发展和市场经济体制的建立与完善，加大了区域间经济发展的不平衡。另一方面，在市场经济条件下，以追求最大经济效益为目的的各种经济行为主体必然采取消极的、观望和等待的态度，想方设法减少环境保护的投入以降低生产成本、提高经济效益。在客观上势必给环境管理工作造成巨大的阻力和难度，影响到国家可持续发展战略目标的顺利实施。

这正是行业管理模式产生的前提和历史背景，行业管理模式弥补了区域管理模式的不足和局限性，是市场经济不断完善的产物，也是环境管理实践深入发展的需要。

3. 区域与行业相结合的管理模式

这是以区域管理为主、区域与行业相结合的管理模式。行业管理模式作为区域管理模式的补充和修正，对市场经济体制的建立和完善，深化环境管理的实践将起到重要的作用。但这种管理模式也存在着一定的不足和局限性。第一，开展行业环境管理需要很好地解决纵向的“条条管理”和横向的“块块管理”的机制问题。在实现“两个根本性转变”的新形势下，如何实现这两种管理机制的有效衔接和正常运转是一个新的课题，需要在实践中不断地加以探索和研究。第二，行业环境管理并不能解决所有的区域环境问题。例如，资源开发过程中产生的环境问题涉及到非常广泛的领域和方面，仅仅依靠行业环境管理是远远不够的，需要通过区域环境管理才能有效解决。再如，“白色污染”问题的解决也超出了行业管理的范畴，需要采取综合性的区域对策和措施。

因此，不论是区域管理模式还是行业管理模式都存在着各自的不足和局限性，这二者之间存在着互补的关系。只有将二者有机地结合起来，才能有效地解决各类环境问题。区域与行业相结合的管理模式，实质上是一种既能发挥地方政府区域行政管理体制的优势，又能兼顾行业管理体制的特长，扬长避短、优势互补的有效管理模式。

实现由单独的区域管理模式或行业管理模式向区域与行业相结合管理模式的转变既是新形势下环境管理战略研究的重要内容，又是深化我国环境管理实践的客观需求。实施这种管理模式一方面有利于推进国家的环境管理实践，另一方面又有利于保护市场经济的公平、效益原则，加快经济体制和经济增长方式的根本性转变，促进区域经济的持续稳定增长，推进国家的可持续发展战略。

第四节　环境管理的手段与职能

一、环境管理的手段

同其它管理一样，环境管理是一个具有对象性、目的性的管理过程。为了实现管理目标，需要运用一定的手段对管理对象施以控制和管理。

所谓环境管理手段是指为实现环境管理目标，管理主体针对客体所采取的必需、有效的手段。根据各种手段在环境管理中的作用与功能的大小可依次分为法律手段、经济手段、行政手段、技术手段和教育手段。

1．法律手段

环境管理的法律手段是指管理者代表国家和政府，依据国家环境法律、法规所赋予的，并受国家强制力保证实施的、对人们的行为进行管理以保护环境的手段。法律手段是环境管理的一个最基本的手段，是其它手段的保障和支撑，通常亦称为“最终手段”。

目前，在中国已初步形成了由国家宪法、环境保护基本法、环境保护单行法、环境保护相关法、地方环境法律法规、环境保护标准以及环境保护国际公约协定等组成的环境保护法律体系，这是强化环境监督管理的根本保证。如图 2-1 所示。

法律手段具有以下主要特征：

强制性：法律手段的强制性表现为由国家权力机关或各级政府管理机构依据国家的环境法律、法规将人们的各种行为强制纳入法制化轨道，使环境法律、法规成为人们必须遵守的有利于环境保护的行为准则，具有普遍的约束力。各个部门、单位和每个公民都务必遵守，不得违反。否则，就要绳之以法。

权威性：法律手段的权威性表现为法律、法规对人们的约束远远大于行政命令、道德规范和价值观念对人们的约束。法律、法规所确立的行为准则是最高的行为准则。当法律、法规与行政命令、道德规范和价值观念发生冲突和矛盾的时候，人们必须服从法律、法规的要求，按照国家环境法律、法规的要求来调整和规范自己的行为。

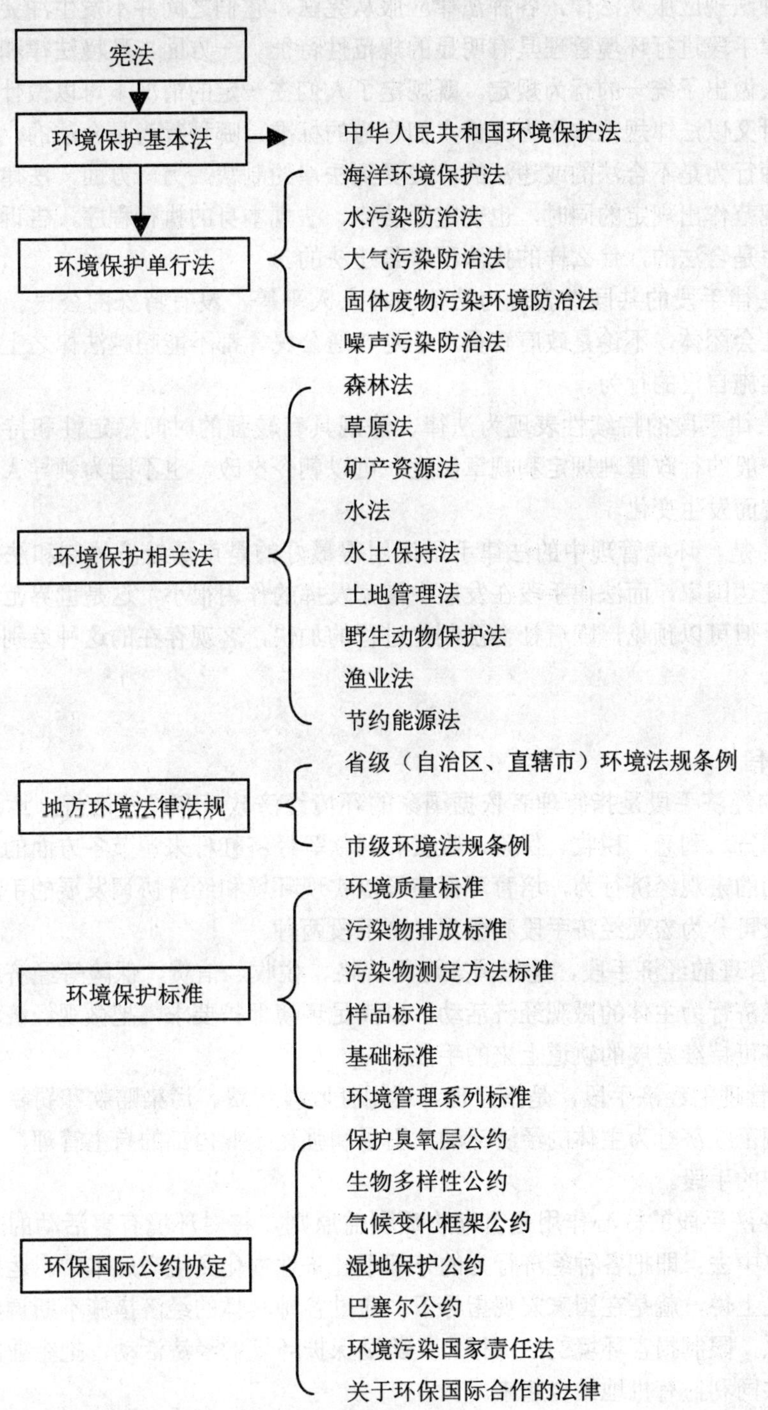

图 2-1　中国环境保护法律体系

规范性：法律手段的规范性表现为法律、法规都有各自规定的内容和相应的解释及执行程序。各种法规应服从法律，各种法律应服从宪法，它们之间并不发生冲突和矛盾。因此，运用法律手段进行环境管理具有明显的规范性特征。一方面，环境法律和法规对所有的组织和个人做出了统一的行为规定。既规定了人们在一定的情况下可以做什么，不可以做什么；同时又以法律规范来作为评价人们行为的标准，哪种行为是合法的，应受到法律的保护；哪种行为是不合法的或违法的，应受到法律的制裁。另一方面，法律和法规在对人们的行为规范作出规定的同时，也规定了法律、法规本身的执行程序，告诉执法者什么样的执法程序是合法的，什么样的执法程序是违法的。

共同性：法律手段的共同性表现为法律面前人人平等，没有特殊的公民。不论是国家机关，还是社会团体，不论是政府官员，还是普通公民，都不能超越法律之上，都要在法律的范围内实施自己的行为。

持续性：法律手段的持续性表现为法律、法规具有较强的时间稳定性和持续的有效性。它不同于一般的行政管理规定和规章制度，可以朝令夕改，也不因为领导人的更换或政府权力的交替而发生变化。

应当指出的是，环境管理中的法律手段运用得最好的是市场经济体制和法律体系比较完备的工业发达国家，而法律手段在发展中国家发挥的作用很小，这是世界范围内带有普遍性的问题。但可以预见，随着社会法制化进程的加快，客观存在的这种差别将不断缩小。

2．经济手段

环境管理的经济手段是指管理者依据国家的环境经济政策和经济法规，运用价格、成本、利润、信贷、利息、税收、保险、收费和罚款等经济杠杆来调节各方面的经济利益关系，规范人们的宏观经济行为，培育环保市场以实现环境和经济协调发展的手段。环境管理的经济手段可分为宏观经济手段和微观经济手段两种。

（1）宏观管理的经济手段，是指国家运用价格、税收、信贷、保险等经济政策来引导和规范各种经济行为主体的微观经济活动，以满足环境保护要求，把微观经济活动纳入到国家宏观经济可持续发展的轨道上来的手段。

（2）微观管理的经济手段，是指管理者运用征收排污费、污染赔款和罚款、押金制等经济措施来规范经济行为主体的经济活动，引导和强化企业内部的自主管理，促进污染防治和生态保护的手段。

环境管理经济手段的核心作用是贯彻物质利益原则，将对环境有害活动的外部影响综合到经济核算中去。即把各种经济行为的外部不经济性内化到生产成本中。运用经济手段，从一定意义上说，就是在国家宏观指导下，通过各种具体的经济措施不断调整各方面的经济利益关系，限制损害环境的经济行为，奖励保护环境的经济活动，把企业的局部利益同全社会的共同利益有机地结合起来。

经济手段具有以下主要特征：

利益性：利益性是经济手段的根本特征。它是指经济手段应符合物质利益原则，利用经济手段开展环境管理，其核心是把经济行为主体的环境责任和经济利益结合起来，运用激励原则充分调动企业环境保护的积极性。让企业既主动承担环境保护的责任和义务，又能从中获得有利于自我发展的机遇和外部环境。

间接性：它是指国家运用经济手段对各方面经济利益进行调节，来间接控制和干预各经济行为主体的排污行为、生产方式、资源开发与利用方式。促使各经济行为主体自主选择既有利于环境保护，又有利于经济发展的资源开发、生产和经营策略。

有偿性：它是指各经济行为主体在环境责任与经济利益方面应遵循等价交换的原则。即实行谁开发谁保护、谁利用谁补偿、谁破坏谁恢复、谁污染谁治理的“使用者支付原则”。环境资源是发展经济的基础，但发展经济不能损害或降低环境资源的价值存量。无论是资源开发活动，还是企业生产行为，在获取经济利益的同时，必须以增加环境保护投入、交纳排污费或污染赔款等形式来承担与此相应的环境责任，消除由此所造成的环境破坏和影响。

企业的行为是经济行为，制约和规范经济行为的最有效手段是经济手段。但是，在环境管理中让经济手段发挥应有的作用必须满足一个基本前提：这就是企业因违反环境法律、法规所必须支付的用于环境保护的补偿或费用必须大于企业因逃避环境责任而获取的非法收入的额度。具体地说，只有当经济处罚或收费的额度超过其因减少环境保护投入所节省下来的货币价值时，环境管理的经济手段才能真正发挥应有的作用。企业才能积极主动地调整自己的经济行为，认真开展污染预防和治理工作。

3. 行政手段

环境管理的行政手段是指在国家法律监督之下，各级环保行政管理机构运用国家和地方政府授予的行政权限开展环境管理的手段。例如，对那些违反环境保护法律和法规的行为进行警告，对擅自拆除或闲置环境保护设施的行为责令重新安装使用，对污染严重又难以治理的企业，责令停业、责令关闭、责令拆迁或限期整改等就是环境管理中的行政手段。

行政手段是行政管理的基本手段，它具有以下主要特征：

权威性：用行政手段开展环境管理，起主要作用的是管理者的权威。这是因为行政手段的有效性和所发出指令的接受率以及上、下级之间的沟通，在很大程度上取决于管理者的权威。管理者的权威越高，被管理者对管理者所发出指令的接受率就越高，上下级之间的沟通情况就越正常。因此，提高管理者的权威是提高行政手段有效性的前提。管理者权威的提高，主要取决于管理者所具有的行政权限的大小。另外，还与管理者自身在管理工作中所表现出来的良好管理素质及管理才能有关。提高行政手段的有效性必须受到国家法律的监督和制约，要坚持依法行政，依法管理。

强制性：行政手段是通过行政命令、指示、规定或指令性计划等来对管理对象进行指挥和控制，因而就必然具有强制性。但是这种强制性与法律手段的强制性又有所不同。从强度看，法律手段的强制程度高，它通过国家执法机关来执行，它规定了人们的行为规范，只能做什么和不能做什么，否则就是违法。而行政手段的强制程度则相对低一些。它主要强调原则上的高度统一，并不排斥人们在手段上的灵活多样性。从制约范围上看，法律手段的强制性对管理系统的子系统和任何个体都是一致的。而行政手段的强制性一般只对特定的部门或特定的对象才有效。

具体性：环境管理的行政手段不同于环境管理的法律、教育手段，它较为具体。法律手段具有概括性的特点，适用范围广。教育手段具有抽象性的特点，适用范围更广。行政手段的具体性一方面表现在从行政命令发布的对象到命令的内容都是具体的，另一方面表现在行政手段在实施的具体方式、方法上因对象、目的和时间的变化而变化。因此，它往往只对某一特定时间和对象有用，否则是无效的。

无偿性：运用行政手段开展环境管理，管理者可根据上级的有关规定和环境保护目标要求，有权对下级的人、财、物和技术进行调动和使用，有权对经济行为主体的生产与开发行为进行统一管理，不实行等价交换的原则，因而具有明显的无偿性特征。

4. **技术手段**

环境管理的技术手段是指管理者为实现环境保护目标所采取的环境工程、环境监测、环境预测、评价、决策分析等技术，以达到强化环境执法监督的手段。

环境管理的技术手段可分为宏观管理技术手段和微观管理技术手段两个层次。

（1）宏观管理技术手段

环境管理的宏观技术手段属于决策技术的范畴，是一类“软技术”。它是指管理者为开展宏观管理所采用的各种定量化、半定量化以及程度化的分析技术。这类技术包括环境预测技术、环境评价技术和环境决策技术。见图 2-2 所示。

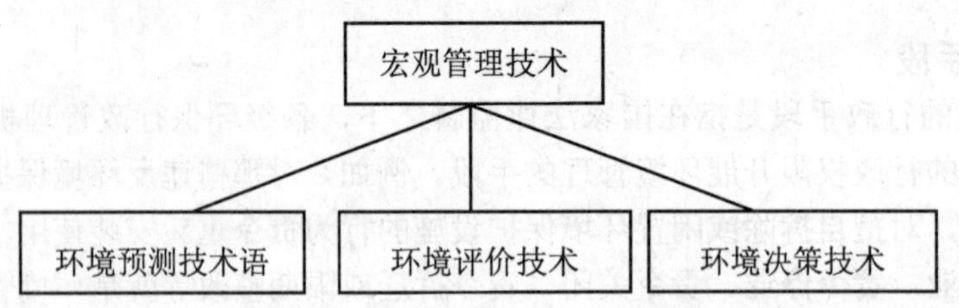

图 2-2 宏观管理技术手段

环境预测与评价技术是指区域政策及重大决策的预测与评价技术，包括灰色预测与评价技术、模糊预测与评价技术、马尔可夫链状预测与评价技术等。环境决策技术按量化程度可分为定量决策技术、定性决策技术；按决策结果的确定性程度可分为确定性决策技术和非确定性决策技术；按解决环境问题的过程可分为单阶段决策技术和多阶段决策技术；按决策问题包含的目标多少可分为单目标决策技术和多目标决策技术。有关内容参见本书第五章第三节内容。

（2）微观管理技术手段

环境管理的微观技术手段属于应用技术的范畴，是一类“硬技术”。它是指管理者运用各种具体的环境保护技术来规范各类经济行为主体的生产与开发活动，对企业生产和资源开发过程中的污染防治和生态保护活动实施全过程控制和监督管理的手段。

按照环境保护技术的作用来划分，微观管理技术可分为预防技术、治理技术和监督技术三类。预防技术包括污染预防技术和生态预防技术。治理技术包括污染治理技术和生态治理技术。监督技术包括常规监测技术和自动监控技术。见图 2-3 所示。

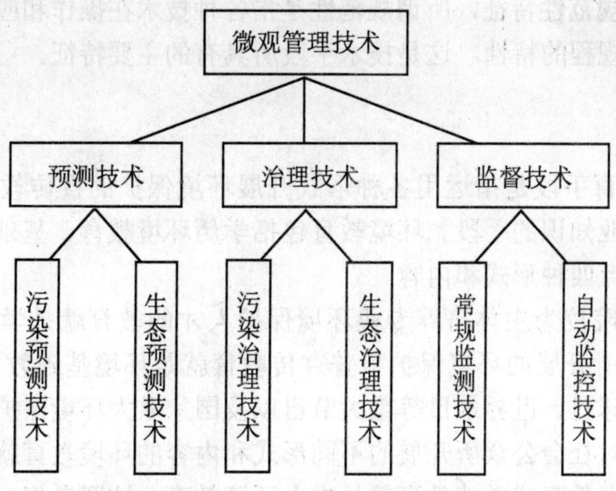

图 2-3 按作用划分的微观管理技术手段

按照环境保护技术的应用领域来划分，微观环境管理技术可分为污染防治技术、生态保护技术和环境监测技术三类。见图 2-4 所示。

污染防治技术包括污染预防技术和污染治理技术两方面。其中，污染预防技术也称为清洁生产技术，它属于生态技术范畴。是指在工业生产过程中，从产品设计开始，力求资源利用最大化、废物排放最小化的全过程控制生产技术。污染治理技术也称为环境工程技术。

生态保护技术也称为生态工程技术，它是指对生态系统进行研究、设计，运用生态或生物措施以改善生态系统的结构、恢复其生态系统功能的一类技术。它包括生态建设技术和生态治理技术两方面。

环境监测技术包括污染监测技术和生态监测技术两方面。

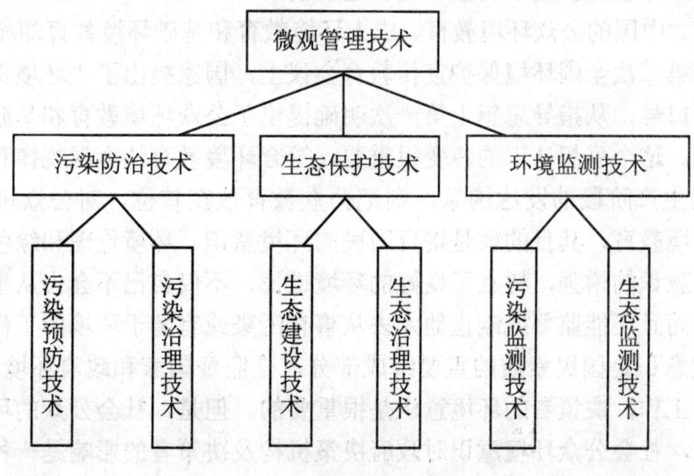

图 2-4 按应用领域划分的微观管理技术手段

技术手段具有**规范性**特征，所谓规范性是指各种技术在操作和应用过程中必须严格遵循技术要求和技术规程的特性。这是技术手段所具有的主要特征。

5. 教育手段

环境管理的教育手段是指运用各种形式开展环境保护的宣传教育以增强人们的环境意识和环境保护专业知识的手段。环境教育包括学历环境教育、基础环境教育、公众环境教育和成人环境教育四种形式和内容。

例如，以高等院校为主体培养专业环境保护人才的教育就是学历或专业环境教育。各类大、中、小学所开展的环境保护科普宣传教育就是环境基础教育。结合“六·五”世界环境日、世界地球日、世界水日等重大节日以及国家重大环境保护行动，通过新闻报道和社会舆论宣传面对社会公众所开展的不同形式和内容的环境教育就是公众环境教育。环境保护在职岗位培训教育或继续教育就是成人环境教育。这四者相互补充、相互促进，构成了环境教育的全部内容。

其中，公众环境教育是环境教育中的主要内容和任务，开展这类环境教育主要是通过新闻媒体和公众宣传两种途径进行的。如新闻报导、广播电视宣传和树立环境保护标识、宣传画报、标语口号、有组织的集会宣传等形式。

关于几种环境教育形式的优先顺序，在全球范围内，不同的国家和地区，其优先顺序是不相同的。在经济发达国家，其排列顺序为：公众环境教育，基础环境教育，成人环境教育和专业环境教育。在经济较落后的发展中国家，其排列顺序为：专业环境教育，公众环境教育，成人环境教育和基础环境教育。这种区别主要是由各个国家存在不同的环境问题以及解决环境问题的紧迫性所决定的。

处于污染治理阶段的国家把污染防治的任务摆在首位，急需污染治理的专业人才和技术，专业环境教育必然处于优先发展的地位。中国是全球环境保护专业教育发展最快的国家之一，到目前为止，已有230多所高校开设了各类环境专业。中国快速发展的专业环境教育是与国家环境保护处于初级阶段相适应的。

与此相反，中国的公众环境教育、成人环境教育和基础环境教育却相对落后。在1996年厦门召开的第二次全国环境保护宣传教育会议上，国家提出了“环境保护，教育为本，宣传先行”的口号，从指导思想上第一次明确提出了公众环境教育和基础环境教育摆在优先发展的地位。这个思想认识的转变很重要，符合环境教育的客观规律和发展趋势。

处于清洁生产阶段的发达国家，则把公众教育放在首位，对公众进行“从摇篮到坟墓”的终生环境教育，其目的就是培育国民的环境意识、环境伦理和绿色文化。可以说，社会公众环境意识的增强，树立了良好的环境道德，不仅自己不会去从事有污染或有害于环境的活动，而且还能监督或制止他人去从事有污染或有害于环境的工作和行为。

公众环境意识是国民素质的重要组成部分，是监督国家和政府环境行为的社会基础。开展环境保护工作，决策者的环境意识是很重要的。但是，社会公众的环境意识则更为重要。实践证明，社会公众环境意识对政府决策机构及决策者的影响是一种群体对个体的影响，自下而上的影响，具有极强的“后发效应”。各级地方政府决策者在进行环境决策时，都是围绕本地区的重点环境问题而展开的，而这些重点环境问题就是社会公众所关心的环境热点和焦点问题。因此说，提高公众的环境意识更为重要，在四种环境教育中，公众环境教育是必须放在首位的。

与此同时，相对于提高领导者的环境意识而言，提高公众的环境意识则较为容易。有以下原因：第一，环境污染和破坏侵犯的是大多数人环境权益，受害者是广大社会公众，作为个体的公众，对环境污染和破坏所造成的危害感受最深，最直接。第二，作为领导者或决策者，他们受到的保护较多，对环境问题的感受往往是间接的。第三，决策者所考虑的问题往往是全局的、整体性的。在进行环境决策时，他们不仅要考虑到环境保护问题，而且要考虑到影响区域社会发展的其它问题。例如，区域经济建设问题、社会再就业问题、教育问题、计划生育问题、社会安定问题等。所以，开展环境管理要重视和强化社会公众的环境教育，改变以往只注重和强调领导者环境意识，而忽视社会公众环境意识的错误认识和做法。

环境教育具有“**后效性**”、**广泛性**和**非程序化**等特征。这是因为，第一，人们环境意识的形成是一个漫长的过程，因此环境意识的转变与提高也是一个漫长的过程，这就决定了环境教育具有后效性特征。第二，任何一个公民不分肤色，不分民族，不分地位都是受教育者，因而环境教育具有广泛性特征。第三，环境教育的形式是多种多样的，环境教育的内容也是各异的，针对不同的受教育者，没有固定的程序和规范要求。因此，环境教育具有非程序化特征。

然而，在这里有必要明确指出，环境教育是开启民智、转变观念的“慢功夫”，其教育的主体对象是社会公众。而对于解决环境污染和生态破坏这样迫在眉睫的当前环境问题，以及面对环境污染与生态破坏者，单纯采取教育手段是无济于事的。必须运用法律、经济等其它手段来解决。这就告诉我们，运用环境管理的教育手段应当具有针对性，要与其它手段相配合，根据权变分析法，具体情况具体分析。

作为一个管理者，准确掌握和善于运用各种管理手段是重要的，但更重要的是必须明确管理手段与管理目的之间的关系。只有正确处理好这两者之间的关系，才能成为一个成功的管理者。

那么，管理手段与管理目的之间的关系是什么呢？一句话，手段是为目的服务的。

环境管理的目的是改善区域环境质量，实现区域经济、社会与环境的协调、持续发展。所以，在环境管理实践中，一切工作都要围绕这个目的而展开，一切手段都要为这个目的服务。由此出发可得到如下的结论：有效的手段才是好手段，或者说能达到目的的手段才是好手段。这意味着开展环境管理工作一定要从以往的“注重过程，淡化结果”的工作思路中转变到“注重结果，淡化过程”这一思路上来。只有这样，才能避免形式主义。

长期以来，在人们的观念里，尤其在决策者的头脑里存在着一个错误的认识，认为手段越多越好，措施越多越得力。在处理手段与目标的关系问题上，往往看重实现目标的过程和形式，看重手段的理论价值，而忽视实现目标本身、忽视结果。这是造成管理工作效率低下的一个重要原因。

从系统学的角度来认识，一个管理系统包含的因素越多，则系统的联系和交叉就多，影响和制约关系就多，有序性相对变差。为增强这个系统的有序性，需要更多的协调工作，而这种协调又常常造成新的不协调和不稳定。为实现再稳定和新的平衡，又要对这个系统施以新的干预。如此反复，做了大量与原系统毫不相干的工作，问题搞得很复杂，但管理效率没提高。

我们经常听到“齐抓共管”和“人人有责”的口号与提法。意思是说，一项工作、一件事情，负责的部门越多越好，这给人一种错觉。其实不然，一项工作管的人和部门多了，必然存在权力分配和责任分担问题。环节多了，交叉和制约关系多了，出错出漏的机会也就多了。出了成绩谁都想摘桃子，出了问题谁都不想负责任，相互推诿、相互扯皮。到后来一总结，工作效率降低了，问题增加了。

其实，在很多情况下，最简单的往往是最有效的，最模糊的往往是最精确的。特别是对环境问题，更是如此，这符合辩证法思想，符合系统学理论。作为一个管理者，必须正确认识手段和目的、过程和结果、形式和内容的关系，转变传统的管理思路，注意发挥手段的整体效用，避免形式主义。

二、环境管理的职能

所谓环境管理的职能，就是环境管理的职责与功能。这种职责与功能贯穿于环境管理工作的全过程。环境管理是一种兼具科学性、艺术性的社会活动。其活动形式表现为通过计划、组织、协调、控制而达到既定目标的过程。因此，环境管理可分为四个基本职能：计划职能、组织职能、协调职能和控制职能。另外，为了正确处理经济建设与环境保护的对立统一关系，环境管理还具有指导与服务两个辅助职能。

1. 计划职能

计划职能是环境管理的首要职能。所谓计划职能，是指对未来的环境管理目标、对策和措施进行规划和安排。也就是在开展环境管理工作或行动之前，预先拟定出具体内容和步骤，它包括确立短期和长期的管理目标，以及选定实现管理目标的对策和措施。

计划职能的主要内容如下：一是分析和预测环境管理对象未来的情况变化；二是制定环境管理目标，包括确定任务、对策、措施等；三是拟定实现计划目标的方案，作出决策，对各种方案进行可行性研究，选出可靠的满意方案；四是编制环境保护的综合规划、环境保护的年度计划和各专项活动的具体计划；五是检查总结计划的执行情况。

计划是环境管理的依据。没有计划，管理就会出现盲目性和随意性，也无法衡量管理的成效。

计划是预防未来不确定性的一种手段。随着人类社会的不断变革和科学技术的不断创新，人类的环境问题在不断产生，人类对环境问题的认识也在不断发展变化。因而，人类的环境战略和对策也必然处于不断的调整之中。计划是预测这种变化并且设法消除变化对环境管理造成不良影响的一种有效手段。

计划是减少资源和时间浪费，提高管理效益的方法。计划工作的一项重要任务就是要使未来的管理活动均衡发展，预先对此进行认真研究能够消除不必要的活动所带来的各种浪费，能够避免在今后的环境管理活动中由于缺乏依据而进行轻率判断所造成的损失。

计划是环境管理者进行控制的基础。控制的所有标准几乎都源于计划，计划职能与控制职能具有不可分割的联系。计划的实施需要控制活动给予保证，在控制活动中发现的偏差，又可使环境管理者修订计划，建立新的目标。

环境保护计划按计划期限的长短可以分为长期计划、中期计划和短期计划三种。

十年以上的计划属于长期计划，环境保护的长期计划也称为长期环境规划。例如，国家在1996年制定的环境保护2010年远景规划就是一个环境保护的长期计划。长期计划主要回答两方面的问题：第一是环境保护的长远目标和发展方向是什么，第二是怎样去实现环境保护的长远目标。

五年计划属于中期计划，环境保护的中期计划也称为中期环境规划。例如，国家和各级地方政府制定的"十五"环境保护计划就是中期计划。中期计划与长期计划的内容基本一致，但更为详细和具体，具有衔接长期计划和短期计划的作用。长期计划以问题为中心，而中期计划以时间为中心，它包括各年的计划。中期计划往往依照管理组织的各种职能进行制订，并着重各计划之间的综合平衡。使比较松散的长期计划有了比较严密的内容，从而保证计划的连续性和稳定性。所以说，中期环境保护计划赋予长期计划具体内容，又为短期计划指明了方向。

在中期计划指导下制定的一年或一年时间段以下的计划属于短期计划。例如，各地区为实现"十五"环境保护计划所制定的环境保护年度计划就是短期计划。它比中期计划更为详细具体，能够满足具体实施的需要。环境保护的短期计划可以是综合性的计划，也可以是单一目标的计划。短期计划由于对各种活动有了非常详细的说明或规定，因此在执行当中选择的范围很小。此外，短期计划涉及的环境要素比较确定，容易预测，也容易评价。

环境保护计划按对计划执行者的约束力大小可分为指令性计划和指导性计划两种。

环境保护指令性计划是由国家或上级主管部门下达的具有行政约束力的环境保护计划。例如，为实现国家"十五"环境保护目标所确立的工业污染源定期达标排放的计划，为加快国家产业结构调整，推进经济增长方式转变所提出的关闭"15小"的计划等就是指令性计划。指令性计划具有强制性，计划一经下达，各级地方政府以及计划执行单位必须遵照执行，而且要尽最大努力加以完成，没有选择的余地。

环境保护指导性计划是由国家或上级主管部门下达的具有指导和参考作用的环境保护计划。例如，为实现污染全过程控制，国家提出在"33211"重点工程区域内推广清洁生产的计划就是一种指导性计划。指导性计划一经下达，各级地方政府以及计划执行单位不一定要完全遵照执行，可考虑本地区的实际情况，决定是否按指导性计划开展工作。这是一种间接的计划方法，上级为了促使下级按指导性计划开展环保工作，不是采取行政命令的方法，而是采用价格、税收、信贷等经济杠杆进行调节，还可以通过制定经济政策和经济法规对计划进行指导。对环境保护指导性计划任务给予某种优惠待遇，会使下级执行单位进行决策时感到执行指导性计划更为有利，容易调动计划执行单位的环境保护积极性，变被动服从为主动参与。

开展环境管理，指令性计划与指导性计划缺一不可，二者要相互结合，互为补充。没有指令性计划，各级地方政府、环境执法部门、生产及资源开发企业以及各行业行政主管部门就没有压力；没有指导性计划，就不能有效调动地方政府各部门及企业的环境保护积极性。在环境形势严重的情况下，应当多采用指令性计划，在环境形势较好的情况下，应当多采用指导性计划。

环境保护指令性计划和指导性计划的关系是一个值得深入研究的问题。

2. 组织职能

组织是管理的另一项基本职能。在一般管理学中，有关组织的性质、组织设计的原则、组织设计的理论、组织结构的基本类型等内容对于环境保护部门这个“组织”的内部管理而言具有普遍适用性。而对于环境保护部门组织社会力量，有效利用各种人力资源、物力资源和财力资源开展环境保护活动的“组织”概念是不适用的。同样，环境管理的组织职能与一般行政管理的组织职能也是有很大的区别。

所谓环境管理的组织职能是指为了实现环境管理目标，对人们的环境保护活动进行合理的分工和协作，合理配备和使用各种资源，协调和动员社会各方面的力量，正确处理人际关系和调整社会各阶层的经济利益关系的职能。为了实现环境管理目标和计划，必须要有组织保证，必须对管理活动中的各种要素和人们在管理活动中的相互关系进行合理的组织。

因此，环境管理的组织职能包括两大方面：一是环境管理的内部组织职能，二是环境管理的外部组织职能。

（1）环境管理的内部组织职能

环境管理的内部组织职能也是环境保护部门内部组织职能。主要有以下几方面：一是按照环境管理目标的要求建立合理的组织机构；二是按照业务性质进行分工，确定各部门的职责范围；三是给予各部门和管理人员相应的权力；四是明确上下级之间、部门之间、个人之间的领导与协作关系，建立环境管理信息沟通的渠道；五是配备、使用和培训环境管理工作人员；六是建立考核和奖惩制度，对人员进行激励。所有这些，要按照一般管理学中的动态组织设计原则——即按照职权和知识相结合的原则、集权与分权相平衡的原则、弹性结构原则来优化管理系统的组织职能。在这方面，一般管理学的理论与方法具有普遍的适用性。

（2）环境管理的外部组织职能

环境管理的外部组织职能也称为环境保护部门的外部组织职能。主要有以下几方面：一是按照国家和上级环保部门的要求，在地方政府的领导下组织本地区的城市环境保护工作；二是按照国家和上级环保部门的要求，在地方政府的领导下组织本地区的乡镇和农业环境保护工作；三是根据国家资源和生态保护政策，组织本地区以资源开发活动为中心的生态环境保护工作；四是协调、组织本地区重大环境问题的执法监督管理工作。

在环境管理的组织职能中，外部组织职能是第一位的，内部组织职能是第二位的。如何有效发挥环境管理的外部组织职能，一般管理学无法提供现成的答案。这是环境管理学所面对的理论和实践两大问题，需要通过环境管理体制改革加以解决。

3. 监督职能

监督作为一种管理职能是普遍存在的，是环境管理活动中的一个最基本、最主要的职能。也是环境保护行政主管部门的一种基本管理职能。

在一般管理学中，管理的监督职能不论就其内涵、性质而言，还是就其手段和方法来说与控制职能是相似的。因此，有人把监督与控制等同起来。但在论及环境管理的职能问题上，我们宁愿使用监督职能而不使用控制职能来阐述，这主要是由于监督职能更能被广大环境保护工作者理解和接受。实际上，这二者之间有时又是很难加以区别的。

人类的各种活动是一种由各种要素有机组成，并有着极为复杂的内部联系和外部联系的活动。因此，在计划中要求尽可能全面、周密地反映客观情况，并且制定出切实可行的计划。但是在环境管理过程中，还会出现各种预料不到的情况。同时，各种活动要素及其相互联系也存在一些事先无法把握的变化。所以在执行计划的过程中，仍然可能产生不同程度的偏差。这就要求通过监督和反馈加以调节，以保证环境管理目标的实现。具体地说，环境管理的监督职能是对环境管理的活动进行监察和处理，对环境质量进行监测和检查的职能。

（1）按照监督的功能划分，环境管理监督包括内部管理监督和外部管理监督两种。

内部监督是管理组织的自身监督。主要指环境管理部门从执法水平和执法规范两个方面开展的系统内部的监督。通过内部监督来加强环保执法队伍的自身建设，提高环境执法人员的政策和执法水平。

外部监督是管理组织对被管理者实施的监督。主要指环境管理部门依据国家的环境法律、法规、标准以及行政执法规范对一切经济行为主体以及行政主管部门开展的环境监督。通过这种监督落实各经济行为主体以及行政主管部门的环境责任和环境保护措施，确保遵守国家环境法律、法规和标准，做好污染预防和治理工作，改善区域环境质量。内部监督和外部监督是强化环境管理的两个重要方面，缺一不可。其中，外部监督是环境保护部门开展环境管理的主要监督内容和形式。

（2）按照监督的时序划分，环境管理监督包括预先监督、现场监督和反馈监督三种。

预先监督也称前馈监督或环境计划监督。即指环境管理部门对依法赋予环境保护责任和义务的其它行政单位、企业的行政主管部门以及企业环境保护计划的制定进行检查和督促，为防止计划执行过程中产生偏差而采取的管理行为。未来的定向控制对实现管理目标是十分重要的，但由于控制具有时间上的滞后性，为了使管理控制更为有效，通过预先监督落实环境保护计划是必不可少的。在环境管理实践中，这类监督往往被管理者所忽视。

现场监督是在计划执行过程中，环境管理部门根据国家和地方政府的环境法律、法规和标准直接对各种经济行为主体的生产与经营活动、资源部门的开发与建设活动以及其它产生环境污染的行为主体进行现场检查、处理以制止环境污染和生态破坏的监督行为。现场监督是环境管理中最主要的监督形式。大量违法行为的查处和环境问题的解决都是通过现场监督获取第一手材料和信息的。例如，企业执行“三同时”情况，开发建设活动的项目管理，污染治理方案的实施和污染事故处理等都是通过现场环境监督来获取第一手材料的。

反馈监督是以过去的经验、数据等信息作为评鉴，指导或纠正未来管理行为的一种监督。这种监督主要是分析环境管理工作的执行结果，预测未来变化，找出已发生的或潜在的因素，以控制下一过程的变化。反馈监督在环境管理中有很少的应用。

（3）按照监督的对象划分，环境管理监督包括经济主体监督和行政主体监督两种。

经济主体监督是指环境管理部门对所有经济行为主体依法开展的环境监督。包括对企业的生产与经营行为的环境监督，资源的开发与建设活动的环境监督，资源保护与利用行为的环境监督，人们消费行为的环境监督等。

行政主体监督是指环境管理部门对依法赋予环境保护责任与义务的政府其它部门和所有经济行为主体的行政主管部门有关环境保护的计划、实施情况依法开展的环境监督。

这些部门包括：经济部门、工业部门、交通部门、水利部门、农业部门、林业部门、土地部门、能源部门、港监部门、建设部门、工商部门、税务部门、公安部门、海洋部门等。

行政主体监督是环境管理监督中的重要方面，通过加强行政主体监督，可以有效调动地方政府各有关职能部门的环境保护积极性和主动性，加强行业环境管理。长期以来，我国的环境管理监督主要局限于经济主体监督，而关于行政主体监督基本上是空白，这主要是由于国家环境管理体制不顺原因所致。管理体制不顺，严重影响和制约了环保部门统一监督管理职能的正常发挥，这是造成行政干预的一个重要原因。因此，加快国家环境管理体制的改革是强化环境管理行政主体监督的前提条件。

环境监督的基本程序：一是制订监督标准。由于监督的类型、内容和对象不同，其监督的标准也是不同的。例如管理组织的内部监督标准是岗位工作目标，而外部监督标准则是国家的环境政策、法规和标准。二是衡量实际效果。对于内部监督而言，就是管理人员的工作绩效；对于外部监督而言，就是被管理者执行国家环境法律、法规和标准的实际水平。三是将实际效果同预定的管理目标相比较，弄清是否出现了偏差。四是采取针对性的纠正措施，或者强化管理以提高管理客体的实际效能，或者修正和调整管理主体的监督标准。监督是管理成功与否的关键，因而，环境监督是环境管理的关键职能。

4．协调职能

协调是环境管理的一个重要职能。所谓协调职能是指在实现管理目标的过程中协调各种横向和纵向关系及联系的职能。协调职能与监督职能的关系非常密切，强化监督管理离不开协调。

从宏观上讲，环境管理就是要协调环境保护与经济建设和社会发展的关系，实现国家的可持续发展。从微观上讲，环境管理就是要协调社会各个领域、各个部门、不同层次人们的各种需求和经济利益关系，以适应环境准则。环境管理涉及范围广、综合性强，需要各部门分工合作，各尽其责。因此，协调已成为环境管理者的重要任务。不论是环境机构的组织内部管理，还是环境机构组织的外部管理，都需要协调。

通过协调统一组织内部人们的思想认识和行动，消除矛盾、降低内耗、优化组织结构，实现组织的管理目标；通过协调消除或减少来自于外部的政府行政干预，加大环境执法力度；通过协调强化环境保护部门统一监督管理的职能；通过协调营造一个有利于实施环境与发展综合决策的氛围和环境；通过协调调动地方政府各部门环境保护的积极性，推进区域的环境污染防治工作；通过协调加强跨区域或流域的环境保护；通过协调减少各种环境纠纷，降低区域的不安定环境因素，等等。

总之，开展环境管理需要协调，只有通过协调，才能使步调一致，提高管理效率。例如，为加强对汽车尾气的管理，需要环境保护部门、能源部门、交通部门和环境科研部门的共同配合与协作才能完成，而其中任何一个部门都无法单独实现管理目标。同样，开展建设项目环境管理和污染治理也离不开综合协调。

5．指导职能

指导职能是指环境管理者在实现管理目标的过程中对有关部门具有的业务指导职能。指导职能包括纵向和横向指导两个方面：纵向指导是指上级环境管理部门对下级环境管理部门的业务指导；横向指导是指在同一政府领导下的环境管理部门对同级相关部门开展环境保护工作的业务指导。

6．服务职能

服务职能是从指导职能中派生出来的一个职能。加强环境监督管理，服务必须到位，这是新形势下对环境管理提出的新要求。从广义上讲，“管理就是服务”，环境管理工作要服务于经济建设的大局。从狭义上讲，环境管理中有许多需要为经济部门和企业提供服务的内容。包括：污染防治技术咨询服务，环境法律、政策咨询服务，清洁生产咨询服务，ISO14000 环境管理标准体系咨询服务等内容。

对于环境管理者而言，指导职能比服务职能具有更大的责任和义务，是管理者必须履行的责任和义务。而服务职能是以服务需求的存在为前提，没有客体的需求，就没有主体的服务。

思考题

1．什么是环境？谈谈你对环境概念的理解。
2．何为环境问题？有几种类型的环境问题？
3．环境问题是如何产生的？根源是什么？
4．谈谈你对环境问题的认识。
5．何为环境管理？你是怎样理解这一概念的？
6．环境管理有哪些特点和性质？
7．有哪些类型的环境管理？
8．你认为何种类型的环境管理更符合环境保护的客观需要？
9．目前世界上有几种环境管理模式？各种管理模式之间有什么特点和区别？
10．哪种环境管理模式更适合于我国的环境管理实践？
11．管理手段与管理目的的关系是什么？
12．你认为提高社会公众和决策者的环境意识哪一个更重要？
13．环境管理有哪些职能？为什么说协调职能是环境管理的重要职能？
14．谈谈你对监督职能的理解。

第三章 环境管理思想与原则

如果说在人类灿烂的文化史上，真正具有经久不衰魅力的创作只是属于哲学和文学的话。那么，在未来的环境科学发展史上能够为人们长期思索和反复推敲的就只有环境管理的思想和原则了。

有什么样的环境管理思想，就有什么样的环境管理战略。有什么样的环境管理原则，就会有什么样的环境管理对策。在这一章，我们着重论述环境管理的思想与原则。

第一节 环境管理思想

具有现代学科意义的环境管理学是在一般管理学的基础上，伴随着环境科学的发展而出现在20世纪90年代。然而，环境管理思想的产生与发展却相对久远，与人类环境问题的出现息息相关，与一般管理思想的演变息息相关。因此，要了解环境管理思想的产生与发展，首先了解一般管理思想产生与发展的历史线索是非常必要的。

一、一般管理思想产生与发展的历史线索*

管理从 19 世纪末才开始形成一门学科。但是管理的观念和实践已经存在了数千年。纵观管理思想发展的全部历史，大致可以划分为四个阶段：早期的管理思想、古典的管理思想、中期的管理思想、现代的管理思想。

1. 早期的管理思想——欧洲产业革命前的管理思想

自从有了人类历史就有了管理。因为人是社会动物，人们所从事的生产活动和社会活动都是集体进行的，要组织和协调集体活动就需要管理。

原始人在狩猎时，往往由一群人来捕杀一头猎物。这是由于他们认识到单个人没有这种能力，只有许多人同时从事这一活动，才能既保全自己，又能捕获猎物。在这种情况下，需要大家配合行动，一些人举着火把，一些人投掷石块，还有一些人拿着木棒。组织这种相互配合的活动实际上就是管理，尽管当时他们还没有创造出“管理”这一词。

在公元前 5000 年左右，埃及人就有了对于计划、组织和管理的认识，这可以从古埃及人留下的最伟大的工程中找到例证。举世闻名的世界七大奇迹之一的金字塔就是当时埃

---

* 徐国华，赵平．管理学．北京：清华大学出版社，1990

及人工程设计、生产管理和组织能力的象征之一。据考察，金字塔中最大的胡夫金字塔原高 146.95 米，共耗用 230 多万块石头，每块石头重 2.5 吨，动用了 10 万人力，前后费时 30 多年才得以建成。其中包含了大量的组织管理工作，例如，组织人力进行计划和设计，对人力进行合理的分工等等。这些工作不但需要技术方面的知识，更重要的是要有许多管理经验。与此同时，古埃及还兴建了规模巨大的灌溉系统和运河工程。

古希腊也留下了一些宝贵的管理思想。在公元前 370 年，希腊学者瑟诺芬曾对劳动分工作了如下论述："在制鞋工厂中，一个人以缝鞋底为业，另一个人进行剪裁，还有一个人制造鞋帮，再由一个人专门把各种部件组装起来。"瑟诺芬的这一管理思想与后来科学管理的创始人泰勒的某些思想非常接近，尽管他们所处的时代相差了 2200 多年。

公元 284 年，古罗马建立了层次分明的中央集权帝国。他们在权力等级、职能分工和严格的纪律方面都表现出他们在管理上具有相当高的水平。罗马人的组织才能还表现在公用建筑、道路建设、供水系统等结构复杂的工程中，这些工程都闪烁着罗马人管理思想的光辉。

中国也是一个文明古国，在人类的管理思想发展史上占有重要地位。例如春秋战国时期，杰出的军事家孙武所著的《孙子兵法》中所体现出来的管理思想对当今人类的社会活动都具有重要的参考价值。日本和美国的一些大公司甚至把《孙子兵法》列为经理培训的必读书籍。在经济管理思想方面，中国也有许多宝贵的历史遗产和论著。

值得一提的是距今 2200 多年前战国时期的《周礼》。它是一部论述国家政权职能的专著，是对封建国家管理体制的理想化设计。它的内容包括政治、经济、财政、教育、军事、司法和工程等各个方面。其中关于封建国家国民经济管理的设计，在许多方面达到了相当高的水平。

此外，我国古代许多伟大建筑工程的管理实践也提供了丰富的管理思想和方法。例如，驰名中外的都江堰工程就是中国古代管理思想的光辉典范，它留给后人的启示是非常深刻的。

总之，产业革命前，管理思想处于一种萌芽状态，仅仅以观念的形式存在于人类的管理实践中。尽管有一些思想家阐明了管理问题，也不过是哲学思辨的副产品。这个时期人类的管理思想有两次高潮，一次是古希腊罗马时代，另一次是 15 世纪以后的地中海沿岸的资本主义萌芽时期。这两次高潮对管理思想的发展作出了较大的贡献。

2. 古典的管理思想——欧洲产业革命时期的管理思想

人类社会进入 18 世纪 60 年代以后，产业革命的兴起大大提高了社会生产力。与此相适应的管理思想的革命、计划、组织、控制等职能相继产生。产业革命首先发生在英国，以后法、德、美、日等国也先后相继进行。产业革命是生产技术上的根本性变革，同时也是管理思想和管理体制上的重大突破。

随着企业规模的不断扩大，劳动产品的复杂程度与工作专业化程度日益提高，企业经理人员也逐渐摆脱了其他工作，专门从事管理。在此期间，大量的关于管理思想和方法的研究都是围绕着企业工人劳动分工，提高劳动生产率问题而展开的，涌现了一大批管理思想的先驱。其中，苏格兰的古典政治经济学家与哲学家亚当·斯密斯和英国数学家及作家查尔斯·巴贝奇等人对管理思想的发展做出了巨大贡献。

19 世纪末之前，人类的管理思想还处于一种零散的、非系统化状态，企业生产的管理还是传统的管理办法。到了 19 世纪末，管理思想已逐渐趋于系统化和科学化，最具代表性的是美国的泰勒和法国的法约尔的管理思想。

泰勒在他的《科学管理原理》一书中提出了提高劳动生产率的五条管理办法，一是实行工作定额，二是强调能力与工作相适应，三是实行标准化，四是实施差别计件付酬制，五是计划和执行相分离。泰勒科学管理的精髓是用精确的调查研究和科学知识来代替个人的判断、意见和经验。泰勒的科学管理和传统管理相比，前者靠科学地制定操作规程和改进管理，后者靠拼体力和时间；前者靠金钱刺激，后者靠饥饿政策。

在以泰勒为代表的一些人在美国倡导科学管理的时候，欧洲也出现了一些古典的管理理论及其代表人物，其中影响最大的要属法约尔及其一般管理理论，他的代表作是《工业管理和一般管理》。

法约尔认为，企业无论大小，简单还是复杂，其全部活动都可以概括为六种：一是技术性工作，二是商业性工作，三是财务性工作，四是会计性工作，五是安全性工作，六是管理性工作。他对这六大类工作作了分析之后发现，对基层工人主要要求其具有技术能力。随着组织层次中职位的提高，人员的技术能力的相对重要性降低，而管理能力的要求逐步加大。并且随着企业的规模的增大，管理能力显得更加重要，而技术能力的重要性在不断减少。法约尔在他的《工业管理与一般管理》一书中首先提出了一般管理的 14 条原则。即劳动分工、权力和责任、纪律、统一指挥、统一领导、个人利益服从集体利益、合理的报酬、适当的集权与分权、跳板原则、秩序、公平、保持人员稳定、首创精神和人员的团结。这 14 条管理原则包含了许多成功的经验和失败的教训，为后人的管理研究与实践指明了方向。

法约尔管理思想的另一内容是他把管理活动划分为计划、组织、指挥、协调和控制五大要素，并对管理的五大要素进行了详细的分析和讨论。法约尔的管理思想虽然是以企业为研究对象而建立起来的，但由于他强调管理的一般性，使得他的管理思想和理论也适用于政治、军事及其它部门。

相对于泰勒的管理思想，法约尔的管理思想更具系统性和理论性。他对管理的五大要素的分析为管理科学提供了一套科学的理论构架，是一般管理学产生的基础。

3．中期的管理思想——19 世纪末至 20 世纪 30 年代期间的管理思想

在此期间，美国人霍桑和澳大利亚人梅奥是对中期管理思想发展作出重大贡献的两个代表性人物。其中，著名的霍桑试验是人群关系学派诞生的前提，为以后的行为科学学派的产生奠定了基础。该试验研究发现，影响生产力最重要的因素是工作中发展起来的人群关系，而不是待遇及工作环境。梅奥在他的代表作《工业文明的人类问题》一书中，总结了亲身参与并指导的霍桑试验及其它几个试验的初步成果，并阐述了他的人群关系理论的主要思想，从而为提高生产效率开辟了新途径。他认为，提高生产效率的主要途径是提高工人的满意度。即力争使职工在安全方面、归属感方面、友谊方面的需求得到满足，而对此的需求是因人而异的。

梅奥的管理思想可以归纳为以下几点：一是强调对管理者和监督者进行教育和训练，以改变他们对下属的态度和监督方式；二是提倡下级参与上级的各种决策以此来改善人群

关系；三是加强意见沟通以提高管理效率；四是建立面谈和调解制度以消除不满和争端；五是改变干部的标准，重视管理人员自身的人群关系以及协调能力；六是重视、利用和倡导各种非正式组织。梅奥的人群关系理论为管理思想的发展开辟了新领域，也为管理方法的变革指明了方向，导致了管理上的一系列改革，其中许多措施至今仍是管理者们所遵循的信条。

美国学者巴纳德是另一位对中期管理思想有卓越贡献的人之一，在他的代表作《经理的职能》一书中详细地论述了自己的组织理论。巴纳德组织理论的主要内容包括：

第一，组织是一个合作系统。在此之前，人们总把组织当成是一种僵硬的结构，只注意到组织中的职责、分工和权力结构。巴纳德认为这种组织观点是比较机械的、孤立的。

第二，组织存在要有三个基本条件，即一个正式的组织必须有明确的目标、协作意愿和意见交流三个条件。这三个条件中若有一条不满足，组织就要解体。

第三，组织效力与组织效率原则。他认为，要使组织存在和发展，不仅要包含三个基本要素，而且必须符合组织效力和组织效率两个基本原则。

所谓组织效力是指组织实现其目标的能力或实现其目标的程度。一个组织协作得很有效，它的组织目标就能实现，这个组织就是有效力的。反之就是无效力的。所以，组织效力是组织存在的必要前提。

所谓组织效率是指组织在实现其目标的过程中满足其成员个人目标的能力和程度。一个组织若不能满足其成员的个人目标，就不可能使其成员具有协作意愿和做出实现组织目标所必须的贡献，他们就会不支持或退出该组织，从而使组织的目标无法实现，使组织瓦解。所以，组织效率就是组织的生存能力。

第四，管理者的权威来自下级的认可。

巴纳德认为，管理者的权威并不是来自于上级的授予，而是来自于自下而上的认可。管理者权威的大小和指挥权力的有无，取决于下级人员接受其命令的程度。他认为单凭职权发号施令是不可取的，更重要的是取得下级的同意、支持和合作。这就是说，一项命令是否具有权威，决定于命令的接受者，而不在于命令的发布者。这是巴纳德对权力的一种全新的看法。

法约尔等人主要从原则与职能的角度来研究管理，而巴纳德却从心理学和社会学的角度来研究管理，并且将其中的概念加以发展，使前人关于管理思想和方法的研究向前推进了一大步。巴纳德的理论具有广泛的影响，他用社会系统观点来分析管理，这是他的独到之处，后人把他的主要观点归纳起来称为社会系统学派。

4．现代的管理思想——20世纪40年代以后的管理思想

这一时期管理领域非常活跃，出现了一系列管理学派，每一学派都有自己的代表人物。

二次世界大战以后，世界政治形式趋于稳定，许多国家都致力于发展本国经济，社会生产力和科学技术得到了飞速的发展。与此同时，管理思想也逐步趋于成熟，形成了诸多的管理理论学派。它们是管理程序学派、行为科学学派、决策理论学派、系统管理学派、权变理论学派、管理科学学派和经验主义学派，下面逐一加以简要介绍。

管理程序学派是在法约尔的管理思想基础上发展起来的。代表人物是美国的哈罗

德·孔茨和西里尔·奥唐奈。其代表作是他们合著的《管理学》。

这个学派最初对组织的功能研究较多，提供了一个分析研究管理的思想构架，将一些新的管理概念和管理技术容纳在计划、组织和控制等职能之中。

行为科学学派是在梅奥的人群关系理论基础上发展起来的，该学派的代表人物有美国的马斯洛和赫兹伯格等。该学派认为管理中最重要的因素是对人的管理。所以，要研究人，尊重人，关心人，满足人的需要以调动人的积极性，并创造一种能使下级充分发挥能力的工作环境，在此基础上指导他们的工作。

该学派主张从单纯强调感情的因素，搞好人与人之间的关系转向探索人类行为的规律。提倡善于用人，进行人力资源的合理开发。并且强调个人目标和组织目标的一致性，要从个人因素和组织因素两方面着手来调动人的积极性。行为科学理论包括人际关系理论、激励理论和领导理论三部分内容。

决策理论学派是从社会系统学派发展起来的。它的代表人物是美国的赫伯特·西蒙，其代表作是《管理决策新学科》。由于西蒙在决策理论方面的突出贡献，曾荣获 1978 年的诺贝尔经济学奖。

该学派认为管理的关键在于决策，因此，管理必须采用一套科学的决策方法，研究合理的决策程序。决策理论包括如下四个主要观点：决策是一个复杂的过程而不是一个瞬间的活动；决策可分为程序化决策和非程序化决策；决策应遵循满意的行为准则；组织设计的任务就是建立一种制定决策的人—机系统。

系统管理学派侧重于用系统的观念来考察组织结构及管理的基本职能，它来源于一般系统理论和控制论。代表人物为卡斯特等人，卡斯特的代表作是《系统理论和管理》。

该学派认为组织是一个由诸多相互联系、相互影响和相互作用的要素组成的系统，组织的功能是由组织的结构决定的。一个组织的管理水平或系统的运行效果是由系统内各个子系统相互作用的效果决定的。同时又认为，组织这个系统中的任何子系统的变化都会影响到其它子系统的变化。为了更好地把握组织的运行过程和提高管理水平，就要研究这些子系统之间以及各子系统和系统之间的相互关系。

权变理论学派是一种较新的管理思想，权变的含义通俗地讲也就是权宜应变。顾名思义，权变理论学派显然是一种在指导思想上以强调权宜应变为特色的现代管理学派。它的代表人物是英国的伍德沃德，其代表作是《工业组织：理论和实践》。

该理论认为，组织和组织成员的行为是复杂和不断变化的，这是一种固有的性质。所以说，没有任何一种理论和方法适用于所有情况，因此，管理方式和方法也应随着情况的不同而改变。要根据管理对象的实际情况来选择最好的适用管理方式。也就是说，没有什么是一成不变的、普遍适用的、“最好的”管理理论和方法。一切管理理论和方法都与所处的环境条件密切相关，不能机械和教条地生搬硬套。

权变理论学派在 70 年代的美国风靡一时，它的基本思想从某种意义上讲和我们奉行的一切从实际出发、实事求是的思想路线有相通之处。它对于我们如何根据自身的特点和客观环境选择相应的管理理论和方法有重要的启发意义。

管理科学学派又称数理学派，它形成于第二次世界大战之后，是泰勒科学管理理论的继续和发展。其代表人物为美国的伯法等人，他的代表作是《现代生产管理》。该学派强调群体决策，运用数学方法和计算机技术，重点研究操作方法和作业方面的定量管理问题。

在管理科学学派看来，管理就是制定和运用数学模式与程序的系统，就是用数学符号和公式来表示计划、组织、控制、决策等合乎逻辑的程序，求出最优解，以达到管理的目标。所以，所谓管理科学就是制定用于管理决策的数学和统计模式，并把这些模式通过电子计算机应用于企业管理。

管理科学学派最突出的特点是其方法的“工具性”。该学派认为，管理科学需要对以下两个问题提供答案：一是管理的对象和内容是什么，即回答管什么样的问题；二是如何管理，即回答怎么管的问题。

经验主义学派的代表人物主要有戴尔和杜拉克，其代表作分别为《管理：理论和实践》和《有效的管理者》。

这一学派主要从管理者的实际管理经验方面来研究管理，他们认为成功的组织管理者的经验是最值得借鉴的。因此，他们重点分析许多组织管理人员的经验，然后加以概括，找出他们成功经验中具有共性的东西，然后使其系统化，理论化。并据此向管理人员提供建议。

将管理思想的发展按时间划分为四个阶段，只是为了讨论的方便，而不是说各阶段的管理思想是彼此独立、互不相关的。管理思想的发展大多是互相影响、互相补充，很少是全部弃旧立新的。只要认真考察管理思想发展的过程，我们就可以发现，四个阶段的划分可以避开不同的理论形式，寻找到具有一定内在联系的思想方法。不能认为仅有现代管理思想才是正确的，而前期的管理思想已无用途。对历史遗留下来的各种管理思想，我们都应该采取分析和扬弃的态度。

在人类的知识宝库里，无处不体现出人类管理思想的结晶，有关管理思想的内涵是非常深刻的，其研究成果是非常丰富的。在本书中不可能系统地将其全部展现在人们的面前，只能概括地介绍以提供人们了解和游览一般管理思想的线索。

许多资料表明，对管理思想的研究，国外的重视程度和研究深度已经超过了国内。因此，深入研究人类的一般管理思想，特别是近代和现代的管理思想，是管理理论界的一项迫切的任务。透过对人类一般管理思想的研究，我们可以得到对环境管理思想研究的深刻启示。

二、环境管理思想

我们知道，一般管理思想产生于企业管理和工程管理的长期实践，对其它管理问题同样也具有一定的普遍指导意义。然而，管理思想的普遍适用性随着管理领域的不同而不同。作为管理科学和环境科学的交叉性学科，环境管理思想与一般管理思想之间因为研究领域和研究对象的差别，既有共同性，又有特殊性。

作为管理学的一个重要分支，环境管理与一般的企业管理、行政管理等在管理思想上的共同性是显而易见的。

然而，作为环境科学的重要分支，环境管理又不同于一般的企业管理、行政管理、工程管理以及技术管理。环境管理是以各种经济行为主体为管理对象，这些经济行为主体是具有不同的形式、不同的性质和规模的社会群体，如资源开发部门、生产企业、事业单位等。而企业管理、行政管理和工程技术管理等基本上是以个体的人为管理对象。管理对象的不同，决定了管理思想和原则的不同。行为科学告诉我们，群体行为和个体行为既有联系又有区别，这种差别就是特殊性。因此，环境管理自然有属于它自己的管理思想，其特殊性也是必然的。

环境管理思想包括行为管理、大系统管理、宏观决策管理、权变管理和经验管理五种管理思想。

1. 行为管理思想

这是从梅奥的人群关系论派生出来的以人类的各种行为作为管理要素的一种管理思想。我们知道，环境管理的方式和途径是多种形式的，环境管理的手段和措施也是多种多样的。所有管理方式和途径都是通过人的行为调整和控制来实现的，所有管理手段和措施都是通过管理主体——人来实施的。所以，对人的行为进行管理是环境管理的核心，是最基本的管理要素。

人的行为可分为自然行为、经济行为和社会行为。其中经济行为具体包括生产行为和消费行为。经济行为是人的最基本行为，也是产生环境问题的主要行为。因此，环境管理中的行为管理主要是针对人的经济行为而言的。

在一定的社会组织中，人与人之间的行为，人与周围环境之间的行为，大多数都表现为直接或间接的经济利益关系。这种关系或者通过社会产品的货币交换表现为人们之间的双向经济利益关系，或者通过对自然资源的消耗表现为单向的经济利益关系。无论是何种经济行为，都是有目的行为，这些有目的行为必然对人类环境产生不同程度的影响。同样，这些有目的行为也必然影响到环境保护的效果和环境管理的水平。

调控人的行为有两种手段，一是强制性手段，二是激励性手段。强制性手段是指运用国家法律、法规所赋予的具有强制力保证的手段。这类手段的对象性和目的性都很强，比如环境管理中的法律手段就是调控人类行为的强制性手段。所谓激励性手段是指被管理者按照管理者的要求自觉选择有利于实现管理目标的手段。比如环境管理中的经济手段就是调控人类行为的激励手段。在一般情况下，激励手段是调动人的主观能动性和创造性的主要手段，其适用范围和作用比强制性手段要大得多，是调控人类行为的首选手段。

激励是心理学的一个术语，指的是激发人的动机，使人在一股内在动力驱使下，朝着管理者所期望的目标前进的心理活动。激励是行为科学中组织行为学方面的核心问题，也是环境管理的最关键和最困难的职能。

行为管理需要从调整和控制人的需要和动机入手，这是行为科学研究的主要内容，将在下一章具体介绍。

2. 大系统管理思想

人类的生存环境是一个开放的巨复合系统，构成该系统的要素之间存在着相互影响、相互制约的系统关系。与此同时，人类的环境管理系统也是一个复合大系统。因此，开展环境管理必须有大系统思想。不仅要把环境管理看成是国家管理系统的有机组成部分，而且要把环境目标看成是国家发展目标的重要组成部分；不仅要把环境理论研究与环境保护实践看成是一个有机整体，还要把环境管理的职能、对策与手段看成是一个有机整体；不仅要把生态保护与污染防治看成是一个有机整体，而且还要把宏观管理与微观管理看成是一个有机整体。

开展环境保护，就是要坚持整体性原则，以大系统管理思想为指导，正确处理好部分与整体、局部与全局、眼前与长远的各种关系。站在国家发展的战略高度，从宏观管理入手，加强环境与发展综合决策，使环境保护与实现“两个根本性转变”相结合，与调整产业结构、资产重组相结合，与加强城乡基础设施建设相结合，与加强法制建设相结合，与促进环境科技和环保产业发展相结合。通过加强规划管理，把环境保护计划纳入国民经济和社会发展计划中。做到环境保护与经济建设、城乡建设同步规划、同步实施、同步发展，实现经济效益、社会效益和环境效益的统一。

很显然，环境保护的“三同步”和“三统一”方针以及区域环境综合整治的思想就是这一管理思想的充分体现。

大系统管理思想来源于管理学中的系统管理理论。除了要有整体性思想之外，还要有结构化管理思想。该思想强调系统的结构化设计与管理，通过对管理系统结构的优化设计，达到改善和增强管理系统功能的目的。在环境管理实践中，结构化管理包括以下几个方面：一是通过产业结构调整以实现经济增长方式的转变；二是通过加强规划管理，优化工业布局以实现区域环境的综合治理；三是通过环保机构改革以强化和完善环境管理职能；四是通过调整环境管理模式，建立起地方政府负总责、各相关部门分工负责、环保部门统一监督管理、社会公众广泛参加、新闻舆论有力监督的管理机制。上述四个方面是结构化管理思想的充分体现。

整体性和结构化管理是环境保护工作中大系统管理思想的核心内容，具有思想方法论的意义。

3．宏观决策管理思想

决策理论认为，管理就是决策，决策贯穿于管理的全过程。在环境保护领域，环境问题的产生与解决受到社会制度、国家管理体制、国家发展战略、经济发展战略、资源开发战略、人口发展战略、人类消费战略等诸多因素的影响。这些因素都属于宏观层次的内容，需要在宏观决策中加以解决。所以，对于环境保护而言，宏观决策就显得更为重要。

多年来的实践经验告诉我们，区域环境质量的改善，区域环境问题的解决，不仅取决于微观层次上污染源的治理与管理，更取决于宏观层次上产业结构、工业布局、发展模式等一系列宏观决策是否科学、是否正确。如果在这些重大问题上出现失误，例如，一些地方出现的超强性的资源开采和高能耗的重污染型产业结构，工业过分集中和大大超出区域环境容量的不合理布局等情况，即使把全部力量放在微观层次的污染预防和治理上，也不会从根本上改善环境质量，无法实现环境管理目标。

因此，开展环境管理，首先要加强宏观决策。对各级地方政府来说，要对环境进行综合治理，加强宏观调控。通过宏观决策来优化产业结构，减少重复性建设，淘汰重污染型企业，限制资源浪费和生态破坏严重的资源开发项目，推广清洁生产工艺和技术，发展高科技的无污染和少污染的产业，为开展微观环境管理创造良好的宏观条件和外部环境。

近年来，国内外的一些成功经验已经充分证明了这一点：宏观决策是环境管理的关键，要想从根本上解决环境问题，必须加强宏观决策管理。在这里，要解决两个问题，一是建立宏观决策的保障机制和制度，以确保影响环境保护的重大问题必须在决策层次予以解决。二是提高宏观决策的质量，变个体决策为群体决策，变单方决策为多方决策，变经验决策为科学决策。

决策理论指出，保证决策得以实现的一个重要方面就是如何分配决策的职能。这自然无法回避权力的限制问题以及集权、分权的关系问题。由于环境管理是国家管理的重要组成部分，环境保护部门是同级地方政府的组成机构，因此，在环境管理宏观决策问题上，环境保护部门是有发言权的，环境保护部门应当以“决策者”的身份进入宏观决策层次，成为决策群体的重要成员。

然而，国家和地方政府给予环境保护部门参与宏观决策的职能和权限有多大，是环境管理的宏观决策能否得以实现的关键。这取决于国家和政府对环境保护工作的重视程度，取决于环境管理宏观决策机制和制度的建立与完善，也取决于国家政治体制改革的进程。在这个问题上，需要国家和地方政府出面加以解决，仅仅依靠环境保护部门的宣传和主张是无济于事的，也是无能为力的。

加强宏观决策管理就要建立集权和分权相结合的决策机制。过于集权，一是容易使决策者负担过重，并使部下无所作为；二是容易使传递信息的成本增加；三是由于上级不如下级了解具体情况，难以实现正确决策。过于分权，只有民主没有集中，无法形成统一的决策意见，决策难以实施。既民主又集中，这是实行环境管理宏观决策的基本原则。

如何确立环保部门的宏观决策职能，建立集权和分权相结合的决策机制是新形势下决策理论研究的重要内容。

4. 权变管理思想

环境问题的综合性、环境管理领域的综合性、环境管理手段的综合性以及环境管理内容的综合性决定了环境管理对策的综合性和动态性。另外，在人类—环境系统中，非确定性因素往往多于确定性因素，不可控因素往往大于可控性因素。这意味着开展环境管理既要坚持原则性，又要有灵活性，要根据特定的环境和条件在总的战略思想指导下，因时制宜、因地制宜、因人制宜，灵活运用各种手段和方法，采取灵活的对策与措施，随机应变不搞一刀切，不盲目照搬和套用一个模式。

因此，开展环境管理要善于运用权变管理思想，根据国情、省情、地情和县情，一切从实际情况出发，坚持具体问题具体分析。把工作的着眼点放在改善环境质量上，遵循务实、高效的原则，做好本区域的环境保护工作。

纵观全球的环境保护发展历程，没有哪些国家或地区的环境保护工作是完全一样的，也没有哪一个国家或地区的环境保护经验和作法对其它国家或地区是普遍适用的。同样，每一个国家的不同地区，其环境保护的具体经验和作法都具有其特殊性和相对意义上的普遍性，而不具有绝对意义上的普遍性。这充分说明，在环境管理中，权变管理思想是非常重要的。任何一种成功的管理实践都是权变管理思想的成功运用与体现。

5. 经验管理思想

经验管理亦称惯例管理，从表面上看来与权变管理思想存在着冲突和矛盾，但实际上与权变管理是一致的。其基本思想主张环境管理应从客观实际出发，以成功的管理经验作为主要研究对象，对环境管理实践中成功和失败的案例进行研究，以便在一定的情况下把这些经验理论化，总结出一般的规律。

环境管理首先是从环境保护实践中产生的一个工作领域。因此，环境管理是一种典型的经验管理。经验管理具有以下的特点：一是实例比抽象的管理理论更能够为体验、阐述和检验管理知识提供一个模拟实验场所。二是走别人实践过的成功之路，使人们在心理上有一种安全感，并且它可以促使环境管理者时刻注意成功管理的详细信息，这对解决本地区的环境问题是不无裨益的。三是经验管理往往意味着维持现状。在有些管理人员的心目中，维持现状不失为使管理走向稳定和成功的一个诀窍。环境保护中的经验管理并不等于盲目照搬他人的经验和作法，而是从实际出发有选择地借鉴和推广，其中也体现了权变管理思想。

经验管理由有效管理、目标管理两部分所组成。

（1）有效管理

有效性管理是环境管理中关系到管理成效的关键。有效管理思想有两个基本前提：一是管理者的工作必须要有成效，二是有效性是可以学会的。有效性是对管理者个人的能力要求，是一种“自我训练和提高”。在环境保护领域，有效管理强调：

第一，环境管理工作要注重结果，淡化过程。管理者要更多地思考环境保护目标和实际成果，而应较少考虑环境管理方法和过程本身。例如，对地方政府环境保护工作的业绩考核，要围绕区域环境质量的改善这一目标进行考核。即使管理者采用较少的手段和措施，管理方法也很简单，但却达到了环境质量改善的目标，则他的管理就是有成效的。相反，如果管理者只注重了为实现环境保护目标所采取的手段和措施，而忽视了环境目标本身，即使采取了许多的手段和对策，搞得轰轰烈烈，到头来，区域环境质量没有得到改善，那么他的管理就是没有成效的。

所以，对地方政府进行环境保护目标责任制考核，不应当考核为实现其管理目标所采取的过程和手段，而应当考核其管理目标实现的程度和结果。考核指标应当以环境质量指标为主体，在考核指标体系中增加环境质量指标的比例，其它相关指标如环境建设指标、污染控制指标和环保机构建设指标等要压缩。只有这样，才能有效减少或避免实际工作中出现的形式主义和弄虚作假行为。

第二，管理者要充分发挥个人的长处，将个人的目标和群体的需要结合起来，将个人的能力和管理的成果结合起来，将个人的成就和组织的机会结合起来。

第三，管理者要有合理的行动，即决策要有成效。什么时候根据原则作决策，什么时候根据实际作决策，这是环境管理者应该十分清楚的。在环境保护领域，前瞻性决策比技巧性决策更为重要。

（2）目标管理

人的行为具有目的性，然而并不是有目的的行为都是合理的行为。判别行为合理性的标准只有一个，就是看行为是否有助于完成预定的目标。很显然，一个合作的群体必定有合作所需要的群体共同的目标，群体中的个体又必然有个体自己的目标。群体的目标和个体的目标必定存在着某种冲突。实施目标管理就是正确处理各种目标之间的关系，既要保证群体目标的实现，又要最大限度地实现个体目标的满足。

目标管理的突出特点是它既克服了古典管理理论以工作为中心，在一定程度上忽视人的作用的片面性，又克服了行为科学理论单纯强调人，而忽视人与工作结合的弊端。从而把以工作为中心和以人为中心的管理统一起来，以目标管理代替人的管理。

在环境管理中目标管理的应用是非常广泛的。例如，总量控制目标、浓度控制目标、区域管理目标、行业管理目标等都是一种目标管理。另外，在环境保护部门的行政管理和业务管理工作中无处不体现出目标管理的内容，如环保局内部各职能科室的日常工作、监理部门的排污收费工作、监测部门的数据采集和分析工作、污染治理的监督和检查工作等都是运用目标管理方法进行的。

目标管理的关键是上级为下级确定管理目标时，上下级目标之间应保持和谐的关系。因而，目标管理十分强调各个目标在某一个特定系统结构中的有序排列和互相支援。比如，污染总量控制目标的制定就是自上而下的有序排列，上级总量控制目标是下级总量控制目标的制定依据，下级总量控制目标是上级总量控制目标的具体分解和落实，相互之间应保持协调一致。如果各个目标间不是互相支援、互相连接在一起，那么情况就相当严重。如果它们彼此相互干扰，那简直就是悲剧。

目标管理作为一种比较成熟的管理方法，一般分为三步。

第一步是目标体系的确定。首先由最高层次的管理者确定整体环境目标，其次由下属部门管理者根据本部门的职能和具体情况，为完成整体环境目标而提出部门管理目标，再次由部门下属科室管理者为完成部门管理目标而制定科室目标，最后由科室中的每一个人为完成科室管理目标而制定科室内的个人工作目标。这样，自上而下与自下而上地把组织整体环境目标层层展开，最终落实到每个人，形成一个完整的环境管理目标体系，共同为保证实现总体目标而奋斗。

第二步是目标的执行。即运用一整套适用的控制方法去推动各类、各层次环境目标的实施。这一阶段的关键是向下放权，发挥下级部门和下属人员的积极性和创造性，强调执行者独立自主地去完成各自的环境管理目标。

第三步是目标的评价。这一阶段的重点是目标成果的评价，其目的是检查各级环境目标管理的执行情况，总结经验，找出不足之处，作为制定下期环境管理目标的依据。另外，要让成果评价与人事考核结合起来，作为奖励或惩罚的依据。进行评比的内容包括目标的完成情况、困难程度、执行者的努力程度和目标的修正几个部分。

总之，环境管理思想是做好环境保护工作的行动准则，其目的是提高环境管理的水平和效率，正确处理发展经济和保护环境的对立统一关系，减少对立，加强协调和统一，为经济建设服务，实现经济效益、社会效益和环境效益的统一。

三、中国的环境管理思想

1. 中国环境管理的产生

中国的环境保护始于 20 世纪 70 年代初的联合国人类环境会议。在此之前，人们不懂得何谓环境保护，当然也谈不上什么是环境管理。

1972 年，中国政府参加了在斯德哥尔摩召开的联合国“人类环境会议”。第一次提出了“全面规划、合理布局、综合利用、化害为利、依靠群众、大家动手、保护环境、造福人民”的环境保护 32 字方针。这一方针反映了我们对环境问题认识的觉醒。同时，国家组织了一系列大规模的环境污染调查与治理工作，如 1972 年开展官厅水库水资源保护工作，1974 年开始对天津苏运河污染问题的研究和白洋淀污染情况调查等。在大气污染防治方面抓了消烟除尘工作，如沈阳、兰州、淄博等一些城市的大气污染被列入国家的重点治理计划，通过组织污染治理，控制并缓解了一部分环境污染问题。

然而，由于人们对环境问题的认识处于初级阶段，环境问题基本上被看作是由于工业发展而带来的污染问题。所以，解决环境问题的办法，主要是利用行政、教育等手段去限制排污，运用工程技术措施去消除污染。因此，人们把环境管理简单地理解为就是采取各种手段和措施控制污染。

可是，具体要采取哪些对策和行动却很模糊，环境保护与经济建设和社会发展的内在关系是什么，环境管理的对象和内容有哪些，环境管理管什么和怎么管等问题都不清楚。在这种情况下，人们不知道从何处入手开展环境管理，不知道怎样才能从根本上解决人类的环境问题。简单地认为环境管理就是点源的污染治理，**“以治代管”**是在当时条件下的一种环境管理思想。

这种管理思想是一种纯粹的末端分散管理思想，颠倒了管理与治理的关系。

从 70 年代末期开始，人们对严重的环境问题进行了深刻的反思，进一步认识到，把环境管理工作的重心放在单纯的组织污染治理上是不可能从根本上解决中国环境问题的。在总结经验的基础上，1979 年 3 月国务院环境保护领导小组在成都召开的环境保护会议上提出了“加强全面管理，以管促治”的口号。1980 年 3 月在太原市召开的中国环境管理、环境经济与环境法学学术研讨会上，提出把环境管理放在环境保护工作的首位，把环境保护纳入国民经济计划之中的思想。至此，环境管理思想有了新的突破，被倒置了的环境管理与污染治理的关系才被理顺。

然而，这一时期的环境管理缺乏整体思想，没有从全局的高度，从环境保护与经济建设的对立统一关系上来认识环境保护规律，没有从发展战略的高度，从宏观层次上认识环境管理。

到了 80 年代中期，中国的环境管理思想才基本形成。一是在 1983 年底召开的第二次全国环境保护会议上，明确提出了“经济建设、城乡建设、环境建设同步规划、同步实施、同步发展，实现经济效益、社会效益和环境效益相统一”的环境战略方针。二是在 1985 年河南省洛阳市召开的城市环境保护会议上提出了“综合整治”的城市环境管理思想。

这标志着中国的环境管理思想已由“以治代管”的微观、分散治理转变到“以管促治”的综合治理上来。管理思想的重大转变，带来了环境管理实践的巨大变化，环境保护工作不断向纵深发展。具体表现为国家的环境法制建设和环境保护机构建设不断得到加强，建立了较完备的环境政策和环境管理制度体系，城市环境保护工作取得了重大进展，环境科技有了较快的发展等。

可以说，中国环境管理思想的产生大体上经历了从 70 年代初到 80 年代中期的 15 年时间。在这一时期里，国家先后召开了两次全国环境保护会议。其中，第二次环境保护会议把环境保护确定为国家发展的基本国策，提出了“三同步”和“三统一”的环境战略方针，制定了“预防为主、防治结合”、“谁污染谁治理”和“强化环境管理”的三项基本环境保护政策。这是中国环境管理思想的集中体现和重要成果，为以后环境管理思想的成熟与发展创造了条件。

2. 中国环境管理的发展

中国环境管理思想的发展大体上经历了两个阶段，第一个阶段为 80 年代后期至 90 年代中期的这十多年时间内，第二个阶段是在 1996 年以后。

（1）环境管理发展的第一个阶段

在 80 年代后期，特别是在 1989 年第三次全国环境保护会议之后，中国的环境保护工作进入了较快发展的阶段。在这一阶段内，环境管理面对三个重大转变。这三个转变是在 1992 年国家环保局和国家经贸委在上海召开的第二次全国工业污染防治会议上提出来的。

一是由末端管理向全过程管理的转变。

这个转变实际上是从 80 年代后期开始的，是伴随着人类对环境保护规律认识的深化而发生的一个自然过程。为避免走西方工业发达国家所走过的“先污染、后治理”的道路，发展中国家的环境管理不能停留在等环境问题产生了再去解决的末端管理阶段和状态，而是要尽快过渡到全过程管理阶段。推行清洁生产、实行环境标志制度等都是促进这一过程转变的有力措施，这是环境管理实践向纵深发展的必然要求。

二是由浓度控制向浓度控制与总量控制相结合的转变。

环境污染主要是由于不断积累的污染物超过了自然环境的消纳量所致。能否保持和改善区域环境质量，主要取决于该区域内污染物的排放量——总量，而不是污染物的排放率——浓度。因此，对污染物实施总量控制就成为改善区域环境质量的基本前提。这决定了环境管理由浓度控制向浓度控制与总量控制相结合方向过渡，由分散管理向系统管理转变是我国环境保护事业发展的客观需要。

三是由以行政管理为主，向法制化、制度化、程序化管理的转变。

随着中国经济体制的转变和中国法制化进程的加快，行政手段的不足和局限性越来越明显，运用行政手段开展环境管理已无法满足环境保护实践的需要。实现管理的法制化、制度化和程序化成为环境管理发展的必然趋势，是环境管理手段由单一化向综合化转变的必然过程，也是推进中国可持续发展战略的进程，依法保护环境的客观要求。

环境管理的上述三个转变促进了中国环境管理的发展，反映了中国环境管理由分散的、非程序化管理向大系统管理和目标管理的转变。

（2）环境管理发展的第二个阶段

在 1996 年 7 月北京召开的第四次全国环境保护会议以后，中国的环境管理实践进一步深化，环境管理思想不断趋于成熟。主要表现在以下三个方面：

一是由注重微观管理向注重宏观管理的转变。

长期以来，中国的环境管理基本上以微观管理为主，忽视了宏观决策和管理，大量的工作都是微观管理的内容。尽管在 80 年代中期国家提出了“综合治理”的思想，在 90 年代中期基本实现了环境管理的三个转变，但是，环境管理仍然停留在微观层次上，环境保护一直处于被动局面。

实践证明，开展环境管理首先要抓宏观调控，要从宏观管理入手，重视宏观综合决策。只有在宏观管理层次解决产业结构调整、工业布局、环境保护机构改革、环境保护投入等重大问题，避免决策失误，才能有效开展微观环境管理，才能做好微观的、局部的污染防治和生态保护工作。

从第四次全国环境保护会议之后，中国政府提出了加强宏观调控，加快转变经济增长方式，建立环境与发展综合决策制度，就是要从管理思想上实现由注重微观管理向宏观管理的转变。这是对原有环境管理思想的创新与发展。

二是强调环境管理模式与“两个根本性转变”的结合。

环境保护是为经济建设服务的。因此，环境管理模式要与经济体制的转变和增长方式的转变——“两个根本性转变”紧密结合起来。

实现经济体制由计划经济向市场经济的转变，这是国家经济体制改革的必然选择。市场经济是一种法制经济，市场经济的培育需要建立一种公平竞争的环境和机制。环境管理要适应这种客观需求，因此就要调整传统的管理模式，实行区域管理与行业管理相结合。这是有利于建立市场经济的公平竞争机制，消除地方保护主义，促进区域经济健康、稳定、持续增长的一种有效的环境管理模式。

实现经济增长方式的转变，是实施国家可持续发展战略的必然要求。长期以来，中国的经济增长方式主要是传统的粗放式经营方式。这种增长方式不仅造成了资源、能源的巨大浪费，使人均资源占有绝对不足的国家不堪重负，难以保持经济的持续、稳定增长，也使中国的生态环境日趋恶化，环境污染不断加重。转变经济增长方式，就是要转变粗放型经济为集约型经济，这不仅是保证中国经济持续、健康发展的重大措施，也是从根本上解决中国环境问题的必由之路。转变传统的经济增长方式，是人类有效解决环境与发展关系的最佳结合点。实现经济增长方式的转变既可以提高经济效益，节约有限的自然资源，又有利于改善生态环境质量，实现环境保护的“三同步”和“三统一”方针，推进国家的可持续发展战略。

因此，开展环境管理就要围绕经济增长方式的转变作文章，以国家的环保产业政策作为依据，以产业结构调整和合理工业布局作为环境管理工作的切入点。充分发挥经济杠杆的作用，引导企业积极开展清洁生产，改进落后的生产工艺，淘汰重污染型企业，避免重复建设，加快高科技型的、无污染和少污染行业的发展，切实做到增产不增污和增产减污的目标，促进经济增长方式的转变。

三是树立了大环境管理思想。

环境保护涉及到方方面面的工作，是国家可持续发展战略的重要组成部分。所以，开展环境管理要有大系统观念——大环境管理思想，要从国家可持续发展的战略高度来认识环境保护的地位和作用，正确处理好环境与发展的关系。开展环境管理，需要充分调动社会各方面的力量，抓好综合协调，加强结构化管理。一方面，要建立地方政府负总责、相关部门分工负责、环保部门统一监督管理、社会公众广泛参与、新闻舆论有力监督的环境管理机制。这是新时期做好环保工作的需要，它既反映了对环保工作在认识上的深化，也进一步体现了全社会环境保护的责任。另一方面，要继续深化环保机构改革，明确和强化环境保护部门的管理职能，提高宏观管理的水平和环保部门参与综合决策的能力。

江泽民在 1996 年第四次全国环境保护会议座谈会上的讲话中强调指出：“经济的发展，必须与人口、环境、资源统筹考虑，不仅要安排好当前的发展，还要为子孙后代着想，为未来的发展创造更好的条件，决不能走浪费资源、走先污染后治理的路子，更不能吃祖宗饭、断子孙路。”在讲到经济发展和环境保护的关系时指出：“经济决策对环境的影响极大，要从宏观管理入手，建立环境与发展综合决策的机制。在制定重大经济和社会发展政策，规划重要资源开发和确定重要项目时，必须从促进发展与保护环境相统一的角度审议其利弊，并提出相应对策。这样才能从源头上防止环境污染和生态破坏。同时，各行各业和社会各个方面都要加强环境保护。各级党委和政府要把环境保护问题摆上重要的议事日程，要从维护国家的利益出发，严格把好环保关，要把实施科教兴国战略和可持续发展战略紧密结合起来。”从这段讲话中不难看出国家和政府关于环境管理思想的转变，开展环境保护工作，没有大环境管理思想是不行的。

以上三个方面思想认识上的变化是我们都能看到的，是第四次全国环境保护会议以来我国环境管理思想的新发展，是大系统管理和宏观决策管理思想的具体体现。

第二节 环境管理原则

环境管理原则是指观察环境管理现象和处理环境管理问题的思维尺度和行动准绳。可以认为，在环境保护领域，所有的以利于强化社会组织和管理机构的环境保护职能、发挥管理作用的规章和程序都属于环境管理原则。

环境管理原则不同于环境管理思想，二者之间存在着以下区别：一是环境管理思想具有较高的理论层次，它受文化地域的影响较小；而环境管理原则是在管理思想的指导下产生的，是使这种思想得以贯彻实施的保证，它受文化地域的影响大。二是环境管理思想往往是有限的，表现形式上的差异只是人们对其概括方式的不同罢了；而环境管理原则往往是无限度的，任何管理方式的变化都可以产生与之对应的原则。三是不同的环境管理思想其理论层次或抽象程度是相同的，它们是并列关系；而环境管理原则既有总体性原则，也有具体性原则，它们之间的关系是总体原则决定具体原则的关系。

一、随机制宜原则

环境保护活动错综复杂，任何管理思想、理论与方法都不能解决所有的环境管理实践问题。只有当人们知道他们所面临的特定环境之后，才有可能选出最好的概念和方法来。

1. 随机制宜原则的含义

环境管理实践证明，有效的管理是一种随机制宜的，或因情况而异的管理。因此，任何环境管理实践都必须从具体实际出发，而不能凭主观臆断行事。这就是随机制宜原则的基本内容。从管理思想史上看，这一原则的思想内核主要来源于现代管理的权变管理思想。它要求环境管理者辩证地对待环境管理理论与实践，在一定的现实条件下，从客观的管理实践出发，充分认识文化环境的特点，选择符合实际的管理方法。

2. 随机制宜原则的应用

中国地域辽阔，各地情况非常复杂，开展环境管理应当坚持上述原则，实行统一化管理与灵活性管理相结合。墨守成规，僵化地继承传统的管理思想和方法，就不会实现环境保护的知识、技术和管理创新。过分强调中央的统一化管理，忽视环境问题的区域性，就会挫伤地方环境保护的积极性。不从实际出发，机械、教条地遵循和服从，生搬硬套外地的经验和作法，就会降低管理的效率。

随机制宜原则是正确处理中央和地方环境保护工作的一个重要原则。从国家角度讲，在加强对地方环境保护工作宏观调控和统一化管理的同时，还要给各级地方政府和环保部门以更多的自主权，充分发挥地方政府及环保部门的积极性和主动性，有效、务实地开展区域环境保护工作。从地方政府来讲，一方面要认真贯彻国家的环境保护政策、法律、法规和有关规定，在中央的统一领导下开展地方环境保护工作。另一方面，要解放思想，坚持实事求是的思想路线。在具体工作上要有独立性和自主性，不唯上，不盲从，开创性地做好区域环境保护工作。

二、能级分布原则

1．能级分布原则的含义

作为管理者，一个重要的问题就是如何发挥管理客体在组织中的能动性。人的作用和影响力的大小取决于人在组织中的地位高低，而人在组织中的地位又取决于人的能量大小。有人把社会比作“管理场”，生活在不同社会环境中的人由于具有不同的社会地位和需求，自然表现出不同的行为，因而具有不同的能量，就会与“管理场”——即人类环境形成不同的关系。一定的组织机构也是这样，能量大的主体影响就大，能量小的主体影响就小。能量的大小具有一定的级别，可以依照一定的规范和标准来分级，从而形成一定的序列。

能量大的应处于较高层次并赋予较大的权力，能量小的应处于较低层次并赋予较小的权力，这就是能级分布的基本含义，是确定人在管理机构中地位的一个基本原则。

2．能级分布原则的基本内容

环境管理的核心是对人的管理，或者说人是环境管理中的最重要的对象。环境管理的能级分布原则主要是针对环境管理组织机构建设而言的，是管理组织的能级结构优化的根据，其基本内容包括如下三个方面：

（1）管理组织的能级必须按照层次形成稳定的组织结构。

若对管理组织的能级结构形态作几何学的考察，有正三角形（或梯形）、倒三角形和菱形三种形态，其中正三角形是一种稳定的组织形态，而其它两种则不稳定。正三角形的特点是：上面（决策管理层）最小、中间（战术管理层）稍大、下面（操作管理层）最大。

只有按照正三角形结构对管理组织的机构进行设计与改革，才能优化其组织的管理职能。

（2）不同能级的主体应被授予不同的权力，实现不同的利益。

任何一级环境保护机构，不同能级的管理岗位具有不同的管理目标和任务。因此，管理者的能力必须与他们各自的管理级别相对应，不同能级的主体应被授予不同的权力，实现不同的利益。只有这样，才能使得各层管理者在其位、谋其政、行其权、尽其责、取其值、获其荣。

环境保护是国家可持续发展战略的重要组成部分，是基本国策。若真正发挥环境保护部门的作用，通过环境保护推动国家可持续发展战略的顺利实施，就应当根据能级分布原则，从国家角度赋予环境保护部门在政府中更大的权力，只有提高环保部门的地位才能提高环境保护的地位。

（3）不同专业岗位的能级必须动态对应。

每个人都具有不同的能力和特长，管理者的责任就在于正确地认识和区别不同能力与特长的人，并尽可能使相应才能的人处于相应的能级岗位上，以达到人尽其才、能释其量的管理目标。

目前，我国环境保护系统的机构设置在一定程度上违背了管理的能级分布原则。表现在两个方面：一是全国的环保机构设置形成了菱形结构或倒置的梯形结构，县级环保部门力量薄弱，无法承担污染防治和生态保护的艰巨任务。二是环保部门的人员素质参差不齐，特别是基层环保部门领导者的配备，不是按照环保工作的实际需要而是按照地方人事关系来安排。年龄结构和知识结构都不尽合理，在一些地区出现了外行领导内行的问题。严重地影响了基层环境管理工作的顺利开展，影响了环保部门职能的正常发挥，这是国家环境管理体制改革和环保机构建设中亟待解决的问题。

三、管理动力原则

1. 管理动力原则的含义

管理动力包括管理主体动力和管理客体动力两个方面。而环境管理的动力原则主要是针对环境管理客体而言的一种行为动力原则。

环境管理不同于一般的行政管理，表现出非常明显的综合性特征。这种综合性是由环境问题的综合性决定的，体现在管理领域的综合性、管理对象的综合性和应用知识的综合性三大方面。其中，管理领域的综合性和管理对象的综合性使行为激励问题变得非常突出和重要，管理动力原则就成为环境管理的一个重要原则。

如何规范和调整不同层次人们的各种行为，调动人们的环境保护积极性，实现环境管理目标，这不仅需要管理者本身具有一定的行为动力，更重要的是必须使被管理者——即管理对象具有一定的行为动力。这种动力不仅有大小、方向，而且有直接作用的目标，促使管理对象按特定方式，以特定行为和规律向特定方向运动。它不仅是形成环境管理有序运动的主要原因，而且使环境管理能持续有效地进行，以实现环境保护的整体目标。这就是环境管理动力原则的基本含义。

2. 管理动力的基本形式

环境保护中的管理动力分为激励和惩罚两种。激励是指通过一定的形式和手段对那些为环境保护做出贡献的单位团体、企业和个人从正面进行鼓励和表彰，以保护和调动人们的环境保护积极性，推动环境管理活动向预定方向和目标前进。激励分为经济奖励（也称为物质激励）和精神激励两种。

例如，国家和地方政府已经制定或即将制定的污染治理优惠政策、固体废物综合利用优惠政策、资源开发优惠政策、推行清洁生产优惠政策等就是给予为环境保护做出突出贡献的单位团体、企业和个人的经济激励。而“环境保护模范城市”、“环境保护先进单位

（或企业）”和“环境保护先进个人”等称号就是分别给予为环境保护做出突出贡献的城市、单位（或企业）和个人的精神激励。另外，对实行 ISO14000 环境管理系列标准的企业推出“环保绿色产品”、“绿色食品”等标志也属于一种精神激励。

惩罚是指通过一定形式和手段对违反国家的环境保护法律、法规和有关政策的单位团体、企业和个人从反面进行制裁。一方面是迫使违规者终止环境污染和生态破坏的活动，减少或消除环境危害。另一方面是通过惩罚来提高人们的环境意识，规范人们的资源开发和生产行为。惩罚包括刑事惩罚、经济惩罚、行政惩罚和精神惩罚四种。

例如，对那些无视国家的各种法律、法规和政策，严重破坏资源、严重污染环境和捕杀国家珍稀动植物的犯罪行为追究其法律责任是一种刑事惩罚。对超标排放污染物的单位和个人进行罚款是一种经济惩罚。对不能按期达标排放的污染企业实行限期整改或限期治理等就是一种行政惩罚。而挂以“环境保护后进单位”、“环保限期整改单位”等标示就是对不重视环境保护的单位或企业的一种精神惩罚。

3. 管理动力原则的正确运用

在环境管理的管理动力原则中，激励与惩罚缺一不可，二者相辅相成，互为促进。其中，经济激励与惩罚是管理动力原则中的主要原则。这是因为，对物质利益追求而勃发出来的力量是支配人们一切活动尤其是生产与资源开发活动的最初也是最后的动因，所以经济激励与惩罚是调整人类行为的最原始、最基本、也是最重要的原则。

从控制论角度看，激励与惩罚都是一种刺激，激励是一种正刺激，惩罚是一种负刺激。从一定意义上讲，管理系统动力结构的优劣，主要取决于正负刺激量的正确运用和比例是否恰当。刺激量不当，就不能有效地贯彻管理动力原则，就不能发挥出管理系统及其要素的最佳动力。因此，在坏境保护实践中，运用管理动力原则必须注意：

（1）刺激应以实现管理目标为标准。

在环境管理实践中，对那些不仅完成自己的目标，而且于整体目标有较大贡献的要素予以超常正刺激；对近期目标有贡献，而对中、远期目标无益，甚至有害的要素，不予以刺激或予以负刺激。

例如，实现工业污染源达标排放有两种途径：一是通过推行清洁生产，实施全过程控制来实现，二是通过增加环保投入，实施末端控制来实现。显然，前一种途径不仅对实现近期目标有益，而且对实现中、远期目标有益，有利于改变企业的投资方向，有利于促进产业结构调整，变污染治理投资为清洁生产投资，应当予以超常正刺激。而后一种途径只对近期目标有益，而对中、远期目标无益，不应予以正刺激。

（2）少用甚至不用定期刺激。

科学试验证明，定期刺激同行为反应衰减呈正相关关系。因此，在环境保护工作中，要少用或者不用定期刺激，多用不定期刺激，无论在管理对象的心理上还是在精神上，都会产生良好的反应，收到较好的效果。但也要注意，即使是不定期刺激，也要防止刺激频率过高，否则，就会使管理对象产生逆反心理。

例如，为强化环境管理开展各种形式的执法检查是必要的。但要尽量少用或者不用定期检查，而采用不定期检查。其原因是定期检查容易使被管理者了解和掌握检查的规律和内容，以便事先采取相应的对策，弄虚作假、搞形式主义。不定期检查使被管理者随时处于被检查的境地，要求他随时做好准备以迎接上级的检查，在很大程度上减少了形式主义和弄虚作假行为，提高了检查的效果。但是，这种不定期检查也不能过多过频。十天一大查，五天一小查，这次检查刚刚结束，下次检查又开始了，容易使被管理者产生疲劳和逆反心理，使检查失去应有的作用。

（3）少用甚至不用固定刺激。

要使刺激真正成为激发动力的手段，必须采取灵活多变的刺激方式。一味地激励同一味地惩罚一样，都不能收到预期的效果。光有激励，没有惩罚，不能鞭策后进者。光有惩罚，没有激励，不能鼓励先行者。激励与惩罚不到位，起不到激发动力的效果，不能充分有效调动人们环境保护的积极性和主动性。激励与惩罚过头，同样起不到激发动力的效果，自然也不能充分有效地调动人们环境保护的积极性和主动性。

激励是激发动力的一种持久的、主动的、积极的手段，是环境保护中广为采用的手段。而惩罚是激发动力的一种非持续的、强制性手段，在特定的环境下，惩罚可以起到"杀一儆百"的作用。但是，惩罚不能过多、过频、不能范围过大。否则容易产生抵触和对抗心理，起不到处理少数教育多数的作用。

（4）奖惩分明、奖惩结合。

一般情况下，激励侧重于疏导，惩罚侧重于治理。激发人们环境保护的动力要坚持以激励为先导，以惩罚为后盾，实施疏导与治理相结合的原则。奖惩界线不清，势必造成混乱，自然谈不上激发管理动力问题。因此，开展环境管理不但要求激励与惩罚相结合，而且要求激励与惩罚要适度，做到奖惩分明，宽严得当，该奖就奖，该惩就惩。抓住两头，带动中间，推动全面，只有这样，才能达到激发管理动力的目的。

在我国的环境管理实践中，存在着普遍的激励与惩罚不足的问题。首先，激励措施与手段滞后于环境保护形势发展的需要，特别是经济激励措施和手段严重不足。国家政府应当加快制定和完善一系列有利于环境保护的各种经济激励政策，比如污染治理的经济优惠政策、农业环境保护的经济优惠政策、生态保护的经济优惠政策、废物综合利用的经济优惠政策、资源开发与保护的经济优惠政策等。其次，惩罚措施与手段亦严重不足。一方面，表现为环境执法中存在的有法不依、执法不严的问题。受地方保护主义的影响，一些重大的环境污染问题得不到有效地解决，环境犯罪得不到有效地制止，破坏环境的严重违法犯罪分子得不到应有的法律制裁。另一方面，表现为环境污染和生态破坏的经济处罚标准过低，起不到经济手段应有的作用。

激励与惩罚不足在很大程度上影响了中国环境保护事业的顺利进行，不能有效地激发环境管理动力，或者说不能很好地调动人们特别是企业保护环境的积极性。这些问题需要在今后的实践中不断加以解决。

四、管理反馈原则

1. 管理反馈原则的含义

管理反馈原则是指通过建立管理系统反馈机制来调整和优化系统的决策、系统的运行，以减少决策的失误，提高管理效率，稳定实现管理目标的原则。

从系统科学方法论的角度看，一定的管理组织是一个闭环控制系统。反馈就是把经处理后输出的控制信息又回送到输入端，以影响系统的再输出，从而达到控制的目的。原因产生结果，结果又构成新的原因而产生新的结果，新的结果又构成更新的原因，如此循环往复。实质上，反馈是在原因和结果之间架设的一座桥梁，通过反馈来不断调整管理决策和系统的运动方向，以实现管理目标。

反馈分为正反馈和负反馈两种。所谓正反馈是指对再输入起着强化作用的反馈，或使系统远离平衡状态的反馈。例如，生态保护中，用大量繁殖天敌的方法来消灭害虫的系统反馈就是一种正反馈。所谓负反馈是指对再输入起着削减作用的反馈，或使系统趋向平衡状态的反馈。例如，导弹制导系统中的反馈就是一种负反馈。

一个具有负反馈机制的系统称为反馈自调节系统，这样的系统是具有生命力的、可以优化的系统。换句话说，系统的优化是通过负反馈来实现的。因此，在管理实践中，一个系统是否具有负反馈机制，成为判别该系统优劣的一个重要标准。

管理是一种控制。环境管理活动主要通过指令控制和反馈控制两种方式来完成。指令控制是一种以预先设计好的内容和步骤作为受控系统输入的控制方式，它包括决策指令控制、执行指令控制和监督指令控制等具体形态。反馈控制则是将管理决策、执行或监督指令作用于管理对象后，其结果又返回来对决策、执行或监督过程进行调节的活动。可见，指令控制是控制的主体，为反馈控制定位，而反馈控制则是指令控制得以顺利实现的可靠保证。

环境管理活动涉及到复杂多变的内部与外部环境。管理的成功与失败，关键在于该系统是否具有负反馈机制，以提供及时、准确的反馈。从管理理论与实践两个方面证明，一个缺少负反馈机制的系统，其管理效率与系统功能往往是低下的，如同数学中没有解的联立方程组，无从获得管理效益。假若反馈职能被执行机构越俎代疱，形成自己执行自己反馈，其结果就更加严重。

由于决策执行者大多数处于局部之中，处理的多是战术性问题，繁杂的事务使得他们不能对环境问题作深入细致的分析。因此，反馈信息必然是片面的、眼前的、表面的。倘若决策者根据这些反馈信息去调整管理决策和实践，就难免头痛医头、脚痛医脚、见风是雨、朝令夕改。另外，由于执行者的切身利害关系，极易造成凭主观筛选或扭曲信息。加之决策者不能正确对待反馈信息，一意孤行，独裁专制，压制反面意见和建议，势必造成信息反馈渠道的中断。报喜不报忧、看风使舵的现象必然增多，管理决策者不可能得到必要的反馈信息或真实的反馈信息。还有，有时执行者也可能或重或轻地顶撞管理决策者，但顶撞不是反馈，它只是使指令得不到贯彻，得不到实践检验，决策结果无从反馈，徒然使管理停顿或混乱。

这些后果综合在一起会导致如下两个振荡：一是“长官”的主观意志和“土政策”在一条执行线上来回振荡；二是“请示”与“商量”在一条执行线上来回振荡。其结果必然是管理效率降低，无效功能增加，系统控制偏离正确的目标和方向。因此，强化环境管理必须遵循管理反馈原则，建立管理系统的负反馈机制，构成管理的封闭回路。

2. 管理封闭回路的构成

环境管理系统的封闭回路一般由决策、执行、监督、反馈等要素以及信息输入和输出等环节所组成。其结构如图 3-1 所示。

决策是管理封闭回路系统的中心，组织管理对决策的基本要求是：第一，决策者的整体素质应是该系统中最优的。第二，管理决策活动一般应按科学的程序进行。第三，决策中心应有一整套完备的制度或法规，用以限制任何人修正或阻挠既定方案的实施。第四，决策者应高瞻远瞩，正确掌握和运用权变方法果断决策，以主动适应外界环境变化。第五，决策者只完成职责范围内的事，不得干预其它职权机构的业务。

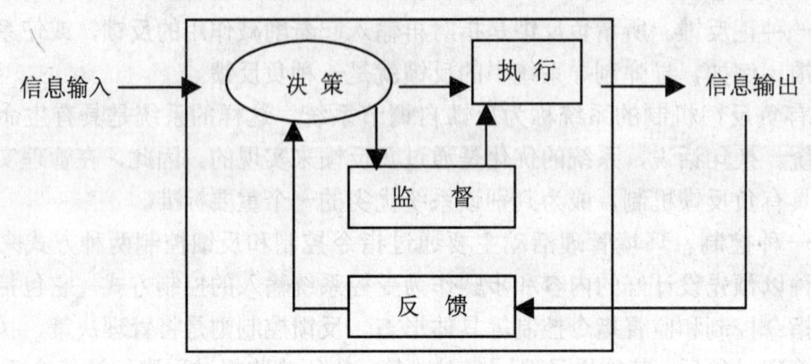

图 3-1 管理封闭回路示意图

执行机构是管理封闭回路的关键要素。组织管理对执行机构的具体要求是：第一，执行决策方案的主要负责人，只能由决策中心委任，对决策中心既负有全部责任又享有全部职权。第二，执行机构其它诸多管理职能的设置，由执行负责人在政策法规范围内取舍。第三，执行机构必须始终贯彻既定决策方案，不容许同决策中心唱反调或搞两面派手法。第四，接受监督并确实保证及时输出信息。

监督是保障封闭回路系统中执行机构正确执行管理决策方案的必要手段。任何管理，都离不开监督。监督机构具有如下的特点：第一，监督机构不是被包含在管理决策中心之内，而是相对独立存在的专业机构。第二，监督机构的地位，不应低于执行机构的地位，否则就会失去其应有的监督作用。第三，监督机构只对管理决策中心负责，对决策的执行情况进行监督并及时向决策中心反馈信息。但无权修正或改变管理决策的任何内容。

反馈是管理封闭回路系统赖以存在和发挥作用的一个决定性要素或环节。反馈机构不仅要尽力搜集对管理决策执行结果的真实信息，而且还要提出强化或修正原决策方案的可供选择的建议方案，当好管理决策中心的参谋。

3. 建立有效的环境管理反馈机制

开展环境管理，要以国家的环境战略、方针、政策为指导，制定一系列行之有效的管理对策、措施和目标。无论是国家的环境战略、方针、政策的制定，还是管理对策、措施和目标的实施，都存在一个不断调整和反复修正的过程，以适应环境保护的客观规律和实际需要。依据什么对已有的环境战略、方针、政策进行调整？如何对已付诸实施的对策、措施和目标进行修正？所有这些离不开有效的环境监督，更离不开及时、准确的信息反馈。

这就要求我们做好以下两个方面的工作：

（1）建立高效的环境信息反馈机制。

回顾中国环境保护的发展历程，不难发现，在 20 世纪 70—80 年代期间，国家较多地注重了环境保护的决策，而对决策的实施缺乏有效的监督，环境管理系统基本上是一种开放的、单向控制的系统。到了 90 年代，国家强化了环境管理的监督职能，通过建立监督制约机制加强对环境保护方针、政策、对策、措施和管理目标的有效实施。与此同时，国家也开始重视对环境信息的管理和建设，环境信息反馈机制得到了加强。环境管理系统已由开放的、单向控制开始向封闭的、双向控制的回路系统转变。

伴随着这个转变，环境管理实践在不断深化，特别是 1996 年以后，环境管理的组织效能有了明显提高，国家对一些重大的环境保护政策进行了调整，国家的阶段性环境保护目标也得到了修正和改进。比如，国家调整了环境保护的工作重心，为推进经济增长方式转变确立了产业结构调整的政策，明确了“十五”期间东、西部地区总量控制的具体目标和计划等。

所有这些，与国家对环境管理信息反馈机制建设的重视不无关系。但是，我们应当看到，目前所建立的管理信息反馈机制不具有高效性。这个系统的自调节能力还比较弱，往往需要借助外力才能完成自身的调整。该系统还不能完全适应国际、国内环境保护形势的发展和变化。因此说，这种环境管理系统还不是一个完备的、具有负反馈机制的系统。这是在今后的环境管理实践中需要认真研究和加以解决的问题。

（2）加强环境管理实践的调查研究。

决策者所制定的环境政策正确与否，需要实践的检验。为实施这些政策所制定的管理对策、措施和目标是否可行，也离不开实践调查。同样，对决策实施的效果检验，对管理目标与水平的调整和修正都需要依靠大量的来自于环保实践的反馈信息。因此，不仅需要建立一个完善的环境管理信息反馈机制，以确保信息反馈渠道的畅通，而且需要决策者进行广泛深入的调查研究。

首先，环境决策者要勇于放下架子、抛弃教条主义，坚持理论与实践相结合的原则，实事求是，一切从实际出发，深入开展环境政策调查研究，这是制定科学决策的基本前提。只有深入基层、深入实际才能从实践中获取第一手材料和真实的反馈信息。

其次，环境决策者在进行调查研究时，既要注意点上反馈信息的代表性，又要注意面上反馈信息的普遍性。这是因为，仅仅依靠点上的代表性反馈信息来改进和完善环境决策以达到决策的普遍性效用，即用特殊性代替普遍性，必然存在着一定的决策风险和实际误差。对于决策者，尤其是对于决策的执行者会产生一定的心理障碍，对决策的正确性和实践性产生不同程度的疑问。因而，对决策的执行往往会采取一种观望、审慎的态度，在客观上势必给决策的实施造成一定的阻力和影响。

另外，环境决策者在进行调查研究时，既要收集成功的经验性信息，又要收集失误的教训性信息。来自于成功经验方面的反馈信息是一种正反馈信息，它对于归纳一般的环境保护规律，强化管理目标是重要的。而来自于失败和教训方面的反馈信息是一种负反馈信息，这种信息对改进环境决策质量，调整系统的发展方向，完善管理职能，实现环境管理目标则是更重要的。历史上任何一个成功的管理者，特别是决策者都非常重视对负反馈信息的收集。他们善于从失败的教训中积累经验，调整自己的战略和对策，最终实现自己的管理目标，正所谓“失败是成功之母”。同样，对于一个成功的环境管理者，特别是环境决策者也必须重视对负反馈信息的收集，善于从不成功的、或失败的管理实践中积累经验，为成功的管理提取大量的负反馈信息。

但是，在很多情况下，决策者往往喜欢正反馈信息，喜欢报喜不报忧，喜欢恭维。而不喜欢负反馈信息，听不进批评，容不得反面意见。往往自以为是，自觉比他人高明，这是导致决策失误和管理水平低下的根本原因。

在我国高层的环境决策者中，也程度不同地存在着上述这种情况。虽然在研究和制定重大环境决策之前也做了许多实践调查，但决策者往往把眼光盯在经济发达地区和城市，而对经济落后地区环境保护工作调查重视不够。对成功的试点经验重视较多，而对不成功或失败的作法总结不足。在这种情况下，若想从实践中获得真实、全面、可靠的反馈信息是非常困难的。

上述这些问题应当引起国家环境决策层的高度重视，作为环境决策机构，在制定重大环境决策时，要有全局观念，不仅要重视对经济发达地区环境保护先进经验的调查研究，还要重视对经济落后地区环境保护工作的调查研究。抓先进，促后进，抓两头，带中间，只有这样才能全面推进国家的环境保护事业。

所以，在进行环境决策的实践调研过程中，要全面收集环境反馈信息。总结和推广个别地区的先进经验是必要的，但要避免以偏概全，以特殊代替一般，以个性代替共性。这就要求环境决策机构要准确给自己定位，以环境管理思想为指导，端正工作作风，克服官僚主义和浮躁心理，经常深入实际、深入基层、深入环境保护第一线，踏踏实实地研究中国的环境问题和具有中国特色的环境保护规律。

思考题

1. 一般管理思想有哪些内容？
2. 如何理解大系统管理思想？
3. 谈谈你对宏观决策管理的认识。
4. 你认为环境管理的权变管理与经验管理有何联系？
5. 中国的环境管理思想有哪些？
6. 环境管理原则与环境管理思想有什么联系和区别？
7. 环境管理原则有哪些？
8. 谈谈你对管理动力原则的理解。
9. 你认为在管理机构建设中应如何坚持环境管理的能级分布原则？
10. 在环境保护实践中坚持随机制宜原则与强化环境管理是否存在着矛盾？
11. 在强化管理职能方面，监督机制和反馈机制各有什么作用？二者之间的关系是什么？
12. 建立环境管理反馈机制的意义是什么？
13. 为什么要加强对负反馈信息的调查与收集？

第四章　环境管理理论

作为环境科学和管理科学的交叉性学科，环境管理不论是从学科的角度，还是从工作领域的角度，都具有综合性特征。因而必然决定着环境管理基础理论的多样性和多层次性。

特别是对于具有中国特色的环境管理而言，更是如此。一方面，由于特定的中国国情和复杂的环境问题，使得环境管理的理论必然地包含着或渗透着一系列的学科知识；另一方面，由于其管理对象与所包含或所相关学科知识程度的差异，又必然有着专业基础理论和一般基础理论等不同的层次。如果把所有的与环境管理有关的理论罗列出来，可以达到十几个，从某种意义上说，这样做等于把环境管理变成一门百科全书，不仅无益于环境管理学的发展，而且由于作为一门学科存在的个性被同化于其它理论的共性之中，也容易使人们对环境管理学产生错觉，甚至产生怀疑以致于对其失去极大的兴趣。

基于上述的观点，我们有必要从诸多的与环境管理有着千丝万缕联系的学科和理论中去粗取精，提炼出对环境管理的产生与发展有着重大影响的、对环境管理实践有着持续指导作用的理论作为环境管理的基础理论加以阐述。

以怎样的认识标准来确定其基础理论非常重要，它关系到环境管理的理论与实践的发展，也涉及到环境管理的改革与创新问题。在这里，作者站在理论创新的角度，以科学、严谨的态度从环境管理学科特点出发来阐述环境管理的基础理论。

谈到学科特点，环境管理学虽然是环境科学和管理科学相互交叉的产物，但环境管理更多地体现了管理学的思想和特点。这意味着环境管理的理论是对管理科学理论的继承和发展。所谓继承是指管理科学的理论对于环境管理具有普遍的指导意义。所谓发展是指这种继承是一种部分继承，环境管理学在继承了管理科学中某些基本理论的同时，环境科学中若干专业基础理论，如法学理论、生态经济学理论等在环境管理中也得到了广泛应用。与此同时，环境管理中还吸收了系统科学中的许多思想和理论。

但需要指出的是，法学理论是环境法学的理论基础，生态经济学是环境规划的理论基础。这些理论是借助于环境法学和环境规划学间接应用于环境管理中的。所以，这些理论不能作为环境管理的基础理论来加以论述。

因此，环境管理的基础理论由系统科学和管理科学中的若干基本理论所组成。它们是系统论、控制论和行为科学理论。这三种理论构成了环境管理完整而坚实的基础理论，使其具有了区别于其它学科的特色。

在这一章，将以较大篇幅论述环境管理的理论，这是环境管理学的精华所在，是环境科学的理论核心。

第一节 环境管理与系统论

环境保护工作是一项复杂的系统工程，因此，开展环境管理要有系统观念和大系统管理思想。要以系统理论为指导，正确处理环境保护与经济建设的关系。

一、系统论的基本知识

在 20 世纪第二次世界大战后期，出现了一系列崭新的科学技术和有关的理论。主要有电子计算机技术、系统论、控制论、信息论、系统工程、运筹学等。其中，除了系统论来自于理论生物学与哲学而偏重于理论方面以外，其余的都来自于技术科学。

这些理论的出现极大地推动了人类科学技术的发展，特别是系统论的产生实现了人们的认识从“实物中心论”向“系统中心论”的转变。使人类进入了系统时代并成为人们认识并构建“系统时代”的重要理论和思维方法，成为现代管理的理论基础。后来人们把系统论同控制论和信息论统称为“三论”。

1．系统思想发展的历史线索

现代系统论产生于 20 世纪 40 年代。而系统思想的渊源，可以追溯到两千多年前人类早期文明中。我国古代的阴阳八卦说；阴阳五行说；气论；老子的“道”；朱熹的“理”以及中医理论等都从不同的历史时期，站在不同的角度，阐述了事物之间存在着的相互联系、相互制约、相互影响的“相生相克”关系。这些观点和理论无不包含着朴素的系统思想。古希腊的哲学家德谟克利特有一本没能留传下来的名为《宇宙大系统》的著作，可能是最早正式使用“系统”这个词说明宇宙的书。

亚里斯多德是古希腊哲学集大成者，他曾深刻地指出：“一般说来，所有的方式显示全体并不是部分的总和。”他以房屋作例子，说明一所房屋并不等于它的砖瓦、木料等部分的总和。后来人们把亚里斯多德的这个思想概括成“整体大于部分总和”这一至今仍然正确的命题。对于整体大于部分总和的思想，当代的系统论研究者十分重视，把它看成是系统论的基本原理。亚里斯多德是人类历史上较早地从哲学上概括整体问题的最重要的哲学家，应该说，他的思想是古代系统观念的最高哲学总结。

到了 15 世纪下半叶，近代自然科学的兴起促进了系统思想的快速发展。先后形成了以培根、笛卡尔、哥白尼和牛顿等为代表的机械论系统思想，以康德为代表的先验论系统思想，以黑格尔为代表的辩证法系统思想，以马克思、恩格斯为代表的实践论系统思想这四种系统思想体系。

在这一时期，人类对系统的认识上升到哲学的高度。人们开始用哲学的思想和观点来描述系统，从不同的角度来揭示部分和整体的关系问题，系统思想不断趋于成熟。

但对系统概念作出科学的描述，并使之发展成一门相对独立的学科——普通系统论，则是20世纪40年代美籍奥地利生物学家贝塔朗菲的功绩。之后，普通系统论进入了较快的三个发展阶段。一是经典控制系统阶段，它曾被成功地应用于北极星导弹、核潜艇、原子弹等工程的研制过程中。二是多变量复杂系统阶段，它成功地指导了阿波罗登月计划、南朝鲜第一个五年计划以及墨西哥与世界银行合作的改造农业计划等。三是大系统阶段，它旨在解决多目标、多变量、多阶段的人—机协作、人—环境协同等复杂系统的有效控制问题。它现已广泛应用于城市规划、环境保护、战略经营管理、甚至星球大战的研究之中。

中国对系统论的研究始于 70 年代。在著名的科学家钱学森和经济学家薛暮桥的倡导下，开始了对系统论的研究。二十多年来，有关系统论的研究已取得了长足的进展，系统理论和方法已广泛应用于社会、政治、经济、教育、文化、军事和环境保护等各个领域。

可以说，继 19 世纪的质量守恒定律、细胞学说、生物进化论这三大发明和 20 世纪初相对论和量子力学之后，系统论的出现又一次改变了世界的科学图景和当代科学家的思维方式。系统论的产生与系统理论的发展，使人类发现并走出了传统科学的决策误区，使人们明白了一个既深奥又简明的道理：

一个优化的系统并不意味着这个系统的所有要素或子系统都是最佳的。或者说，系统要素都是最佳的状态不能必然导出系统整体最优的必然结果。

系统思想具有方法论的意义，它使我们发现了传统科学理论与方法的局限性，为我们认识和揭示人类社会的发展规律、指导人们的社会实践，提出了正确的思想方法和思维方式。成为当今人类环境保护的理论和思想方法基础。

2. 系统论的基本概念

（1）什么是系统论

系统论是运用逻辑和数学方法研究一般系统运动规律的理论。在这一概念中，数学方法是系统论研究一般系统运动规律的定量化方法，是用来揭示系统内部各子系统之间相互联系和制约关系的手段。逻辑方法则是系统论研究一般系统运动规律的定性思维方法，蕴含着思想方法论的成分。二者结合使系统论产生了丰富而深刻的内容。

（2）什么是系统

所谓系统，就是由相互作用、相互依赖、相互制约的若干组成部分按一定规律结合成的具有特定功能的有机整体。而且这个系统本身又是它所从属的更大系统的组成部分。这个组成部分也称为要素，它们可以是事物、概念或过程。

作为一个系统，必须具备三个条件：一是有两个以上相互联系和作用的要素；二是要素之间必须按一定方式有机整合而不是胡乱拼凑；三是具有并能输出特定的整体功能。由此可见，系统是要素的联结总体，要素则是系统的基本组成单位。

（3）系统的基本特征

系统概念是系统学中最重要、最基本的概念。系统概念高度概括了各种形态、各具特色的系统的共同特征。

集合性：系统是由两个以上能相互区别的要素组成的具有特定功能的集合，这一点很显然。

相关性：系统不是其构成要素的简单堆积和混合，而是由这些相互关联、相互作用的要素或子系统组成的有机整体。这些要素不仅在系统内部相互依赖、相互制约和相互联系，而且同外部环境也具有一定的联系和制约作用。系统内要素之间以及要素与整体之间的相互联系和相互制约，以及与外部环境的联系和制约，是形成系统结构并决定系统功能的基本力量，是使得系统的各要素和各子系统成为有机整体必不可少的组分，是使系统整体性得以实现和维持的条件。

目的性：任何人工系统、复合系统都是以完成某种功能为目的而存在的。

环境自适应性：任何系统都会随外部环境的变化而不断调整和修正自己的行为状态。系统的自适应性是指系统可以根据环境条件的变化或系统发展目标的转移，自动地改变自身的内部结构以适应外界环境变化的特性。

结构性：任何系统都具有一定的结构，这是系统与集合的本质区别。结构是系统存在的充分条件，要素是系统存在的必要条件。就是说，光有要素而没有结构的集合无法成为系统。

层次性：任何系统都具有鲜明的层次性或有序性，这种层次性表现为系统联系的层次性和系统结构的层次性。联系的层次性是指系统中所有的联系是按一定的规则和顺序进行的。结构的层次性是指系统中的一种包含和隶属关系，每一个系统相对于更高一级的系统来说，它只是一个要素；而每一个要素相对于较低一级的要素来看，它又可以是一个系统。通常把具有包含和隶属关系的低一级的系统称为高一级系统的子系统。

动态稳定性：系统的联系处于不断的变化之中，而系统的结构以及系统与外部联系却具有时间与过程的相对稳定性，这种稳定性往往表现为动态的稳定。

整体性：任何系统都具有整体性特征。系统的整体性是指系统作为相互联系、相互作用的各要素和子系统构成的有机整体，在其存在方式上、目标、功能等方面表现出来的整体统一性。从系统的存在方式上来说，系统的任何一个组成部分均不能离开整体而孤立存在，而整体失去其某一组成部分也难成为完整的形态而发挥作用；从系统存在的目的来说，系统的整体目标是系统各组成部分共同努力的总目标。

也就是说，整体性意味着既不能把系统的属性归结为构成它的各要素的属性之和，也不能从各要素的属性中引伸出整体的属性。整体性还意味着系统内各要素之间、要素与系统之间的相互联系是以服从整体要求为前提的。

生态—经济—社会系统、环境保护系统以及社会管理系统等就是同时具有上述八个特征的系统。在这些系统中，各要素之间存在着相互联系、相互依赖和相互制约的包含和隶属关系。这种关系遵循一定的规律和顺序，作为系统的每一个要素，相对于更低一级的要素而言，本身又可以是一个系统。每一个系统的内部联系都处于不断的变化之中，而系统本身又具有动态的稳定性，同时又表现出各自的整体性特征。

由系统的概念和特征可以得出如下的结论：

第一，系统的要素可以是一个子系统。就是说，一个系统的要素可以具有结构，也具有上述诸多特征。然而，系统的结构与它的要素作为子系统来说所具有的结构是不同的，是非同一层次的结构。例如生态系统作为生态—经济—社会系统的一个子系统，其结构与整体系统的结构是完全不同的。又如，人脑系统可看作人体系统的一个子系统，然而大脑结构与人体结构是不同的，属于非同一层次的结构。

第二，系统中每一要素的性质或行为将影响到系统整体的性质和行为。因此，系统中要素之间以及要素与整体之间相互联系的方式和顺序的变化必将引起系统整体结构的变化。例如，在生态—经济—社会系统中，作为系统要素的生态环境的变化必然对系统中经济与社会子系统产生重大影响，从而影响到系统整体的性质和行为。人体系统、设备系统、管理系统等都是如此。

第三，没有一个要素是独立影响系统整体的。就是说，系统中的每一个要素在影响系统整体的同时，也至少被其它一个要素所影响。例如，在生态—经济—社会系统中，生态子系统对系统整体的影响是通过该子系统对经济、社会其它两个子系统的影响而实现的。另外，生态子系统在影响系统整体以及其它子系统的同时，也受到其它子系统的影响和制约。又如在生态环境中，由植物、食草动物、低级食肉动物、高级食肉动物这四个营养基构成了植物 → 食草动物 → 低级食肉动物 → 高级食肉动物的食物链系统。在这个系统中，每一层次的营养基的性质和行为都将影响到食物链系统整体的性质和行为。同时我们还会发现，在这个系统中，没有一个营养基是独立影响食物链整体的，比如说食草动物数量的多寡将影响到高一级环链——食肉动物数量的多寡，进而影响到食物链系统整体。但是，食草动物的数量同时又受到第一营养基——植物的制约和影响。因此，食草动物数量的多寡对系统整体的影响不是独立的而是相互的。

第四，没有整体就没有个体。系统中各要素是通过相互间的联系而表现出自己的个性特征。换句话说，要素始终是相对于系统而言的，离开了系统，就不再具有要素的属性。例如，在生态—经济—社会系统中，生态子系统所表现出来的自然环境再生产的个性特征是通过该子系统与经济和社会子系统之间能流、物流和信息流的交换而表现出来的。离开了这些联系，生态环境系统消纳污染物的能力和资源再生产的能力将无法体现。又如，食肉动物的个性特征只有在自然生态环境中追杀猎物的过程中才能体现出来。而动物园中的食肉动物由于生活在人工环境之中，割断了与自然环境以及与其它动物的联系而无法体现出自己真实的个性特征。

综上所述，一个形成系统的诸要素的集合永远具有一定的特性或表现为一定的行为，而这些特征或行为不是它的任何一个要素所能具有的。例如，一个人能写字、走路，所表现出的各种行为是人体系统的整体特征，但是他的任何一部分都不能做到这一点。又例如，生态—经济—社会系统所表现出来的整体特征是由生态、经济和社会环境相互联系和共同作用的结果，而不是各要素个性特征的简单叠加所致。

3. 系统的结构和功能

任何系统都具有结构，也具有一定的功能，结构和功能是系统学中一对非常重要的概念。系统的结构是系统保持整体性特征以及具有一定功能的内在根据。了解系统的结构和功能及其相互关系对理解系统的基本概念，进而研究环境管理理论和探索环境保护规律是非常重要的。

（1）系统结构

所谓系统结构是指系统内各要素之间在时间或空间方面的有机联系与相互作用的方式或顺序，有时把系统的结构简称为要素的秩序。在一般情况下，也可以把系统结构理解为系统要素通过联系而形成的横向和竖向排列组合方式，是系统总的联系网络和框架。

任何系统所具有的整体性，都是在一定结构基础上的整体性。关于系统的结构应从以下三个方面来认识：第一，结构是系统存在的充分条件。由于结构是系统内要素有机联系和相互作用的方式或顺序，因此，系统的有序性或层次性愈高，其结构也愈严密，系统的整体性就愈强。第二，系统结构具有相对的稳定性。系统结构的稳定性是指结构总是趋向于保持某一状态。系统结构的稳定性大小取决于系统内各要素之间是否有着稳定的联系。一切系统都处于运动、变化之中，相对于系统状态而言，其结构总是保持相应的稳定状态。第三，结构稳定是系统稳定的前提。所谓系统稳定是指系统某一状态的持续出现。系统稳定可以是静态的稳定，也可以是动态的稳定。但静态的稳定是相对的，动态的稳定是绝对的。实现系统的稳定，首先要解决结构的稳定问题，也就是要解决系统的有序性或者系统内要素间联系的稳定性问题。

系统的存在和发展总是有其边界的，边界可以是抽象的，也可以是实际存在的。边界之外称外界或环境，环境可大可小，要视系统边界而定。同系统存在和发展相关联的外部条件的总和称之为系统环境。

（2）系统功能

所谓系统功能是指系统与外部环境相互联系与作用过程的秩序和能力，简称为过程的秩序。系统功能体现了一个系统与外部环境之间的物流、能流、信息流的输入、输出的变换关系，是系统作用和改变环境行为的能力。系统功能的大小，反映了系统的优劣程度。

系统论中的行为是特指系统在环境作用下产生的实实在在的反应活动。决定系统行为的因素主要有两个：一是环境作用，它是诱发系统行为的因素。二是系统的状态，它是决定系统行为的根本性因素。

认识系统行为主要可通过认识系统状态来实现。反之，也可通过对系统行为的研究来获得对系统状态的本质和规律的认识，这是系统科学中一条重要的原则。

系统的功能与行为是两个既有联系又有区别的概念。它们的联系是：都能反映系统与环境的关系，因此有时将二者等同使用。它们的区别是：行为是系统在环境作用下所产生的被动的反映活动，并由系统的状态决定着；而功能则是系统积极适应并主动作用于环境的能力，并由系统结构决定着。

（3）系统的结构、要素与功能的关系

系统的结构、要素与功能的关系问题是系统理论中的一个重要问题。二者对系统功能的发挥都产生一定的影响。

首先，在系统要素不变的情况下，系统结构决定系统功能。这是系统理论中的一个著名定律。例如，对于生态—经济—社会系统而言，其运行或发展模式就是该系统的结构，而这个系统所体现出来的环境效益、经济效益、社会效益就是该系统所具有的功能。不同的发展模式会产生不同的环境、经济和社会效益，即表现出不同的系统功能。再如，在有机化合物的烷烃系列中，存在着同分异构体。13烷有802个同分异构体，14烷有1858个同分异构体。这些化合物虽然要素相同，但由于分子之间排列规律不同，其化学性质也各不相同，是结构决定功能的很好例证。还有，一个人看上去很漂亮、有气质，其原因不在于她的五官都长得比别人出众，而在于五官之间的比例合理，即整体结构合理，才体现出了外表美的功能。

其次，在结构不变的情况下，系统要素对系统功能有影响。由于要素在系统中所处的系统地位和系统层次不同，对系统功能的影响大小也不一样。要素的作用大小与要素所处的系统地位和层次成正比例关系。系统地位和层次高的要素，所发挥的作用就大；系统地位和层次低的要素，发挥的作用就小。

综上所述，系统结构对功能的影响是质的、第一位的，要素对功能的影响是量的、第二位的。这就告诉我们，对系统进行优化，完善系统功能的最佳策略是：首先要致力于系统结构的调整与改革，在优化系统结构的基础上，再做提高单一要素素质的工作，这个顺序不能倒置。只有结构合理，才能有效发挥要素的作用，实现系统的动态平衡与稳定。

20 世纪 80 年代中国开始实施的经济体制改革，就是遵循系统学的“结构决定功能”这一基本定律，从国家的经济结构入手来优化国家经济系统的功能，推进国家的进步与发展。中国在 90 年代所确立的可持续发展战略、“两个根本性转变”、国家政府机构改革以及环境保护机构改革等，都是依据结构决定功能这一系统理论从结构优化角度来思考的。

4. 系统的分类

系统的类型很多，根据不同的分类标准，可以将系统分为若干基本类型。

（1）根据系统与环境的关系分类，有封闭系统和开放系统两种。

封闭系统是指其演进、变化不与外部环境发生能量、物质和信息交换的系统。例如水循环系统、科学实验系统、太阳系等系统都属于封闭系统。开放系统是指与外部环境之间存在能量、物质和信息交换的系统。例如生命系统就是典型的开放系统，各类管理系统、工矿企业系统等也都是开放系统。可以说，几乎所有的系统都是开放系统。开放是绝对的，而封闭是相对的。

（2）根据系统有无自律性分类，有自律系统和非自律系统两种。

自律系统是指自身能进行自我调节和控制的系统。如生物系统和生态系统就是自律系统。非自律系统是指存在非完全自我调节与控制的系统。如生态—经济—社会系统，污染控制系统，城市管理系统等属于非自律系统。

（3）根据系统的自身状态分类，有平衡态系统、近平衡态系统、远离平衡态系统和混沌态系统。

平衡态系统是指在一定时期内，不随时间变化而在宏观上始终处于恒定状态的系统。它是一种特殊的定态系统，其内部和总体效应在宏观上保持不变。例如地球就可以视为一个热平衡态系统。

近平衡态系统是指接近平衡状态，随着时间的推移而必然回归到原平衡态的系统。这种系统的内部和总体效应会发生一定的宏观变化，但其变化较小，而且这种变化会随时间的推移而消失，趋向平衡态。如地球上的生物系统就是一个近平衡态系统。

远离平衡态系统是指远离原来曾有过的平衡态而进入新的平衡态（耗散结构），随着时间的推移不能再回到原平衡态的系统。它是彻底的开放系统。如环境管理系统、社会系统等就是典型的远离平衡态系统。

混沌态系统是指其内部的宏观参量变化完全处于随机状态的系统。这里的混沌不等同于混乱或无序，而是确定论系统的内在随机性。它是一种非常普遍的自然现象。如流体力学中的湍流，思维中的某些非逻辑思维，管理中的某些决策艺术等，都属于混沌态系统。科学研究表明，混沌态系统有时可能比某些具有周期性或准周期性的有序系统还要高级。例如正常人的脑电图就很像是混沌运动，而癫痫病发作者的脑电图则呈现出有规则的周期性。

近平衡态、远离平衡态、混沌态系统都属于非平衡态系统。

（4）根据人类对系统的影响分类，有自然系统、人工系统和复合系统。

自然系统是由自然界固有的事物组成的，其形成与人及其意志无关的系统。如生态系统、宇宙系统等。自然系统是一种无目的系统。人工系统则是指按人的某种目的而建立起来的有目的系统。如各种管理系统、教育系统、生产系统、军事系统、行政区域系统等。由自然系统与人工系统组合而成的系统称为复合系统。如环境保护系统、气象预报系统等就是复合系统。

（5）根据系统的构成要素分类，有实体系统和概念系统。

实体系统是以客观实体物质为组成要素的系统。如生命系统和机械系统等。而由人的主观概念按逻辑关系构成的系统叫做概念系统。如知识系统、环境管理系统等。概念系统的边界常具有模糊性，随着人们认识能力的变化而不断扩展或缩小其范围。

有关系统的类型，还有其它许多分类方法，这里不再赘述。

二、系统论的基本观点

系统论的基本观点就是人们研究和认识事物所必须遵循的系统原则和观点。它可以概括为下述几方面内容：

1. 整体性观点

整体性是系统论的最基本观点。它旨在通过揭示要素和系统整体的关系，告诉人们，在认识和处理问题时要坚持一切从整体出发，不仅要把研究对象作为系统整体而非孤立事物来认识，而且要把研究过程看作系统整体。

要素与整体的关系有两种情形：加和性和整体性。加和性是集合的基本特征，整体性是系统的基本特征。

（1）集合的加和性

加和性有三层含义：一是要素在组成整体时，其基本性质和功能保持不变。如沙子并不因组成沙堆而改变自己的性质和功能。二是要素的存在和变化不影响整体，也不依赖于整体。如取走一把沙子并不改变沙堆和沙子的基本性质。三是整体性质和功能等于要素性质和功能的简单相加。如一斤毛线织一件毛衣，十斤毛线也只能织十件毛衣。具有加和性的事物不能构成系统。

（2）系统的整体性

整体性包含两层含义：一是要素与整体不可分割。即系统不能分解为独立要素的和。系统整体对于要素来说具有非支解性，要素对于系统整体来说具有非加和性。若要分割，则系统的整体性质和功能就会遭到损害，要素也会失去其原有的作为系统要素的性质和功能。如割下手或脚就会严重影响人的整体性质和功能，割下的手或脚也就失去其原有的性质和功能了。同样，若将环境问题的解决同经济建设和社会的发展割裂开来，离开经济和社会问题就环境保护讲环境保护，或离开环境保护单纯强调经济建设，则无法实现生态—经济—社会系统的可持续发展。二是系统的整体性质和功能不等于其要素性质和功能的简单相加。在要素相同的情况下，系统整体功能的大小取决于组成系统的要素相互联结的优劣和结构有序化的程度。如布的功能不等于棉纱功能的代数和，而主要取决于其编织和结构。

系统整体功能的非加和性有两种表现形式：一是整体功能大于各要素功能之和。在社会生活领域中，其典型表现是“三个臭皮匠，顶个诸葛亮”。这是系统论的一条最重要的规律，即“系统的性质和功能不守恒定律”。这一定律现已被越来越多的人所认识和运用，它不仅为现代管理科学尤其是环境管理学的建立奠定了坚实的基础，而且为管理作为重要的生产力提供了不容置疑的理论前提。二是系统整体功能小于各要素功能之和。在社会生活领域中，其典型表现是“三个和尚没水吃”。其原因主要是由于系统要素间的联系或结构不合理，导致系统内耗的增加，各自的功能被相互削弱或抵消所致。在环境保护领域中，其典型表现是分散的、末端的、浓度控制并不能有效改善区域环境质量，不能从根本上解决环境问题。只有实行集中的、全过程的、总量控制才是污染防治的发展方向和出路。

系统整体功能发挥的好坏，固然与其组成要素的好坏有关，但主要还是取决于系统要素的相互联结及其结构的有序化程度。在大多数情况下，单独提高某些要素的功能并不能优化系统整体功能，有时反而会降低系统整体功能。较差的要素若能予以最佳的组合，却往往能实现系统的整体功能的优化。如四个可靠性只有 0.9 的元件并联，就可以获得其可靠性程度为 0.9999 的整体功能。

（3）整体性观点对环境管理的启示

一方面，我们不但要把环境问题看成是社会发展的整体问题来研究，而且要把环境问题的解决过程看成是一个系统整体。另一方面，我们要从系统结构优化的角度来开展环境管理。即在一定的人力、物力、财力和技术等要素基本不变的前提下，从产业结构调整和合理工业布局入手，加强宏观政策调控、加快环境管理机构和体制改革、实现环境管理的合理组织、协调和控制，以发挥出更大更好的整体效益，实现区域的可持续发展战略目标。

2. 相关性观点

系统的相关性是指任一事物都处于联系之中，是关于系统内要素之间相互关联的特性。它告诉人们，系统中任何要素的存在和运动变化都与其它要素相关联。因此，要处理一个系统要素，就必须充分考虑该要素对其它要素的影响和作用。把所处理的客观事物和所要解决的问题作为更大系统的要素来研究，这就是系统论的相关性观点。

那么，系统的要素之间有些什么影响和作用呢？系统理论认为，要素的相关性主要表现为各要素之间的联结方式、链条和强度。

（1）系统诸要素的联结方式与相关性

要素间的联结方式直接决定其相关性。有什么样的联结方式，要素间就呈现出什么样的相关性；联结方式的改变，必然引起要素的相关性改变。

首先，从联结的形态看，系统内诸要素的联结，主要有物质流、能量流、信息流三种基本形态。系统中的物质流、能量流和信息流是要素联结的最普遍和最基本的形态，它们从不同的方面和层次将要素联系起来，形成一个连续运动的系统整体。

其次，从联结的方向性看，系统内诸要素的联结还表现为如下情形：一是单向因果联结。这是指原因作用于结果时，原因可引起结果变化，但结果却不能引起原因变化。二是双向因果联结，又叫反馈因果联结。这是系统要素之间互为因果的联结。三是复合因果联结。这是系统要素间一因多果、一果多因和多因多果的联结。

在生态—经济—社会系统中，从联结的形态看，生态、经济与社会三个要素之间是通过物质流和能量流进行联结的，从联结的方向性看又属于双向因果联结和复合因果联结。例如，环境问题作为人类经济活动的产物是一种果，这种果反过来又影响到经济的持续增长，从而又变成因。所以，人类的经济活动与环境问题之间的联结是一种互为因果的联结，即双向因果联结。另外，资源的减少与浪费由生产技术落后、人口增长的需求和不可持续的消费方式三个主要原因所组成。因此，生态、经济、社会三者之间的联结是一果多因的联结，从而是复合因果的联结。

（2）系统内部诸要素的联结链条数、强度与相关性

链条可以说是系统内部诸要素相互关联作用的载体和桥梁。没有它，系统内部诸要素之间就不可能联结，就不存在相关性。例如在化学中，原子间的相互关联就是通过单键、双键、叁键等链条来实现的。又如，一个家庭系统的相关性，就是由其内部夫妻、父母和兄妹等多种链条关联而形成并表现出来的。在生态—经济—社会系统中，其要素的相关性是通过人类的生产与消费方式两个链条来实现的。其中，人类的生产方式是生态要素与经济要素联结的主要链条，而人类的消费方式是生态要素和社会要素联结的主要链条。

联结链条的个数、形态及强度是由系统及其内部诸要素的性质决定的。一般说来，联结链条的多少以及联结强度同系统及其内部诸要素之间的密切程度呈正相关。如一个家庭或工厂，其内部要素之间的联结链条愈多，则其相关程度愈高；联结强度愈强，则相关程度亦愈高。反之亦然。

（3）相关性观点对环境管理的启示

环境问题的产生与人类社会的发展息息相关，与人类的社会活动和经济活动息息相关。同样，环境问题的解决也与人类社会的进步密不可分，与人类的经济活动密不可分。因此，开展环境管理就必须把环境问题与经济问题和社会发展问题联系起来，从相互之间既对立又竞争、既矛盾又统一的关系入手，通过改变生态、经济与社会要素之间的联结方式、联结链条数和联结强度，即通过改变人类的生产方式和消费方式来调整三者之间的相关性。减少对立和竞争，增强协同与合作，实现生态—经济—社会系统的协调与可持续发展。

3. 有序性观点

系统的有序性是指系统内部诸要素在一定空间和时间方面的排列顺序以及运动转化中的有规则、合规律的属性。这个观点认为：系统的任何联系都是按等级和层次进行的。在等级序列中，下位等级的要素及其相互关系本身在细节方面并不为上位等级所映现。因此，作为上位等级的系统不能也不必支配作为下位等级组分的全部行为。这个理论实际上就是现代管理科学中所谓分级管理、指标或功能分解原则的基础。

系统的有序性观点旨在揭示系统结构与功能的关系，通过对系统要素的有序组合而实现系统整体功能的优化。确定系统的有序性，主要可通过两个途径来实现：一是确定负熵。“熵”这个物理量通常用来表示系统的无序程度，而负熵则表示有序程度。二是确定信息量。系统有序性的质和量都可通过信息来考察，这是因为信息量表示系统有序性的量的方面，信息内容表示系统有序性的质的方面。根据信息论的原理，系统接受信息而增加的信息量，等于系统熵减少的值。因此，可以将信息量理解为负熵。

从有序的本质可见，系统有序主要表现为以下三个方面：一是系统要素的空间排列有规则、合规律，即系统的空间结构。二是系统要素的时间排列有规则、合规律，即时间结构。如生物系统中的生物进化历史过程，管理中的工艺流程以及决策程序等。三是系统要素在运动、转化过程中所表现出来的功能或时空的有规则、合规律现象，即时空结构。如树木的年轮，一切科学的管理行为等。

一般而言，系统有序依赖于系统内部要素的结构有序，而实现系统有序的目的则是输出有序功能。结构有序是系统有序功能得以实现的内在根据。结构正常，则功能正常，结构有序和最优，则功能有序和最优。

总之，自然系统的有序性是系统进化和适应环境的结果，而社会系统包括经济管理系统的有序性则是社会实践和人工选择的结果。环境管理就是要求提高生态—经济—社会系统在时间、空间以及功能等方面的有序性，力争在原有系统要素不变的情况下，通过提高结构的有序化程度达到经济建设与环境保护协调、持续发展的目的。

4．动态性观点

动态性观点是对系统开放特征的反映和总结。它旨在通过揭示系统状态同时间的关系，告诉人们要历史地、辩证地、发展地考察和认识对象系统，认真处理好系统与环境的动态适应关系。

所谓历史地考察，就是要求我们研究系统的产生和演化过程及其机制，把它放在特定的历史条件下来认识对象系统。只有深刻认识了历史才有利于正确认识现状并预测未来。例如，要解决当今的环境问题，就要从环境问题产生的历史背景和原因出发，研究环境问题发展的历史线索以及发展趋势，由此才能正确制定当今的环境战略和环境对策。

所谓辩证地考察，就是要求我们不能孤立地、片面地、静止地看待系统的现状，而是要从系统与外部环境的相互联系和矛盾运动角度去认识和考察系统，以揭示事物的矛盾运动和对立统一关系。

所谓发展地考察，就是要求我们在正确分析历史和现状的基础上，运用发展的观点认识系统，并对系统进行科学预测，以研究和探讨系统的发展规律，使系统与外部环境保持一个良好的动态适应关系。

系统要同环境保持良好的动态适应关系，实现系统的相对稳定与发展，一般要从以下几个方面加以考察：一是系统与环境之间是否存在稳定的物质、能量和信息的输入和输出。稳定的物质、能量和信息的交换，是系统保持动态稳定和顺利发展的前提。二是系统与环境之间是否存在竞争关系。竞争是整个自然界，也是现代社会的一个显著特征。例如，在人类的生态—经济—社会系统中，作为系统的组成要素，生态子系统、经济子系统和社会子系统之间不仅存在着各种各样的联系和变换关系，而且与外部环境存在着激烈的竞争，从而形成了各子系统间以及整个系统对立统一的矛盾运动。三是系统与环境之间是否存在着对立关系。如果系统与环境之间存在着对立关系，就无法保持良好的动态适应性。如何变对立为统一的关系是保持系统稳定发展的重要前提。

系统论是着眼于从整体水平上、从系统的横向联系上研究对象系统。在思维方式上表现为从整体到部分的“远景透视”的系统思路。在科学领域内，由重视有形的产品转向更加重视无形产品带来的效益。在研究方法上，运用系统综合分析方法，着眼于整个的状态和过程，而不拘泥于局部的个别的部分，表现为系统获得最佳的状态，并不需要所有子系统都是最佳的特征。

总之，作为系统科学的重要分支，系统理论与方法已成为现代管理的理论基础之一，尤其在环境保护领域，已成为人们认识环境问题和解决环境问题的世界观和方法论，是环境管理学的重要理论基础。

三、大系统论

1. 大系统论及其发展

大系统理论研究的对象是“大系统”。但是，什么是大系统，其本质和特征是什么呢？

（1）大系统的本质和特征

对于大系统的本质规定，目前尚未形成一致看法和意见。但几乎所有的研究者对以下事实都取得了共识：在生命科学领域，人和其它高级脊椎动物的脑组织是一个大系统，而在社会管理领域，研究大企业的管理活动时，该企业的每一个成员或班组只能是该企业大系统的一个要素或子系统，而决不是一个大系统。

由此可见，大系统是一个相对概念。一般说来，大系统可被看成是一个具有共同目的和内在联系的诸多子系统的集合。一个系统是否成为一个大系统，主要取决于内部要素之间联系的复杂程度和联结方式及结构层次的复杂程度。同一般系统相比，大系统的特点是：规模庞大、结构复杂、功能综合、因素众多、层次繁杂、目标多样和变量的非线性影响重大。例如，在工程技术方面有大型联合企业的综合自动化与计算机控制系统，空间技术的控制系统。在资源与环境保护领域中有生态系统，污染控制系统，环境监测网络系统，农田水利灌溉系统，生物调节与控制系统等。在社会经济领域中有城市和农村建设与发展规划管理系统，人口控制系统，国民经济管理系统，军事指挥系统等都是大系统。

用大系统理论研究对象系统或系统组织时，既要考虑到其整体行为的不定性，更要考虑到各组成部分行为的不定性。因此，大系统控制的诸多规律与一般系统截然不同，并且，对于大系统的不同结构，其实现整体最优化的方法和途径也不一样，甚至可能彼此无效。例如，大系统结构方案中的集中控制系统最优化工作所依据的大部分概念和理论，并不适用于分散控制系统。特别是现已发现，动态规划和其它有关最优化控制技术，对于分散控制系统的设计和优化都是无效的，且这种无效是无可补救的。

（2）大系统论的产生和发展

大系统理论是为解决对象系统或系统组织的复杂控制问题，在系统论、控制论、管理科学和生物科学的推动下，于 70 年代后期发展起来的一门理论。目前，大系统论尚处于萌芽阶段，它的基本概念还未完全确立，其基本规律也正在探索之中。然而，自它诞生以来，发展异常迅速，在科学研究和社会管理等许多领域中已潜移默化地得到了广泛应用，并体现出了较好的社会和经济效益。现已有很多学者把它应用于社会、经济、人口、环境保护等方面发展规律的研究，特别是应用于对生态—经济—社会系统发展规律的研究。

生态—经济—社会系统是一个典型的大系统，研究这样的系统问题，大系统理论和方法是必不可少的。可以肯定地说，大系统论能为该系统的整体最优设计并从宏观上实现系统的最优控制提供卓有成效的理论和方法指导，在环境保护领域中的应用前景是非常广阔的。

2．大系统的分类

任何一个大系统都具有结构的多层次性特征，亦叫做多层次控制系统。因此，结构控制类型是大系统分类的主要标准。从系统的结构控制角度，大系统可以分为以下三种类型：

（1）串联控制型大系统

串联控制型大系统也称为集中控制型大系统。这是指在一个大系统中，子系统之间的系统关系表现为上下串联形式或隶属关系，有关被控对象的信息，包括系统及其各子系统的所有信息，都馈入一个控制中心，由控制中心根据系统状态和控制任务，形成并输出信号给下级各受控对象，以实现对大系统的集中控制。

这类系统当其规模不大时，由于系统层次少，信息传递的中心环节少，因而具有信息指令传递速度快、信息失真度小、有效性高等特点，能够实现有效而及时的控制。但当系统规模庞大而各子系统之间的关系复杂时，系统的可靠性能变差。如果大系统的控制中心出现了错误或失误，它不仅不能及时地得到纠正，反而更剧烈地扰乱整个系统的有序运转。根据可靠性原理，串联型的系统控制方式，其可靠性随联结要素的增加而不断降低。

例如，为解决行业环境问题而建立的行业环境管理体制，垂直领导的环境保护行政管理系统，中央集权制的国家管理系统等都是串联控制型或集中控制型的大系统结构。

（2）并联控制型大系统

并联控制型大系统也称为分散控制型大系统。这是指在一个系统中同时存在两个或两个以上并行的控制中心，每个控制中心又负责对具有垂直系统关系的若干子系统进行控制，各个控制中心并行或分散地共同完成大系统的总任务或总目标的大系统结构。这类系统的每个分散控制中心只获得和处理一部分信息，也只对大系统的一部分进行局部控制。例如，传统的区域环境保护行政管理系统就是并联控制型的大系统。相对于国家管理系统而言，各级地方政府是相对独立的控制中心，负责对本行政区域内具有垂直领导关系的环境保护行政部门实行管理和控制。各个地方政府并行地共同完成国家管理系统所赋予的环境保护总任务或总目标。

分散控制的优点是：一是控制的可靠性较高。由于信息和控制分散，即使个别控制中心发生故障，其它控制中心仍能继续工作，不致引起整个大系统的瘫痪。二是控制效果较好。由于每个分散控制中心所接收、加工和处理的信息量相对小，信息的传递速度较快并且失真度小，从而有利于更快更准确地作出决策和反应，实现局部控制最优化。

然而，由于存在并行的控制，每个子系统的局部控制至多只能实现局部优化，要将各局部最优化导向大系统整体最优化，只能靠分散的各控制中心之间的相互沟通和配合，系统的整体协调就成为实现大系统优化的重要问题。协调难度的大小与并行的控制网络数多少成正比例关系。

（3）等级控制型大系统

上述两种结构类型的大系统所具有的缺点，在相当程度上可运用等级控制大系统结构设计予以克服。这类大系统的一个典型特征是：按一定标准将大系统分为若干层次的子系统，并在不同层次子系统之间建立起横向与纵向交错的多级矩阵结构和从属关系。第一级是直接作用于被控对象——子系统的局部控制中心，它们进行局部最优化决策和完成局部最优化控制任务。第二级是对第一级进行协调的协调控制中心，它进行较高层次的决策，完成上一层次赋予的任务和目标。如此逐级递进构成一个分层或多级控制大系统。

例如，总量控制系统是一个等级控制型大系统。国家按一定标准将总量控制系统目标分为省级、市级、县级、乡镇级等不同层次的总量控制系统目标，这些系统目标之间具有明确的多级矩阵结构和从属关系。高层次的总量控制系统指导和协调低层次总量控制系统，以实现总量目标的分解和落实。依此类推，越到上一层级，控制就愈高级，协调内容就越多。另外，国家目前所采取的"双重领导"的环境保护行政管理体制就是等级控制型管理体制，这样一种管理控制系统就是典型的等级控制型大系统。

3．大系统理论在环境管理中的应用

以人为主体、以生态—经济—社会系统为研究对象的环境管理面对和所要解决的都是大系统问题。相对于一般的企业管理系统，生态—经济—社会系统明显具有结构的多层次性；系统联系的多层次性；环境问题产生和解决的多层次性；社会问题、经济问题、人口问题、资源问题和环境问题相互影响、相互制约的复杂性和非确定性。这不仅意味着实现生态—经济—社会系统的最优控制更加复杂和困难，而且意味着一般管理理论和方法的非普遍适用性。

大系统具有目标多样、功能综合、联系复杂等特点。如何实现大系统整体目标又兼顾各子系统目标，如何有效发挥大系统的整体功能又能充分发挥各子系统的功能，既能考虑到大系统的联系复杂性又能提高管理大系统的有效性，离不开大系统的分解与协调。

因此，开展环境管理不仅要以系统思想为指导，而且要正确运用大系统理论，进行管理大系统分析、管理大系统综合和管理大系统分解与协调。将传统的以"区域管理"为主要特征的并联控制型管理模式和单纯的以"行业管理"为主要特征的串联控制型管理模式调整到以"区域和行业管理相结合"为主要特征的等级控制管理模式上来。同时，要不断完善"双重领导"的环境保护行政管理体制，通过调整与改变大系统内部各子系统之间的联结方式或顺序，构造一个高效的等级控制型的管理大系统。

大系统论是以普通系统论为基础，研究大系统问题的有效理论和方法，是环境管理的重要理论支撑。

第二节　环境管理与控制论

管理就是控制，开展有效的环境管理实质上就是对社会各个领域中人们的各种行为进行有效的控制。因此说，控制论与环境管理之间有着密切的联系和极为相似的特征，环境管理中处处体现了丰富的控制论思想和方法。

一、控制论及其产生与发展*

如果说系统论是侧重于对系统的结构和运行规律的研究，为人们认识和研究系统提供了崭新的世界观和方法论的话。那么，控制论则侧重于研究施控主体对受控系统的影响方式和规律性，追求对系统的适时调控及其方案的最优实施。从而为人们认识和改造系统，为现代管理特别是环境管理提供了又一崭新的方法论基础。

1. 控制论的研究内容

控制论产生于20世纪中叶，1948年，美国数学家诺伯特·维纳发表了专著《控制论》，这是控制论的奠基性著作，它标志着这一新兴学科的诞生。

控制论最初是以系统中的信息传递、变换和控制为对象，研究技术装置的自动控制问题。维纳所著《控制论》的副标题“或关于在动物和机器中控制和通讯的科学”是对控制论这一概念的科学注释。首先，维纳把动物和机器这两类表面上毫不相干的东西联系起来，考察它们的共性即共同本质和规律。其次，考察了动物和机器在其行为和功能方面的共同本质和规律。这二者之间为什么会有这种相似性？维纳的研究表明，动物和机器都存在着共同的控制和通讯。最后，控制和通讯都与主体目的直接相关，都是主体有目的的活动，即通过保持或改变对象系统的某种状态以达到主体的预期目的。因此，研究对象系统的状态变化与主体目的的关系，就成为控制论所要解决的核心问题。

后来，控制论扩展到对生物体和人类组织等复杂系统的行为与结构的研究。控制论所研究的对象系统都是开放、有目的的动态系统，这些系统包括非生命系统的自动化装置、生命系统、生物系统、生态系统、经济系统、社会系统、生态—经济系统、生态—经济—社会系统等。

因此说，控制论是以一切有目的开放系统为研究对象，以开放系统自动控制为研究内容的理论。

2. 控制论的产生

控制论的产生有其深刻的社会历史背景、理论前提、技术条件和方法基础。

控制论产生的直接原因是第二次世界大战期间对于自动高射大炮的研制。在战争初期，德国法西斯在进行了侵略战争的长期准备之后采用了闪电战术，他们占有很强的空军优势，无论在技术装备与飞行员训练上都是如此。德国飞机的高速度、不断变化的战术和驾驶技巧使得老式高射炮的观测、计算和射击系统失效。为此就要有相应的高速度计算，以便做出判断，并迅速地对炮位、方向以及角度加以调节与操纵。显然，这些要求是当时已有的自动装置和伺服机构理论所无法实现的。这就必须另谋出路，研制自动高射火炮。这需要解决两个问题：一个是高速计算问题，另一个是在复杂情况下的预测问题。为了解决这些问题，就需要将技术科学与生物科学进行综合、沟通，使人类在技术上能够研制出进行智能模拟的自动机器。

* 王雨田主编．控制论、信息论、系统科学与哲学．北京：中国人民大学出版社，1988

控制论产生的间接原因是社会生产高度自动化的发展。

控制论在现代科学分类的体系中，是一门技术科学。它的形成与产生和现代社会生产的高度自动化水平密切相关。建立在社会性大机器生产基础上的现代社会生产必然要向自动化发展，并且必然要向高度的自动化水平发展。所谓高水平自动化，主要标志是要使智能或某些智能自动化，以便使这类高级的自动机器不仅能减轻人的体力劳动，而且还能减轻人的脑力劳动。就是说，这类能够进行智能模拟的自动机器主要不是作为人手的延长，而是作为人脑的延长。

事实上，对于自动化的理解，一般认为它应包括两个主要的技术分支，一个是自动控制技术，另一个是以电子计算机为中心的信息处理技术，这二者之间既有区别又有联系。然而，社会生产的高度自动化属于伺服机构理论的范畴，它只能解决某些体力劳动的自动化，而不能解决人类某些智能的自动化问题。因此，必然要出现某些新兴的学科来解决这个时代所提出的任务，这就是控制论产生的社会历史背景。

另外，控制论的产生还需要一定的理论前提、技术条件和方法基础。其中，神经生理学与心理学是控制论产生的理论前提，电子计算机技术和通讯工程技术是控制论产生的技术条件，数学分析和统计数学是控制论产生的方法基础。

总之，控制论的产生是科学内部发展的必然结果。具体说，是由统计方法引入物理学而开始的物理学革命的必然结果。物理学发展到 19 世纪末，牛顿力学陷入了深刻的矛盾之中。一方面表现为它对一些新发现的物理现象不能圆满地加以解释，另一方面则表现为机械性的局限性日益明显地暴露出来。在牛顿看来，宇宙的一切都是按照牛顿力学规律精确地、必然地运行着的。宇宙是一个严密的组织，未来的一切都是由过去的一切严格决定着的。对于某一个系统，我们只要确切地知道它的初始位置和初始动量，就必然能够确切地预见到它在今后某一确定时刻的状态。这是一种机械的、拉普拉斯式的决定论。

事实上，在绝大多数情况下，要满足这种条件是不容易的。此时，牛顿力学就束手无策了，牛顿力学的这种局限性是不可能在它的内部得到克服的。

为了彻底克服这种机械性，必然要求一场物理学的革命。这场革命的实质是将统计数学引入物理学，打破了牛顿的机械论对物理学的绝对统治，很好地解释了牛顿力学无法说明的大量偶然性事件。

3. 控制论的发展

20 世纪 50 年代以后是控制论的发展时期。控制论从产生到发展经历了三个重要的发展阶段：一是经典控制论阶段，二是现代控制论阶段，三是大系统控制论阶段。随着控制论研究对象的不断扩展和应用领域的快速渗透，到目前为此已形成许多应用分支。按照时间顺序，它们是工程控制论、神经控制论、生物控制论、智能控制论、经济控制论、社会控制论等。

在这当中，除了维纳对控制论的产生与发展做出了奠基性的巨大贡献，还有其它许多科学家对控制论的发展也做出了重要的贡献。这些科学家包括我国的科学家钱学森，国外的申农与麦克卡赛、冯·诺意曼、斯坦莱-约里斯等。

控制论是一批学者创造性劳动的成果，广泛深入的学术交流促进了它的产生与发展。从 1942 年开始，特别是在 1946 年到 1953 年期间，由梅氏基金会发起的一系列讨论会，对控制论的形成、建立与早期的进展产生了重大的推动作用。自从维纳的《控制论》出版后，还召开了一系列国际性会议。1950 年，著名物理学家德布罗意在法国主持召开了控制论会议。1957 年 9 月，在巴黎成立了国际自动控制协会，并决定每年召开一次会议。值得注意的是，1975 年在罗马尼亚召开的第三次国际控制论和系统会议的中心议题是讨论经济控制论。1978 年在瑞典阿姆斯顿召开的第四次控制论会议以及后来召开的第五次控制论会议都着重讨论了社会控制论问题。这表明，从 60 年代以后，控制论的研究逐步与系统工程、系统科学的研究相互渗透，并逐步深入到经济、社会和环境领域。于是，控制论的普遍性在自然、社会与思维各个领域逐步展现出来。

二、控制与控制论系统

1. 控制、行为与目的

什么是控制，这是控制论中首先要回答的问题。所谓控制，就是控制者对被控制者或者是施控主体对受控客体所施加的一种能动作用。控制的实质是保持或改变受控对象的某种状态，使其达到施控主体的预期目的。例如，环境管理就是管理者对被管理者施加的一种能动作用，使被管理者按照管理者的要求来调整自己的生产、消费和社会行为，以符合环境准则。

凡是控制，总有控制者和被控制者。这表明：首先，控制系统由两部分组成，即施控主体和受控对象。施控主体可以是人，也可以是机械装置。受控对象可以是人，也可以是受控装置。其次，控制是一种主体对客体的影响或作用，并通过一定的行为表现为一种能动的活动或过程。最后，控制的目的在于通过控制主体对受控对象进行的某种有序作用或影响，并在不断的反馈调节中将受控对象导向预定目标，即通过保持或改变受控对象的行为或特定状态而实现控制目的。

如果把施控作为原因，把受控看作结果，那么，施控主体对受控客体的作用，就是一种因果关系。确切地说，就是原因对结果的决定作用，这种作用可以理解为在一种主动干预下，以实现特定结果的控制作用。由此可见，控制虽然以因果为依据，但与因果作用又有不同。关键在于它先要有目的——预期的果，然后从多种可能中选择某种能得到预期结果的因并加以作用。即果—因—果的闭环思路，这是不同于因果作用的控制作用。

所以，控制是以复杂的因果关系的存在为条件。控制必须有目的，即预期的果。为了实现目的，必须从多种可能的因中选择出能实现目的的那种因，并主动地作用于这种因以促使目的的实现。因此，控制离不开选择，也就是说，控制中要有一种能动作用，要表现出一定的行为。由此可见，控制行为与控制主体的目的相关，整个控制都是围绕目的展开并进行的。没有目的，无所谓控制；没有行为，无法实现控制。就是说，有无目的是控制行为同其它一切行为的最本质的区别。

控制目的是在对受控对象的有效调节中实现的。因此，实现系统的控制目的，离不开反馈。准确地说，只有负反馈才使得一个控制过程得以趋向目标值，这就是说，一切有目的的行为都可以看作需要负反馈的行为，技术系统与生物系统一般都是通过负反馈来达到控制的目的。

这意味着，保持或改变受控系统的行为或状态，不但要求目的明确，而且还必须借助相应的手段。无目的或目的不明确，固然不能对受控系统进行有效控制，但无相应的手段或手段不得力也不行。比如，污染防治中的浓度控制，既要求有明确而具体的污染控制标准，又要求有相应的控制设备和手段，还需要通过负反馈来不断调整管理行为以强化对污染者的有效管理最终实现污染控制目标。

2. 控制系统及其分类

所谓控制系统是指由施控主体、受控客体及其控制传递者所组成的系统。控制作为一种作用，至少要有作用者（即施控主体）与被作用者（即受控客体）以及将作用由作用者传递到受作用者的传递者这三个必要的因素。有了这三个组成部分，作为一个整体才能具有控制的功能与行为，而这些又总是相对某种环境（介质）而言的。由于系统是指由一些相互制约、相互作用的要素构成，并具有整体的功能和综合行为的统一体，所以，上述三种要素就组成了相对于某种环境而具有控制功能与行为的控制系统。一个控制系统可用图 4-1 表示。

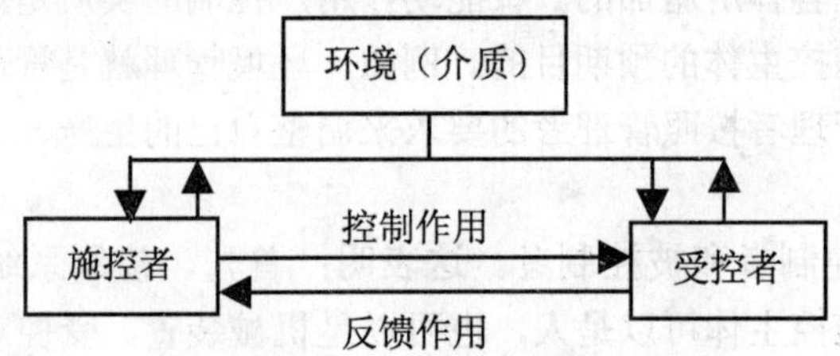

图 4-1 控制系统框图

由上图可知，不仅施控者作用于受控者，而且受控者也可以反作用于施控者。前者是控制作用，后者是反馈作用。信息是实现二者相互作用和联系的桥梁。作为一个特定的控制系统，总是相对于一定的环境而言的，这二者之间也存在着相互作用。控制系统的控制功能就是通过这些相互作用在不断变化的过程中实现的。因此，控制系统必然是一种动态系统，控制过程也必然是一种动态过程。

控制系统有许多种类型，一般存在以下几种划分方法：

（1）按控制有无反馈回路可分为开环控制和闭环控制两种。

开环控制指系统的输入直接控制着它的输出而没有反馈回路的控制，也叫硬性控制。这种控制一般简洁、明了，不易产生自干扰和自振荡。但是抗外来干扰能力差，系统自我调节能力和环境适应性都很弱，使其稳定性受到很大的限制。如出膛的子弹和离弦的箭，受风力的干扰一旦偏离目标，就无法纠正。

闭环控制是指具有负反馈回路的控制，也叫弹性控制或反馈控制。这种控制系统的输出不仅由输入，而且由输出的回输来共同控制，能够保持灵敏的调节，抗外在环境干扰能力强，因而具有较强的稳定性从而容易达到较理想的控制效果。例如，环境管理就是一种闭环控制。这是因为，任何环境保护目标和标准的制定与实施都不是一次完成的，需要在实践中根据具体情况和客观形势的需要不断地加以修正和调整。而这种修正与调整必须通过闭环控制系统中的负反馈来实现。负反馈的作用是检出偏差，纠正偏差，以接近或达到控制目标。

另外，导弹的制导系统，宇宙飞船的自动控制系统等都是闭环控制。

（2）按控制方案可分为集中控制、分散控制和多级控制。

集中控制是指对整个控制过程或受控对象进行集中的检测和控制。在多个分机构的基础上形成集中控制机构，所有控制指令都由集中控制机构直接下达，使控制达到高度的集中，以完成大系统的控制任务。例如，城市的集中供热、集中供气就是大气污染集中控制，区域水污染集中治理也是典型的污染集中控制。

在系统规模不很大，以及控制机构可靠性较高的情况下，由于控制层次少，因而集中控制方案具有指挥灵敏、控制及时等优点。而在系统规模很大的情况下，由于系统分析和系统设计上的困难，集中控制具有管理和运行费用高，技术更新困难等缺点。

分散控制是指整个控制活动由若干个分散的控制机构或决策者分别进行而共同完成的一类控制。例如，以企业为主体的污染浓度控制就是典型的分散控制。分散控制与集中控制相对，它们的特点正好相反：在系统规模不大时，分散控制具有管理和运行总费用高的缺点。而在系统规模较大、系统设计困难的情况下，分散控制具有灵活、易于操作等优点。

多级控制是在分散控制的基础上，根据需要将系统控制问题分为若干个阶段或若干个层次，相应增加多级协调机制所形成的一种控制。它吸收了集中控制与分散控制的各自优点，是集中控制与分散控制相结合的产物。例如，水环境流域污染治理和污染物总量控制就是典型的多级控制。

多级控制具有以下的优点：一是协调控制会产生较高的有效性和可靠性；二是系统分析设计简化，易于操作和实施。因而，在社会的管理领域，特别是在环境保护领域中，多级控制是一种比较理想的大系统控制方案。

（3）按控制形式可分为随机控制、经验控制和共轭控制。

随机控制是一种非程序化的控制，又叫试探控制。它是人们对解决问题所具备的条件完全不了解，即对受控对象的性质和特点一无所知时所采用的唯一方法。这是一种最原始、最简单的控制方式，也是其它一切控制方法的基础。例如开锁，某服务员手中有一大串钥匙，又不知哪一把钥匙能把锁打开，只好一次一次地去试，直到把锁打开为止，这就是随机控制。在生态—经济—社会系统中非确定性因素往往大于确定性因素，人类对环境问题及环境保护规律的认识还很肤浅，环境问题的解决具有明显的非程序化特征。因此，环境管理在很多情况下表现出随机控制的特点。比如在部分城市和地区所开展的总量收费试点、清洁生产试点等，就是在对全面开展这些工作没有足够的把握、经验和条件的前提下所实施的一种随机控制，经过不断的探索，以总结和归纳用以全面推广的经验和规范性作法。

经验控制又叫记忆控制，是以随机控制为前提，将成功经验运用于下一次控制的一类控制。经验控制的特点是：一是控制行为空间在实现目标值的过程中随着选择次数的增加而逐步缩小；二是控制能力随着选择次数的增加而递增；三是由于经验可使被证明了不是目标状态的控制对象不再被重新选择，从而可节省时间、提高效率。例如环境保护中对烟气浓度的污染监测所采用的格林曼度判断法就属于经验控制方法。

共轭控制是随机控制和经验控制相结合的产物，是把原来不能控制的事物变换成能控制的事物，以便实现控制目标。解决环境污染问题，涉及到许多非确定性、非程序化的错综复杂因素，如何做到既保护环境又发展经济，还能减少非确定性因素使污染控制变得易于操作和规范，这就必须通过制定污染物排放标准、环境质量标准和总量控制标准，增强控制的程序化和规范化，用各类环境标准把不能控制的事物变成能控制的事物，以达到污染控制的目标。

例如，实施酸雨污染控制就是典型的共轭控制。因为排放到环境中的 SO_2 不能像水体污染控制那样进行直接的收集和治理，而只能通过控制煤炭的使用量、燃烧方式，通过实行集中供热、集中供气，开发清洁能源等途径和措施来解决。

（4）按控制阶段可分为预先控制、过程控制和事后控制。

预先控制是指施控主体运用科学的手段和方法，针对受控客体的未来变化趋势所采取的预防性控制。例如，进行产业结构调整，实现经济增长方式的转变，就是从宏观层次上解决环境问题的预防性控制措施——预先控制。开展建设项目环境管理则是从微观层次上贯彻“预防为主”环境政策的预先控制。又如，材料的入库检查、验收，工厂的招工考核，入学的考试和体检，干部的选拔等等都是预先控制。

过程控制是指施控主体对受控客体正在进行的活动所实施的控制。一般情况下，现场控制均属于过程控制。例如环境保护领域中的资源开发项目和生产建设项目的施工现场环境监督就是过程控制，企业经济活动的全过程污染防治——清洁生产也是过程控制。

事后控制是指对系统输出结果进行的控制，这是最传统的控制类型。如传统的产品质量检查就是典型的事后控制。这种控制位于活动过程的终点，把好这最后一关不会使错误的势态扩大，有助于保证系统外部处于正常状态。但是，事后控制的致命缺陷在于整个活动已告结束，活动中出现的偏差已在系统内部造成损害，并且无法补偿。

在环境保护领域中，污染末端浓度控制就是另一种典型的事后控制。这种控制是在污染物产生以后所采取的一种应急控制措施，通过这种控制，可以按照国家的污染排放标准实现污染物达标排放。但是，根据物质不灭定律，治理后的污染物只不过是实现了地域空间的转移而已，排放到环境中的污染物总量并没有减少。治理后的污染物仍存在着废物的管理、运输、贮存和处理问题，在此过程中依然会产生各种各样的环境问题。

（5）按控制的主体可分为组织控制和自我控制。

组织控制是指由管理者设计和建立起来的一些机构或组织来进行控制。如规划管理和预算审计等就是正式组织控制的典型例子。组织可以通过规划指导管理机构或成员的活动，依据法规和规章制度审查和监督各行为主体是否按照规定进行活动，并提出更正措施，以及对违反操作规程者给予处罚等，都属于组织控制的范畴。又如环保部门开展的环境管理就是一种组织控制。

自我控制是指施控主体以外的任何单位和个人为完成管理组织所确定的控制目标和任务进行的有意识控制活动。例如企业自身开展的污染防治和资源开发部门开展的生态保护工作，相对于国家和地区的环境管理而言，就是一种自我控制。

组织控制和自我控制有时是互相一致的，有时又是互相抵触和矛盾的。这取决于组织控制和自我控制的目标和利益取向是否一致与相同，也取决于组织控制的力度和效率。

（6）按控制系统的输入内容可分为计划控制和目标控制。

计划控制又叫程序控制，是一种将预先编制好的内容和步骤作为受控系统的输入，从而对整个管理过程予以控制的方式。这是管理活动中最基本的控制方式之一。计划控制有三个步骤：一是确定总目标及反映目标的各项具体指标；二是预测在总目标实现过程中可能出现的诸因素及其影响的概率大小；三是紧紧抓住有利条件，避开或克服不利条件，制订出实现总目标的具体措施和步骤。

计划控制是计划管理最常用的一种控制方式。其优点是：以计划指标为依据来统一执行、协调关系、调整纠错、检验结果，使管理工作能有序地进行。但由于管理计划者主观的局限性和管理对象的复杂性，这就难免使管理计划不适应管理实践发展的需要，并容易形成官僚主义、形式主义，影响管理效率和计划目标的实现。

目标控制又叫跟踪控制，是一种将所要达到的目标作为受控系统的输入，从而对整个管理过程予以控制的管理形式。其最大的优点是：它具有对环境干扰和受控系统运动变化的主动适应能力，是现代管理中常用的控制方式之一。目标控制有如下基本步骤：一是将目标状态化，并输入受控系统；二是受控客体依据输入的目标和自身的控制能力，拟定出实现目标的具体行动计划或方案；三是将优选方案付诸管理实践，在实践中通过反馈、比较、纠偏、再反馈……使自己的行为渐趋于整体目标。西方国家已经实施的和中国即将实施的总量控制就是一种典型的目标控制。

依据目标控制而进行的现代管理活动叫做目标管理。目标管理的关键在于确定适宜的目标体系，不折不扣的实施和严肃认真的结果检测。这三者互为前提，互促互补，缺一不可。计划控制和目标控制各有优缺点，环境管理宜于将二者有机结合起来，以避免一统就死，一放就乱的局面。

3．控制论系统

控制论系统是控制论中的另一个重要概念。我们知道，控制论以控制系统作为研究对象，但严格说来，开环控制系统并不属于控制论的研究范围，而属于自动控制理论的研究范围。控制论一般只研究带有反馈回路的闭环控制系统，我们称这样的系统为控制论系统。所以，控制论的研究对象并不是任意的控制系统，而只是带有反馈的控制系统。例如，环境保护系统、污染控制系统、生态保护系统等都是控制论系统，国家管理系统也是控制论系统。

控制论系统与控制系统的区别在于，控制系统是指客观上存在着控制过程的一切系统，而控制论系统则不仅要求这个系统是控制系统，而且还要求这个系统具有反馈机制的自调节系统。

从某种意义上说，控制论所研究的对象与内容也正是控制论系统研究的对象与内容。关于控制论的基本知识介绍，其目的是让人们更多地了解控制这一概念和思想在环境管理中的映象和应用。可以说，到目前为止，还没有任何一个其它管理领域能比环境管理给控制论提供更广泛的应用空间和深刻的实践内容。

三、控制论在环境管理中的应用

现在来介绍控制论在环境保护领域中的应用，这里实质上涉及到控制论的应用分支。

作为技术科学与生物科学互相渗透的产物，控制论最早的应用分支就是在 20 世纪 50

—60 年代出现的工程控制论和生物控制论。其中，工程控制论是控制论应用于工程技术领域的产物，生物控制论是控制论应用于生物领域的产物。与此相应，出于智能模拟需要，在 60 年代末逐步形成了人工智能控制论这一重要分支。虽然现在一般都把它列入计算机科学内，但从控制论的角度看，是可以把它看作智能控制的核心部分的。

与以上分支相比较，经济控制论、社会控制论的形成是较晚的事情，但这两个分支日益显示出在经济、社会管理领域中的重大作用。特别是在环境保护领域中的作用确立了控制论作为环境管理的基础理论地位。

经济控制论和社会控制论均产生于 20 世纪 70 年代中期，与人类环境保护几乎是同时起步的。从它们产生的那天起，就在环境保护领域找到了广阔的应用空间和实践内容。

1. 社会控制论

社会控制论是控制论的一个重要应用分支，是指控制论应用于社会管理领域的一个总称，其研究对象是社会管理系统。它的形成是一个比工程控制论、生物控制论要晚的过程，这个形成过程，与系统工程和运筹学应用于社会系统工程的研究是分不开的。到目前为止，控制论已应用于社会学、国家管理、行政管理、企业管理和环境管理等不同的社会领域。

控制论应用于环境管理的基本前提是环境管理系统首先是一个控制论系统，这一点是非常明确的。

第一，国家管理系统是一个控制论系统。国家的政治制度、管理体制、国家法律、人口问题、环境问题、人们的社会关系和经济关系等都是作为这个大系统的要素而存在，这些要素本身又构成了非常复杂的子系统。在这个系统中，子系统之间的系统联系是在具有反馈回路的闭环控制系统中通过不同层次和不同形式的物质、能量和信息的交换来实现的。非常明显，国家管理系统是一个控制论系统。

第二，由环境管理的性质可知，环境管理是国家管理的重要组成部分。因此，环境管理系统作为国家管理系统的一个子系统而言也必然具有反馈回路的特征，是一个控制论系统。

所以说，环境管理为控制论提供了广阔的应用空间和研究领域。实现有效的社会控制，保证良好的社会秩序，必须以实现环境最优控制即生态—经济—社会系统的最优控制为基础，通过确保区域环境安全来实现。同样，实现环境最优控制又必须以良好的社会控制为前提和保障。如何处理环境安全和社会安全的关系是社会控制论的研究内容。

2. 经济控制论

目前，国外对于经济控制论的解释与认识是不一致的。有的把它看作是经济理论与控制论的综合，有的把它看作是运筹学在经济管理中的应用。还有的把它看作是一门独立的边缘科学，等等。值得注意的是，这些不同意见至少有一个共同点：即经济控制论是控制论的基本概念、理论和方法运用于经济领域，把经济系统看作自己的研究对象而形成的一门边缘学科。

从这样一个共同点出发，我们会发现经济控制论的两个突出特点：

第一，把控制论的基本理论与方法运用于经济领域，就是要把经济—社会系统看作是一个具有反馈调节，特别是信息反馈的控制论系统。这样一个控制论系统，可以小到一个企业，大至一个部门，一个国家，乃至整个世界。

第二，要对经济系统进行定量的描述与处理，以求达到最优控制，实现经济子系统在生态—经济—社会系统中的自适应、自平衡、自调节、稳定持续发展的目的。

由此可以得出这样一个结论：经济控制论是以经济问题为研究对象，从控制论的角度研究生态—经济—社会系统内经济要素与其它要素之间以及与外部环境之间的控制问题。通过制定一系列的经济政策和采取相应的经济对策，对生态—经济—社会系统中人类的资源开发活动和生产行为进行有序的宏观调控，协调资源、环境与经济三者间的关系，以实现生态—经济—社会系统的最优或准优控制的目的。

实现经济系统的最优控制，就必然涉及到人类资源的持续利用和环境保护问题。只有从更高层次上正确处理和解决资源、环境和经济三者之间的相互制约、相互影响和相互作用的关系，才能实现经济系统的最优控制。同样，开展环境管理，解决人类面对的所有环境问题，就必须从转变经济增长方式入手，确立可持续的经济发展战略和模式。通过制定国家和区域的经济政策、法规，限制、调控和规范人们的一切经济行为，建立一个动态、稳定的经济秩序，以实现国家和地区经济的健康、持续发展。而所有这些，又充分体现了经济控制论的思想、理论和方法。

总之，社会、经济控制论是以生态—经济—社会系统为研究对象，以社会管理系统为主体，从控制论角度来认识人类社会的发展问题和探索环境保护的规律。通过调控该系统的结构，对该系统进行有目的的持续控制，来协调和规范系统中各子系统或要素间的行为方式和联系，以适应可持续发展要求，实现生态—经济—社会系统的自适应、自调节和白平衡的日的。

实现环境管理目标需要许多强制性的控制措施和手段予以保证。这些强制性的措施和手段包括国家的环境政策、法律、法规和标准的制定和实施，国家经济政策和法规的制定与实施，国家技术政策和法规的制定与实施等。

为规范人们的各类行为，确保国家和地区的环境、经济秩序与安全，必须制定一系列带有强制性的环境、经济、技术政策、法律、法规。这些都属于社会控制论、经济控制论的应用领域和研究范畴，通过实施强制性的控制与管理，使人们保护环境的活动成为一种自觉行为。所以，社会、经济控制论是环境管理的重要基础理论。

第三节　环境管理与行为科学

环境管理工作是创造和维持良好的社会环境秩序，使社会各阶层中的各群体和个人能在法律的规范之下实施自己的行为，以实现环境保护目标。其管理活动是管理系统中施控主体和受控客体各种行为的总体。因此，开展环境管理必须以行为科学理论为指导，研究在特定条件下人们各种行为产生的动因和规律，正确处理需要、动机和行为的关系，以引导人们怎样去做、做什么和用什么方法去激励他们。

行为科学产生于 20 世纪 30 年代初，是研究在特定环境下和一定组织中人类行为规律的科学。行为科学的发展可分为两个时期，前期的行为科学又叫人际关系学，是心理学、社会学综合应用于霍桑实验的结果。后来，许多社会心理学、管理心理学、人类学等从不同角度提出了多种新理论，形成了后期的行为科学，大体上可分为激励理论和领导理论两类。其中，激励理论是行为科学的基础与核心，主要以企业管理为研究领域，以企业中个体的人为对象来研究人类行为产生的动机和行为的激励问题，也是现代企业管理的基础理论之一。

然而，环境保护所涉及到的人的行为是以企业为主要研究对象的社会群体行为与个体行为的综合。怎样将企业管理的行为科学理论拓展到环境管理领域，是环境管理学所要解决的问题，既需要对一般管理理论的继承，又需要对一般管理理论的发展与创新。

根据心理科学研究结果，人的行为是由动机支配的，而人的动机又是由需要决定的。需要产生动机，动机支配行为，这就得出了人的需要—行为基本模式，如图 4-2 所示。

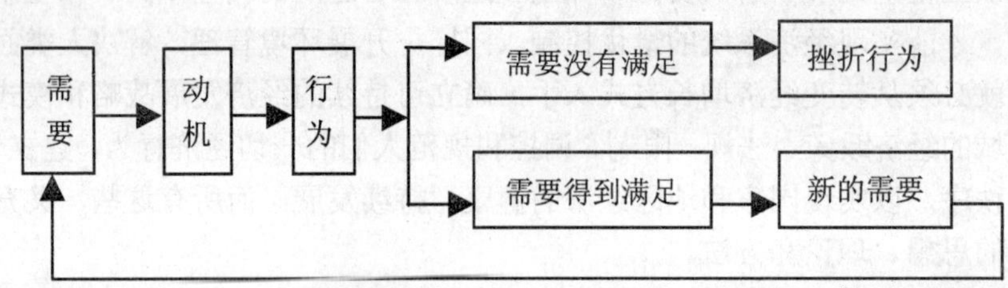

图 4-2 人的需要—行为基本模式

本节将阐述激励理论中有关需要、动机、行为、需要和行为的激励与改造四方面内容在环境管理中的应用。作为对行为科学的完善与发展，作者本人提出了对环境管理具有重要指导意义的新理论——群体需要层次论。

一、需要

1. 需要及相关问题

所谓需要是指客观需求作用于人的大脑所引起的个体缺乏某种东西时产生的一种主观状态。例如，人为了生存对食物、水、空气和基本生活资料等要素产生的需求，人为了发展对物质生产、健康、生活质量以及环境质量等产生的需求。由于人同时具有自然属性和社会属性两个方面，因此，这里所说的客观需求，既包括了人体内的生理需求，也包括了外部的、非生理性的社会需求。所以，人的需要是多种多样的。

（1）根据人的属性，可以把需要分为自然性需要和社会性需要两种。

自然性需要是人生而具有的，它反映了为生存和发展所必须的客观条件的需求。主要包括衣、食、住、行、睡眠、休息、配偶和性满足等。自然性需要是通过利用一定的对象或获至一定的生活状态而达到的，就其内容而言，人和动物在自然性需要方面大体上是相似的，但人的自然性需要和动物的自然性需要在需要的对象和满足需要的方式上有着本质的区别。动物只能依靠自然环境中现成的天然物质来满足其需要，而人在社会生产劳动中自己创造满足需要的对象。因此，人的自然性需要不仅受生理需求的制约，而且受社会生产、社会生活条件、社会道德的制约。

社会性需要是人们在后天的生活与实践中逐步形成的，是在自然性需要的基础上形成的人类所特有的需要。例如，对良好的环境质量的追求，对社会交往、友谊、知识、人权和生存权尊重的需要等等。因为社会性需要是在维持人们的社会生活、进行社会生产和社会交际过程中形成并发展起来的，因此，不同的历史时期、不同的文化条件、不同的民族以及不同的风俗习惯，使得人们的社会需要也有很大的不同。

（2）根据需要的内容不同，可以把需要分为物质需要和精神需要两种。

物质需要包括衣、食、住、行、劳动工具、文化用品等，物质需要中既包含有自然性需要，也包含有社会性需要。精神需要包括的内容更广泛，如对知识的需要、文化艺术的欣赏、道德的需要、理想的实现等。物质需要是最基本的需要，精神需要是高层次需要，一般情况下，人们把物质需要放在第一位，而把精神需要放在第二位。

（3）根据需要产生的方向不同，可以把需要分为内在需要和外在需要两种。

内在需要是行为主体自发产生的需要，如企业对经济利益的追求是一种内在需要。外在需要是客体施加给行为主体的需要，例如环境保护对于企业来说是国家和社会附加的需要，因而是一种外在需要。在缺乏强大的外在压力情况下，内在需要是第一需要，外在需要是第二需要，外在需要应服从内在需要。

（4）根据需要满足的时间不同，可以把需要分为当前需要和长远需要两种。

当前需要是最紧迫应当首先满足的需要，而长远需要是一种非紧迫的需要。在这二者之中，当前需要是第一需要，是产生优势动机的需要，人的所有行为都是由当前需要支配的。长远需要是第二需要，是产生非优势动机的需要。

例如，在经济落后地区，解决温饱问题是人们的当前需要，追求良好的生态环境是人们的第二需要即长远需要。在两种需要必选其一的情况下，人们往往优先选择当前需要而滞后选择长远需要，这就是在贫困地区人们环境意识淡薄的原因所在，而地方政府和决策者所表现出来的种种短期行为其实都是由于满足人们当前需要所产生的行为。

（5）根据有无周期性，可以把需要分为周期性需要和非周期性需要。

周期性需要是指每隔一定时间间隔重复出现的需要。这里所说的重复出现并不是简单的、原始的再现，随着环境和时间的变化，人们对需要的内容和需要的质量都会有所变化和调整。如人们对饮食（睡眠、性生活等）需要是一种周期性需要，这种需要的重复出现在时间上呈现出一定的规律性，但人们对饮食内容、数量和质量的要求因外部环境的变化而变化，而不可能是简单的再现。

非周期性需要是指不随时间推移而重复出现的需要。如人们对文化和教育的需要，对生活质量、环境质量的需要等都是非周期性需要。

周期性需要是一类最基本的需要，在现实生活中，大量的需要都表现为周期性需要。非周期性需要是一类准基本的需要，也是一种较高层次的需要。一般情况下，周期性需要是第一位的，非周期性需要是第二位的，前者要先于后者得到满足。

2．需要的特点

一般说来，需要有以下四个方面的特点：

第一，任何需要总是具有特定的对象，即需要总是指向某种事物，总是对于某种东西的渴望。第二，需要并不因为满足而终止，很多需要还可以重新出现，这类需要具有周期性的特点。如对于饮食、劳动、睡眠等需要。一些比较复杂的需要，如交往、尊重、理想的实现、良好的生活环境质量的改善等，并没有周期性，但是人们对这类需要的内容会不断地丰富。第三，需要随着社会的进步和发展而不断发展和变化。例如人们对环境保护的需要就是一个不断发展和变化的过程，不同的时期，人们对环境保护的要求不同，所确定的环境标准也不一样。第四，需要往往表现为当前的时效性，因而对需要的满足往往表现为短期行为。例如人们对经济利益的满足常常以当前利益为第一选择，而把长远利益的满足放在从属地位。

根据以上特点可知，人们的需要是永远也不可能有完全满足的时候。而总是一个需要满足了，又会出现新的需要，正是人们的各种各样的需要，才产生着各种各样的动机，支配着人们的各种各样的行为去从事各种活动。因此，在某种意义上说，社会进步就是一个不断满足人们的各种各样需要的过程。

3. 需要的满足

人类的需要以及社会群体和个人的需要都是随着社会的进步和发展而不断发展的。但是，需要的满足，必然要受到社会经济发展水平的限制，超出社会发展水平的需要是不可能满足的。此外，人们的需要又是各种各样的，各种需要之间有时往往是相互冲突和矛盾的，不可能使所有的需要都同时得到满足。

因此，对需要的满足应当进行选择和判断，必须同时具备以下两个条件：第一，要满足人的“合理需要”，排除那些不合理的要求。第二，满足人的合理需要应考虑到社会的共同利益和他人的利益，不能以损害社会的长远利益、全局利益和大多数人的利益为代价。比如，企业以追求经济效益为发展目标，这是一个合理需要。但是，这种需要的满足不能以牺牲环境为代价，不能以损害大多数人的环境权益为前提。在实现其经济目标的同时，应对其经济行为进行有效的限制。

4. 需要层次论

以上虽然对需要的类型作了简单介绍，但是人们对这种分类并不满意。因为这种分类相互交叉、相互重复、又过于笼统，不能为研究人类的行为规律提供充分的理论依据。作为个体的人来说，他的需要有哪些，是如何满足其需要的，满足其需要的顺序是什么？作为群体组织而言，其需要有哪些，各种需要之间的关系如何，满足其需要的顺序又是什么？这些问题无法从以上分类中得到答案。到目前为此，能为人们提供研究个体行为规律的主要理论是多半个世纪以来在世界范围内流传甚广的美国当代心理学家马斯洛的“个体需要层次理论”。

（1）个体需要层次论

马斯洛在 1943 年出版了《调动人的积极性的理论》一书，他在这部著作中首次提出了“人类需要层次论”。1954 年，马斯洛的《激励与个人》著作出版，比较完整地阐述了马斯洛的需要层次理论。他的学说既不以变态的人为研究对象，也不以动物意义上的人为研究对象，而是以不断发展的社会人为研究对象，他的理论对当今环境保护领域人们行为规律的研究有重要的借鉴意义。

马斯洛的学说有两个基本前提：一是人是有需要的动物，这种需要因人而宜，只有尚未满足的需要才能影响行为，已满足的需要不再构成激励的因素。二是人的需要可按其重要性来排列顺序，当某种需要得到满足时，另一种需要就会出现并要求得到满足。从这两个前提出发，马斯洛把人的需要归纳为五大类，按照需要的满足顺序从较低的层次起依次分为五个等级，如图 4-3 所示。

生理需要 这是人类为了维持其自身生命的延续而具有的最原始、最低级、最基本的需要，也是需要层次的基础。人冷了要穿衣，饿了要吃饭，渴了要喝水，病了要治疗等。若衣、食、住、行、空气和水等这类要求得不到满足，人类的生存就成了问题。从这个意义上说，这些基本的物质条件是人们行为最强大的动力。马斯洛认为，当这些需要还未达到足以维持人们生命之时，其它需要将不能成为激励因素。一般说来，生理需要的满足都与物质利益和金钱有密切的关系。

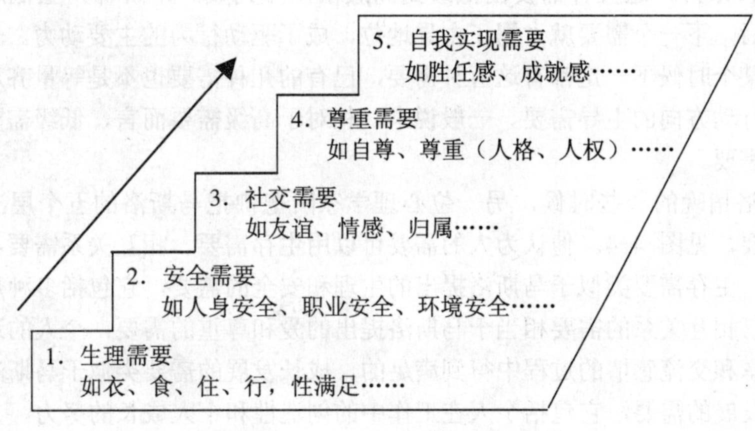

图 4-3 马斯洛的个体需要层次论

安全需要 当一个人的生理需要基本得到满足后，安全需要就首先被提出来成为当前需要，并要求得到满足。此时不仅考虑到眼前，而且考虑到今后，考虑到自身的生存免遭危险，考虑到已获得的基本生理需要及其它的一切不再丧失和被剥夺。例如，要求摆脱失业的威胁，要求有社会养老保险，要求有劳动安全保障，希望有良好的工作环境，希望有良好的生活环境，希望免除战争和意外的灾害等。

社交需要 当生理及安全的需要得到相当的满足后，社交的需要便占据主导地位。社交需要包含两个方面的内容：一个是爱的需要，人是有感情的动物，总希望在伙伴之间、同事之间和睦相处，关系融洽，同时也包括男女之间的爱情，希望爱别人，也渴望接受别人的爱。另一个内容是归属感，人都有一种要求归属于某一群体的感情，希望成为其中的一员，并得到相互关心、支持、爱护和照顾。

尊重需要 当一个人的归属感得到满足以后，他通常不只是满足于做群体中的一员，尊重的需要随之而产生。这是一种心理需要，一方面希望别人对自己的人权、人格和生存权包括环境权在内的尊重。另一方面，希望别人对自己的工作、人品、能力和才干给予承认并给予较高的评价，希望自己在同事之间有一定的声誉和威望，从而得到别人的尊重。

自我实现的需要 这是最高层次的需要，当尊重的需要得到满足以后，自我实现的需要就成为第一需要。自我实现的需要就是要实现个人理想和抱负，最大限度地发挥个人潜力并获得成就的需要。这种需要与人的价值观念有直接关系，往往是通过胜任感和成就感来获得满足的。自我实现的需要有积极的一面，也有消极的一面，关键在于引导：

第一，有些人自我实现的内容可能是和社会一致的，还有些人则是不一致的，确有自我设计、个人奋斗的成分。

第二，自我实现不完全取决于个人的愿望和努力，它必须反映社会需要，必须受到社会条件的制约，必须符合社会的道德规范。

第三，我们不要简单地把个人的理想看成是自私的，把自我实现的需要看成是个人主义。人类社会发展的历史告诉我们，国家发展是建立在个性发展得到充分尊重和完善的基础上，从实现自我目标当中焕发出来的创造性远远大于从实现群体或社会目标中焕发出来的创造性。一个国家有成就感的人越多，这个国家发展就越快，越兴旺。

对于一般人来说，这五种需要由低级到高级依次排列成一个阶梯，当低层次的需要获得相对满足后，下一个需要就占据了主导地位，成了驱动行为的主要动力。也就是说，任何一个人在某个时候不一定都有这五种需要，已有的几种需要也不是等量齐观的，都有一个决定他们行动方向的主导需要。一般说来，相对于高级需要而言，低级需要是基本的和首先考虑的需要。

在比马斯洛稍晚的一些时候，另一位心理学家阿德佛把马斯洛的五个层次需要简化为三个层次需要，见图 4-4。他认为人的需要可以用生存需要、相互关系需要和成长发展的需要来概括。生存需要类似于马斯洛提出的生理和安全的需要，它包括多种形式的生理和物质的欲望。相互关系的需要相当于马斯洛提出的爱和尊重的需要，个人的这种需要是通过与别人分享和交流感情的过程中得到满足的。成长发展的需要类似于马斯洛提出的某些尊重和自我发展的需要，它包括个人在工作中的创造性和个人成长的努力。

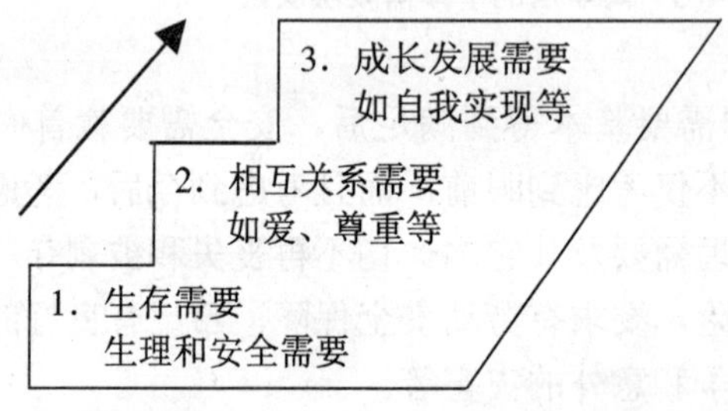

图 4-4　阿德佛的个体需要层次论

与马斯洛不同的是，阿德佛认为人类的这三种需要不完全是生来就有的，有的需要是通过后天学习产生的，而且人对需要的满足只是基本而不一定严格地按照由低级到高级发展的顺序。

有关人类需要层次的研究还有很多，但到目前为止，马斯洛的个体需要层次理论已基本被世人所公认，对行为科学的发展起到了重要的推动作用。

马斯洛认为，由于各人的差异和状况不同，人的需要在体内形成的优势位置也就不同。同一事物对有的人而言是高层次需要，而对另外一些人而言却是低层次需要。但是任何一种需要并不因为高层次的要求获得满足而自行消失，只是对行为的影响比重减轻而已。此外，当一个人的高级需要和低级需要都能满足时，他往往追求高级需要，因为高级需要更具有价值。只有当高级需要得到满足时，才具有更深刻的幸福感和满足感，从某种意义上说，也意味着低级需要的间接满足。但是，当对高级需要和低级需要进行选择而二者又不能兼得的时候，大多数人往往放弃高级需要而谋取低级需要，只有少数人才有可能为了实现高级需要而舍弃低级需要。这种情况只有在特殊环境下才能发生，在这里，人的社会属性中的某些因素如人生观、价值观将发挥作用。

（2）群体需要层次论

群体介于社会和个体之间，其需要和行为都与个体存在很大的差别。尤其是社会经济组织和群体——企业的需要与行为又有特定的规律，是不能用马斯洛的个体需要层次论来平行解释的。那么，作为社会经济组织和群体——企业的需要是什么，是如何满足其需要的，满足其需要的顺序又是什么？群体需要与个体需要之间的关系如何？这些问题的研究与解决，必须建立在更为有效和更为科学的理论基础——群体需要层次论上。

社会群体和组织，是由个体的人按照一定规则组成的具有特定目的和功能的群体系统。这个系统的整体需要与个体需要之间既有联系、也有区别，存在着既对立又统一的关系。同样，这个系统整体行为与组成要素的个体行为之间既有共同点又有区别。因此，群体的需要和行为对于个体而言具有非支解性，个体的需要和行为对于群体而言具有非加和性。我们既不能用个体的需要与行为来代替整体的需要与行为，又不能将整体的需要与行为分解为个体的需要与行为。

这意味着，人们在认识和研究社会群体和组织的行为时，以企业管理为背景而产生的个体需要层次理论对于环境管理而言具有很大的局限性。这种局限性表现在两个方面：其一，马斯洛的个体需要层次论把人的需要分得很细，用个体的需要来解释群体的需要违背了系统理论的整体性观点，缺乏说服力；其二，马斯洛虽然揭示了需要决定行为这一规律，但没有说明行为主体的内在需要与外在需要对行为的影响程度。不论是群体需要，还是个体需要，都存在着内在和外在两种需要，这两种需要对行为的影响大不相同。事实上，只有内在需要才是人的行为的根本动力，而外在需要则是人的行为的辅助动力。

所以，只有透过对群体需要的了解，并对内在与外在需要加以辨识，才能有效地了解群体的行为。可以说，群体需要层次论是人类需要层次理论的重要组成部分，弥补了个体需要层次论的不足，为研究人类的群体行为规律提供了更为直接的理论指导。当然，在这里我们主要着重研究在环境保护领域中企业的经济需要和环境行为的关系及变化规律。其它方面可以类推，其具体内容不予涉及。

社会群体和组织的需要一般可分为生存需要和发展需要两个层次，企业作为一个群体而言，同样具有两个层次的需要，并严格地遵循着由低级到高级的满足顺序，如图 4-5 所示。

生存需要 企业作为一个经济群体和生产组织是由个体的人组成的群体系统。它的作为系统整体的需要与个体的需要密切相关，相互影响和促进，但又不是个体需要的简单叠加。

企业的生存需要是指维持企业生产活动和经营活动正常运转的、使企业得以继续存在的需要。其内涵与外延与个体的生存需要有很大的区别，不仅包括企业员工工资、生活福利待遇的最低要求，而且包括企业经济活动正常运转、企业内部员工的相互关系得以满

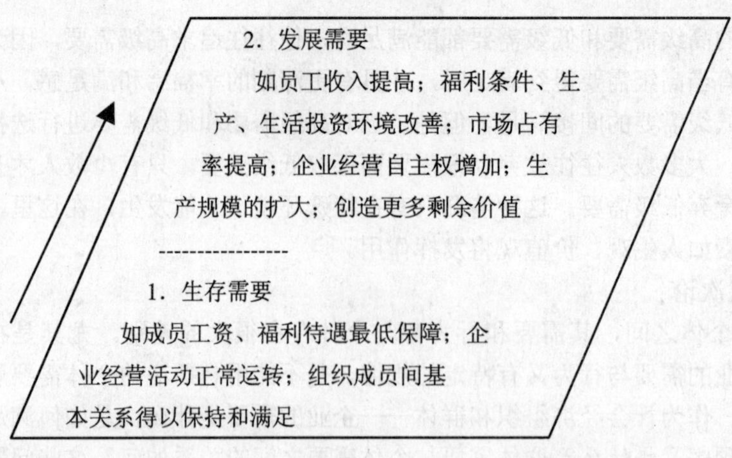

图 4-5 朱庚申的群体需要层次论

足的最基本要求。就是说，企业的生存需要涉及到个体需要的多个层次，比个体的生存需要更为复杂、内容更为广泛，既有经济因素又有社会因素。

发展需要 当企业的生存需要得以满足之后，发展的需要便占据主导地位，并成为支配企业经济行为的主要动力和源泉。发展需要是一切社会群体的最高层次的需要，企业的发展需要与个体的自我实现需要在其含义上也有很大差别。对于个体来说，自我发展的需要包含的内容有：理想的实现、权力的实现、自身价值的社会认可、经济地位的提高等。

而对于群体来说，发展的需要不仅包括组织内部员工收入水平的提高、福利条件的改善、企业形象的改善、企业生产和工作环境的改善，而且还包括企业投资环境的改善、产品市场占有率的提高、企业经营自主权的增加、生产规模的扩大和创造更多的剩余价值等等。

（3）群体需要和个体需要的关系

群体需要是建立在个体诸多需要基础上的一种综合性需要，群体需要的满足以个体需要的满足为前提，离开个体需要的群体需要是不存在的。任何一个群体它必须在基本满足个体需要的前提下去追求群体需要的满足，否则，群体的需要不但不能得以满足，甚至有可能导致群体组织的解体和消亡。

与此同时，个体需要又寓于群体需要之中，个体需要的满足要以群体需要的满足为保障。只有群体需要得以实现，个体需要才能得以极大的满足。这就是群体需要和个体需要之间的全局与局部、整体与个体、长远与当前、一般与特殊的辩证关系，二者既有区别又有联系，相辅相成，不可分割。

群体需要的满足是严格遵循着由低级到高级的顺序。对于企业而言也不例外，它首先考虑和解决的是企业的生存问题，其行为是在生存需要支配下的行为。只有当生存需要得到基本满足以后，发展需要才被提出来而要求得到满足。在生存需要没有得以满足的情况下，去追求发展的需要是不现实、也是不可能的。

（4）需要层次理论在环境管理中的启示

需要是有层次的，需要的满足也是有层次的。个体需要层次理论从人的个体需要出发来研究人的行为，揭示了一般人在通常情况下需要与行为的规律。而群体需要层次论则是从人的群体需要出发来研究人的行为，揭示了社会群体和组织关于需要与行为的变化规律。这二者的共同点均指出了人的需要从低级向高级发展的趋势，这符合心理发展的过程。对我们今天的环境保护工作具有重要的指导意义，能很好地解释环境管理工作中存在的各种问题和现象。比如，为什么经济落后地区人们的环境意识也相对落后，为什么同等经济发展水平地区的环境保护工作不同步？企业在环境保护工作中为什么表现出消极的、被动的行为，等等。

环境保护产生于人类社会发展的需要，这是人类社会的共同需要。然而，对于不同的地域和不同的人群而言，这种需要又处于不同的层次。

处于经济落后而环境问题不突出的地区，解决温饱问题就是解决生存问题。人们把对于经济增长的需要视为当前、第一和基本的需要——生存的需要，而把环境问题看成是经济附属问题，把环境保护看成是一种高层次、非基本需要——发展的需要。在这种情况下，势必产生重视经济建设，轻视环境保护的行为，必然将经济建设放在头等重要的首选位置，而将环境保护放在一个次要的、非首选的地位。因此说，在这样的地区，人们的环境意识淡薄，地方政府不重视环境保护，环境管理处于被动局面是有其认识上的根源，是符合不同行为主体的人类需要层次理论的。

处于经济较发达地区，由于人们已经解决了温饱问题，生存需要已得到基本满足。此时，更高层次的需要，如安全需要、尊重需要和发展需要等自然被提出来而要求得到满足。在这种情况下，作为安全需要的组成部分——环境安全成了当前的第一和基本的需要，环境保护容易被人们所接受，环境问题容易引起地方政府的重视。环境保护自然是人们首先考虑的问题之一，环境管理相对容易开展也就成为必然。

处于环境污染和生态破坏严重的地区，即便经济很落后，人们的生活水平很低，人们把发展经济看成是硬道理，但由于环境问题已对人们的生存构成了威胁，饮用水源受到严重污染，生态破坏严重动摇了人们生存的根基。在这种情况下，人们同样会把环境保护看成是与生存同等重要的基本问题去要求满足和解决。

对于企业而言，无论是生存需要，还是发展需要，均以追求经济利益最大化为目标。因此，企业所表现出的第一行为是一种经济行为，把发展经济看成是一种内在需要，而把环境保护看成是一种社会附加的外在需要，由此所表现出来的行为属于第二行为。在现有产业结构不变的前提下，做好环境保护工作就意味着企业要增加环保投入，提高生产成本，这与企业追求经济效益最大化目标是矛盾和冲突的。在这种情况下，企业面对多种选择，而选择的结果必然是外在需要服从内在需要，环境保护让步于经济建设。所以说，环境保护这种非内在的需要在缺乏强大的外在压力之下，不能构成企业行为的动力源泉，自然就没有环境保护的主动性和积极性。

在这里，问题的关键是人们怎样去认识他们所面对的环境问题。或者说把环境问题看成是哪一类的环境问题，把对环境保护的需要看成哪一个层次的需要。

如果把环境问题看成是生存问题，把环境保护看成是当前、第一和基本的需要，则必然重视环境保护工作，必然把环境问题同经济问题视为同等重要的问题来解决。如果把环境问题看成是较高层次的发展问题，把环境保护看成是非当前的和非基本的需要，则必然轻视或忽视环境保护工作，走一条“先经济、后环保”和“先污染、后治理”的发展道路。

然而，能否把环境问题看成是生存问题，能否把环境保护看成是人类当前的基本需要，是一个客观现实和非常复杂的问题。虽然不能忽视社会对人们的各种需要所施加的外界影响，但关键还是取决于人们当前的生存状况以及环境问题对那里人们当前生存的影响程度。

二、动机

1．动机的概念

动机是指为了满足某种需要而进行活动的念头或想法。心理学认为，人的行为是由动机决定的，而动机是由需要支配的。需要是人的能动性和积极性的基础和源泉，动机是人的积极性的直接原因和动力。人们关于环境保护的动机源于对环境质量改善的需要，有了这种动机，才促使人们采取环境保护的行动，并采取一系列的对策和措施来实现环境保护的目标以满足改善环境质量的需要。

动机是连接需要与行为的桥梁和纽带，在需要的支配下产生动机，通过动机引起行为、维持行为，并指引行为去满足某种需要。

动机和目的也是两个既有联系又有区别的概念。目的是人们的活动所要达到的结果，动机则是人们从事某项活动以达到目的的心理活动。这是二者之间的联系。但在很多情况下，动机和目的又有区别。所以，人们的同一种行为，尽管目的是一样的，动机可能不一样，有的是为整体利益，有的是为个人利益，有的是为得到领导者的好评等等。总之，动机是比目的更为内在、更为隐蔽、更为直接的推动人行动的因素。

2．动机的强度

行为是由动机决定的，动机来自需要。但不能把这句话简单地理解为：有某种需要就有某种动机，有某种动机就有某种行为。事实上，有某种需要不一定就会产生某种动机，有某种动机不一定就会引发某种行为。因为一个人同时可以有许多种需要和动机，动机之间不仅有强弱之分，而且会有矛盾和斗争。那么到底会出现什么行为呢？一般说来，只有最强烈的动机可以引发行为，这种动机称为优势动机。

例如，由于工业生产活动造成了严重的水环境污染、大气环境污染和噪声环境污染，生活在这种环境下的人们对于这三种环境污染都有同样的感受，并都有改善环境质量的愿望和动机。但由于客观条件所限，这三种需要不可能同时得到满足，只能先满足其中一个需要。这样，人们只能根据这三种动机强度的强弱选择其一，或者先解决水环境污染问题，或者先解决大气环境污染问题，或者先解决噪声环境污染问题。

优势动机具有更大的激励作用，是一种强化行为的力量。在环境保护中，管理者要充分重视并深入研究各种经济行为主体的优势动机，对于正确的优势动机予以肯定和奖励，使这个动机引发一定的行为。对于不正确的优势动机应予以否定和抑制，使它减弱消退以至消失。

三、行为

1. 行为的概念

凡人类有意识的活动均称之为行为，它是个体特征与周围环境相互作用的结果。在一定的社会组织中，人们为实现各自的利益和需要表现出一定的行为。一般说来，人类行为包括自然、经济和社会三种基本行为。

自然行为是指人类与动物相似的一种本能行为。如砍伐森林用以烧饭取暖的行为，摄食、居住和性行为等都属于自然行为。

经济行为是指包括生产和消费行为在内的与经济生活相关的行为。如污染排放行为，资源开发行为等就是一种经济行为。

社会行为是指人类之间交往以获得友谊、尊重和自我实现的各种行为。如环境保护、行政管理、社区建设、文化教育等行为就是社会行为。

2. 行为的特征

人的行为千差万别，但存在着共同的特征，这些特征是：

（1）人类行为都是自发的、有意识的生命活动。外力可以影响一个人的行为，但无法发动人的行为。例如，企业的生产行为都是自发的行为，环境管理虽然可以从外部影响和改变企业的生产行为，但是企业生产行为的产生源于企业自身。

（2）人的任何一种行为的产生是有原因的，因而是可以预测的。由于人的行为受因果规律的支配，所以人的行为是可以预测的。比如，环境保护的产生是由于人类对生存环境质量的需求所致，随着社会的进步和科学技术的发展，人类对生存环境质量的需求也在不断变化，因而人类环境保护的行为也可以预见地发生规律性的变化。

（3）人的行为是有目的的。目的是行为的主要特征，因为人有思维，人才有意识，有了意识，人才有自觉的有目的活动。行为指向目标，在目标没有达到之前，行为一般不会终止。即使是改变了行为方式，或由外显行为转为潜在行为，但仍继续不断地向目标前进，直至达到目标，行为方告终止。但同时需要指出的是，人的行为具有可塑性，当客观条件和外界情况发生变化时，人的行为是可改变的。但这种改变属于行为方向的改变，一般情况下不是目标的改变。

3. 行为和动机的关系

总的说来，行为的直接原因是动机，但动机和行为之间的关系又不是完全统一的。二者之间的关系大致有以下几种情况：

（1）同一动机，可以引起不同的行为。例如，企业都有追求利润最大化这一动机，可却产生不同的行为：有的企业是通过偷税漏税来提高经济效益的，有的企业是通过节省环境保护投入来实现经济目标的，有的企业是通过推行清洁生产、降低资源成本来提高经济效益的。显然，只有后一种行为是符合环境保护要求的合理行为。

（2）同一行为，可能出自于不同的动机。例如，有三个企业都非常重视环境保护工作，但动机可能大不一样。企业甲是出于对国家负责，能正确处理环境与发展的关系，以可持续发展战略为指导，以经济增长方式转变为核心，把环境保护工作纳入企业的发展战略之中；企业乙是出于环境管理的压力不得不重视环境保护工作；企业丙是出于创建环保模范企业的目的开展环境保护工作。由于出自于不同的动机，其行为的持续性有很大的区别。

（3）合理的动机，也可能引起不合理、甚至错误的行为。例如，为了搞好区域污染防治工作，需要加强环境执法力度。但环境保护部门在执法过程中由于执法人员违反了执法程序和政策标准，造成行政处罚不当而被提起行政诉讼，以致造成不应有的负面影响，这就是合理的动机引起不合理行为的反例。

总之，无论是群体，还是个体，其外在的行为与内在的动机可能相互一致，也可能不一致。因此，开展环境管理工作既不可一概地从企业的行为推断其动机，也不可绝对地由企业的动机来判断其行为。见风就是雨，必然出问题，具体情况具体分析才是辩证的、科学的方法。

4．正确分析人的行为

怎样才能对群体和个人的环境行为作出正确的分析和准确的评价呢？一般要注意以下三个方面：

（1）在分析人的行为时，要正确分析个人（或一个组织）因素与环境因素的相互作用。

人的任何行为是主、客观因素的综合效应，是个体与环境相互作用的结果。因此，在管理工作中，特别是在环境管理中，当我们分析一个企业或一个人的环境行为时，就需要同时看到和分析这两个方面的因素，不仅要深入了解该行为主体的本身情况，还要全面分析行为主体所处的特定环境。

例如，关于区域环境污染防治问题，一个企业为什么没有实现达标排放、或者为什么没有完成限期治理的任务？作为环境管理者首先要分析企业内部的诸多因素，包括企业的发展历史、企业管理现状与水平、企业的环境保护投入等多方面因素，这些因素都会对企业的污染治理行为产生重大影响。

与此同时，还要分析企业外部环境因素的影响。这些因素包括：国家环保科技和环保产业的影响，国家的环境政策、特别是环境经济政策的影响，经济体制转变对环境保护的影响，地区间经济发展水平的差异对环境保护的影响等。

第一，国家环保科技和环保产业的发展水平还不能完全适应中国环境保护发展的需要，在许多行业和领域，还缺乏有效实用的、能保证达标排放的污染防治技术，致使许多企业不能按期实现达标排放或完成限期治理的任务。

第二，国家的环境政策，特别是环境经济政策还不完备。由于缺少激励性的经济政策，无法调动企业污染防治的积极性，使企业无法从被动的、消极的角色转变为积极主动参与的角色。

第三，由于市场经济是建立在公平竞争原则基础上的经济，这意味着要消除区域间环境管理的不平衡。然而，由于区域间经济发展的不平衡，使得区域间环境管理的不平衡将在较长时间内继续存在。唯一有效的途径就是要转变传统的区域管理为区域管理与行业管理相结合的环境管理模式。目前，国家的环境管理模式无法适应由于经济体制的转变所带来的挑战，是影响企业环境保护积极性的最重要原因之一，使企业决策者采取了一种观望和等待的态度并表现出一种消极的环境行为。

第四，区域间经济发展的不平衡，必然产生不同程度的地方保护主义倾向，这是影响企业有效开展污染治理的另一个重要因素。

以上这些方面，在分析企业污染治理问题时，是必须要考虑的重要环境要素。在很多情况下，这些外部条件对环境管理的影响往往大于企业内部条件对环境管理的影响。一个成功的管理者在分析企业或个人的环境行为时，必须全面、客观，不能只见树木，不见森林。把眼光只盯在微观的、局部的原因上，而忽视宏观的因素，缺乏系统整体的辩证思维，是不可能做好环境保护工作的。

（2）分析群体和个人的环境行为，要同时分析外在表现与内在动机。

如前所述，人的动机和行为之间有着复杂的关系。因此，我们在分析判断企业和个人的环境行为时，不仅要看到他的外在表现，同时要注意他的内在动机。只有同时看到并且具体分析这两个方面，才有可能对企业和个人的环境行为作出恰当的评价，避免错误的判断。一般情况下，虚伪的行为掩盖着虚伪的动机，真实的行为是真实动机的表露。对环境保护采取应付和敷衍态度和行为的企业和个人，其环境保护的动机绝不会是真实的。具有真实环境保护动机的企业和个人，所表现出的环境行为必然是真实的。

（3）在分析内在动机时，要同时看到消极因素和积极因素两方面。

人的需要是各种各样的，就是说，每个人在一定的时期里往往有他自己的需要结构，不同的需要导致人不同的动机。因此，就人的内在动机而论，通常也不是单一性的，并不是好就一切都好，坏就什么都坏。在诸多动机中，主导动机对其它动机起着支配的作用，但不能否定其它动机的存在，进而不能忽视次要动机所支配行为的积极因素。

综上所述，影响人的行为的因素是错综复杂的。我们在分析企业和个人的环境行为时，应同时考虑到自身因素和环境因素这两个方面，在分析个人因素时，应同时考虑到外在表现与内在动机这两个方面，而在分析内在动机时，应同时考虑到积极的一面与消极的一面。因为导致行为的动机并非是非此即彼、纯之又纯的，而往往好坏夹杂，是比较复杂的。

四、激励与改造

研究人们的行为规律，激发人的动机，调动人们的环境保护积极性与创造性，离不开需要的激励。

1. 激励的实质

不论是群体，还是个人，可能同时有许多需要和动机。但其行为是由最强烈的动机引发和决定的。因此，要使人们产生管理者所期望的环境行为，就应当根据人们的各种需要设置某些环境管理目标，并通过目标导向使人们出现有利于环境保护目标的优势动机并按组织所需要的方式行动，这就是激励的实质。为了达到激励的目的，设置环境管理目标时必须符合下列要求：

（1）目标的设置不仅是为了满足被管理者的个人需要，最终还是为了有利于完成组织目标。因此在设置目标时，必须将组织目标纳入其中或将组织所希望出现的行为列为目标导向行动，使被管理者只能在完成组织目标后才能达到个人的目标。如果没有组织目标，尽管满足了被管理者或组织成员的需要也不能称为激励。那种认为满足了个人目标，就会带来满意和积极性，就自然能完成组织目标的想法是不符合实际的。

（2）目标的设置必须是受激励者所迫切需要的。已经满足了的需要不可能激发动机或激发出来的动机强度不够。例如，做好环境保护工作可以授予“环保先进企业”称号，这样的目标对已经获得这种称号的企业是没有吸引力的。

（3）目标的设置要适当。既不能俯首而拾，又不能高不可攀。不通过努力而轻易实现的目标不能激发人的积极性，经过努力无法达到的目标使人感到气馁，同样也不能激发人的积极性。例如，对于环境污染严重的城市或地区，要求在近期内解决所有的环境问题，使环境质量得到明显的改善，实现创建环境保护模范城市的目标，显然是不切合实际的。这样的目标起不到激励的作用。同样，对于已通过 ISO14000 环境管理系列标准认证的企业，再制定一个“环境保护先进单位”目标是毫无意义的。

2. 公平理论

公平理论又称社会比较理论，它是美国心理学家亚当斯于 1967 年提出来的，该理论侧重于研究报酬对人们行为的影响。是研究人们环境行为很有用的理论。

公平理论认为：人的行为不仅受其所得到的绝对报酬的影响，而且受到相对报酬的影响。对一般人而言，他不仅关心自己所得报酬的绝对量，而且关心自己所得报酬的相对量。总会自觉不自觉地把自己付出的劳动所得与他人付出的劳动所得进行比较，以确定自己所获报酬是否合理，这种比较称之谓社会比较或横向比较。比较的结果将直接影响到人的行为和工作态度。

在环境保护实践中，企业的环境保护行为是完全受公平理论指导的行为。在污染治理活动中，一个企业所付出的努力如果与其它企业所付出的努力相同或相近，体现出的“报酬”即便仅仅是环境效益而不是经济效益，它也认为是公平的，对环境保护能够保持一种较高的积极性。如果它所付出的努力与其它企业付出的努力存在很大差距，自己付出很多却得不到额外的报酬，而别人没有或者很少付出，也没有受到什么惩罚，反而因节省了环保投入，获得了较大的相对经济利益。这样势必产生一种失衡的心态，感到自己付出的努力与所得不成正比例关系，这种客观上产生的不公平现象必然使企业采取一种观望、等待、甚至对抗的态度，表现出消极的环境行为。

只有能满足人们需要的报酬才能成为动力，同样，只有能获得公平报酬的管理思想与原则才能使动力得以持续。在环境保护实践中，能引起不公平的原因很多：

（1）与个人的主观判断有关。无论是自己的或他人的投入和报酬都是个人感觉，而一般人总是对自己的投入估计过高，对别人的投入估计过低。

（2）与公平标准有关。不同的标准使人产生不同的行为，在环境保护中，要求一切污染企业实现达标排放，这是一种浓度控制标准。不管是国有企业、集体企业、还是私有企业，也不管是电力行业、印染行业、还是酿造行业等都要执行这个标准。从管理者角度来认识，这个标准是公平的，但从被管理者角度来看，这个标准未必完全公平。由于行业性质、生产工艺、所利用的资源类型不同等因素，导致不同行业之间在污染排放水平方面存在很大的差别。COD 浓度为 3000 毫克/升的废水与浓度为 300 毫克/升的废水都要求处理到 100 毫克/升以下排放，企业所付出的努力是不一样的，而回报却相同，这实际上存在着某种程度的不公平。

（3）与绩效的评定标准有关。如何衡量区域环境管理的绩效，不能搞“一刀切”，一个模式，一个标准。而要实施分类管理和评比，使评定对象具有可比性，不仅要按实际效果进行评定，还要考虑到努力程度，考虑到为实现管理目标所做的贡献大小进行评定。

（4）与评定人有关。绩效由谁来评定，考核主体是谁，是上级还是下级？不同的评定人会得出不同的结果。一般情况下，来自于下属的“自下而上”的考核，其效果远比来自于上级的“自上而下”的考核要有效和真实得多。这就需要转换考核主体，减少主观因素的影响。

3．需要与行为的改造

需要层次理论和有关的激励理论都基于一种共同的认识，即人们参加组织或从事某项管理工作都抱有某种社会群体或个人目的，都是为了满足人们的某种需要或欲望。当组织目标或管理活动能给管理客体带来有吸引力的成果时，他才积极地参加组织活动，为管理目标服务。行为科学主张利用人们渴望需要得到满足的心理，去诱发人们的行为以完成管理目标，这是有道理的。

然而，在满足人们的合理需要，调动人们环境保护积极性的的同时，还应重视改造人们的需要和行为，其理由如下：

第一，群体或个体的需要可能合理，也可能不合理，可能和社会与组织的目标一致，也可能不一致。这就需要调整、限制和改造人们的需要与行为。例如发展经济是企业的一种合理需要，但这种需要是有限度的，不能无节制地恶性膨胀。既不能以资源的过量消耗和环境污染为代价，又不能将环境问题转嫁给社会以损害他人的环境权益为前提，这就要求对企业的需要和行为进行限制和改造，以符合可持续发展的环境准则。

第二，合理的需要未必产生合理的行为。资源是发展经济的基础，人们的生产和生活离不开资源的开发和利用，因此，人类对资源的需要是一种合理的需要。但在资源的利用过程中，由于人们只注重了开发，而忽视了保护，超出资源和环境承载能力的掠夺性的资源开发活动造成了严重的生态破坏和环境污染，这样的行为就是不合理的行为。环境管理的任务就是要解决需要与行为之间的合理性问题，从可持续发展目标出发限制和改造人们的不合理需要，引导和规范人们的各种经济行为以实现需要与行为的统一。

第三，人的需要种类繁多，各种需要之间有时相互矛盾，而社会可能给予满足的程度是有限的。这意味着，在任何时候需要的满足都是局部的、相对的。我们不仅要讲个人的需要，同样要讲集体的需要、社会的需要。不仅要讲个人价值的实现，还要讲对社会的责任和贡献。不仅要讲需要的满足，还要讲动机和行为的改造。

因此，对于国家和社会管理组织而言，开展环境保护就是要在一定范围内统一人们的各种需要，规范人们的各种行为。对人的各种需要加以节制、排序和归纳，在保证社会的长远利益和整体利益不受影响的情况下，尽力满足不同时期、不同层次、不同内容和不同社会群体之间人们的各种需要。这其中，既要满足人们发展经济的需求，又要满足人们对环境质量的需求；既要满足人们当前发展的需要，还要满足人们长远发展的需要。

第四，同一个激励措施给予人的满足程度，与个人的素质和需要模式有很大关系。人的高层次需要的强度大，低层次需要的强度就小，反之，人的低层次要求高，高层次的要求就低。相对而言，人们对经济的需求是一种低层次基本需求，对环境质量的需求是一种高层次的需求。因此，作为环境管理者就要重视对人们需要和行为的改造，使环境保护的激励措施具有更广泛的适应性、规范性和针对性。

需要是人的行为的基本动力和源泉，有什么样的需要才会产生什么样的动机和行为。因此，对人的需要与行为的改造必须从需要的改造和引导入手。其目的就是把人们非当前、非内在的需要改造为当前、内在的需要，把人们的非期望行为改造成为期望行为。如何改造人的需要呢？一般可采用如下手段：

（1）教育

有关教育的内容和方面很多，这里不谈意识形态领域内的教育内容，而仅是与人们的需要和行为改造有关的内容。

第一，进行人生观教育。人生观是关于人生的总体看法，是个人行为举止的最高调节器。人们在接受客观的刺激时，并不是机械地作出同一反应，即不是有什么刺激就有什么需要，有什么需要就有什么样的行为。面对一个同样的环境问题，由于人的世界观、人生观不同，同样的刺激和需要所引出的行为有很大的差异，有人会首先想到多数人的利益挺身而出制止之，有人会首先想到事不关己而观望之，有人会首先想到个人利益受到损害而远离之，等等。

通过人生观教育，使人具有强烈的社会责任感和使命感。在考虑自己需要的同时，首先考虑到他人和社会的需要；在考虑采取个人的行动时，首先考虑到自己的行为是否符合国家法律、社会道德准则，是否在满足自己需要的同时，损害了他人需要的满足。

第二，进行价值观教育。不同的人有不同的价值观念，有的人重视理想，有的人重视声誉，有的人重视感情，有的人重视权力，有的人重视实利。同样的诱因和贡献在不同人眼中价值大小不一，对待环境问题，环保主义者和拜金主义者的价值观有天壤之别。环保主义者认为人与自然是共生共存的系统关系，人的价值是在与自然和平共处过程中实现的，主张人与自然要和谐发展，只有首先善待自然才能善待人类自身。而拜金主义者则认为人是自然的主人，人的价值是可以用货币来衡量的，社会财富的拥有量是人的价值自我实现的标志。进行价值观教育，就是要摒弃传统的、陈腐的拜金主义的价值观，树立现代的、高尚的、充满绿色文明的价值观。

第三，进行社会公德教育。一个人除了在生理需要层次上带有动物的自然属性和特征之外，其它层次的需要均具有明显的社会属性，现代意义的人应当具有最起码的社会公共道德。首先，人要有社会责任感。人的行为不仅要对自己负责，满足个体需要，而且要符合社会公德，对社会负责。其次，人要学会尊重。这里主要包括对他人人格的尊重，对他人人权、生存权、环境权的尊重等。尊重是双向的、互惠的，要想满足尊重的需要，就要学会尊重他人，尊重社会。只有尊重他人和社会，才能获得他人和社会的尊重，才能满足自我实现的需要。只有我为人人，才能人人为我。

第四，进行遵纪守法教育。不论是社会化大生产，还是社会化管理活动，都需要有统一的意志和行动。没有规矩不成方圆，法规和纪律对任何有效的组织和管理行为都是必需的，作为社会的群体或个人，都应当在法规和纪律的约束范畴之内实施自己的行为。一个企业或个人，在其经济活动过程中必须遵循国家的有关法律、法规和技术规范，必须执行国家的环境政策、环境法规和环境标准，以满足国家和社会的需要作为满足自身需要的前提。

（2）奖惩

从组织的观点来看，人的行为可以分为两类：一类是期望的行为，即管理者期待出现的行为。例如，企业自觉遵守国家的环境政策，环境法律、法规和标准，主动推行清洁生产，提高资源和能源利用率，加快污染治理实现达标排放等行为就是环境管理者期望的行为。另一类是非期望的行为，即管理者不希望出现的行为。例如过量放牧造成草地退化，过量砍伐森林和破坏植被导致沙化和水土流失，过量施用化肥、农药造成土壤和水体污染，建设单位不执行国家有关的项目环境管理规定等就是环境管理者不期望的行为。

调动各种经济行为主体的环境保护积极性，必须有足够的奖励政策和严厉的惩罚措施来保证较大程度上的公平性。通过奖惩调整人们的各种需要和行为，将非基本需要变为基本需要，将外在需要变为内在需要。因此，奖励和惩罚必须到位，奖励不足不能充分鼓励先进，惩罚不够不能有效鞭策后进。我们应当利用各种激励手段，如实物奖励、精神奖励、各种优惠的经济政策、技术政策来引导和激发社会群体和个体的各种经济行为特别是企业的期望行为。应用各种惩罚手段，如法律的、经济的、行政的、精神的等惩罚措施来制止和纠正非期望行为的发生。开展环境管理，要做到奖惩明确、奖惩得当、奖惩一致、奖惩有效。

第一要奖惩明确。对于环境保护工作做出突出贡献的单位要给予引导性的以利于其持续发展的奖励，如授予绿色产品标志、银行担保及贷款优惠政策等。而对于环境保护后进单位尤其是造成重大环境事故的单位要敢于惩罚，起到“杀一儆百”的作用。但惩罚的标准和程度要事先打招呼，出安民告示，不搞突然袭击，不搞不教而诛，让受罚者罚而无怨，心服口服。通过惩罚降低或制止非期望行为的发生。

第二要奖惩适当。首先是奖惩比例要恰当，面对企业的经济和环境行为要多奖少罚，任何时候都要使受罚者为少数。如果多数人受罚，经常地使用惩罚，不是管理的成功，而是管理的失败。其次是惩罚的轻重程度要适当，坚持初犯从宽，再犯从严，无例从轻，有例从严的原则。惩罚时要尽量采用一次性惩罚，而少用永久性惩罚。

第三要奖惩一致。首先，要做到言必信、行必果，按照国家环境法律、法规和制度的规定该奖的就奖，该罚的就罚。该奖的不奖，该罚的不罚，管理者将失去威信，无法起到激励和改造企业和个人行为的作用。其次，奖惩标准要客观，对待个人要党内党外、干部群众一个标准，做到对事不对人，公平一致。对待企业也要一视同仁，做到国有企业、集体企业、私营企业一个标准，没有特例。

第四要奖惩有效。不同于一般的行政管理，环境管理中的奖惩要有透明度，要公开进行。做到一方受奖励，多方受鼓舞；一方受惩罚，多方受教育。特别是惩罚必须要及时迅速，具有明显的时效性。只有这样，才能很好地鼓励期望行为，有效地限制和改造非期望行为。

（3）考核与监督

改造人的需要和行为特别是企业的需要和行为还必须进行考核和监督。考核本身就是用标准对社会群体或个人的行为进行度量，通过考核使被管理者辨识自己的行为后果是否达到环境管理目标和是否符合组织要求，从而产生一种激励和鞭策作用，使人约束和改进自己的行为。

考核也使管理者及时了解被管理者的情况，了解环境政策、对策和标准的有效性，以便及时调整环境管理政策和对策，提高管理的效率。

考核需要有效的监督，要与奖惩相结合。通过奖惩引导和激励人们的环境保护行为，通过监督落实企业的环境保护措施，通过考核来评价各经济行为主体开展环境保护的绩效。在改造人们的需要和行为方面，奖惩、监督和考核这三者之间相互联系、相互促进，缺一不可。

行为科学理论告诉我们，群体和个体的需要是各种各样的，需要的满足也是各种各样的，激励的方式也各不相同。因此，开展环境管理就要从客观实际出发，针对不同群体和个体的人们不同层次的需要，制定满足不同需要的环境管理对策和措施，并采用不同的激励手段，调整和改造人们的需要，以鼓励人们的期望行为，限制人们的非期望行为。

第四节　关于生态经济理论的再认识

生态经济理论作为生态理论和经济理论的综合产物，产生于 20 世纪 80 年代初期，是从生态学和经济学出发，以生态—经济系统为研究对象，以人类的经济活动与生态环境之间相互作用的规律为主要研究内容来认识人类社会的发展问题。

长期以来，环境保护领域的许多专家学者把生态经济理论看成是环境管理的理论基础，这种观点反映在许多的论著和书刊杂志中。实际上，对生态经济理论的这种定位是不准确的，不仅造成了人们认识上的混乱，而且影响了环境管理作为一门学科的发展，也影响了环境管理作为一个工作领域的深化。同时，也影响了生态经济理论的完善和发展。

一、生态经济理论不适于对管理系统的研究

我们知道，生态经济理论的研究对象是生态—经济系统，其任务是从生态学和经济学角度来努力探讨生态—经济系统的结构与变化规律，强调以生态规律为指导来调控人类的经济行为，实现生态—经济系统的自适应、自调节、自平衡的目的，即实现生态与经济的协调发展。然而，实现这一发展目标必须从社会管理大系统和生态—经济—社会系统入手，通过制定与强制实施一系列的国家环境法律、法规和标准，国家经济法律、法规和标准，国家技术法律、法规和标准来调控、限制和改造人们的各种需要与行为。而所有这些都属于控制论和行为科学的研究内容，远远超出了生态经济理论的研究范畴和应用领域。

生态—经济系统是生态—经济—社会系统的子系统，二者之间存在着密切的关系。但是，子系统与系统间的联系方式或规律有本质的区别。例如，生态与经济子系统在生态—经济系统中的联系和在生态—经济—社会系统中的联系在联结方式和顺序上是完全不同的。因而每一个系统与外部环境的输出关系与作用方式是不同的。这就是说，不论是从系统的结构，还是系统的运动形态来看，生态—经济系统与生态—经济—社会系统是两个完全不同的系统，其运行规律是不一样的。所以，我们不能用研究和认识子系统的理论来解

释系统整体的运动发展规律，不能用研究子系统的理论来代替研究系统本身。

任何一个理论，都是为实践服务的。首先，要能够解释所研究对象在实践中产生的各种现象和问题，然后给予正确的理论指导，从中找到合理、正确的答案和对策，以深化管理实践，实现预定的管理目标。

生态经济理论虽然也涉及到社会管理领域中的若干社会管理问题，也曾试图对生态—经济—社会系统进行研究，但却不是研究社会管理系统的最有效理论。正因为如此，生态经济理论既无法解释在生态—经济—社会系统中所产生的各种环境管理现象和问题，也不能指导具体的环境管理实践。例如，人们的环境意识是如何产生的，环境管理主体和管理客体的行为规律是什么，环境管理的区域性和人们对环境保护的需求是如何形成的，怎样改造人们的需要以激励人们的环境保护行为，怎样调动企业的环境保护积极性，如何强化环境管理等问题很难甚至无法从生态经济理论那里找到答案，这一点在本书开篇时已明确指出。

在这里，作者本人无意贬低和否定生态经济理论在环境保护中的地位和作用，只是想说明一个基本事实：生态经济理论对开展环境管理具有指导意义，是制定国家和区域环境规划及环境经济政策的重要理论依据，是环境规划的理论基础，但不是环境管理的理论基础。澄清这一点不仅是环境管理理论研究的需要，更是环境管理实践的需要。

二、生态经济理论作为环境管理基础理论的悖论

理论的重要作用就是正确指导人们的社会实践。因此，对理论的准确定位非常重要，这不仅关系到该理论所指导的社会实践能否深入发展，更关系到该理论本身能否发展。这是关于一门学科和一种理论建立与发展的严肃性问题。

生态经济理论作为环境管理理论基础的悖论是基于以下三个原因：

（1）开展环境管理要解决一个思维取向问题。

我们不能单纯从生态经济学角度来认识社会发展问题，而要站在发展的角度认识生态问题。如果仅从生态经济学角度看待发展问题，以满足生态规律为前提来发展经济，由于以往的乃至到目前为止的发展都是违背生态经济规律的发展，就意味着要停止经济增长，即停止发展。这显然是行不通的，因为环境保护的目的是促进经济的持续增长而不是停止经济增长，那种唯环境论是行不通的。

（2）两个相对独立的学科不能同时拥有一个共同理论基础。

全球环境保护的实践证明，自从生态经济理论产生以来，推进了环境规划这一学科的诞生，为环境规划的发展奠定了理论基础。中国的环境保护实践也充分证明了这一点。虽然从环境保护工作领域的角度来看，环境规划是为环境管理服务的，但是我们不能以此为依据，就把环境规划的理论基础看成是环境管理的理论基础。这是因为，从环境科学体系上来讲，环境规划与环境管理是相对独立的学科，不论是从学科的特点还是从学科的内容来看，这是非常明确的结论。两个相对独立的学科拥有共同的理论基础（而不是方法基础）在理论上不仅容易产生混乱，而且是站不住脚的。

（3）任何一门学科的出现，其实践的发展与理论的创立几乎是同步的。

环境管理产生于 20 世纪 70 年代，生态经济理论产生于 20 世纪 80 年代，在时间上

相差 10 年。如果说生态经济理论是环境管理的理论基础，这种理论与实践倒置的现象在人类科学发展史上是从未有过的，违背了事物的发展规律。从中国环境管理的实践过程也不难发现，无论是 70 年代、80 年代还是 90 年代，每一时期的环境战略、环境管理政策、环境管理目标、对策和措施都不是按照生态经济理论来制定和实施的。

事实上，不论是宏观环境管理，还是微观环境管理，我们都没有从生态经济理论那里得到明确的答案，比如什么是生态—经济系统的规律？环境管理应该管什么，应该怎么管？制定国家环境政策、经济政策、技术政策的生态标准是什么？转变经济增长方式和环保机构改革的理论依据是什么？关于环境保护需要与行为的关系是什么？如何激发企业的环境保护积极性并使其持续保持？总量和全过程控制优于浓度和末端控制的理论依据是什么？……这一切都不能从生态经济理论找到答案。恰恰相反，人们从系统论、控制论和行为科学那里得到了关于环境管理的理论与实践的双重答案，实际上，各个领域的环境管理工作都是在上述三个理论的指导下进行的。

综上所述，关于什么是环境管理的基础理论已经十分明了，我们无需再加以讨论和阐述。

如果说，在 20 世纪 80 年代中期和 90 年代初，人们把生态经济理论看成是环境管理的基础理论是由于对环境管理这一学科缺乏科学认识而出现的错误定位。那么，在进入 21 世纪的今天，人们重新认识和澄清环境管理的理论问题则是由于理论创新和管理创新的需要对环境管理这一学科发展的科学定位。

本章用了很大篇幅来讨论环境管理的理论问题，其目的就是要澄清长期以来人们关于环境管理理论的模糊认识。建立起一个能经受实践检验的、能指导今后环境管理实践的环境管理理论是本书出版的主要目的之一。

思考题

1. 什么是系统？与集合有什么区别？
2. 系统特征有哪些？
3. 何为系统结构和功能？结构、要素与功能的关系是什么？
4. 系统的基本观点有哪些？谈谈你对系统整体性的理解。
5. 大系统与一般系统有何联系与区别？
6. 谈谈大系统理论在环境管理中的应用。
7. 什么是控制论？它的研究内容和对象是什么？
8. 什么是控制？什么是控制论系统？
9. 控制有哪些类型？举例说明控制在环境管理中的应用。
10. 控制论有哪些应用分支？
11. 何谓行为科学，其研究内容是什么？
12. 需要、动机与行为三者之间的关系是什么？
13. 如何理解需要的满足？
14. 怎样分析人的环境行为？
15. 激励的实质是什么？为什么要进行需要的激励？

16．谈谈你对个体需要层次论的认识。
17．群体需要与个体需要有何关系？
18．建立群体需要层次论的意义是什么？
19．为什么要进行需要与行为的改造？
20．为什么说生态经济理论不是环境管理的基础理论？

第五章　环境管理方法

任何一门学科的发展都要以理论和方法体系的完善为标志，并且要求一定的管理理论对应着一定的管理方法。环境管理学也是如此，除了具有自己完整的理论体系之外，还要有一整套的管理方法与之相匹配。

环境管理方法有很多，但主要包括环境预测方法，环境评价方法和环境决策方法。当然，还有其它一些方法，如系统工程方法、技术经济分析方法、运筹学方法等在环境管理实践中也有一定的应用。但一般情况下不将这些方法视为环境管理方法。本书对这些内容也不作论述。

第一节　环境预测方法

决策是管理的同义语，环境管理离不开环境决策，而决策的前提是预测。只有科学的预测，才有科学的决策，因此才有科学的管理。

环境预测有许多分类方法，根据预测方法的特点可分为定性预测、定量预测和模拟预测三大类；根据预测的内容可分为污染物排放量预测，环境污染趋势预测，生态环境变化趋势预测，经济、社会发展的环境影响预测，区域政策的环境影响预测，还有科学技术发展的环境影响预测等。然而，实现这些方面的科学预测就需要有科学的预测方法和手段，以此为基础才能制定出科学的管理对策。

所以，选择科学有效的预测方法非常重要。到目前为止，有关环境预测的方法有很多，下面介绍几种主要常见的预测方法。

一、回归预测方法

在生态—经济—社会系统中，系统要素之间存在着一定的依赖关系，一个要素的变化可引起另外一要素或一些要素的变化。同样，一些要素的变化可对另外一个要素产生影响。当人们能够准确地确定其数量关系时就表现为函数关系，当人们难以准确地确定其数量关系时就表现为相关关系。例如，一个区域的大气环境质量可通过SO_2、NO_X、CO、TSP和烟尘等指标来表述，而这些指标取决于该区域煤炭的使用量、汽车尾气排放量、建筑工地扬尘的产生量、工业烟尘排放量等众多因素。这说明，大气环境质量是以上诸多要素综合作用的结果。如果把大气环境质量看成是因变量，而把以上因素看成是自变量，那么，因变量与自变量之间的关系是一种非确切的关系，因而表现为相关关系。

为了定量地把握事物的发展规律，就需要使相关关系转化为函数关系。实现这种关系的转换需要一定的方法，而回归预测方法就是其中之一。正如上例，要研究某一区域大气环境质量的变化规律，需要运用回归预测方法预测大气环境质量与该区域煤炭的使用量、汽车尾气排放量、建筑工地扬尘的产生量、工业烟尘排放量等众多因素之间的相关关系。

1．回归预测的概念

回归预测是研究环境系统中两个及两个以上变量之间具有非确定性关系或者具有相关关系并使之转化为具有确定性关系的一种数理统计方法。该方法是在定性分析的基础上通过建立数学模型来进行预测的。

2．回归预测的类型

根据变量间所具有的相关关系不同又可将回归预测方法分为线性回归预测和非线性回归预测两大类。其中，研究变量间基本满足线性关系的回归预测方法称为线性回归预测方法。线性回归预测又分一元线性回归预测和多元线性回归预测两种。

研究变量间具有非线性关系的回归预测方法称为非线性回归预测。

回归预测分类如图 5-1 所示。

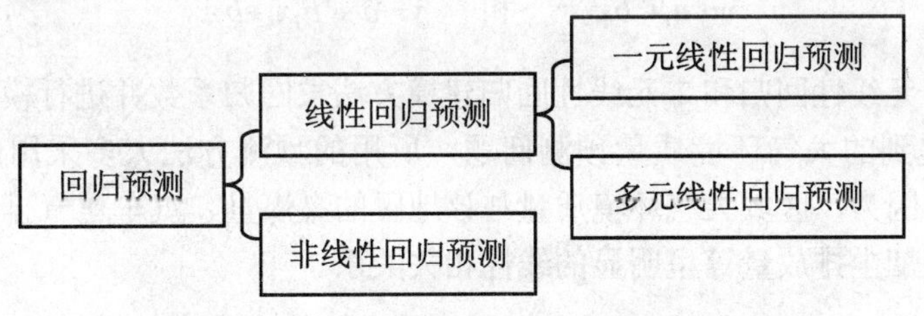

图 5-1　回归预测分类图

（1）一元线性回归预测模型

$$\overline{y} = a + bx$$

其中：$\overline{y}$ 为因变量 y 的预测值；a 和 b 为回归系数，x 为自变量。

如果考虑了预测误差值 u，模型还可写成：

$$\overline{y} = a + bx + u$$

一元线性回归模型是根据 y 和 x 的 n 组观测值（y_i，x_i）（i=1，2，…，n）运用最小二乘法求出回归系数 a 和 b，即求：

$$s = \sum_{i=1}^{n}\left(y_i - \overline{y}\right)^2 = \sum_{i=1}^{n}\left(y_i - a - bx_i\right)^2 \to \min$$

回归系数 a 和 b 求出以后，代入模型，并进行假设或显著性检验。经检验若符合精度要求，说明 y 和 x 具有线性关系，所建模型才能用于实际预测。

（2）多元线性回归预测模型

$$\bar{y} = a_0 + a_1x_1 + a_2x_2 + \cdots + a_nx_n$$

其中：$\bar{y}$ 为因变量 y 的预测值，a_0，a_1，a_2，…，a_n 为回归系数，x_1，x_2，…，x_n 为自变量。

给出 y 和 x_1，x_2，…，x_n 的 p 组观测值，（y_i，x_{1i}，x_{2i}，…，x_{ni}）（i=1，2，…，p)，多元线性回归预测同样是运用最小二乘法求出回归系数 a_0，a_1，a_2，…，a_n 即：

$$s = \sum_{i=1}^{p}\left(y_i - \bar{y}\right)^2 = \sum_{i=1}^{p}\left(y_i - a_0 - a_1x_{1i} - a_2x_{2i} - \cdots - a_nx_{ni}\right)^2$$

求 $s \to \min$

把求出的回归系数代入模型以后，要对该模型进行假设或显著性检验，经检验合格才能用于预测。

当因变量与所对应的自变量不是线性关系时，则不能直接运用线性回归模型对因变量进行预测，此时要经过变量替换，将非线性关系变为线性关系，再进行预测。

例如，对形如 $y= a + be^x$ 的指数函数和 $y= a + b_1\sin x+b_2\cos z$ 的三角函数，需作如下的变量替换：

分别令 $x^t=e^x$ 和 $x_1=\sin x$，$x_2=\cos z$ 得到：

$$y= a + bx^t \quad 和 \quad y= a + b_1x_1+b_2x_2$$

然后按照一元线性回归和二元线性回归建模方法求回归系数并进行模型检验。

本节开始提到的大气环境质量预测问题，所用的预测方法大多采用的就是多元线性回归预测方法。因为，区域大气环境质量与该地区的燃煤量、汽车尾气排放量、建筑工地扬尘量以及工业烟尘排放量等呈明显的线性相关关系。

3．回归预测方法的应用前提

回归预测方法的应用前提有二方面：一是适应与时间无关的因果关系，二是适用于内插预测。对外推性预测只能适用于离自变量的观测值 x_i 较近的 x，否则，预测结果将产生较大的误差。

在人类环境系统中，系统要素之间的关系往往不是一对一的关系，而是一对多、或者多对一的关系。因此，环境管理中的回归预测方法以多元线性回归预测方法为主。多元线性回归预测方法比一元线性回归预测方法复杂，但基本原理是一样的。

二、马尔可夫链状预测方法

这是以苏联著名数学家马尔可夫的名字命名的一种概率预测方法。通过对不同状态的初始概率及其状态之间的转移概率的研究，来确定状态的变化趋势，以达到对未来进行预测的目的。所谓马尔可夫链就是一种随机时间序列，是由一系列的马尔可夫过程组成的环链。马尔可夫过程具有无后效性的特点，即它在将来取什么值只与它现在的取值有关而与过去取什么值无关。因此，马尔可夫链状预测方法并不需要连续不断的历史数据，只需要最近以及现在的资料就可以预测未来。

有些社会、经济和环境现象虽然是复杂的，但往往具有这种无后效性。我们利用这种特征，就可以简单而方便地作出科学预测。例如，区域环境噪声污染与水污染和大气污染不同，具有明显的无后效性特征，可以运用马尔可夫链状预测方法对区域噪声污染发展趋势进行科学的预测。而其它的经验预测模型都不宜用于区域噪声污染预测。

同样，在进行水环境污染趋势预测和大气环境污染趋势预测的时候，马尔可夫链状预测方法也具有很大的局限性，要谨慎使用。

马尔可夫链状预测方法应用的关键在于弄清楚各种有关状态，只要我们将所研究对象归纳成独立的状态，而且这种状态变化的概率只与目前状态有关，而与具体的时间周期无关，就可以构造出状态变化概率的转移矩阵。

三、灰色系统预测方法

客观世界中既有大量已知信息，也有大量未知信息和非确知信息，尤其是人类环境系统更是如此。我们把这种既含已知信息又含未知的和非确知信息的系统，称为灰色系统。灰色系统预测方法就是根据过去和现在的信息，通过对原始数据序列进行一定的转换，变成生成列，以这个生成列为基础建立起预测模型，用它进行预测的方法。这个生成列一般能用指数曲线或其它函数逼近。

灰色预测模型有 GM(1, 1) 模型，GM(2, 1) 模型，GM(1, *N*) 模型，GM(0, *N*）模型和维尔赫尔斯特模型等。以下主要介绍 GM(1, 1) 模型，其它几种模型都有专著详加论述，读者需要时可参考有关专著进一步研究和应用，这里不再赘述。

GM(1, 1) 模型也叫单序列一阶线性动态模型，主要用于中长期预测建模。

给定原始数据列$\{x_0^{(k)}\}$，$k=1, 2, \cdots, m$ 其基本的建模方法如下：

（1）对$\{x_0^{(k)}\}$作一次累加得一数据列：

$$x_1^{(k)}=\sum_{i=1}^{k}x_0^{(i)} \qquad (k=1, 2, \cdots, m)$$

对 $x_1^{(k)}$作均值生成：

$$z_1^{(k-1)}=\{x_1^{(k-1)}+x_1^{(k)}\}/2 \qquad (k=2, 3, \cdots, m)$$

（2）令 $Y_m=[\, x_0^{(2)}\; x_0^{(3)}\; \cdots x_0^{(m)}\,]^T$

$$B=\begin{pmatrix} -z_1^{(1)} & 1 \\ -z_1^{(2)} & 1 \\ \vdots & \vdots \\ -z_1^{(m-1)} & 1 \end{pmatrix}$$

计算：$A=\begin{pmatrix} a \\ u \end{pmatrix}=(B^TB)^{-1}B^TY_m$　则得到如下模型：

$$\overline{x}^{(k)}=\left[x_1^{(1)}-\frac{u}{a}\right]e^{-a(k-1)}+\frac{u}{a}$$

对预测序列 $\overline{x_1}^{(k)}$ 与原序列 $x_1^{(k)}$ 作关联度检验或残差检验。

（3）用模型进行预测

经检验合格后，得到以下预测模型：

$$\overline{x_0}^{(k+1)}=\overline{x_1}^{(k+1)}-\overline{x_1}^{(k)}$$

$\overline{x_0}^{(k+1)}$ 为第 k+1 年的预测值。

灰色系统预测方法在环境保护领域中应用相当广泛，是环境管理的重要预测方法。具体可用于污染增长预测，资源与能源增长预测，人口增长预测等方面。

第二节　环境评价方法

环境评价是环境管理的重要方法，每一个时期的环境管理目标、对策和措施的制定都要以科学的环境预测和评价为依据。另外，环境管理成效的检验也需要评价。没有准确、及时的评价，就不能对环境管理的实际工作有所了解，就无法调整和改进环境管理的战略目标和对策。环境管理中的评价类型有很多，一些专著和文献从环境评价学角度作了比较详细的介绍。但如果从环境管理角度来认识，环境评价的类型有以下两种：一是经济环境评价，二是政策环境评价。

一、经济环境评价

经济环境评价是指对人们的各种经济活动所造成环境影响的一种定量化判断。主要包括以建设项目环境影响评价为主要内容的项目环境评价和以区域性经济开发活动环境影响评价为主要内容的区域环境评价。

1. 项目环境评价

项目环境评价又分为单一建设项目环境影响评价和多个建设项目环境影响联合评价两种。在经济环境评价中，项目环境评价的方法和技术是比较完备和成熟的一种，从产生到发展已经有三十多年的历史，它是微观环境管理中的主要评价方法。

项目环境评价的任务是对某一生产建设项目或资源开发项目的性质、规模和生产工艺等特征进行调查、分析并预测其对周围环境影响的范围、程度和规律，并提出污染防治或生态保护的措施。项目环境评价是微观环境管理中的项目管理手段，是开展局地污染防治或生态保护的关键性工作。

项目环境评价是一种技术性要求高、程序化强的评价方法，涉及到生产技术、工程技术和环境影响识别技术等方面内容。属于微观层次上的污染预防以及生态预防评价技术方法，同时也是区域环境评价的基础。有关具体的评价方法、内容和程序，读者可以阅读和参考相应的资料和书籍，本书不作介绍。

2．区域环境评价

区域环境评价是建立在区域开发概念基础上的一种环境评价方法，目前处于理论研究和实践的探索阶段。区域开发是指在限定的地区和限定的时间内集中开发一批建设项目以及扩建、改建一批原有项目，这些项目的总和具有较大规模，会对区域生态环境造成相当大的影响，这种影响是单一项目环境影响综合作用的结果，具有很明显的边界累积效应。

如何判定这种区域性累积效应，是项目环境评价方法所无法替代的。因此，区域环境评价所采用的方法主要是累积效应分析方法，通过对累积效应源、累积效应影响途径和累积影响类型三部分的分析来判定区域开发活动的综合环境影响。区域环境评价与项目环境评价既有联系又有区别，其联系在于区域环境评价吸收了项目环境评价的影响识别和现状分析等方法，而区别是区域环境评价充分考虑了单一项目之间的复合影响和边界累积效应。

可以说，区域环境评价是项目环境评价的发展，是微观层次上的宏观评价方法，对开展区域环境管理具有更重要的指导意义。通过区域环境评价可以为制定区域经济开发规划和发展决策提供科学的决策依据，为制定区域环境管理目标、对策和措施，有效贯彻预防为主的环境政策，推进局地的环境管理工作指明了方向。是开展项目环境评价的宏观指导。

二、政策环境评价*

环境管理中的政策环境评价是关于区域政策对环境所可能产生的影响评估，简称政策评价。政策对环境产生的影响有两个方面，一是政策对环境产生的直接影响，二是政策之间是否协调而对环境产生的间接影响。

这里提到的区域政策指国家宏观调控政策以外的区域经济、产业、工业、农业、资源、能源、贸易、城市建设等一系列对区域发展有重大影响的政策。开展政策环境评价的作用与目的是尽可能避免或减少决策性失误，防止产生决策性的环境问题，为微观环境管理创造有利条件和环境。

1．政策评价与环境决策的关系

所谓环境决策就是为了实现区域的可持续发展，从环境保护角度对影响发展的若干重大问题进行预测、评价以选择最佳方案的合理过程。环境决策分为宏观环境决策和微观环境决策两个部分，其中，以项目环境评价和区域环境评价为主要内容的微观环境决策方法研究已取得了许多成果，并在实践中不断成熟。而宏观层次的环境决策方法研究十分落后。

由前所述，项目环境评价不能充分考虑区域内所有经济决策产生的相关影响，无法对众多项目所引起的累积环境影响作出科学的判断。区域环境评价也不能对区域政策对环境产生的影响进行科学的评估，无法从区域发展战略高度上实现开发项目的合理布局与产业结构调整，进而无法满足宏观环境决策的需要。

---

* 朱庚申，张衍．区域政策环境影响评价研究．中国环境管理干部学院学报，1999（2）：35～40

实施区域可持续发展战略，首先要从宏观政策调控入手，解决宏观决策问题。其中，宏观环境决策是关键。只有对影响区域发展的政策进行环境影响评价，将环境影响控制在政策的源头，从决策层次上选择区域可持续发展战略，才能有效发挥项目环境评价和区域环境评价的作用。这意味着在以上的环境决策方法中，政策环境评价处于优先的地位，只有在决策阶段优先考虑政策对资源和环境的影响是否可以接受，然后才能考虑具体的项目方案。因此，政策环境评价是环境决策的组成部分，是宏观环境决策的主体，也是可持续发展理论研究的一个重要方面。

2．政策环境评价与经济环境评价的关系

（1）项目环境评价的局限性

虽然项目环境评价是做好微观环境管理，有效贯彻预防为主这一环境政策的关键环节，但由于经济决策和发展政策具有综合化、区域化特征，环境问题的解决已由单项治理转向区域综合整治，从而暴露出了以个体项目环境管理为主的环境影响评价手段的不足和局限性。

（2）区域环境评价的局限性

区域环境评价是采用动态的、整体的观点，对区域内拟开展的各种开发活动给生态—经济—社会系统可能带来的各种影响进行预测和评价，重点论证区域内未来建设项目的规模、结构、布局和时序，并根据区域环境的特点与要求，对区域的开发规划提出建议，并且为单个建设项目环境影响评价提供指导。

但是，区域环境评价同项目环境评价一样，仅适合于评价项目所在地的环境影响。众多项目所引起的累积环境影响只有在政策层次上才能被有效防治，而区域环境评价不能对区域政策所可能造成的环境影响作出科学准确的判断。

实施区域可持续发展战略，需要配套一系列的相关政策，如区域经济政策、产业政策、农业政策、资源与能源政策、人口政策、城镇发展政策等。这些政策的制定与实施必然对区域环境产生重大影响，甚至产生错综复杂的环境问题。如何评价区域政策对环境的影响是以上两种评价方法所无法替代和补足的。因此，开展政策环境评价不仅是环境管理评价方法的重要组成部分，而且使各种环境评价形成一个有机整体，可以满足不同层次环境决策的需要。

3．政策环境评价的基础

（1）政策环境评价的方法基础

政策环境评价与经济环境评价的系统关系如图 5-2 所示。

从图中可以看出，政策环境评价、区域环境评价、项目环境评价分别属于两个层次。政策评价属于宏观层次的环境评价方法，区域评价和项目评价属于微观层次的环境评价方法。三个评价方法依次对低层次的评价方法具有指导作用，其中政策评价与区域评价都包含累积效应分析方法。

累积效应是“当一项行动与过去、现在以及可能合理预见的将来行动结合在一起时，所产生的对环境增加的影响”，特别是指各项行动的单独影响不大，而综合起来的影响却很大的现象。至今，所有累积效应定义都基于一个共同的概念模型——因果关系模型。这

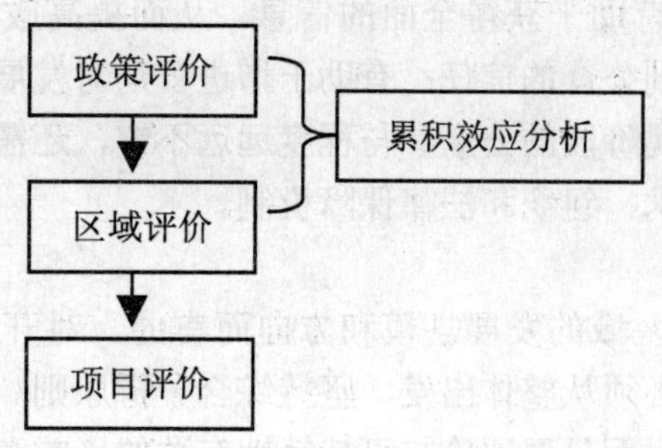

图 5-2　各种环境评价的关系

个模型由累积效应源、累积效应影响途径、累积影响类型三部分组成。累积效应分析是指系统分析和评估累积环境影响的过程，并提出避免或减少累积效应的对策。

政策环境评价与经济环境评价之间既有联系又有区别。由于层次不同，决定了它们之间具有不同的预测方法。对区域政策进行环境影响评价，主要是判定区域性政策在特定时空范围内的宏观影响。所以，模糊预测方法将广泛应用于政策环境评价中，这是与微观层次环境评价的区别。

（2）政策环境评价的社会基础

政策环境评价的社会基础主要指社会的公众参与机制和环境与发展综合决策机制是否健全和完备。

制定与实施区域政策的主体是地方政府，开展政策环境评价必须要建立一个有效的社会监督制约机制，解决区域社会发展权益的公平分配问题，提高社会公众参与的地位和层次，改变传统决策的单向性和个体性，增强决策的双向性和群体性。

结构决定功能。这一系统理论告诉我们，有效开展政策环境评价，关键是要建立一个在法律监督下的社会公众参与和综合决策机制。在这里，从国家角度建立相应的制度是非常必要的，但还必须推进国家的政治体制改革，加快民主化进程，建立一个能保证公民有效参与决策过程的政治制度。

4．政策环境评价的原则

开展政策环境评价要坚持以下三个原则：

（1）可持续性原则

政策环境评价首先是建立在可持续性原则基础上的，要求区域政策具有可持续意义上的连续性。政策环境评价不仅要分析和预测区域政策对当前一个时期内经济与环境所带来的各种变化和影响，更要对区域环境质量的变化对后代人可持续发展的影响进行分析，还要从资源与环境承载力的角度论证区域开发规模和结构。

（2）公众参与原则

在《中华人民共和国水污染防治法》中第十三条明确规定：“环境影响评价报告书中，应当有建设项目所在地单位和居民的意见。”这就从法律角度规定了在环保领域的环境评价中实行公众参与的合法性与必要性。项目环境评价中的公众参与问题在一些资料中已有详细论述，但政策环境评价中的公众参与问题还仅仅停留在理论探讨阶段。

政策层次的公众参与有助于获得全面的信息，从而提高政策质量，减少决策失误；有助于使政策的制订者得到公众的信任；有助于增进公众对发展政策的理解和支持，从而有助于政策的实施。中国现阶段的公众参与程度远远不够，还需要通过加快政体改革不断完善公众参与的信息、技术、组织和法律保障机制。

（3）整体性原则

区域政策是针对整个区域的发展规模和方向而言的，对开发和建设项目有强大的驱动力。开展政策环境评价必须从整体出发，坚持综合分析原则。评价的内容不仅要考虑项目环境评价所考虑的内容，而且要评价与可持续性有关的影响和与政策相关的影响。评价的范围不仅限于一个局部地区的一项政策所带来的种种作用和影响，还要考察全局多项政策在更广的时空范围内的交叉影响——累积效应。评价的标准不仅要考虑国家和地方已颁布的标准，而且要考虑可持续性和环境承载力的要求。在评价中所提出的环境保护对策、措施应符合区域的技术水平、环境管理水平和经济承受能力，确保评价的结果全面、可靠，所采取的对策和措施切实、可行。

5. 政策环境评价的程序和方法

进行政策环境评价要遵循以下程序：

（1）制定工作计划

由于区域政策对区域环境与发展影响的重要性和复杂性，在开展政策环境评价之前要进行周密的准备和计划。这个计划应包括评价目标、经费预算、人员配备方案、时间表、公众参与及咨询与合作机构等。工作计划的优劣关系到整个评价工作质量的好坏，更影响到最后的决策。

（2）确定评价的范围与限制

区域政策实施的边界是明确的，是法定的。但它对环境的影响范围是较难以确定的，有时甚至会产生跨区域的影响。因此，确定评价范围时要在它实施的法定边界与影响的周边之间进行协调。此外，还要明确各种可能的限制，如有关的环境政策、法规和标准的约束，以及国家产业、技术、经济、资源政策的制约和将来可能出现的各种限制。

（3）确定政策目标

由于政策目标的轻微变动都会对评价产生巨大的影响，所以在评价开始时就应该明确政策目标并分配好目标的优先顺序，还应该注意最终目标和中间目标的区别，以便在评价过程中对不同层次的目标进行权衡。其中，公众参与和磋商要考虑政策的保密性和时间等因素的限制。

（4）评价环境要素

开展政策环境评价要按制定好的工作计划进行。首先要确定评价的环境要素，包括自然环境要素和社会环境要素。确定评价环境要素的方法是使用项目评价中的清单法和矩阵法。其次要有评价内容、技术和有关标准。通常政策评价是对原有政策的修改或补充。所以要以原有政策和相关活动的监测数据作为预测基础。但如果碰到新问题或缺乏信息的情况，可以进行特殊的监测和调查。最后把评价结果综合成费用或效益指标，以便进行比较和权衡。如有必要，可对原有政策进行修改或考虑其它方案。

（5）公众参与和政府部门决策

对政策评价的初步结果，根据政策的机密程度，有选择性地进行公众参与，听取专家或有关高层管理人员的意见，再对政策作进一步的修改和完善。

由一个独立的环境机构审议政策环境评价是必要的，通过审议后，再交由政府部门进行决策以确保评价的公正、全面和无偏见。目前，在美国和荷兰有这种独立的环境机构。

（6）提出对策措施和建议

对通过审议的政策环境评价从如下方面提出对策措施和建议：一是调整实施方案；二是对累积影响设置缓冲区或调整项目实施的时间和空间安排；三是增加辅助方案，如调整产业结构、鼓励推行清洁生产、回收利用和提高能源利用率等措施。

（7）监督政策的实施并及时反馈

为确保政策环境评价的质量，要有必要的监督，并把信息反馈回去，以便对政策进行及时的调整，并开始新一轮有针对性评价。在政策环境评价中，环境承载力和可持续性是评价的基本标准，累积、二次和间接环境影响的预测和评价是重点。

由于政策环境评价和经济环境评价中的一些内容比较相似，因此项目环境评价中一些方法修正后也可以用于政策评价中，如影响识别、现状分析等方法。还有已用于政策和规划类评价中的方法，如地理信息系统、区域预测与投入/产出分析、选址与适宜度分析、社会费用—效益分析、政策计划评估技术等也可用于政策环境评价中。

6. 政策环境评价的指标体系

开展政策环境评价必须建立既反映环境影响，又能反映“环境可持续性”的指标体系，该指标体系应具有环境可持续性和跨边界性的二重属性。

（1）指标的选择与综合

指标的选择应考虑以下几方面：具有代表性和综合性；具有时间和空间上的敏感性；具有管理上的规范性和可操作性；易于资料收集和易于应用。

指标的综合常用的是算术平均法与加权综合法，但它往往涉及人们的感情偏好、经验及学识水平等因素，进行科学综合并不是件容易的事。另外，指标的形式、数量是从科学工作者 → 管理决策人员 → 大众这个顺序逐步压缩的，参见图 5-3 所示。

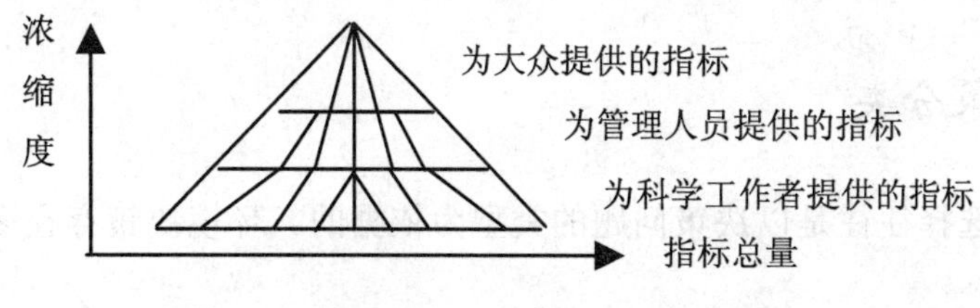

图 5-3 指标的形式、数量

由图可知，科学工作者对原始数据最感兴趣，管理者则偏好与政策目标评估相关的信息浓缩度较高的指标，大众则喜欢简明扼要的信息高度浓缩的指标。

（2）指标体系

政策环境评价指标体系应由环境指标、经济指标、资源指标和社会指标四类指标构成。

环境指标主要包括：区域环境质量、工业污染防治、农业环境保护、生态建设、环保投入等指标。

经济指标主要包括：经济总体实力、经济结构、产业结构、经济外向度、人均 GDP 增长率、能源结构、消费水平等指标。

资源指标主要包括：非再生资源开发与保护、可再生资源开发与保护、资源利用等指标。

社会指标主要包括：投资环境、交通电力、生产力布局、基础设施建设、人群健康、公众满意度、再就业、人力资本和科技水平等指标。

总之，环境管理中的评价方法包括经济环境评价与政策环境评价两种类型。在环境管理实践中，经济环境评价中的项目环境评价占据主导地位，而区域环境评价特别是政策环境评价没有引起人们的重视。其原因有三点：一是受传统环境管理思想和理论的影响，宏观环境管理与微观环境管理的关系长期以来没有很好地得到解决。二是区域环境评价的方法和技术还很不完善，限制了政策环境评价的发展。三是国家的政治体制改革落后于经济体制改革，环境与发展综合决策机制和社会公众参与机制还没有形成，不利于开展政策环境评价的研究。

第三节 环境决策方法

从广义上讲，管理就是决策，管理的过程就是决策的过程。从狭义上讲，管理与决策又有所不同，管理是由预测、评价、决策和执行所构成的一个连续过程。因此，管理包含了决策，是决策的扩展和延伸，而决策是管理的核心组成部分。预测和评价为决策服务，决策是行动的选择，而行动是决策的执行，三者共同组成了管理的全过程。

环境管理同一般管理一样，离不开环境决策，二者之间具有上述相同的关系。环境决策是决策理论与方法在环境保护领域的具体应用，是环境管理的核心。它具有目标性、主观性、非程序化等特点。因此，对环境决策理论、方法和技术的研究已成为环境管理的重要任务。

一、环境决策分类

对决策方法的选择往往是以决策问题的类型为依据的。环境决策存在多种类型，也有多种分类方法。

1. 按照环境决策问题的条件和后果划分

按照环境决策问题的条件和后果可分为确定型决策和非确定型决策两种。

确定型决策是指影响决策问题的主要因素以及各因素之间的关系是确定的，决策结果也是确定的一类决策问题。这类决策问题不因决策者的不同而不同。

非确定型决策又分风险型决策和不定型决策两种。风险型决策也叫随机型决策，是指在影响决策问题的外界条件出现的概率已知情况下的一类决策问题。在这类问题的决策过程存在着大量的不可控因素。不定型决策和风险型决策一样也存在着不可控因素，所要处理的问题是在外界情况概率不知的情况下的一类决策问题。与确定型决策相反，非确定型决策结果随决策者的不同而不同。在环境管理中大量的决策问题都表现为非确定型决策。

2. 按照环境决策的影响程度划分

按照环境决策的影响程度可分为战略决策和战术决策。

战略决策是指关于开发、利用和保护环境所作出的影响长远和全局的一类决策。这类决策的特点是立足全局，着眼未来，具有宏观性。如区域可持续发展决策就是战略决策，把环境保护作为国家的一项基本国策也是战略性的决策。在所有的环境决策中，战略决策占有非常重要的地位，对其它决策具有指导作用。战术决策是在战略决策指导下所作出的局部的、短期的和非决定性的决策，其目的是为了更好地实施总体的环境战略决策。例如，为实施可持续发展战略目标而进行的区域环境管理决策就是一种战术决策，建设项目管理决策也是一种战术决策。

3. 按照环境决策问题出现有无规律性划分

按照环境决策问题出现有无规律性可分为程序化决策和非程序化决策。

程序化决策也叫重复性决策或常规决策，所要解决的是环境管理中经常出现的问题。对待重复性决策问题，可根据以往的经验规定一套常规的处理办法和程序，使之成为例行状态。例如，建设项目环境管理决策就是程序化决策，决策者可以根据国家环境保护的有关政策、法规和规划要求预先规定此种决策方案的程序和方法使之规范化。非程序化决策也叫一次性决策或非常规决策。有许多环境问题具有很大的偶然性和随机性，所要解决的问题没有充分的经验可以遵循，事先难以确定解决此类环境问题决策的原则和程序。对待非程序化决策问题，不同的决策者会得出不同的决策结果。要运用权变管理思想，具体情况具体分析，针对决策问题所处的客观环境进行随机决策。环境管理中的决策除建设项目环境管理决策之外，大多数决策都是非程序化决策。

4. 按照环境决策问题所包含的阶段数划分

按照环境决策问题所包含的阶段数可分为多阶段决策和单一阶段决策。

多阶段决策也叫多步决策，是指一个决策问题包含若干个阶段或过程，决策者需在每一个阶段作出选择，以使整个决策过程最优的一类决策。这类决策所处理的是一系列具有时间差异的相互关联的目标，前一项决策直接影响后一项决策。例如，水污染集中控制决策、流域污染控制决策、资源持续利用决策、建设项目环境管理决策等都是多阶段决策。单一阶段决策是指决策问题只包含一个过程，决策者只需作出一次选择和判断的一类决策。在环境管理中，大多数决策问题都属于多阶段决策。

5. 按照环境决策问题所包含的目标数量划分

按照环境决策问题所包含的目标数量可分为多目标决策和单目标决策。

多目标决策是指一个决策问题中同时存在多个目标，要求同时实现最优值，并且各目标之间往往存在着冲突和矛盾的一类决策问题。单目标决策是指一个决策问题中只包含一个目标的一类决策问题。在环境管理中，所面对的决策问题往往是多目标决策问题，例如，环境保护的“三同步”方针同时包含了经济建设、城乡建设和环境建设三个目标，“三统一”方针同时包含了经济效益、社会效益和环境效益三个目标，这些目标之间存在着相互制约、相互冲突的关系，有关这类问题的决策就是多目标决策。

还有，中国长江三峡工程的决策问题也是一个典型的多目标决策问题。在三峡工程的决策过程中，要同时考虑到防洪效益、发电效益、淹没损失、工程费用、移民问题、生态保护问题、工程的区域安全问题等七个目标。并且这些目标有的要求最大值，有的要求最小值，目标之间往往存在着矛盾和冲突。

6. 按照环境决策信息的精确度划分

按照环境决策信息的精确度可分为定性决策和定量决策。

定性决策是一种以经验判断为主的决策，而定量决策是一种以量化的信息、数据作为判断依据的决策。在环境管理实践中，关于环境保护的经济政策、产业政策、资源政策等问题的决策基本上就是一种定性决策，而关于环境标准的制定、总量目标的制定等问题的决策就是一种定量决策。

以上关于决策的分类是为了便于读者对决策问题有一个较全面和深刻的了解。与这些决策类型相对应，存在着各种不同的决策方法。就一般的管理而言，其决策方法有几十种，许多论著都有比较详细的介绍。然而，对于环境管理而言，其有效的、常用的决策方法主要包括德尔菲决策法、多阶段决策法、多目标决策法和非确定型决策方法。

二、德尔菲决策方法

德尔菲法是在专家会议法基础上创立的一种背对背式的专家咨询法。这种方法克服了专家会议法的许多弊病。比如，由于崇拜权威而导致的一些合理化的建议和意见不能得到很好地发表和采纳；还有，出于某些到会专家的自尊心原因，不能正确地对待别人的建议和意见，固执地坚持自己的看法的专制行为。

1. 德尔菲法的决策步骤

（1）由决策者或问题组织者首先确定决策内容、设计咨询表格、收集有关资料。

（2）确定专家对象和人数，所确定的专家应当具有相关的专业知识，了解统计学和数据处理的方法。

（3）由问题组织者将表格和要求通过信函寄往有关专家，要求专家在一定时间内将填写好的表格寄回。

（4）问题组织者对专家反馈回来的意见和判断值进行整理和归纳，并根据意见类型重新设计咨询表格和要求。

（5）发出第二轮意见表，并发出有价值的补充背景资料，要求专家根据新的信息作出新的判断。如此反复第三次。

（6）问题组织者将最终反馈结果进行分析统计，得到预测结果或决策意见。

2．德尔菲法的决策原则

（1）坚持征询方式的封闭性原则。在征询专家意见的过程中，自始至终要采用背对背的方式，以避免某些权威专家对别人的影响和暗示。

（2）坚持推迟判断原则。在征询专家意见的过程中，仅要求被征询专家通过表格提出自己的意见和判断值，而不否定和反驳征询内容的其它方面。

（3）反馈意见的保密性原则。填表过程中，专家们可以向表格设计者索要有关资料，设计者应尽可能予以满足。但有关反馈意见的来源和渠道应对每位专家保密，以避免产生专家之间的交叉影响。

3．德尔菲法的应用

德尔菲法的应用领域非常广泛，在国外倍受决策者的青睐。如在重大的区域经济决策问题、政治决策问题、环境与发展综合决策问题等方面都能找到成功的应用。但是这种决策方法在中国还没有得到很好的应用，大多数情况仍采用专家会议法来进行重大问题的决策，人们往往看重人的政治地位、学术权威、社会声望等因素，影响了人的创造力和智慧的正常发挥，从而也影响了决策的质量和水平。

三、多阶段决策法

多阶段决策方法是环境管理中的主要决策方法。在环境保护领域存在着各种各样的多阶段决策问题。例如，中国关于《环境保护 2010 年远景目标》的实施就是一个多阶段决策问题，该目标实施要通过三个“五年计划”来实现，每一个五年计划目标就是一个阶段性目标。这三个阶段性目标应当如何衔接、如何实施才能有利于整体目标的实现，存在一个多阶段决策问题。同样，每一个“五年计划”本身也是一个多阶段决策问题，为实现“五年计划”目标，必须将五年计划分解为五个年度计划，每一年度计划是一个阶段性目标。每年要完成哪些任务和指标，要抓好哪些重点项目等，这是一个典型的多阶段决策问题，需要通过多阶段决策方法来解决。

1．多阶段决策问题及其决策方法

多阶段决策方法也叫动态规划方法，是由美国数学家贝尔曼于 20 世纪 50 年代提出的用以解决多阶段决策问题的方法。所谓多阶段决策问题是指一个决策问题包含若干个阶段或子过程，决策者需在每一个阶段作出选择，以使整个决策过程最优的一类决策问题。

在多阶段决策问题中，每一个过程可以用各阶段的状态演变来描述，这些状态具有如下的性质：如果给定某一阶段的状态，则在这一阶段以后过程的发展不受以前各阶段状态的影响，只和这一阶段的初始状态和状态演变规律有关，所有的过去历史只能通过当前的状态去影响它的未来发展。简单地说就是“将来情况只和现在的状态有关，而和过去的历史无关”。

动态规划方法有两个重要的原则。一是递推关系原则：对一个多阶段决策系统而言，某一低阶段的状态是在优化的条件下向高一阶段延伸的，即每一阶段的决策都是以前一步的决策结果为前提。二是纳入原则：凡是可以用动态规划方法求解的问题，它的性质和特点不随过程级数多少的变化而变化。

运用动态规划方法解决多阶段决策问题的基本思路如下：

① 把研究的问题按时间顺序分解成包含若干个决策阶段的决策序列，并对序列中的每一个决策阶段，分配给一个或多个变量（也称为资源），构成该问题的一个策略。

② 从整个过程的最后阶段开始，先考虑最后一个阶段的优化问题，再考虑最后两个阶段的优化问题，接着考虑最后三个阶段的优化问题，如此下去，直至求出全过程的最优值。在这一过程当中，每一步决策都以前一步的决策结果为依据。

③ 从整个过程的初始阶段开始，逐阶段确定与整个过程最优值相对应的每一个阶段的决策，所有这样的决策组成的策略就是该问题的最优策略。

对于那些本来与时间没有关系的静态模型，只要在静态模型中人为地引进“时间”因素，分成有序阶段，就可以把它当作多阶段决策问题运用动态规划方法来决策。

（1）优化原理

用动态规划方法来求解多阶段决策问题，其理论依据是最优化原理。该原理可阐述如下：一个过程的最优策略具有如下的性质，即无论其初始状态与初始决策如何，从这一决策所导致的新状态开始，以后的一系列决策也必定构成最优策略。就是说，最优策略的子策略相对于子过程而言也是最优的，这一原理对非线性系统、线性系统、连续控制系统、离散控制系统的多阶段决策问题都适用。

根据这一原理，就得到了求解多阶段决策问题的原则方法，即按序分配法。其决策步骤如下：

① 确定决策问题的阶段数和状态级数，并确定相应的决策变量和状态变量；

② 根据已知条件，确定状态转移方程；

③ 确定决策问题的指标函数并建立递推关系式；

④ 画出多阶段决策的动态规划图；

⑤ 按指标函数的倒序号根据递推关系式逆向逐步求解，直至求出全过程的最优值；

⑥ 根据最优值从正向逐步确定各阶段的决策，从而求得最优策略；并按正向实施系统控制。

（2）多阶段决策的应用

多阶段决策方法与一般决策方法存在着很大差别。其一，多阶段决策问题没有例行的统一求解方法，必须根据具体情况进行具体分析。其二，多阶段决策问题与时间有关系，各步决策之间存在着不可逆的“时间顺序”。其三，多阶段决策方法把决策问题看成是可以分配的“资源”，遵循按序分配法进行决策。

多阶段决策方法在环境管理中有广泛的应用，如流域环境管理决策、多级污水处理决策、总量控制决策、资源（林业资源、草原资源、土地资源、水资源、矿产资源）持续利用决策等为多阶段决策方法的应用提供了广阔的实践空间和领域。

四、多目标决策法

多目标决策方法是环境管理的另一个重要决策方法。

1. 多目标决策问题及决策方法

所谓多目标决策问题是指在一个决策问题中同时存在着多个目标，每个目标都要求其最优值，并且各目标之间往往存在着冲突和矛盾的一类决策问题。如前所述，在环境管理中存在着大量的多目标决策问题，例如环境与发展综合决策就是一个典型的多目标决策问题，既要考虑到区域的社会、经济发展问题以提高人们的物质生活水平和质量，又要考虑到环境保护问题以保持一个良好的生存环境质量，还要考虑到人口控制和资源的持续利用问题以实现区域社会、经济与环境的协调持续发展，这些目标之间充满了种种冲突和矛盾。

面对这样一个复杂问题，是其它决策方法所无法解决的。只有依靠多目标决策方法作出选择，才能有效解决此类决策问题，我们把解决多目标决策问题的方法称为多目标决策方法。

2. 多目标决策的基本原则

在解决和处理多目标决策问题时，要遵循“化多为少”的原则。即在满足决策需要的前提下，对问题进行全面分析，尽量减少目标的个数。常用的办法有：

（1）对各个目标按重要性进行排序，决策时首先考虑重要目标，然后再考虑次要目标，剔除从属性和必要性不大的目标。

（2）将类似的几个目标合并。

（3）把次要目标转化为约束条件。

（4）在各个目标的函数关系明确的情况下，把几个具有同度量的目标通过平均加权或构成新函数的办法形成一个综合目标。

这样一来，决策者就可以根据需要，将较多的目标转化为较少的目标。当然，哪些目标是重要的，哪些目标是次要的，如何进行转化或合并，不同的决策者会有不同的选择和判断。因此，多目标决策问题含有许多不确定性的因素：从决策的内容来看，多目标决策方法是确定型的决策方法；而从决策的结果来看，多目标决策方法又是非确定型的决策方法。

3. 多目标决策的主要方法

到目前为止，多目标决策方法有十几种，下面介绍几种常用的决策方法。

设某一多目标问题含有 P 个目标，$f_1(x)$，…，$f_P(x)$ 且 $x \in R$，求 $f(x)=\{f_1(x),\ \cdots,\ f_P(x)\}$ 的最优值。

（1）主要目标优化方法

在多目标决策问题中，分清了主要和次要目标以后，使主要目标优化，兼顾其它目标的决策方法称为主要目标优化法。

如果$f_1(x)$是最主要的目标，这时可将其它目标降为约束条件

$f_i' \le f_i(x) \le f_i''$　$i=2, 3, \cdots, P$，f_i'与f_i''为常数。因此，多目标决策问题就转化为下述的单目标决策问题：

$$\max f_1(x) \quad (\text{或} \min f_1(x))$$

其中，$x \in R'=\{x \mid f_i' \le f_i(x) \le f_i'',\ i=2, 3, \cdots, P,\ x \in R\} \subseteq R$

若有 $x^* \in R'$，使 $f_1(x^*) = \max f_1(x)$ （或 $\min f_1(x)$）

则有：$f(x^*) = \{f_1(x^*), f_2(x^*), \cdots, f_P(x^*)\}$ 为该多目标问题的最优决策。

（2）线性加权法

当一个多目标问题的 P 个目标 $f_1(x), \cdots, f_P(x)$极值方向一致时，即都求最大值或都求最小值时，可以给每个目标以相应的权系数 w_i（$i=1, 2, \cdots, P$）构成新的目标函数

$$U(x)=\sum_{i=1}^{p} w_i f_i(x) \qquad x \in R$$

求 $\max U(x)$ （或 $\min U(x)$）。

若有 $x^* \in R$ 使下式成立：

$$U(x^*) = \max U(x) \quad \text{或}\ U(x^*) = \min U(x)$$

则：$f(x^*) =\{f_1(x^*), f_2(x^*), \cdots, f_P(x^*)\}$为该多目标问题的最优决策。

这里，选择适当的权系数 w_i 是问题的关键。可运用德尔菲决策法来确定。

（3）乘除法

在 P 个目标中，如果要求 $f_1(x), \cdots, f_k(x)$达到最小，要求另外 $P-K$ 个目标 $f_{K+1}(x), \cdots, f_P(x)$ 达到最大，并假设 $f_{K+1}(x) > 0, \cdots, f_P(x) > 0$

则构造新的函数

$$U(x)=\frac{f_1(x) f_2(x) \cdots f_k(x)}{f_{k+1}(x) \cdots f_p(x)} \qquad x \in R$$

求 $\min U(x)$。

若有 $x^* \in R$ 使得 $U(x^*) = \min U(x)$，则 $f(x^*) =\{f_1(x^*), f_2(x^*), \cdots, f_P(x^*)\}$为该多目标问题的最优决策。

（4）目标规划法

如果决策者对每个目标$f_i(x)$预先规定了一个希望达到的目标值f_i，$i=1, 2, \cdots, P$，要求所有的目标和相应的目标值尽可能地接近，这时可运用最小二乘法构成下述评价函数：

$$U(x)=\sum_{i=1}^{p}\left[f_i(x)-f_i\right]^2 \qquad x \in R$$

如果对其中不同的目标重视程度不同，也可以给出权系数 w_i（$i=1, 2, \cdots, P$），构成如下评价函数：

$$U(x)=\sum_{i=1}^{P} w_i\left[f_i(x)-f_i\right]^2 \qquad x\in R$$

求 $\min U(x)$。

若存在 $x^*\in R$　使 $U(x^*)=\min U(x)$　则 $f(x^*)=\{f_1(x^*), f_2(x^*), \cdots, f_P(x^*)\}$为该多目标问题的最优决策。

4．多目标决策的特点

上述介绍的 4 种多目标决策方法，其共同特点是遵循“化多为少”的原则，根据多目标问题的不同情况，用构造新目标函数的方法，把多目标决策问题转化为单目标决策问题来处理。

值得注意的是，多目标决策问题的最优解 $x^*\in R$ 不一定是每一目标 $f_i(x)$的最优解，也可能是 $f_i(x)$的近似最优解、准优解、满意解，或者连满意解也不是。这里再一次说明了系统整体最优并不要求也不保证其组成要素都是最佳的这一系统学思想。

五、非确定型决策法

非确定型决策方法根据外界情况出现的概率分为不定型决策和风险型决策两种。

1．不定型决策

（1）不定型决策问题及方法

所谓不定型决策问题是指决策者面对 N 种外界条件和 M 个方案，在不知道各种条件出现的概率的情况下，根据损益矩阵（见表 5-1 所示）进行选择的一类决策问题。解决不定型决策问题的方法称为不定型决策方法。

表 5-1　损益矩阵表

方　案	条　件			
	Q_1	Q_2	…	Q_n
A_1	a_{11}	a_{12}	…	a_{1n}
A_2	a_{21}	a_{22}	…	a_{2n}
…	…	…	…	…
A_m	a_{m1}	a_{m2}	…	a_{mn}

其中：a_{ij} 为第 i 方案在第 j 条件下的损益值（i=1，2，…，m；j=1，2，…，n）由 a_{ij} 组成的矩阵 $A=(a_{ij})_{m\times n}$ 称为不定型决策的损益矩阵，a_{ij} 的值可由专家预测得到，有时也可采用经验值。$a_{ij}\geq 0$为收益值，$a_{ij}<0$为损失值。

（2）不定型决策的基本法则

根据损益矩阵表，可采用以下法则进行不定型决策。

小中取大法则：此法则是先求出每种方案的最小损益值，然后选取所有最小损益值中最大的方案为决策方案。此种决策方法属于保守型的决策方法，由此产生的收益值比较小。

计算公式为：

$$a_i = \min\{a_{i1}, a_{i2}, \cdots, a_{in}\} \qquad i=1, 2, \cdots, m$$

取 $\max\{a_1, a_2, \cdots, a_m\}$ 对应的方案为决策方案。

大中取大法则：此法则是先求出每种方案的最大损益值，然后选择所有最大损益值中最大的方案为决策方案。实际上，这种法则就是在损益矩阵中找到最大的损益值，这种决策方法属于激进型的或过于乐观的决策方法。一旦决策失误，将会造成很大的损失。

计算公式为：

$$a_i = \max\{a_{i1}, a_{i2}, \cdots, a_{in}\} \qquad i=1, 2, \cdots, m$$

取 $\max\{a_1, a_2, \cdots, a_m\}$ 对应的方案为决策方案。

α法则：此法则是先给定一个常数α（0 ≤ α ≤ 1）然后根据每一方案的最大损益值和最小损益值计算：

$$a_i = \alpha \times \max\{a_{ij}\} + (1-\alpha) \times \min\{a_{ij}\} \qquad j=1, 2, \cdots, n$$

取 $\max\{a_1, a_2, \cdots, a_m\}$ 对应的方案为决策方案。

这里，α值的选择是关键。α值愈大，决策结果愈接近大中取大法则；α值愈小，决策结果愈接近小中取大法则。不难看出，前两种法则是α法则当 $\alpha = 0$ 和 $\alpha = 1$ 的特殊情况。

平均法则：此法则是先对每个方案的损益值加以平均，然后取所有平均值最大的那个方案作为决策方案。

计算公式为：

$$\overline{a_i} = \frac{1}{n}\sum_{j=1}^{n} a_{ij} \qquad \max\{\overline{a_1}, \overline{a_2}, \cdots, \overline{a_m}\}$$ 对应的方案为决策方案。

最小遗憾法则：此法则是在损益矩阵的每一列中选一个最大的元素，将这一列的每一元素都减去这个最大值。得到一个遗憾矩阵。这个矩阵的特点是每一个元素都是小于或等于零的数。根据遗憾矩阵，按照小中取大法则进行决策。遗憾法则是使损失降低至最小程度的一种决策方法。

2．风险型决策

（1）风险型决策问题

风险型决策问题是在各种外界条件出现的概率已知的情况下进行选择的一类决策问题。进行风险型决策也是以损益矩阵为基础。显然，能用风险型决策方法进行决策的问题同样可以用不定型决策方法进行决策，但反之不成立。

（2）风险型决策方法

风险型决策共有三种决策方法。

期望值决策法：此种方法是先通过贝叶斯公式计算各方案的损益期望值，然后选择所有损益期望值最大的那个方案为决策方案。设条件集合为 $Q=\{Q_1, Q_2, \cdots, Q_n\}$

$P_j=P(Q_j)$ 表示第 j 个外界条件 Q_j 发生的概率（$j=1, 2, \cdots, n$）

其计算公式为：

$$E_i(a_i,Q)=\sum_{j=1}^{n}a_{ij}P_j$$

取 $\max\{E_1(a_1,Q),E_2(a_2,Q),\cdots,E_m(a_m,Q)\}$ 对应的方案为决策方案。

最大可能法：此种方法是将风险型决策转化为确定型决策的一种决策方法。其基本应用前提是：某一外界条件出现的概率比其它条件出现的概率大得多，而它们的相应损益值差别不大。最大可能法实际上就是在“大概率事件可看成是必然事件，小概率事件可看成是不可能事件”这样的假设前提下把风险型转变为确定型的一种决策方法。

决策树法：所谓决策树法是指以树状图形作为分析和选择方案的一种决策方法。实际上是以期望值为基础的图解决策方法。

决策树由决策点、方案分支、状态结点、概率分支和结果点组成，如图 5-4 所示。

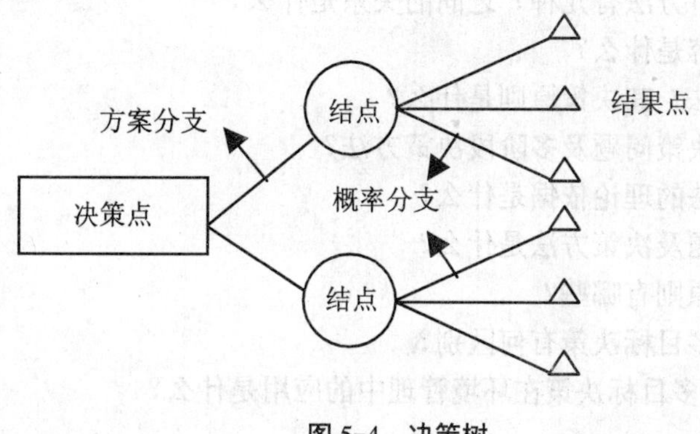

图 5-4　决策树

决策树法的决策步骤：

第一步，画决策树。把某个决策问题未来发展情况的可能性和可能结果逐级展开为方案分支、状态结点、概率分支等。

第二步，计算期望值。在决策树中由末梢开始即从右向左依次进行，利用损益值和相应的概率计算出每个方案的损益期望值。

第三步，剪枝。这是方案的比较过程，从左向右对决策点的各方案分级逐一比较，最后择优以确定方案。

决策树法直观、形象、易于理解，是一种在经济决策中常用的决策方法。

3．非确定型决策方法的应用

有关非确定型决策问题，选择什么样的决策方法，决策者的经验、趣向、性格等因素将起到很大的作用。但影响决策的质量和水平的最主要因素是各个损益值的确定，这是进行非确定型决策的关键。因此，一定要注重对各种损益值的研究，以提高其决策质量和水平。

非确定型决策方法在环境管理中有广泛的应用。如环保产业的发展决策，环境保护的投资决策，环境科学技术发展决策等问题，都包含了大量的、非确定性的不可控因素。比如社会政治因素、经济因素、教育因素、文化因素、国际环境等都处于不断变化之中，必然会对这些问题的决策产生不可预料的影响，使这类决策问题充满了一定的风险和不定性内容。所以，环境保护给非确定型决策方法提供了广阔的应用空间和领域。

同样，对于企业而言也存在着大量的非确定型决策问题。比如市场营销战略的确定，产品开发战略的确定，环保投资的确定等都存在着大量的、不以决策者的意志为转移的不可控因素。这些因素的存在必然使决策具有一定的风险，决策正确将给企业带来丰厚的利润，决策失误将给企业带来巨大的损失。在这种情况下，决策者需要在风险分析的基础上，运用非确定型决策方法作出有利于企业发展的决策。

思考题

1. 环境管理的预测方法有哪些？应用前提是什么？
2. 环境管理的评价方法有几种？之间的关系是什么？
3. 政策评价的内容是什么？
4. 什么是德尔菲法？其决策原则是什么？
5. 什么是多阶段决策问题及多阶段决策方法？
6. 多阶段决策方法的理论依据是什么？
7. 多目标决策问题及决策方法是什么？
8. 多目标决策的原则有哪些？
9. 多阶段决策与多目标决策有何区别？
10. 多阶段决策与多目标决策在环境管理中的应用是什么？

第六章　环境战略

环境战略是国家发展战略的重要组成部分，制定一个什么样的环境战略至关重要，它不仅对环境管理具有长远的指导作用，而且还关系到国家环境保护事业的发展方向，影响到国家发展战略的制定与实施。

第一节　环境保护的发展历程

人类环境保护历史是人类社会发展进程中一段暂短而又辉煌的历史，是人类社会文明、进步的产物。在人类社会进入 21 世纪的时候，回顾人类的环境保护历程，总结有益的环境管理实践是十分必要的，对正确认识当代中国的环境战略和管理对策，继续深化我国的环境管理实践具有非常重要的意义。

本节从三个方面介绍全球环境保护的发展历程。

一、国际环境保护运动简介

在全球范围内，环境保护已经历了近半个世纪的发展历程，在这期间，一直贯穿着民间环境保护运动和政府环境保护运动两条主线——即非政府行为的环境保护运动和有政府行为的环境保护运动。

1．非政府行为的环境保护运动*

非政府行为的环境保护运动主要由各类民间环境保护组织所推动。全球民间环境保护组织多达几十个。其中有较大影响的组织主要有英国的绿色和平组织、美国环保基金协会、澳大利亚的“清洁世界”组织等。

（1）绿色和平组织

绿色和平组织是民间环境保护组织的代表。1971 年，一群反核人士聚集在美国阿拉斯加州的阿姆奇特卡，对美国进行核试验表示抗议，美国政府被迫停止了这项核试验。这一行动成为引发绿色和平组织成立的前奏曲。

该组织成立于 1971 年 9 月，由加拿大一位工程师发起，共有 12 名青年参加，提出了反对污染地球环境的总方针，总部设在伦敦。该组织成立之初并不完全被人们所理解，

---

* 孟浪．环境保护事典．长沙：湖南大学出版社，1999．811～819

甚至被斥为行为古怪的嬉皮士。如今，绿色和平组织已拥有500多万名成员，遍布美国、加拿大、德国等几十个国家和地区，并且在中国香港设立了分部，成了世界上最大的民间环境保护组织。现在，世界各国对绿色和平组织所谋求的崇高目标都作出了高度评价。

该组织是在反对核试验的旗帜下创建起来的，认为“核试验”是对人类赖以生存环境的残酷破坏。该组织成立至今，多次阻止美、法、英等国进行核试验、发射洲际导弹以及向海域排放核废物。该组织反对以商业为目的捕杀鲸类，积极倡导保护海洋生态环境。该组织主张在全球范围内取缔海上废物船运活动，反对向海洋倾倒垃圾。该组织要求用国际公约监视战争期间的环境问题。该组织在限制温室气体排放，防止气候变暖问题上持激进的态度，并开始将他们的环境保护活动向新的领域拓展。

绿色和平组织已步入成熟时期，不再是一个自行其事的组织，而是一个为保护环境而斗争的民间监督机构。该组织已拥有一大批科学家进行环境保护的科学研究，并能把自己的观点和成果传达给国际决策机构。但绿色和平组织不会完全放弃那种引人注目的“直接行动”风格，因为他们认为政府间的环境合作行动过于迟缓，效率过于低下。

（2）美国环境保护基金协会（EDF）

该组织成立于 1967 年，最初只有 10 个人。他们主张每个人必须为环境保护付出具体行动，而不能仅仅停留在议论的层面。现在该组织已拥有 30 万名会员，150 多个全职人员，其中一半是科学家、律师、经济学家等专职人员。

美国环境保护基金协会从反对使用 DDT 开始自己的环境保护行动，最终促使美国从1972年起全国禁止使用DDT农药。该组织早期主要运用法律手段促进立法和督促地方政府执行法律，否则告诉到法庭。后来，他们改变了策略，认识到真正有效的环境保护不能只是采取强制性措施进行禁止，还必须学习与企业合作，建立伙伴关系，与他们一起探讨可以怎样做。该组织与麦当劳的成功合作就是经典的例子：他们要求麦当劳公司改革塑料包装盒为可降解的纸包装。这一改革既有利于企业，也有利于环境保护。

（3）“清洁世界”组织

“清洁世界”组织于 1989 年诞生于澳大利亚悉尼市。该组织的目标有三个：一是组织世界各地的公众参与当地环境保护的活动；二是交流世界各地该组织的实践经验；三是通过媒介对清洁活动进行广泛宣传，提高政府、企业和社团的环境意识。

该组织认为，越来越多的人们参与到清洁世界组织将会迫使更多的世界领导人着手解决我们所面对的众多环境问题，公众的广泛参与将是未来环境保护的希望所在。“清洁世界”发起人凯尔南有句名言：“拯救地球不能依靠政客，平民百姓应做修复环境的先锋。环境没有国界，清洁世界也如此。因为我们共享同样的海洋，呼吸同样的空气。让全世界行动起来拯救我们的星球，这一点至关重要。”

2. 有政府行为的环境保护运动

非政府行为的环境保护运动促进了国际间环境保护行动在更高层次上和在更大范围内的联合与统一，使得环境保护行动由民间自发的非政府行为向有意识的国际与国家政府行为转变成为可能。

（1）联合国人类环境会议

具有国际意义的环境保护事件是 1972 年 6 月 5 日至 16 日在瑞典首都斯德哥尔摩召

开的联合国人类环境会议。这是世界各国政府共同讨论当代环境问题，探讨全球环境保护战略的第一次国际会议。

在人类历史上发生过许许多多的环境问题，但它们并没有被当作大事件加以记载和评说。只有到了现代，特别是20世纪70年代初，环境问题才成为政坛、科坛、论坛的中心议题之一。究其原因，一是人类环境意识的提高，二是当代环境问题已由局部问题发展成为全球性问题，并且威胁到人类社会的生存与发展。三是世界范围内的民间环保运动此起彼伏和因环境问题引发的区域性冲突和国际争端日益增多。

环境问题的社会化与国际化，必然反映到政治上来，实际上此时的环境问题已成为国际政治斗争的一个重要侧面，成为各国国内政治与权力斗争的重要内容。如发达国家转嫁污染到发展中国家与发展中国家反转嫁的斗争就已构成当代国际政治关系的重要内容。联合国人类环境会议就是在这种背景之下召开的。

出席这次会议共有来自113个国家的1300多位代表，除了政府代表团，还有民间科学家和学者代表。这次会议的重要成果之一是通过了《人类环境宣言》，确定了扩大的国际环境保护行动计划。《人类环境宣言》是维护和改善人类生存环境的一个纲领性文件，反映了世界各国人民保护和改善人类环境的强烈愿望和主张。

联合国人类环境会议是一次开拓性的会议，会议提出了人类面临的多方面环境污染和生态破坏问题，把人们对环境问题的认识大大向前推进了一步，在推动全世界加强环境保护方面取得了重要成果。会议以来，世界的环境保护事业发生了巨大的变化：确立了“世界环境日”，动员世界各国政府、组织团体和公众都来关注和参与环境保护；成立了联合国环境规划署；召开了一系列与人类环境问题有关的会议，会议之后许多国家相继设置了环境保护机构，制定了相应的环境保护法律或把环境保护写进了国家宪法或宪章。

这次会议是人类环境保护史上的第一个里程碑，为人类敲响了警钟，唤起了全世界人民、各国政府首脑的警觉，使他们开始意识到必须迅速行动起来，在世界范围内采取一致的行动保护人类赖以生存的地球。

（2）联合国环境与发展大会

在联合国人类环境会议召开20年之后，于1992年6月3日至14日，联合国在巴西首都里约热内卢召开了“联合国环境与发展大会”。183个国家的政府代表团和联合国及其下属机构等70个国际组织的代表出席了会议，102位国家元首或政府首脑亲自与会。这次会议是1972年联合国人类环境会议之后举行的讨论世界环境与发展问题的筹备时间最长、规模最大、级别最高的一次国际会议，也是人类环境与发展史上影响最深远的一次盛会。

1972年人类环境会议之后的20年时间里，国际间召开了许多次环境会议，各类环保公约、协议也签署了不少，但真正付诸实施的却不多。虽然世界各国采取了一系列的环境保护行动来解决本国或区域性的环境问题，但成效并不大，环境与发展的冲突问题越来越严重。

在这样的背景下，基于不论国家大小、强弱、贫富，都应有平等发展的机会，都对环境保护负有义不容辞的责任和义务，都要正确处理好环境与发展关系的前提，联合国适时召开了这次环境与发展大会。

这次会议的主要成果是签署了5个国际公约，它们是：

《生物多样性公约》——主要内容是保护濒临灭绝的动植物。公约规定签字国要将国境内的野生生物列入财产目录并制定保护濒危物种的计划。

《气候变化框架公约》——主要内容是控制二氧化碳、甲烷和其它温室气体的排放。公约敦促各国控制温室气体的排放；建立机构执行对发展中国家的经济援助和技术转让，帮助它们最大限度地减少温室气体的排放。

《里约宣言》（又称“地球宪章”）——这份宣言提出了 27 项制定环境政策的原则。宣言指出：各国有责任保证在本国境内的所有活动不破坏他国环境；环境保护要成为“发展进程的组成部分”；应当首先满足发展中国家，尤其是贫穷和环境极差国家的需要。

《21 世纪议程》——是旨在既促进发展又保护环境的行动计划。

《森林公约》——公约指出森林的持续性管理对经济、生态、社会和文化具有重要意义，并规定各国应对经济影响进行正确估价和建立安全使用森林的秩序，制定具有法律约束力的条约。

这次大会共识的核心是：要以公平的原则，通过全球伙伴关系促进全球的可持续发展，以解决全球生态环境的危机。其历史功绩在于让世界各国接受了可持续发展战略方针，并在发展中开始付诸实施。

环境与发展会议是人类环境保护史上第二个重要里程碑。它统一了全球关于环境与发展的认识，回答了长期以来人们争论的环境与发展的关系问题，提出了可持续发展的概念并把可持续发展作为世界各国的发展战略确定下来，同时以国际公约的形式拓宽了环境保护国际合作的范围和领域。

（3）可持续发展世界首脑会议

里约环发大会之后的 10 年里，国际社会在可持续发展领域出现了许多积极的变化，具体表现在：

一是《气候变化框架公约》、《生物多样性公约》和《荒漠化公约》等诸多环境公约相继生效。二是各国政府做了大量的努力将可持续发展纳入本国的经济和社会发展战略。其中，有 150 个国家建立了相应的组织机构，2000 多个城市制订了地方《21 世纪议程》。三是各国际组织致力于可持续发展。四是可持续发展的观念逐步深入人心，全民环境意识大大增强，关心并参与环境保护的人与日俱增。五是国际社会从总体上对各项环境问题的研究更加深入，政策措施日益具体化。

然而，这些变化并没有扭转全球依然严峻的环境形势，国际上有关环境合作的进展与环发大会要求还存在很大的差距。各国因自身利益不同，在涉及有关权益和承担义务方面的矛盾交错复杂，其中最主要的是发达国家与发展中国家的矛盾：

一是资金与技术转让问题。里约会议确立了“共同但有区别的责任”原则，要求发达国家提供“新的和额外的资金”。然而，发达国家并未履行承诺，除荷兰、芬兰、挪威、丹麦和瑞典等国达到官方发展援助目标外，多数发达国家均未实现承诺目标。

二是价值观问题。发达国家常常根据本国的政策和价值观对发展中国家资源的开发和利用等国内政策提出种种指责和要求，甚至推销其价值观，引发了矛盾和冲突。

三是贸易与环境问题。在一些国际公约中，为限制一些严重危害生态环境的物质生产和保护濒危物种，规定了一些限制贸易的措施。发达国家在国际上极力主张将环境标准、环境标志与贸易措施挂钩，限制不符合其环境标准的产品进口。由于发展水平的差异，发展中国家在环境标准问题上处于劣势，发达国家所制定的严格的环境标准实际上构成了贸易壁垒，使发展中国家面临的本已不公平的贸易条件更加恶化。

四是履行环境公约问题。目前国际上的环境公约在涉及履行具体义务问题上存在复杂矛盾。发达国家在提供资金和技术转让方面心口不一，致使不少公约的履约进程进展缓慢。如《防治荒漠化公约》就在生效后因资金缺乏而搁浅。

在这个背景下，联合国于 2002 年 8 月 26 日至 9 月 4 日在南非约翰内斯堡召开了可持续发展世界首脑会议。这次会议对 20 世纪的环境与发展问题，特别是 1992 年环境与发展大会以来的情况进行了回顾和总结，在坚持里约会议形成的基本原则和总体框架基础上，更加明确地规定了各国在推进全球和区域可持续发展、履行国际公约方面应承担的责任与义务以及应采取的具体对策和措施。

可持续发展首脑会议是人类环境保护史上又一次重要会议，是人类社会环境保护史发展进程中的第三个里程碑，它开启了人类 21 世纪发展的新纪元。

二、全球环境保护的发展历程

由于世界各国工业发展的历史和水平不同，决定了各国环境保护的起点和水平不同。因此，我们无法按照传统的划分方法从时间顺序上对全球的环境保护历程进行划分。目前，最为科学的划分方法是从环境保护的技术角度来认识全球环境保护的发展历程。

按照环境保护技术的发展线索将其划分为三个阶段：污染治理阶段，综合利用阶段和清洁生产阶段。如图 6-1 所示。

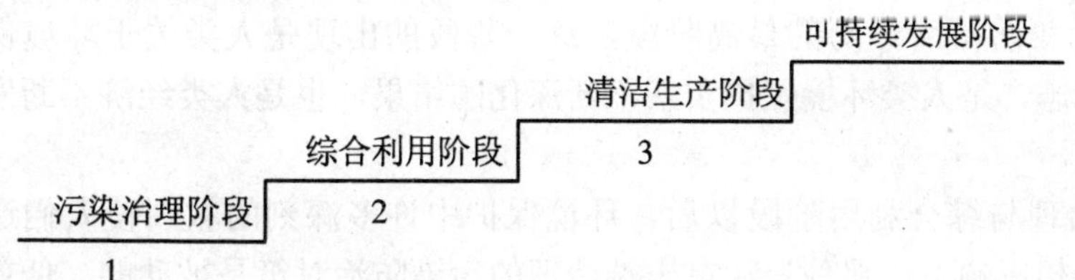

图 6-1　全球环境保护三阶段

1. 污染治理阶段

这是世界各国包括工业发达国家在内开展环境保护都先后经历的第一个过程，这个过程的产生有其客观必然性。一方面是由于环境保护源于环境问题的产生，有了环境污染才开始注重考虑污染治理问题。另一方面是由于人们把环境问题仅仅理解为污染问题，对环境问题的关注自然停留在污染治理的层面上，将污染治理内容等同于环境保护的全部内容。第三方面是由于当时的环境保护技术还处于污染末端治理的初级阶段，人们对于环境保护的规律以及对环境问题的认识还很肤浅。因此，污染治理就成为世界名国环境保护的首选过程，对于中国而言也不例外。在此阶段之前，各个国家普遍存在着一个污染排放阶段，这一阶段不属于环境保护的发展历程。

污染治理阶段是“先污染、后治理”环境保护道路的开端，在这一阶段各个国家大体上经历了20—30年左右的时间，基本上是以工业“三废”治理为主要内容开展起来的。“三废”治理的顺序是：水污染治理 → 大气污染治理 → 固体废弃物治理。与高污染、高消耗的生产技术相适应，这一时期的污染治理技术完全属于纯工程的末端治理技术。

可以说，目前发展中国家的环境保护水平基本上仍处于这一阶段。

2. 综合利用阶段

工业较发达国家在经历了不同时期的污染治理阶段以后，人们开始认识到，环境问题的产生与资源的利用密切相关，仅仅依靠污染治理来解决环境问题是不够的，提高资源的利用率是环境保护的一个重要途径。于是，由工业发达国家开始，在污染治理的基础上，通过改进生产技术，提高资源利用率来减少污染物的排放，降低成本、增加效益。至此，在70年代后期发达工业国家率先进入了环境保护的第二阶段，即综合利用阶段。

在这一阶段，主要是资源回收技术和环境工程技术并重。综合利用主要是围绕工业固体废弃物再生利用和废水循环利用而展开的，通过综合利用，促进了环境工程技术的发展和生产技术的改进。这一过程的界线并不十分明显，大约经历了一二十年的时间。在目前，世界上较发达国家和地区的环境保护基本上处于这一阶段。

这两个阶段有一个共同的特点，即默认了污染物的排放，等出现了环境问题以后再去寻找解决问题的方案和对策。实质上是走了一条“先污染、后治理”以末端控制为主的环境保护道路。

3. 清洁生产阶段

这是全球环境污染防治所经历的最高阶段，这一阶段的出现是人类关于环境保护规律认识趋于成熟的标志，是人类环境保护实践不断深化的结果，也是人类经济不断发展与科技不断进步的象征。

在经历了污染治理与综合利用阶段以后，环境保护中许多深刻的教训使人们逐渐意识到，在传统决策思想影响下，那种只注重末端治理的污染防治对策是被动的、低效的、有时甚至是无效的。人们不仅要为严重的环境污染付出巨大代价，而且要为这种落后的污染治理方式付出巨大代价。要改变这种状况，必须从污染全过程控制入手，实施清洁生产。

到了20世纪80年代初期，工业发达国家开始调整污染防治对策，从改变传统的生产技术、生产工艺、企业管理水平入手，实行生产的全过程污染控制。这是一种全新的管理思想，是充分体现预防为主思想的污染防治对策。到了80年代末期，发达的工业国家在环境污染防治方面先后进入清洁生产阶段，并将这一对策作为本国污染防治的主要对策从法律上加以确定。

清洁生产强调清洁的能源、清洁的生产过程、清洁的产品或清洁的服务三个方面，可概括为：采用清洁的能源和原材料，通过清洁的生产过程，生产出清洁的产品或提供更清洁的服务。其中清洁的生产过程和清洁的产品是清洁生产的主要目标。这意味着清洁生产不仅要实现生产过程的无污染或少污染，而且生产出来的产品在使用和最终报废处理过程中也不对环境造成损害。就是说清洁生产概括了产品从生产到消费的全过程为减少环境风险所应采取的具体措施，要求环境工程的范畴已不再局限于末端治理，而是贯穿于整个生产和消费过程的各个环节。

因此说，污染防治工作不仅仅是环保部门的职责，更是企业管理部门和经营者的职责。产业部门必须把经济发展与环境保护统一起来，把经济建设置于可持续利用资源、保护生态环境的基础上。努力研究、开发和利用环境无害化的生产技术，以环境无害化方式使用新能源和再生资源，为社会提供环境无害化的产品和提供有利于环境的服务。

实践证明，在企业中推行清洁生产是世界各国实现经济、社会可持续发展的必然选择。不论是发展中国家，还是较发达国家，迟早都要经历这么一个阶段。人口与经济的快速增长，要求人类只能在资源可持续利用和环境保护的前提下，寻求发展的合理代价与适度承受能力的动态平衡。发展中国家已经丧失了发达国家在工业化过程中曾经拥有的资源优势和环境容量，不可能再重复先污染、后治理的工业化道路。只有开展清洁生产，才能在保持经济增长的前提下，实现资源的可持续利用和不断改善环境质量，才能不仅使当代人能够从大自然获取所需，而且为后代人留下可持续利用的资源和环境。发达国家可持续发展追求的目标，主要是通过清洁生产等措施提高增长的质量，改变消费模式，减少单位产值中资源和能源的消耗以及污染物的排放量，进一步提高生活质量和关心全球环境问题。所以，清洁生产对于发展中国家和发达国家的可持续发展是同等重要的选择。

清洁生产是可持续的环境战略的重要组成部分，是可持续发展战略思想在环境保护领域中的具体应用和体现。从这个意义上说，清洁生产就是当前微观层次上可持续的污染防治战略，对污染治理和综合利用技术都提出了更高的要求，也对企业管理和生产技术提出了更高的要求。然而，我们不能把清洁生产等同于可持续的环境战略。这是因为清洁生产是在现有的生产模式和消费模式下针对生产领域的一种最佳技术管理，所追求的是局部资源的持续利用，并不能解决一个地区、一个国家乃至全球有限资源的可持续利用问题，也不能解决生态破坏问题和全部环境污染问题。如农药污染、生活废水污染等问题是无法通过清洁生产加以解决的。人类要想从根本上解决环境问题，不仅要从技术领域进行全过程污染控制，而且要从政策领域、从改变传统的发展模式和消费模式入手，走可持续发展的道路。

所以，不能把清洁生产看作是全球环境保护的最后阶段和环境保护的全部内容，而只是可持续的环境战略的重要组成部分。正因为如此，从20世纪90年代以后，世界各国选择了可持续发展的环境战略，全球环境保护进入了可持续发展阶段。

应当指出的是，由于是按照环境保护技术发展的历程进行划分的，处于同一历史时期的不同国家和地区的环境保护可能处于不同的阶段和历程。前三个阶段是全球环境保护已经经历或正在经历的过程，而可持续发展是目前全球正在发生和进行的一项伟大实践。如果把可持续发展看成是全球环境保护的一个阶段，那么这个阶段只是刚刚开始，现在还看不到哪一个国家或地区的发展就是可持续发展。由于可持续发展的模式和途径不是唯一的，以及世界各个国家的经济和科技发展水平存在很大的差异，决定了各个国家环境保护处于不同的阶段和状态。发展中国家的环境保护基本上仍处于污染治理的阶段，较发达国家的环境保护处于综合利用阶段，发达国家的环境保护处于清洁生产阶段。

这从一方面说明了可持续发展是一个分阶段的过程，不论是哪一个国家，哪一个地区，在任何时候、任何情况下，作为可持续发展重要组成部分的清洁生产过程是不能逾越的。当然，在借鉴国外先进经验的基础上，经历综合利用和清洁生产这两个过程的时间可能会短些，甚至界线会模糊些。但是，这些过程是无法省略的，从传统的发展到可持续发展不可能一步到位。另一方面也说明了发展中国家与发达国家之间在环境保护方面存在的距离。这意味着每一个国家的环境保护都要从实际出发，实事求是，不能脱离本国的国情，不能盲目照搬国外的经验和做法。作为环境大国的中国而言，几十年来的环境保护实践已经为上述两点说明作了很好的注释。

那么，中国的环境保护究竟处于什么阶段呢？就局部而言，如深圳等一些城市和地区的环境保护工作开展得比较好，国家从20世纪90年代中期开始了清洁生产的试点，在国家环保“九五”和“十五”计划中也提出了推行清洁生产的要求，似乎这些地方的环境保护已经进入了清洁生产的阶段。但实际情况远非如此，就全国而言，中国的环境保护还仍然处于污染治理阶段，个别地区还处于污染排放阶段。这就是中国环境保护的基本国情，制定国家的环境保护目标、对策和措施要从这一实际出发，对于国外的先进经验，可以借鉴，但不能盲目照搬；可以有较高的奋斗目标，但不能头脑发热超越现实作表面的假设文章；可以寄希望于政府重视环境保护工作，但不能期待领导人的几次讲话和几篇报告就解决问题。

三、中国环境保护的发展历程

中国作为一个发展中国家，环境保护起步较晚，仅仅有 30 年的发展历程。从时间上划分，大致可以分为三个阶段：起步阶段、发展阶段和深化阶段。

1. 起步阶段（1973—1983 年）

1972 年联合国在瑞典首都斯德哥尔摩召开的第一次人类环境会议揭开了中国环境保护的序幕。1973 年 8 月，国务院召开了第一次全国环境保护会议，审议通过了“全面规划、合理布局、综合利用、化害为利、依靠群众、大家动手、保护环境、造福人民”的环境保护工作 32 字方针和第一个环境保护文件《关于保护和改善环境的若干规定》。1974 年 10 月，国务院成立了环境保护领导小组，之后，各省、市、自治区、直辖市和国务院有关部门也陆续建立起环境保护机构和环境科研、监测机构。1977 年 4 月，由国家计委、建委和国务院环境保护领导小组联合下发了《关于治理工业“三废”开展综合利用的几项规定》的通知，标志着中国以“三废”治理和综合利用为主要内容的污染防治工作进入全面实施阶段。在此期间，在全国范围内开展了重点污染调查，对重点城市、河流、港口、工矿企业、事业单位的“三废”污染实行限期治理。

1978 年 2 月，五届人大一次会议通过的《中华人民共和国宪法》规定：“国家保护环境和自然资源，防止污染和其它公害。”这是新中国历史上第一次在宪法中对环境保护作出明确规定，为国家环境法制建设和环境保护事业奠定了基础。1979 年 9 月，五届人大十一次会议通过了《中华人民共和国环境保护法》（试行）。从此中国结束了环境保护无法可依的局面，开始走上法制建设的轨道。同年 12 月，十一届三中全会的召开在全党确立了解放思想、实事求是的思想路线，为正确认识我国的环境形势奠定了思想基础。1981 年 4 月，国务院作出了《关于在国民经济调整时期加强环境保护工作的决定》。要求在国民经济调整中，对新建工业企业，对原有工业和企业，对城市、自然资源和自然环境都要加强环境管理和监督，切实执行国家的有关政策和法规，努力改善环境质量。这个《决定》对于在恢复和发展国民经济中重视和加强环境保护工作起到了积极作用。此后，国家于1982 年国家颁布了《中华人民共和国海洋环境保护法》，于 1983 年末召开了全国第二次环境保护会议。

以上是对中国环境保护在 1973—1983 年期间的简单回顾。在这一时期，中国的环境保护工作可以概括如下：第一，初步实现了对环境问题认识的转变。60 年代提出的“三废”处理和综合利用的概念被环境保护的概念所代替，逐步认识到环境污染问题不再是单纯的“三废”问题，而是一个影响和制约经济、社会发展的大问题。第二，初步实现了环境管理思想认识的转变。逐渐认识到解决环境问题仅仅依靠行政、教育手段是不行的，必须综合运用法律、经济、技术、行政和教育等管理手段和措施，建立环境保护的法律、法规和标准，走依法保护环境的道路。第三，建立了国家、省两级的环境管理机构和“老三项”环境管理制度，通过环境管理促进工业“三废”治理。第四，开展了以水污染治理为主要内容的重点污染源调查，解决了一些局部的重点污染问题。如 1972 年大连湾的海水污染治理和北京官厅水库污染治理，1974 年苏运河污染调查和白洋淀污染调查，以及其它一些重点污染企业的治理问题。

处于起步阶段的中国环境保护，当时有许多理论上和实践中的问题都不清楚。比如，环境保护与经济建设和社会发展的关系是什么？如何处理这三者之间的关系？地方政府、环保部门、企业三者之间的环境责任是什么？中国的环境保护应当向何处去？等问题。还有，怎样才能做好建设项目环境管理？如何才能有效地进行污染治理？污染预防与污染治理的关系怎样解决？如何发挥环境保护部门的职能？所有这些问题是很难在起步阶段找到正确答案的，需要在环境保护的不断发展过程中得到回答。

从 1973—1983 年，中国环境保护经历了十年起步阶段，为后来环境保护事业的发展奠定了基础，并创造了有利条件。

2．发展阶段（1984—1996 年）

1983 年 12 月，国务院召开了第二次全国环境保护会议，明确了环境保护是我国现代化建设中的一项战略任务，是一项基本国策，从而确立了环境保护在社会经济发展中的重要地位。会议制定了经济建设、城乡建设和环境建设同步规划、同步实施、同步发展，实现经济效益、环境效益和社会效益统一的环境战略方针。与此同时，会议确立了强化管理的环境政策，与“预防为主”和“谁污染、谁治理”政策共同组成了指导中国环境保护实践的三项基本环境政策。这次会议在中国环境保护发展史上具有重大的意义，标志着中国环境保护工作已进入发展阶段。

回顾这一阶段的环境保护历程，可以分为两个时期：第一个时期是 1984—1989 年，这期间的环境保护主要是从理论上进行了突破和创新，确立了一整套用以长期指导中国环境保护实践的环境管理方针、政策和制度。第二个时期是 1990—1996 年，中国的环境保护主要处于一个从理论到实践过渡的探索时期。这期间，中国面临两大问题的挑战，一是要适应国际潮流，实施本国的可持续发展战略，二是要加快中国的经济体制改革。在这种情况下，中国的环境保护如何适应可持续发展战略的需要，如何适应经济体制转变的需要，如何改变以往喊得多、做得少、光说不练，环境保护难以持续深入的被动局面等问题不仅需要从理论上作出解释，而且要从实践方面进行积极的探索并给出回答。可以说这一时期的探索与实践为以后环境保护的深入发展创造了有利条件。

在这一阶段，对中国环境保护事业产生重大影响的事件有：1984 年 5 月，国务院作出《关于环境保护工作的决定》，并成立了国务院环境保护委员会，领导组织和协调全国环境保护工作。1985 年 10 月，在洛阳召开了“全国城市环境保护工作会议”，通过洛阳等城市的经验介绍，确定了城市环境综合整治工作的内容和做法。1988 年，在国务院机构改革中设立国家环境保护局，并被确定为国务院直属机构，国家环境保护机构得到加强。1989 年 4 月，国务院召开第三次全国环境保护会议，提出了深化环境管理的环保目标责任制、城市环境综合整治定量考核制度、排放污染物许可证制度、污染限期治理和污染集中控制等新的管理制度和措施，使中国环境管理走上规范化、制度化的轨道。1992 年 8 月，在联合国环境与发展大会之后，中国制定了《环境与发展十大对策》，明确提出了转变传统发展模式，走可持续发展道路的指导思想。随后又制定了《中国 21 世纪议程》和《中国环境保护行动计划》等纲领性文件，确立了国家可持续发展战略。1993 年 10 月，召开了第二次全国工业污染防治工作会议，总结了工业污染防治工作的经验教训，提出了推行清洁生产实施生产全过程控制的工业污染防治对策。

另外，在此期间，国家制定和修改了若干环境保护的法律、法规、环境标准、环境管理条例、规定和办法，出台了一系列关于环境保护的产业政策、行业政策、技术政策和经济、技术法规以及国际履约的有关对策和措施。

总之，这一时期的环境保护与起步阶段相比有了全新的内容，有了重大的发展。可以概括为以下几点：第一，确立了环境保护在国家经济、社会发展中的战略地位，从理论上解决了如何正确处理环境保护与经济建设和社会发展的关系问题，并从实践方面进行了深入探索。第二，明确了地方政府、企业和环保部门三者之间的环境责任，并将这些责任以法律的形式加以确定。即地方政府对区域（本辖区）环境质量负责，企业对局部的环境质量负责，环保部门行使统一监督管理职责。第三，环保机构建设得到加强，逐步建立了国家、省（自治区）、市、县四级独立的环境保护机构，部分地区还建立了包括乡镇环保机构在内的五级环境保护机构，为强化环境管理提供了组织保证。第四，环境法制建设进一步加强，环境管理制度体系不断完善。目前国家所实施的环境保护方针、政策、对策和措施，环境法律、法规和标准大多数都是在这一时期制定并出台的。第五，实现了环境管理思想的转变。在这个时期，从政府到公众都逐步认识到中国的环境问题不再是单纯的环境污染，生态破坏问题已严重地影响和制约了区域经济、社会的发展。环境保护的任务不仅是“三废”治理，还包括噪声控制、“白色污染”治理、生态保护等内容。同时认识到，做好环境保护要加强宏观环境管理，重视宏观决策及规划研究，从转变发展模式入手开展环境保护是解决中国环境问题的关键。第六，污染防治工作取得重大进展。在这一时期，国家在污染防治的指导思想上努力实行四个转变，即由末端治理向生产全过程控制转变，由浓度控制向浓度与总量控制相结合转变，由分散治理向分散与集中控制相结合转变，由区域污染治理向区域与行业污染治理相结合转变。70 年代没有解决的重点环境问题在这一时期均得到了解决或有效的控制。

然而，由于经济的快速增长和历史遗留的大量环境问题，在这一时期，中国的环境保护仍面临着巨大的压力，在实践中还存在着许多亟待解决的问题。比如，现有的环境管理机制如何适应市场经济体制改革的需要？如何加强宏观决策以解决宏观环境管理的问题？在环境保护中如何贯彻国家的产业结构调整政策？环境保护与转变经济增长方式的结合点在哪里？等等，这些问题在处于发展阶段的环境保护过程中没有得到解决。实际上，这些关系到国家环境保护事业发展的重大问题只有在环境保护向纵深发展的形势下才有可能得到解决。

3．深化阶段（1996 年至今）

这是中国环境保护发展史上一个非常重要的时期。在这一时期内，中国的环境保护从管理战略、管理体制、管理思想和管理目标上都进行了重大的改革和调整，环境保护进入到实质性的阶段。

首先，在 1996 年 7 月，国务院召开了第四次全国环境保护会议，做出了《关于环境保护若干问题的决定》，明确了跨世纪的环境保护目标、任务和措施。启动了《污染物排放总量控制计划》和《跨世纪绿色工程规划》，实施三河、三湖、两区、一市和一海污染治理的“33211”计划，在全国范围内开展了大规模的重点城市、流域、区域、海域的污染防治及生态保护工程。这次会议确立了新时期的环境战略，将以污染防治为中心的战略转变为污染防治与生态保护并重的战略上来，使我国环境保护目标更加明确、任务更加具体、工作更加务实、思路更加清晰。至此，中国的环境保护工作进入了崭新的阶段。

其次，1997—1999 年，国家连续三年就人口、环境和资源问题召开座谈会，从可持续发展战略的高度提出了建立和完善环境与发展综合决策、增加环境保护投入、强化社会公众参与和监督以及环保部门统一监管和分工负责等管理机制。同时强调，要依法落实地方政府的环境责任，并要求各级地方政府党政一把手要“亲自抓、负总责”，做到责任到位，投入到位，措施到位。依法保障环保部门的统一监管职能，在管理思路上要实行“抓大放小”，即通过抓综合决策、抓宏观管理、抓产业结构调整来促进和带动微观环境管理工作。

再次，在 1998 年的国家机构改革中，环境保护地位得到了加强，环境管理的职能进一步明确，行政管理体制上实现由“块块管理”向“条块结合”管理体制的转变，环保部门的统一监管职能得到了加强，并使这种职能具有较大的相对独立性。

2002 年 1 月国务院召开了第五次全国环境保护会议，这次会议是第四次环保会议的继续，在总结“九五”期间环保工作经验的基础上，提出了今后五年中国环境保护的工作任务。

以上是对中国环境保护发展历程的大致介绍。概括起来，在近三十年的时间内，中国环境保护经历了三个发展阶段，其间一共召开了五次环境保护会议。其中，第一、二、四次环境保护会议是三个重要的里程碑，分别标志着中国环境保护第一个阶段、第二个阶段、第三个阶段的开始，在各个不同的历史时期具有承上启下的作用。

有关中国环境保护的发展历程也有其它的划分方法，比如按照五次环境保护会议划分为五个阶段，但由于 80 年代后期与 90 年代初期的环境保护不具有显著的阶段性特征，因此本书的划分方法更能容易让人接受和理解。

第二节 环境战略概述

一、什么是环境战略

1. 战略的含义

“战略”一词起源于军事学，同“战术”是一对范畴。但二者不同，战略是指将领指挥军队如何赢得一场战争的概念，战术是指为达到战略目标所采取的具体行动，是如何赢得一场战役的概念。后来，战略被扩展并广泛地应用于政治、经济、科技、教育、环境保护等社会的各个领域，其含义相应地普遍化了。从广义上讲，战略是重大的、带有全局性的或决定全局的总体谋划。例如，企业经营战略，区域发展战略，环境战略，军事战略等都是指影响全局和整体的重大谋划，而非局部的、无足轻重问题的谋划。

2. 环境战略

所谓环境战略是指为解决一些根本性、长期性、事关全局的重大环境问题，对环境保护的发展方向以及环境保护对策的总体谋划。环境战略是国家发展战略的重要组成部分，是制定国家环境政策和对策的依据，对开展环境保护工作具有总的指导作用。

环境战略不仅规定了国家或区域环境保护的发展方向，而且规定了为实现环境保护总体战略目标所必需的战略方针、重大环境策略和环境对策。开展环境管理就是要以环境保护的总体战略为指导，制定相应的环境策略和对策并积极采取各项战略措施，有计划、有步骤、有重点地解决环境问题，实现环境保护的战略目标。

二、环境战略的特点

环境战略具有以下几个主要特点：

1. 全局性

从战略的含义可知，环境战略首先具有全局性特点。由于环境保护涉及到人类社会的发展，尤其是关系到人类的生存，因此，环境战略不仅关系到环境保护事业的自身发展，而且也关系到人类社会的持续进步与经济的持续发展的全局问题。

2. 长期性

长期性是环境战略的另一个重要特点，这种长期性是由环境问题的长期性决定的。环境战略要在未来一个较长的时期内产生持续的影响和作用，比起那些只在短期内起作用的环境对策和措施来说，具有更深远的意义。这意味着环境战略既要解决眼前利益与长远利益的关系，又要解决局部利益与全局利益的关系，克服经济活动中的短期行为。

有些事情，尽管从眼前看是有利的，但从长远看却是大为有害的。例如，为了扩大农田以增加农作物产量，盲目毁林开荒和围湖造田的行为，最终导致生态破坏的严重后果；

一些中西部地区为了急于脱贫致富，快速发展地区经济，采取超强性的资源开发战略和发展高能耗的重污染型工业，虽然可以获取局部的眼前经济利益，但所带来的后患是无穷的。

俗话说，“人无远虑，必有近忧”。从国家的角度来看，今天我们面临的许多积重难返的环境问题，正是过去缺乏全局性战略思考的后果。国家的环境保护工作总是随着感觉走，倒置了长远利益与眼前利益、全局利益与局部利益的关系。要解决这些环境问题，实现区域的可持续发展，就要制定一个在长时间内能持续指导区域环境保护工作的环境战略。

3．层次性

环境战略具有全局性特点。全局是一个相对的概念，有层次之分。相对于不同层次的环境保护系统，就有不同层次的环境战略。因此，层次性是环境战略的明显特点，有国家环境战略、流域环境战略、区域环境战略、行业环境战略等。在这些不同层次的环境战略之间，低层次环境战略要以高层次环境战略为指导，所有环境战略的制定与实施必须服从于国家环境战略。而国家环境战略又必须以国家的发展战略为指导。

4．阶段性

环境保护总体战略目标，由若干个具体的阶段目标所组成。实现环境保护的总体战略目标，需要通过具体的分阶段目标来实施。也就是要把一个较长的环境战略时期分成若干个连续的战略阶段，制定出各个阶段的环境战略目标。通过采取具体的阶段性的环境保护措施来完成阶段性的环境保护任务，实现阶段性的环境战略目标，进而实现总体环境战略目标。

三、关于环境战略的讨论

长期以来，人类社会就发展的问题到目前为止先后形成了三种观点，它们是传统发展观，零增长发展观和可持续发展观。与此相应便形成了三种不同的环境战略：即经济优先发展的环境战略，均衡发展的环境战略和可持续发展的环境战略。

这些战略的形成与人类关于环境与发展的认识密切相关，有其历史必然性。人类对环境与发展的认识，处在不同的历史时期，有不同的认识标准。即使处于同一个历史时期，由于经济发展水平不同，人类对这个问题的认识也不一样。

1．经济优先发展的环境战略

这是建立在传统发展观基础上的一种环境战略。所谓传统发展观其核心就是物质财富的增长，将物质财富的积累视为社会进步的唯一标志。反映在环境战略思想上，就是“先污染、后治理”，或者说发展经济在前，保护环境在后的一种观点。这种观点长期以来占据了统治地位，主张先发展经济后解决环境问题，认为只有经济发展了，才能拿出资金治理环境污染，才有能力解决环境问题。

西方经济学家为了支持这种观点，把保护环境与发展经济的关系比喻成“药和病”的关系。他们认为环境与发展的关系与有病吃药一个道理，无论人类医学科学怎样发达，人类都不能做到未卜先知，无法预测什么人在什么时候会得什么病，更不能在某种疾病出现之前，就事先研制好了医治这种病的药。同样，环境与发展的关系也是一样，不发展经济就没有环境问题，人类也不可能在产生环境问题之前就准备好了解决环境问题的对策，总是先有问题后有对策，就好像先有病后有药一样。因此，“先污染、后治理”就应当成为一条客观规律。

西方经济学家的这种观点是实证主义的典型代表。上述比喻听起来似乎很有道理，在全球环境保护实践中，许多地区和国家的环境保护实践也确实是经历了或正在经历着先污染后治理的过程。但稍加分析就会发现，环境与发展的关系和药与病的关系是不能类比的。这是因为，虽然疾病不可以预知，但污染是可以预防的。以这种观点作为理论依据来确立人类的环境战略显然是缺乏说服力的，不能令人信服。

2．均衡发展的环境战略

这是建立在均衡发展观基础上的一种环境战略。所谓均衡发展观也叫零增长发展观，是对传统发展观增加了限制条件的一种发展观。这种观点认为全球应当均衡地发展，这种均衡是基于人口和资本的基本稳定。

均衡发展不是说不发展，而是说发展的速度不能过快，要根据资源再生速度来确定经济增长的速度，即要确保资源消耗速度等于资源再生速度这个前提来发展经济。例如，森林资源的砍伐量不能超过它的生长量，渔业资源的捕捞量不能超过它的生长量等就是一种均衡思想的表达。这其中显然包含了当代可持续发展的思想。

均衡发展思想主要来源于 20 世纪 70 年代，由美国、德国、挪威等一批西方科学家组成的罗马俱乐部关于世界趋势的研究报告《增长的极限》一书，对世界上几种主要资源消耗情况进行了预测。该书认为，如果世界人口与资本的增长按当时的速度继续下去，到 21 世纪末地球上的主要资源将会消耗殆尽，增长就会达到极限。为了防止这种灾难的发生，人类就要把经济发展控制在极限的许可范围之内。按照这种观点，对于不可再生资源——矿产资源的消耗就要停止，这就意味着人类要采取“零增长”的发展战略，以减少不可再生资源的消耗。这就是均衡发展观产生的原始背景。

很显然，“均衡发展”是附加了一定约束条件的发展。这一观点给人们以警告，地球上的资源是有限的，虽然人类在消耗有限自然资源的同时，也在寻找和创造其它的可替代资源。可是人类寻找和创造可替代资源的速度远远小于人类消耗资源的速度。因此说，发展不能盲目和无限制，不能超出资源的承载力，不能降低资源对经济发展的持续支撑能力和潜力。

然而，由于世界各国经济社会发展的不平衡性，则在人口和资本贮备保持稳定的情况下，发达国家就可以维持在高水平的稳定，而发展中国家只能维持在低水平的稳定，这样的约束条件显然是不公平的。以这种思想为指导所确立的环境战略由于从资源角度对经济增长提出了较多的限制，显然不被世界各国，特别是不能被大多数发展中国家所接受。

均衡发展的环境战略仅仅是以一种思潮出现，这种战略并没有从理论和实践两个角度回答人们怎样开展环境保护才能既保证经济得以持续的增长而又确保自然资源特别是不可再生资源的消耗不超出其承载的极限。这种战略自然不被世界各国所采纳并付诸实践。

3．可持续发展的环境战略

这是建立在可持续发展观基础上的一种环境战略。可持续发展观是在 80 年代后期被提出来的，是对前两个发展观的综合与继承，主要强调经济发展不是短期行为和短期成功，而要有持续性。这个观点认为，环境与发展是一个矛盾的统一体，二者既对立又统一，以牺牲环境换取经济的增长和以放慢经济增长速度来改善环境质量的做法都是不可取的。只要调整人类传统的发展战略和模式，走持续发展的道路就会变环境与发展的对立关系为统一关系。

应当说，可持续发展观的产生是人类关于环境与发展认识的巨大进步。因为，可持续发展考虑的方面多了，强调了发展的综合内涵。以经济增长为唯一标志的发展不是真正的发展，真正的发展既包括经济增长，又包括人们社会福利的改善和健康水平的提高，而且包括良好的环境质量。

同时，相对于传统的发展观而言，可持续发展观不仅强调当代人的发展，更多强调了后代人的发展机会和潜力，对发展的持续性给予了高度重视。以这种思想为指导所确立的环境战略，必然体现出对经济与社会发展的持续性促进作用和对自然资源的持续性保护和利用，实施这种战略才能使我们不会重蹈西方发达国家“先污染、后治理”的覆辙。

第三节　可持续发展战略

实施什么样的发展战略，对环境的影响十分重大。环境问题之所以越来越严重，从根源上说，就是由于人类长期以来采用了大量消耗资源和能源来谋求经济增长的不可持久的发展模式。

在 1992 年巴西的环境与发展大会上，联合国提出了可持续发展战略，并已逐步成为世界各国的伟大实践。可持续发展是人类关于发展的长期思考结果和最高哲学概括，是人类对实现持久生存和发展的明智选择。在短短的不足十年的时间里，可持续发展已从一种思想步入到具体实践中。虽然有关可持续发展的理论体系尚未形成，并且面临许多亟待探讨和研究的问题，但从可持续发展思想的历史渊源、概念、内涵以及实践研究成果等方面仍可以在很大程度上认识和把握可持续发展理论的实质，这将对中国的可持续发展及可持续发展的环境战略的制定具有重要指导意义。

一、可持续发展思想的形成

可持续发展的概念产生于 20 世纪 80 年代后期，是人类对以往的发展观反思的客观必然。但作为一种思想，却经历了一个漫长而自然的形成过程。这一过程与人类社会的进步息息相关，与人类对环境与发展的认识息息相关，与人类对环境问题的认识息息相关。

纵观人类发展史，可持续发展思想是在人类满足自身需求的实践与地球生态系统的矛盾冲突中以及人类对其未来持久生存与发展前途的辩证思考中逐渐形成的。其中，人口、经济与资源、环境的矛盾是推动可持续发展思想产生的主要动力，而且矛盾的焦点始终是资源、环境对经济增长和社会进步的持续支撑能力和相应的保护问题。

有关人类社会发展的历史进程，许多专家学者从各自的学科领域和专业方向出发进行了大量的研究，提出了许多划分方法，正可谓是仁者见仁，智者见智。但如果从环境保护角度来认识，与人类环境问题密切相关的社会发展进程可分为三个时期：即农业文明时期，早期工业文明时期、现代工业文明时期。

1．农业文明时期与自然保护观念的产生

从公元前 1 万年至公元 18 世纪之前的这一期间，基本属于农业文明时期。在这一时期，人类与其生活环境之间的平衡随着从食物采集到食物生产的转变而发生了根本性的变化。首先是对局地森林的破坏，进而是不合理的农田灌溉活动造成了土地沙化和水土流失，这种破坏自然的行为终于报复了人类自身，如早期的幼发拉底河和底格里斯河流域文明的衰退；贝利塞西部玛雅文化的消失；美索不达米亚的荒芜。从此，人与自然之间关系也逐渐从整体的相对和谐走向了整体的不和谐。

一般地认为，这一时期是人类自然保护思想产生的萌芽时期。但这种思想还仅存在于少数人的头脑中，并没有真正成为人们的社会实践。在这一时期，人类往往把丰衣足食看成是发展，而没有形成特定的发展观。

2．早期工业文明与生态环境保护思想的形成

人类社会进入 18 世纪后，工业革命的出现使经济以前所未有的速度在增长，以牛顿力学和技术革命为先导的工业文明使人们感到人类已经能够彻底摆脱自然的束缚，人们在陶醉于眼前的物质繁荣的同时，强烈的征服欲望和占有欲望使人们开始企图征服大自然。至此，人类与自然形成了完全的对立关系，人口的增加和生产技术的革新加快了对自然资源的消耗，人们对自然环境的干扰和破坏在广度和深度上都达到了空前的水平，从而引发了一系列的连锁反应。

在这一时期，人类对发展的认识进入到了第二个阶段，认为物质极大丰富就是发展。受培根和笛卡尔“驾驭自然，做自然的主人”的机械论思想的影响，人们把自然环境同人类社会的发展完全地割裂和对立开来，根本没有意识到人类同环境之间存在着协同发展的客观规律。直到威胁人类生存和发展的环境问题不断在全球显现，这才引起人类的震惊与重视。

进步伴随着破坏，破坏又激发了人类的思考。这一时期人们保护自然环境的思想得到了迅速的发展。最先真正把人口与环境联系起来进行理性思考的是英国著名经济学家马尔萨斯。他在 1798 年发表的《人口原理》一书中，直接把人口增长和土地生产力联系起来，对比分析了两个因素之间的动态关系，明确指出：如果人口不加以控制的话会以几何级数增长，而粮食则以算术级数增长。马尔萨斯的思想在当时虽然受到了严重的挑战和批判，但其思想蕴涵丰富，在人口与环境的研究方面，特别是在人口、环境和资源生产力关系的研究上做出了重要的贡献。

继马尔萨斯之后，在西方环境保护史上另一个里程碑就是 1859 年达尔文著名的生物进化论著作《物种起源》的问世。该理论用事实帮助人们认识到人类的各种经济活动在加速某些物种灭亡方面扮演了不光彩的角色。但更重要的是，它标志着人们已经开始认识到环境恶化是全球性的，环境问题对人类的影响是深刻和长远的。至此，近代西方环境保护思想在 19 世纪下半叶达到顶峰。

3．现代工业文明与全球环境问题的关注

人类社会进入 20 世纪以后，随着工业生产技术的现代化和社会生产力的进一步提高，工业化国家对经济霸权的竞争迅速引起了军备竞赛和对殖民地的争夺，从而又直接导致了两次世界大战的爆发。把人类的注意力拉向寻求和平的一端，环境保护问题在人们思想观念中失去了应有的位置。所以，从自然环境角度来讲，1914—1945 年期间是人类对自然环境直接大破坏的时期。第二次世界大战引发的新技术使战后全球资本主义蓬勃发展，世界经济进入了空前的高速增长期。

同时，对自然资源的消耗和工业污染物的排放也在成倍增长。热带森林面积锐减，物种消亡和荒漠化迅速扩大，大气、水体、土壤严重污染，酸雨蔓延，温室效应使全球气候变化的风险增加，人口剧增使资源难以负重，全球经济发展水平的两极分化趋势愈加明显。这一系列生态环境问题以前所未有的方式和程度威胁着人类的生存与发展，从此环境保护在被人类遗忘了近半个世纪后又重新登上了历史的舞台。

严峻的生态环境促使人类生态意识的觉醒和人类全球意识的萌发。在这样的背景下，科学家开始对全球环境污染、自然资源破坏等问题进行研究，对环境与经济发展的关系和人类社会发展的前景等方面作了大量的探索。初步揭示出全球资源、环境问题的经济根源，并从经济对资源环境的依赖关系上，提出转变经济增长方式的思想和持久、平衡、稳定发展的社会目标。这些研究成果和理论认识为可持续发展思想的形成奠定了基础。

人类对环境问题有规模有组织的关注是以 1972 年的第一次人类环境会议为标志，这次会议把人类对环境问题的认识大大向前推进了一步。但并没有真正认识到环境问题的实质和找到解决环境问题的根本途径。不过，从人类对全球环境问题的关注也给了我们这样一个启示：如果说从人类早期的自然环境保护史中得出的是，只有在事实证明各个国家的经济利益受到直接威胁这样一种情况下，各国政府才会分别采取措施，防止环境恶化，那么从当代人类对全球环境问题关注的历史中得出的就是，只有在事实证明全人类共同的生存与发展受到直接威胁这样一种情况下，各国政府才会走到一起来共同采取措施，维护地球——这一迄今为止人类共同的唯一生命支持系统。

4．可持续发展的提出

1972 年 6 月 5 日在瑞典首都斯德哥尔摩召开的联合国人类环境会议是人类有史以来第一次有组织的环境保护行动，这次会议标志着人类环境时代的到来。但这次会议没有真正在全球范围内统一认识，并没有找到从根本上解决环境问题的途径，只是就环境污染谈环境保护，没能把环境问题的解决与社会和经济的发展联系起来；没有找出环境问题产生的根源和寻找到解决环境问题的有效途径。

由于上述问题的存在，1972 年人类环境会议之后，人类所面临的环境、人口、资源和粮食等问题不但没有好转的迹象，反而更加日趋严峻。在这样的背景下，世界自然保护同盟（IUCN）从 1975 年开始，仔细分析了以往人类对环境问题采取的措施后强调指出：

（1）环境问题不是一个孤立的现象，是与人类社会发展密切相关的重大问题。具体地说，环境问题也是一个发展问题。过去处理环境问题时总是孤立地进行，因而所采取的

也是简单的方法。这主要与西方文化和科学技术发展以及在认识事物上所持的分析归纳的哲学思想有关。因此，在处理和解决环境问题时需要新的哲学思想指导。

（2）以往对自然的保护通常着眼于一个受害的物种和地区，是一种纯粹的保护主义行为。尽管这种方式在过去的几十年中也取得了某些成功，但这种方式却很难持久地应付整个人类所面临的环境问题的挑战，很难持久地从源头上解决整个人类所面临的环境问题。这主要反映在行动的脱节和不能保证有限资源的持续利用，因此，在自然保护上需要新的方向。

（3）发展不是短期的成功，它还需在经济和生态上表现为动态的、持续的、和谐的过程。因此，发展不只是单一的经济活动，而是社会、经济、资源、环境等多方面的综合协调行动。人类在注意到环境保护中存在问题的同时，还应注意到妨碍发展目标取得成功的一系列问题，这些问题之间相互影响、相互制约。

因此，单靠科学技术手段和用工业文明的思维定式去修补环境是不可能从根本上解决环境问题的，忽视生态环境问题去寻求不断发展也是办不到的。必须在各个层次上去调控人类的社会行为和改变支配人类社会行为的思想。也就是说，发展也需要新的战略。

在上述认识基础上，IUCN 在 1980 年 3 月 5 日发表了《世界保护策略：可持续发展的生命资源保护》。在这同一天，联合国大会也向全世界发出呼吁："必须研究自然的、社会的、经济的以及利用自然资源过程中的基本关系，确保全球的可持续发展。"这标志着人类对环境与发展关系的认识有了质的飞跃。

随后，1987 年在日本东京召开的世界环境与发展委员会（WCED）第八次会议通过了题为《我们共同的未来》的报告，正式提出了"可持续发展"的口号，得到了国际社会的广泛认可与接受。

在这样一种背景下，距第一次人类环境会议整整 20 年后的 1992 年 6 月 3 日至 14 日，联合国在巴西里约热内卢召开了人类历史上规模最大、级别最高、影响最深远的一次盛会——联合国环境与发展大会。它与 1972 年的人类环境会议相比，在以下三个方面发生了质的飞跃：

一是认识的一致和深化。里约会议上发达国家和发展中国家都认识到环境问题对人类生存与发展的严重威胁，认识到解决环境问题的紧迫性。对环境问题认识的一致，才使联合国建立以来第一次有这么多的国家坐在一起，这种基于共同利害关系的责任感与合作精神，是解决全球面临的环境问题的前提条件。

二是找到了解决环境问题的正确道路。大会扩展了对环境问题的认识范围和认识深度，把环境与经济、社会发展纳入到一个统一的框架之中，共同关心和研究全球环境与发展的统一体问题。其解决的金钥匙就是"可持续发展"，这是人类认识史和哲学史上的一大飞跃。

三是明确了责任，开辟了资金渠道。从影响全球和区域的环境问题看，主要责任直接或间接地来自工业发达国家，这是历史事实。发展中国家面临的一些环境问题，也与发达国家的长期掠夺或廉价收买资源有关。在这次大会上，发达国家都承认了这一事实，可以说，这是 20 年来的重大进展，当然这并不是也不能掩饰发展中国家的环境责任与义务。

总之，1992 年的环境与发展大会是人类环境保护史和发展史上的一座里程碑，为统一人类的发展观，确立可持续发展的环境战略和发展模式写下了不朽的篇章。

二、可持续发展的概念与内涵

什么是可持续发展，其内涵又是什么，这是在认识和建立环境战略过程中首先和必须回答的问题。

1. 可持续发展的概念

可持续发展包含发展与可持续两个方面。

为满足不断增长的人口和不断提高生活水平的要求，发展始终是人类的共同追求，是人类社会的永恒主题。但是，对什么是发展，如何实现发展，在不同的历史时期，人们的认识是不一样的，而是随着社会的进步而不断深化。传统意义上的发展，指的是物质财富的增加，其特征是以经济总量的积累为唯一标志，以工业化为基本内容。而现代意义上的发展，是指人们社会福利和生活质量的提高，既包括了经济繁荣和物质财富的增加，也包括了社会进步，不仅有量的增长，还有质的提高。因此，单纯的经济增长不等于发展，而只是发展的重要内容。很显然，可持续发展概念中的“发展”与传统意义上的发展有着本质的区别。

可持续来自于拉丁语，意思是“可以维持下去”和“可以继续保持”。一个可持续的过程是指该过程在一个无限长的时期内可以永远地保持下去。在生态和资源领域，应理解为保持延长资源的生产使用性和资源基础的完整性，使自然资源能永远为人类所利用，不致于因其耗竭而影响后代人的生产与生活。持续性是可持续发展的根本原则，其核心是指人类的经济行为和社会发展不能超越资源与环境的承载能力。这一条比我们普通理解的保持良好的环境质量更深刻、更广泛。保持生态系统的持续稳定和持续保持提供资源能力的潜力，它包括保持地球物理系统的稳定性和生物多样性的稳定性，使发展以不超过生态环境承载力，不破坏生态环境系统的结构为基本前提。

可持续发展的概念属于生态学范畴，最初应用于林业和渔业，指的是对资源的一种管理战略，即如何将全部资源中的合理部分加以收获，使得资源不受破坏，而新生成的资源的数量足以弥补所收获的数量。例如，一个水域内渔业资源可持续性生产就是指鱼类捕捞量等于该水域内鱼类年自然繁殖量。

后来，这一概念应用于更加广泛的经济学和社会学领域，产生了各种各样的解释。到目前为止，已有十几种不同的定义，但其基本思想是一致的。

比较有权威的、得到大多数人认可的定义是来自于1987年世界环境与发展委员会《我们共同的未来》报告。该报告把可持续发展定义为：“既满足当代人的需求，又不危及后代人满足其需求的发展。”

可持续发展是一种战略主张，主要解决经济增长与环境保护的关系。从长远观点看，经济增长同环境保护是统一的。为实现这一战略主张，应建立一些可被发达国家以及发展中国家同时接受的政策，这些政策既能使发达国家继续保持经济增长，又使发展中国家得到较快的发展，同时又不致于造成生物多样性的明显减少以及人类赖以生存的大气、海洋、淡水和森林等资源系统的永久性损害。

一方面，人类迫切需要经济的增长，另一方面，又要限制这种增长以保护人类赖以生存和发展的生态环境和资源基础。问题归结为：人类社会物质财富的生产究竟应该增长到什么程度和如何去增长才能使人类社会的发展成为可持续的，二者如何兼顾？“度”是什么？发达国家和发展中国家如何操作？可持续发展的模式有哪些？如何评价？这些就构成了可持续发展理论的研究内容。

2．可持续发展的内涵

可持续发展概念不是对传统发展观念的简单继承与完善，而是对传统发展观的变革与创新，是一种从环境与自然资源角度提出的关于人类长期发展的战略和模式。因此，可持续发展具有深刻而广泛的内涵，对可持续发展内涵的理解比对概念本身的理解更为重要和更能认识可持续发展的实质。那么，可持续发展的内涵是什么，人们应从哪些方面来理解呢？

（1）增长不等于发展，持续增长不等于持续发展

增长是指社会财富的积累，是国内生产总值的增加。把这种社会财富的积累和国内生产总值的增加等同于发展是传统意义下的发展观，事实证明这种认识是错误的。考虑经济问题不能光看产值、产量和速度，还要看效益、看整个生活质量的改善、看社会各阶层能否都得到利益。不是说经济指标增长了多少，人均国民收入增加了多少就是发展，还要考虑这种增长对生态环境造成的负面影响有多大，考虑资源与环境的承受能力。

因为，在不可持续的生产模式下，国内生产总值的增长是付出沉重代价的，表现为资源和能源的大量消耗，表现为严重的环境污染和生态破坏。如果把自然资本和环境资本纳入到国民经济核算体系中就不难看出，这种传统的增长包含很大水分，是一种无发展的增长。实际上，在很多情况下是一种虚增长，甚至是负增长。

发展的内涵既包括了经济增长，也包含了自然资源的贮备，还要反映以环境质量作为重要内容的生活质量的提高。也就是说，衡量一个国家或地区的发展水平和富足程度，不能只看国内生产总值的多少。对此，世界银行在 1995 年提出了一个国家和地区富裕程度的四项评价指标，它们是人造资本、自然资本、人力资本和社会资本。其中，人造资本指的是物质财富的人均拥有量；自然资本指的是自然资源的人均拥有量；人力资本指的是人的受教育程度、人的健康水平、人才多少；社会资本指的是社会的公共福利、社会文化、教育基础等。

很显然，按照这种评价标准，传统意义上的增长实质上就是人造资本这一部分。如果人造资本增加了，而自然资本减少了，经济虽然上去了，但资源枯竭了，人的生存环境质量下降了，这绝不是发展。所以，增长不等于发展，持续增长也不等于持续发展。

（2）发展是有条件的

发展是人类永恒的主题，是由人类满足自身的生存需要所决定的，是可持续发展的第一含义。发展中国家，尤其是贫困的国家和地区，要把发展作为首要任务予以优先考虑。不发展就要落后，落后就要挨打，这是被无数的人类社会历史经验教训所证明了的。

发展是硬道理，对于发展中国家而言，必须要把发展放在第一位，只有发展才能为解决生态危机提供必要的物质基础，也才能最终摆脱贫困。然而，发展不是最大的道理，如何使发展得以持续才是最大的道理。

发展——这种有目的的改变环境的行为，使环境能够更有效地满足人类的需求，这是

基本的内在需要。然而，为满足人类生存需求而引发的各种行为又必须立足于自然界的可再生资源能够无限期满足我们当代人和后代人的需求以及对于不可再生资源的谨慎节约的使用。

因此，发展要有限制。发展的限制分为两个方面：一是客观因素对发展的限制，二是主观因素对发展的限制。

客观限制因素可以分为经济因素、社会因素和生态因素，其中，生态因素的限制是最基本的。

经济因素是要求经济效益要大于成本。传统意义下的成本概念包括生产成本和管理成本，而可持续发展概念中的成本不仅包括生产成本和管理成本，还包括环境成本和资源成本两部分。只有当经济效益大于所有这些成本之和时，增长才具有实际意义。社会因素是要求发展不能违反基于传统的伦理、宗教、习俗等所形成的一个民族和国家的社会准则。生态因素是要求发展必须保持各种生态系统的动态平衡，保护世界自然系统的结构、功能和多样性，鼓励在生态可能的范围内发展经济。

主观限制因素又分为对人类物质需求的限制，对人类生产行为的限制，对人类的社会道德准则和价值取向的限制。

人类的一切行为都来源于需求，而需求是可以改变的。通过调整和引导消费方式以限制人类的物质需求，通过转变经济增长方式以限制人类的生产行为，通过法律、经济和教育手段以限制人类的社会道德准则和价值取向。

发展是目的，限制是保障。发展不能以牺牲自然生态环境为代价，不能违反国家和民族的社会准则，要实现更大的正效益。或者说，发展是有条件有规律的，而不是无序的，盲目的和无限制的发展不可能持续。

（3）发展要有公平性

发展是所有人的权利，要确保每个人都具有平等的机会。没有公平，就没有可持续发展。发展的公平性包括两个方面：一是当代人的公平，二是代际之间的公平。

首先，发展要实现当代人之间的公平，消除贫富不均和两极分化现象。就全球范围而言，发展不应是少数国家的权利，所有的国家都应得到发展才行。因此，要给世界财富和资源以公平的分配和公平的使用权，要把消除贫困作为可持续发展进程中特别优先的问题来考虑。这正是在 1992 年环发大会上，联合国把“帮助赤贫者”作为可持续发展的首要内容写进《21 世纪议程》的原因。

实现全球的共同发展，需要明确各个国家的责任和义务。在 1992 年世界环发大会上，国际社会呼吁西方发达国家应当承担更多的责任和义务，帮助落后国家共同发展正是基于这样一种指导思想和原则。就各个国家的发展情况而言，发达国家对发展中国家这种责任和义务是不可推卸的。

长期以来，西方发达国家经济的持续增长和资本的持续积累，除了依靠本国的科技快速发展和国家的高效管理原因之外，另一个重要原因就是这些国家依靠科技优势和利用落后国家急于发展经济的心态，在本国产业结构调整的基础上，把那些科技含量低、资源消耗大、污染严重的企业转移到发展中国家投资办厂。这样一来，他们既节约了自己国内的资源，实现了本国的自然资本积累，又减轻了国内的环境压力，把严重的环境问题留在了发展中国家。这在客观上无形中降低了发展中国家发展的持续支撑能力。

这种由于历史发展的不平衡，造成了现实发展的不公平，是实施全球可持续发展战略首先要解决的问题。

就一个国家或地区而言，发展不是少数人的权利，所有的人都应享受发展所带来的好处，都应享有较高的生活质量。你这个地方富得不得了，另一个地方穷得没饭吃，温饱问题没解决，这不叫发展，更谈不上可持续发展。发展的公平性就是要消除地区之间发展的不平衡，实现共同富裕。不能因为少数人的需要而危及多数人对需要的满足，贫富不均、两极分化的世界不可能实现可持续发展。

在中国，存在着区域间发展的不平衡问题，这些问题有地域上的原因，也有资源分布不均衡的原因，还有国家发展战略上的原因。20 世纪 80 年代初，在“让一部分人先富起来”的思想指导下，国家确立了优先发展沿海地区经济的战略。从历史的角度看，这种发展战略对国家整体经济的复苏和发展起到了推动作用，沿海地区的发展带动了中、西部地区的发展。然而，这种战略也导致了地区间发展的不平衡，沿海和中西部地区的经济水平相差悬殊，影响了国家整体经济的持续发展。

从发展的公平性角度看，这种发展战略是不适应可持续发展要求的，需要进行调整。近年来，国家确立了中、西部大开发战略，就是为实施国家可持续发展目标所做的重大战略调整，是发展的公平性原则的具体体现。

其次，发展要考虑代际之间的公平。这是可持续发展与传统发展的本质区别。发展是一个连续的过程，当代人与后代人应享有平等的发展机会和权利，满足当代人的需要不能牺牲后代人的利益和削弱后代人发展的潜力。按照世界银行关于发展的评估标准，我们留给后代人的上述四项资本的总和不能小于从祖先那里继承下来的四项资本总和。

具体地说，发展不能欠帐，既不能借后代人赖以发展的资源以满足当代人发展的需要，又不能把当代人所造成的环境问题留给后代人去解决。

（4）发展要有和谐性

环境保护是可持续发展进程中的一个有机组成部分，维持人类与自然相和谐的关系是可持续发展的基本要求。现代发展越来越依靠环境与资源基础的支撑，而随着生态环境的恶化和资源的耗竭，这种支撑已越来越薄弱和有限了。因此，越是在经济高速发展的情况下，越要加强环境与资源保护，以获得长期持久的支撑能力。这是可持续发展区别于传统发展的一个重要标志。

遵循发展的和谐性原则，就是要正确认识人与自然的关系。可持续发展要求人们必须彻底改变对自然界的传统态度，重新认识人在生态—经济—社会大系统中的地位和作用，建立起新的道德和价值标准，把自然界不再看作是被人类随意盘剥和利用的对象，而看作是人类生命的源泉。人类必须学会尊重自然、师法自然、保护自然，把自己当作自然界中的一员，使人类从以人为中心、以征服自然为基本信条的工业文明的阴影中走出来，迎接以人为本、以和谐人与自然关系为中心的环境时代。如果说，哥白尼发现了地球不是宇宙的中心，在人类文明史上具有伟大的变革意义，那么，我们现在也应该承认，人类不是自然界的中心，在未来人类社会的发展进程中，同样具有伟大的变革意义。

（5）发展的模式和途径不是唯一的

正如同社会制度的选择一样，对具有不同的社会历史背景、文化背景、处于不同发展阶段的国家，可持续发展战略的选择可以不同。因此，发展的模式和途径也应有所不同。

可持续发展是人类关于发展的结构化描述。如何实施可持续发展，什么样的发展才是可持续的，人类可以有统一的准则，但没有统一的模式。对于发达国家而言，实施可持续发展首要的任务是抑制自然资源的消耗，同时要主动帮助发展中国家和地区发展经济，逐渐消除发展的不平衡现象，保护“地球村”的整体利益。对于发展中国家，首要的任务是在转变传统的经济增长模式基础上加快经济发展。

就我国而言，在今后五十年乃至更长的时期内要加快中、西部地区的发展，提高这些地区的经济实力。但在今后的发展过程中，不能采取沿海地区所曾经采用过的、传统的、以大量消耗有限资源换取经济增长的发展模式，而要走持续利用、高效、集约化的发展道路。

总之，可持续发展包括“需求”和“限制”两个方面，二者缺一不可。没有需求就没有发展，需求不同决定了发展模式的不同。没有限制就没有持续，无限制的发展必然破坏人类生存的物质基础和生态环境，必然导致发展的不可持续，发展本身也就衰退了。

三、可持续发展的理论基础

可持续发展作为世界各国的一项伟大社会实践，有其自己的理论基础，主要由三个再生产理论——自然再生产、经济再生产和社会再生产所组成。

1. 自然再生产

自然系统是生态—经济—社会系统的一个子系统，它构成了整个系统的资源基础和环境基础。丰富的自然资源是整个系统可持续发展的物质基础，良好的生态环境是整个系统可持续发展的环境基础。离开了自然资源，发展将成为一句空话，失去良好的生态环境，发展将无法持续。

自然系统在整个系统中所起的作用是进行资源与环境的再生产。一方面，自然子系统具有资源再生产能力，向经济、社会子系统提供发展所必需的生产资源和生活资源。另一方面，它在向其它子系统提供生产、生活资源的同时，又接收和消纳来自于其它子系统的生产和生活废物，具有环境资源的再生产能力。此外，自然子系统能满足人们对舒适性的要求，优美的自然和人文景观提供给人以精神享受。

自然再生产的能力是一个动态变化的量，就是人们常说的环境与资源承载力，其大小取决于人类经济活动的频率和强度。当人类的经济开发强度和排放到环境中的废物超出资源与环境的承载力时，自然再生产能力降到最小的极限，甚至是一个负值。只有当人类的经济开发强度和排放到环境中的废物在资源与环境支撑极限的允许范围内时，自然再生产能力才能保持在一个较高的水平。

2. 经济再生产

经济系统是生态—经济—社会系统的子系统，是整个系统内部物质与能量循环得以维持和继续的中心环节，是联接自然子系统与社会子系统的纽带。它首先从自然子系统中获得生产资源，经过物质生产将各种资源转换成各种形式的社会产品提供给社会子系统，以满足人们日益增长的物质需求。同时，经济子系统又将物质生产过程中没有被利用的资源以废物的形式重新投放到自然系统中。

经济子系统的功能就是进行物质生产，将资源转化为产品。其再生产的能力也是一个动态变化的量。经济再生产能力的大小取决于资源利用率和资源与环境支撑力两个方面。

首先，经济再生产能力取决于资源利用率的大小。资源利用率高，则资源浪费就小，单位资源所创造的社会产品就多，向自然系统输送的废物就少。反之，资源利用率低，则资源浪费大，单位资源所创造的社会产品少，向自然系统输送的废物就多。资源利用率与人力资本和社会资本的积累密切相关，充足的人力资本和先进的科学技术是提高资源利用率的两个基本要素。

其次，经济再生产能力还依赖于自然资本的积累，即资源与环境的持续支撑能力。其中，足够的资源以及资源的持续支撑是经济再生产能力得以持续的物质保障，良好的生态质量是经济再生产的环境基础，是整个系统内物质与能量转化得以持续的外部条件。

3. 社会再生产

社会系统是生态—经济—社会系统的调控中心，具有人力资源再生产的功能。一方面，社会系统在消费由经济系统提供的社会产品的同时，也向经济系统提供必要、充足的人力资源。另一方面，社会系统在从自然系统直接或间接获取生活资料的同时，也对自然环境进行有目的的加工和改造，并向自然环境排放生活废物。

社会系统在整个系统中处于最高的层次，对其它系统的变化与发展具有能动的作用，这种能动作用是由社会生产与消费方式所决定的。当社会生产与消费方式符合客观事物的发展规律——自然再生产规律时，其能动作用表现为积极的、正向的促进，整个系统的发展必然表现为一种持续的特征。当社会生产与消费方式违背客观事物的发展规律——自然再生产规律时，其能动作用表现为一种消极的、反向的制约，整个系统的发展必然是一种非持续的状态和过程。

总之，经济再生产和社会再生产必须以自然再生产为依托，不能超越自然再生产的承受能力。三种再生产之间存在着相互制约、相互影响和相互促进的关系，只有它们相互协调的时候，社会生产力才能得到发展。

三种再生产的关系如图 6-2 所示。

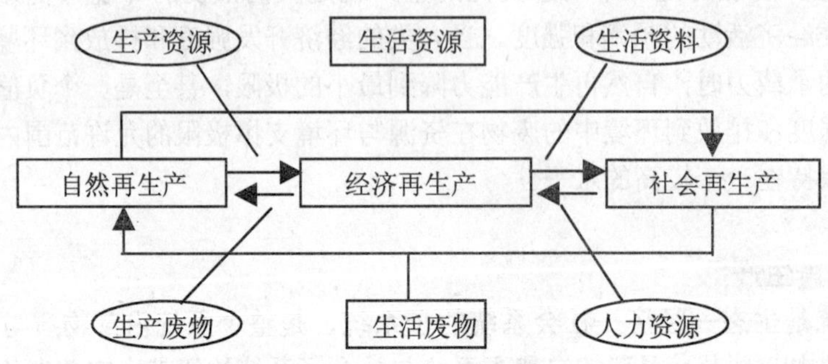

图 6-2 三种再生产关系

从以上各子系统之间的相互关系来看，为了得到更多的产品以满足社会系统的需求，就得加快物质生产，这就有两种可供选择的物质生产方式。一是以大量消耗自然资源来提供较多的生活资料和社会产品，这种生产方式的基本特征是在维持现有的社会生产率和资源利用率的前提下，用过量消耗自然资源来提高物质生产能力，换取经济的增长。二是以提高物质循环效率来提供较多的生活资料和社会产品，这种生产方式的基本特征是通过缩短产品生命周期和提高资源回收、利用率来提高物质生产能力，实现经济的增长。

由此可见，传统的经济增长方式实质上就是第一种选择。为了追求更大的经济效益和较快的增长速度，决策者往往采取外延扩大再生产的途径发展生产，其结果必然形成社会生产力和资源利用率在低水平徘徊与自然资源的高水平消耗的巨大反差，这样的经济系统是一种低效能的系统。就好比一头大象，为了维持正常的生命运动，它每天要靠大量消耗各种植物填饱肚皮，资源利用率和能量转换率很低，这就是一个典型的、粗放式的、低效能的生命系统。

按照三种再生产理论，实现可持续发展就是要实现经济增长方式的转变，将物质生产从第一种选择转变到第二种选择上来。《21 世纪议程》中明确指出："全球环境不断恶化的主要原因是不可持续的消费和生产模式，尤其是工业化国家的这类模式。这种不可持续的消费和生产模式加剧了贫困和生态失调，要达到较好的环境质量和实现可持续发展目标，就需要改变生产和消费模式。"

目前，从三种再生产理论的角度，改变生产和消费模式有两种途径。

第一，改变物质生产循环方式，即由传统的线性生产过程转变为环形生产过程。

传统的物质生产过程可表述为：

环境 → 原材料 → 产品 → 废物（放弃）

这是一种线性生产过程，在这个过程中所产生的废物直接进入环境，来自于自然系统的资源只完成了一次物质循环。

环形生产过程可表述为：

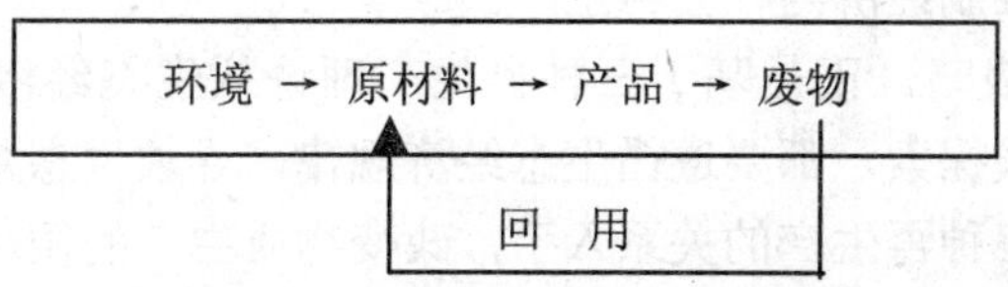

在这个生产过程中，所产生的废物作为一种再生资源重新进入生产循环过程。

实现物质生产循环方式的转变，就是要改变粗放式的经营模式。这主要依靠科技进步，推行清洁生产，改善生产工艺和消耗技术，并使用危害性小的原材料或生产工艺来替代危险性大的原材料或生产工艺，这是转变经济增长方式的重要方面。

第二，改变人类生活消费方式。

消费方式既是衡量可持续发展的重要指标，又是反映人群文化道德水准的一个重要指标。自人类社会进入工业文明时代以来，在错误的消费观念和价值观念引导下，人类的消费方式形成了恶性循环，进入了一个难以自拔的怪圈，如图 6-3 所示。

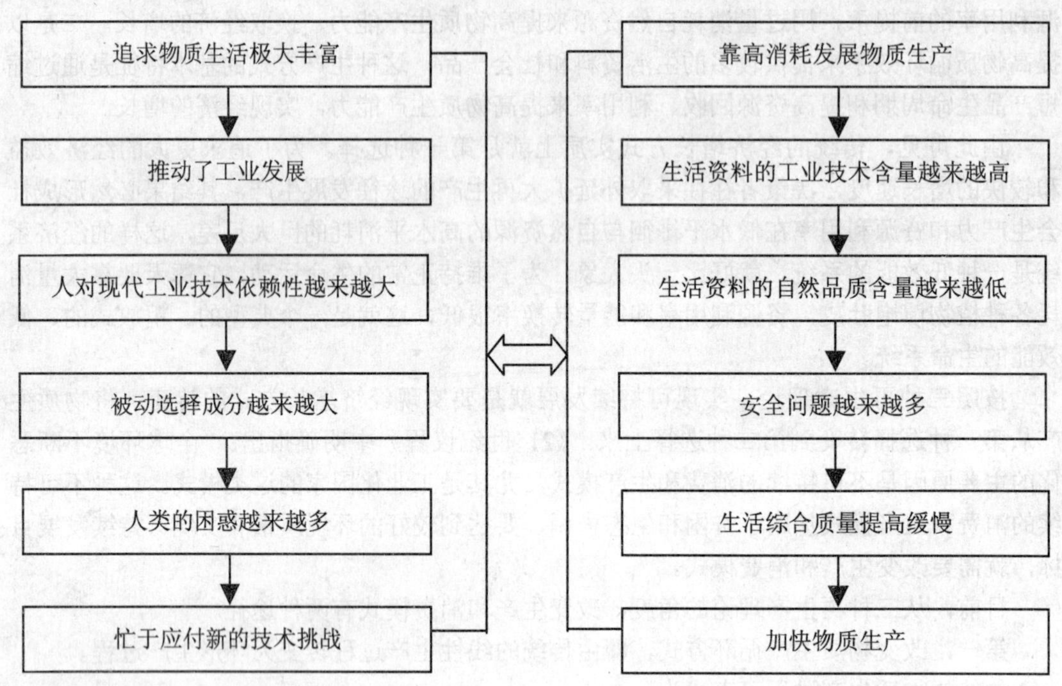

图 6-3 消费方式与生产方式循环圈

人类要想走出这个怪圈，打破这种恶性循环，就必须改变传统的消费观和消费方式，提倡绿色消费。绿色消费由朴素消费与清洁消费两部分组成。提倡朴素消费，就是要增加来自于自然系统的生活资源，减少来自于物质生产的生活资料，即提高消费入口比。提倡清洁消费，就是要增加可再生物的产品比例，减少废弃物，即提高消费出口比。

传统的发展观和发展模式实质上是重视了经济再生产和社会再生产两方面，忽视了自然再生产，这是传统的发展模式和道路不可持续的深层次原因。可持续发展则强调扩大自然再生产，调整和限制经济与社会再生产。

实施可持续发展战略，正是基于三种再生产理论从生态经济学角度来考虑的。无论是理论研究，还是实践探索，都要遵循生态经济规律，寻求生态系统、经济系统和社会系统的结合点，从调整三种再生产的关系入手，改变物质生产的循环方式和消费方式。唯有如此，才能建立可持续的发展模式并实现可持续的发展目标。

四、中国的可持续发展战略

1992 年巴西环境与发展会议之后，可持续发展战略已成为世界各国指导经济、社会发展的总体战略。对于中国来说，实施可持续发展具有更加重要的意义，特别是在 21 世纪，中国要彻底摆脱贫困，实现长久的发展就必须走可持续发展的道路，这是唯一正确的选择。

1．实施可持续发展战略的紧迫性

在人类进入 21 世纪的时候，关于为什么要实施可持续发展战略的问题，已经众所周知，无需论述。然而，关于中国实施这一战略的紧迫性问题，社会公众和各级政府决策者的认识水平还存在着很大的差别，必须以中国的基本国情为认识基础，加以认真讨论。

中国选择可持续发展战略，是一个刻不容缓的问题，其紧迫性来自于下述三个方面。

（1）要保持中国经济的稳定持续增长

中国是一个发展中国家，发展经济、消灭贫困是中国政府优先考虑的问题，是今后一个相当长历史时期内政府的主要任务和目标。这个主要任务和目标是由中国的基本国情所决定的。

中国的基本国情是人口众多，资源紧缺，生态环境脆弱，环境污染严重。这些问题产生的根源是建国以来采取了不可持久的发展模式，特别是不可持久的经济发展模式——粗放式经营，以大量消耗资源、牺牲环境为代价谋求经济增长的发展战略。虽然这一点不属于中国的特色，但在中国表现得尤为突出。从建国到现在，中国走了一条高投入、高消耗、低产出、低效益、重复建设的路子，经济形势几度恶化、几度复苏，许多地区的人们一直在为解决温饱问题而努力。到目前为止，全国还有几千万人口没有解决温饱问题，生活处于贫困线以下。

所有这些说明了“发展是硬道理”。一个民族、一个国家，要想在世界上发挥更大的作用，必须要有经济实力，要强大。不强大就要挨打，这是历史经验。所以，在任何时期，任何国家都把经济的发展摆在首位，这是没有例外的。

但是，选择什么样的发展道路才能使中国较快地摆脱贫困，走向富裕是问题的关键。很显然，传统的发展模式不可能使中国真正摆脱贫困，实现在 21 世纪中叶达到发达国家现有水平的发展目标。出路在哪里？出路就是走可持续发展的道路！

国家发展需要一个持续的过程，同时，持续的经济增长必然给资源利用和环境保护带来巨大的压力。因此，要解决这样一个矛盾，唯一选择就是走可持续发展的道路，而且是当务之急，只有走可持续发展的道路，才能实现国家发展的总体目标。

（2）要解决中国日益短缺的资源问题

中国从 20 世纪 80 年代实行改革开放以来，经济建设取得了举世瞩目的成就。但是，中国为加快经济的发展，长期以来采取了不可持久的资源开发战略，走了一条靠大量消耗资源和能源来谋求经济增长的道路，造成了严重的资源浪费，自然资源贮量在急剧减少。有统计资料表明，从 50 年代初到 80 年代末期，中国的国内生产总值增长了近 8.9 倍，而能源消耗却增长了 14.9 倍，矿产资源中铁矿石消耗增长了 23 倍，有色金属消耗增长了 24 倍。这说明，在这期间，中国用了 14.9 倍的能源消耗和 20 多倍的矿产资源消耗换取了 8.9 倍的国民经济增长。进入 90 年代后，虽然中国的社会生产力有了较大的提高，但是资源利用率仍然徘徊在 80 年代的水平。

据国家计委 1996 年的统计数据，以能源消耗为例，中国的平均能源利用率仅为 30%，而西方发达国家一般都在 50%以上。中国每单位国内生产总值消耗的能源相当于日本的 61 倍、美国的 23 倍；消耗的钢材相当于法国的 7 倍、美国的 6 倍、英国的 5 倍、德国的 4

倍、日本的3倍。尽管这种比较可能由于经济结构的不同和汇率计算等原因存在一定的偏差，但在中国的经济活动中，资源与能源消费严重，这是无可置疑的。

中国确确实实走了一条以能源和资源高消耗来换取经济低增长的道路。急于求成、急功近利的经济建设指导思想和只注重开发而不注重保护的资源战略，消耗了国家大量的不可再生资源。其中有两个代表性的时期，一个是50年代末大跃进时期，一个是80年代乡镇企业崛起时期。特别是80年代，在“有水就流，有水快流”的资源战略思想影响下，乡镇企业的发展出现了混乱的局面。按照经济学的理论，单位资源所创造的经济价值远远小于资源价值量，形成了经济效益与资源成本倒置的现象。与此同时，由于存在着资源开发无序、资源开发无度等问题，造成了一系列严重的环境污染和生态破坏。

还有，中国耕地浪费严重，土地资源锐减与人口不断增加形成了一个巨大的剪刀差，淡水资源、森林资源、草地资源、动植物资源破坏严重，生物多样性在不断减少。

紧缺的资源绝不允许更多的浪费，国际市场的激烈竞争也不允许由于高消耗而导致的高成本。严峻的现实告诉我们，解决日益紧缺的资源问题是一项紧迫的任务，既没有别的出路，也没有更多的时间让我们等待，只有走可持续发展的道路，这是唯一的选择。

（3）要遏制日益严重的环境污染和生态破坏问题

传统的发展模式是中国环境问题产生的根源，反过来，严重的环境问题又极大地制约了中国经济与社会的持续发展，在环境与发展之间形成了一个难以破解的恶性循环。

从总体上讲，以城市为中心的环境污染仍在发展，并急剧向农村蔓延。在一些局部地区，水和大气污染已经达到或超过了西方发达国家20世纪60—70年代的程度，一些重大的污染事故与20世纪中叶全球的八大环境公害和70—80年代的十大环境事件相差不多。

生态破坏的范围和程度在不断扩大，由此所造成的经济损失令人震惊。1998年中国的洪涝灾害使政府从睡梦中惊醒，也使人们饱尝了自己种下的苦果。可以说，生态破坏如同雪上加霜，使本来就很脆弱的国家经济更加脆弱，使本来就不可持久的发展更加不可持久。严重的生态破坏不仅动摇了发展的根基，成为制约社会生产力发展的重要因素，而且对国家和地区的安全构成了严重威胁。

对于中国而言，环境问题不仅仅是一个发展问题，而且是一个生存问题。因此说，不论从污染防治方面，还是从生态保护方面，中国都已经没有了退路。只有走可持续发展的道路，才能从根本上解决日益严重的环境污染和生态破坏问题。

2. 可持续发展战略的若干子战略

可持续发展不是一句口号和一种理论，而是一项伟大的社会实践。对特定的国家和地区而言，就是资源、环境可持续支撑下的经济持续增长和社会持续进步。这需要建立与之相适应的若干子战略。对于中国来说，推进可持续发展进程要体现在社会各个领域的具体实践之中，需要建立可持续的经济战略，可持续的人口战略，可持续的资源战略，可持续的环境战略，可持续的农业战略，可持续的城市战略和可持续的消费战略。

（1）可持续的经济战略

经济发展战略是国家发展战略的核心，只有持续的经济增长才能保障国家的持续发展。因此，建立并实施可持续的经济战略是实施国家可持续发展战略的核心内容。

在中国，要实现 21 世纪的经济持续增长，必须要实现以下四个方面的转变：一是经济体制的转变，二是经济增长方式的转变，三是经济发展格局的转变，四是国家政治体制的转变。这四个转变构成了中国可持续的经济发展战略的全部内容。

实现经济体制由计划体制向市场体制的转变这是中国政府早在 20 世纪 80 年代就开始实施的“两个根本性转变”之一，是从经济管理模式角度进行的一场变革，是顺应经济规律的必然选择，在中国发展的进程中具有重大的意义。

经济增长方式的转变是从发展的可持续性角度对传统经济增长模式的变革，同经济体制转变一样，是“两个根本性转变”之一。建立可持续的经济发展战略，关键在于通过产业结构调整促进经济增长方式的转变。具体地说，就是要从主要依靠扩大经济建设规模转向主要对现有企业的技术改造，从主要依靠增加生产要素的投入转向主要依靠技术进步，从过去高投入、高消耗、高污染、低产出、低效益、低质量，粗放型、外延式增长方式转变到低投入、低消耗、低污染、高产出、高效益、高质量的集约型、内涵式增长方式上来。通过强化管理、优化结构、调整布局，形成有利于自主创新的技术进步机制、有利于资源优化配置的经济运行机制，实现经济的持续、稳步增长。

经济发展格局的转变是要求对近二十年来中国经济发展格局进行调整，从东部沿海地区的重点发展战略转向沿海与内陆的均衡发展战略上来，推进中、西部地区的大开发，以实现中国东西部地区、沿海与内陆地区、南方与北方的平衡发展。区域经济的不平衡，会造成资源的巨大浪费和破坏，会影响国家和社会的稳定，进而会制约国家的可持续发展。所以，实现经济发展格局的转变同经济体制和增长方式的转变同等重要。

目前，中国正处于第二次产业结构调整时期，要抓住这一有利时机，对过去的经济发展格局进行及时的调整，从宏观决策上考虑区域发展的平衡问题，是建立可持续的经济发展战略的重要内容。

加快上述三个方面的转变非常重要，但除此之外，还应当加快国家政治体制的转变，确保政治体制改革与经济体制改革的同步跟进。在实现“两个根本性转变”的过程中，人们的经济关系必将发生很大的变化，从而对上层建筑的各个方面必将产生重大影响，这对政治体制的改革提出了客观要求。事实证明，只实行经济体制的转变，不实行政治体制的变革，经济体制与增长方式的转变是无法顺利进行的。

因此，加快国家政治制度和管理体制的改革势在必行，是国家经济持续发展的保障，是实施可持续发展战略的客观需要，也是建立可持续的经济发展战略的重要组成部分。

（2）可持续的人口战略

建立可持续的人口战略是具有中国特色的可持续发展战略的重要方面，也是解决中国发展问题的当务之急。可持续的人口战略由两部分组成：一是控制人口总量，二是提高人口素质。

在建国初期，由于当时受“人手论”思想的影响，中国采取了鼓励和非限制的人口发展政策，在不到半个世纪的时间里，人口由 50 年代初的 5 亿增加到 90 年代末的 13 亿，每年净增人口 1300 万人左右。快速增长的人口在很大程度上抵消了国家经济增长的那一部分，这是中国人生活水平提高缓慢的一个重要原因。

在中国科学院编写的《国情研究报告》中明确指出，我国土地资源的合理人口承载力是 9.5 亿，按温饱水平计算，其理论上的最大人口承载力为 15 亿—15.6 亿人，即使在严格控制人口增长的条件下，到 2030 年，中国人口将达到或接近这个土地资源的承载极限。但从目前的中国人口增长趋势看，到 2015 年就有可能突破这个极限。

庞大的人口数量给中国各方面都带来了巨大压力，同时也给世界造成了巨大压力。我们经常说，中国政府用占世界 7%的耕地养活了占世界 20%的人口，从国民教育的角度来看，这当然是一件非常了不起的事情。但我们却很少从另一个方面去思考：在世界 7%的土地上生存了世界 20%的人口，究竟意味着什么？

早在 20 年以前，西方国家对中国的人口政策提出了批评和质疑，出现了一种“中国威胁论”。最近又有文章提出质疑，“2030 年的中国人谁来养活”，其观点很值得研究和重视。“中国威胁论”不是认为将来中国强大了，要称霸世界，而是说中国人口对全球资源需求所存在的潜在威胁。有一个统计资料指出，现在一个美国人的平均消费水平相当于 30 个中国人的平均消费水平。有人预测，到 21 世纪中叶，中国人的消费水平要达到美国现有的消费水平，这意味着到那时候，中国人的消费水平扩大了 30 倍，这就等于中国人对自然资源的需求扩大了 30 倍，地球上的有限资源怎能满足？

所以，人口问题是制约中国经济发展，在一定程度上也是制约世界可持续发展的主要问题之一。控制人口总量是中国政府面对世界所应承诺的责任和义务，是今后 50 年甚至一个世纪里要常抓不懈的一项艰巨任务，需要通过坚定不移地落实计划生育这一基本国策来实现。

相对于人口总量控制，提高人口素质更为重要，是可持续的人口战略中的关键。13 亿中国人中，剩余劳动力超过 2 亿，可人力资本却明显不足。原因就是人口素质偏低，人口结构不合理，造成这一问题的根源是国家教育落后。按照“人手论”的观点，人多能做事情，能创造更多的社会财富，但关键在于素质。如果素质不高，人再多他还是先消费后创造，消费的比创造的多，人再多又有什么用！

可以说，提高人口素质比控制人口总量更为迫切。提高人口素质对于控制人口总量具有积极的促进作用，只有人的素质提高了，人口总量才能得到有效的控制，这是人口发展的客观规律。

所以，对于中国来说，要想有效控制人口总量的增长，有效解决人口素质偏低的问题，就必须树立教育兴国、质量兴国的观念，贯彻实施科教兴国战略和计划生育的基本国策，以科教兴国战略为先导推进国家可持续发展的战略目标。

（3）可持续的资源战略

实施可持续发展，就要转变传统的资源开发战略，使资源开发向“依靠自然收入而不耗竭其资本”的方向转变。确立可持续的资源战略，要解决资源立法、改革资源管理体制、改革进出口关税政策三个问题。

首先，要加快国家的资源立法。中国正处在经济体制的转轨时期，为加快“两个根本性转变”，除了要建立规范市场主体和行为关系的法律、法规体系，国家还要按照新体制的要求制定与市场经济体制相适应的资源开发、利用与保护的法律、法规和政策。通过资源立法调整资源开发、利用与保护的关系，解决资源补偿不足问题。

长期以来，中国在资源开发问题上，强调利用过多，注重保护过少，有关资源的法律、法规和政策都是从利用的角度来考虑的，而资源补偿问题置于一个非常次要的地位。由于缺乏有效的资源补偿法规和政策，资源保护的责任、权力与义务相脱节，无法调动各级地方政府资源保护的积极性。谁开发谁保护、谁利用谁补偿、谁破坏谁恢复的资源保护方针无法落实，在实践中出现了开发者不保护、利用者不补偿、破坏者不恢复的现象。

例如，在生态保护与资源补偿问题上，存在着立法空白。一般说来，大流域的上游或源头都是经济相对落后地区，水资源利用量较小，水环境污染问题不突出，环境保护以生态保护与建设为主要内容。无论是生态保护还是生态建设，其受益者都不是该区域本身，而是流域的下游。按照可持续发展的公平性原则，受益的流域下游应当对为水资源保护做出贡献的上游地区提供资源补偿。就是说，流域下游地区不仅要对流经你这个区域的水环境质量承担环境保护责任，还应当承担由于受益所必须承担的生态补偿义务。这是因为，流域下游的经济发展是建立在良好的水环境质量基础上的，而良好的水环境质量是流域上游做好生态与资源保护的结果。你的收益建立在他人的付出基础上，你就应当为此提供相应的补偿，这是一个最简单的常识和道理。

但是，这需要国家通过资源立法加以解决。缺少资源补偿法规和政策，就不能正确处理在资源保护方面的责、权、利三者之间的关系，就不能有效调动人们生态保护的积极性，就无法解决生态保护与建设的资金投入问题。

其次，要加快国家资源管理体制改革。应当承认，中国在自然资源产权制度方面存在的问题，特别是产权虚置问题，是资源利用中产生严重的短期行为及资源滥用的重要根源。

目前在中国，虽然所有的自然资源均归国家和集体所有，但实际上被部门所有、地方政府所有、社团所有和个人所有这样一种非“正规”的资源所有制体系所取代。地方政府和各行政主管部门各自为政、划地为牢，形成了资源开发的无序状态和资源管理的混乱局面。在这样一种情况下，各地区、各部门都在争夺资源开发权，而不顾及资源的持续利用，造成了事实上的非规范的占有现象，并且形成了资源利用利益分配上的种种矛盾。

与传统资源管理体制相对应，不可持续的资源管理思想是导致资源开发战略不可持续的认识根源。在过去一个相当长的历史时期内，从中央到地方在资源利用方面一直片面强调“充分利用现有资源”，而在实践中，人们把“充分利用”往往理解为全方位的资源开发。在这种思想指导下，不论是可再生资源，还是不可再生资源；不管是地下资源，还是地上资源；也不管是海洋资源还是陆地资源，只要能创造眼前的经济效益，就统统开发。

实质上，“充分利用”要体现以下完整的含义：一是对已开发的资源要充分提高现有的生产技术水平和管理水平，转变线性生产方式为环形生产方式，提高资源回收率、降低消耗率和废物排放率，这一点是容易被人们理解的。二是对未开发的资源要采取保护性的开发措施。对必须开发的资源，特别是不可再生资源，只有具备较高的开发技术水平和能力时，才能有计划地开发。不具备目前开发水平和能力，即便是急待开发的资源，也需等待将来具备了开发能力时再开发。如果仅考虑当前对资源的需求，而不具备资源开发技术水平和能力，没等利用在开发过程中就浪费了一半，与其说充分利用资源还不如说充分浪费资源。

这些问题的解决需要从改革现行的资源管理体制入手，确立多样化、多层次的自然资源产权管理体系。对于像土地、森林、地下矿藏等产权界限比较清晰的资源，应在平衡公共利益和所有者与使用者利益的前提下，建立国有、地方所有、集体所有的三级管理体制，建立配套的监督、代理、委托制度。对于那些产权界限不清的资源，如海洋水产资源、地下水等可在建立政府监督管理体系的同时，探索建立各种方式的授权管理或委托代理的制度。特别是对地区性的环境资源，可以建立公共社团、自愿组织为核心的委托管理体系，作为国家管理的重要补充。

第三，要改革现行的国家进出口关税政策。改革现行的进出口关税政策，实行资源进口零关税，这是建立国家资源可持续利用战略的重要内容。

几十年来，中国政府为了刺激国内经济的增长，实行了资源进口重关税和资源出口零关税（低关税）政策。其本质是靠廉价出卖资源发展国家经济。这种资源政策的实施，一方面不是限制而是鼓励了一大批国内资源浪费大、污染严重的重复性资源开发项目大量上马，同时也使得国外那些因为严重浪费资源和严重污染环境的资源开发及生产技术借助本国产业结构调整之机进入中国，给中国的环境保护带来了巨大压力。另一方面，由于这种政策是鼓励资源的出口而限制资源进口，在促进国家经济增长的同时，却以更高的速度在消耗着国内有限的自然资源，使得国家的自然资本在快速减少。中国已经陷入了资源枯竭和环境问题日益严重的窘迫境地，环境保护举步维艰，经济增长难以持续。

与中国的资源政策相比，西方发达国家实行的是资源进口零关税（低关税）和资源出口重关税政策，其实质是靠廉价购买资源发展本国经济。例如，在英国国内没有造纸业，也没有木材加工业，其原因在于国家实行木材和纸浆的零关税进口政策以及高关税的木材和纸浆出口政策。

在这种资源政策的引导下，西方发达国家利用自己科学技术上的优势纷纷到国外去投资办厂。一方面，利用了别国的空间和资源发展自己的经济；另一方面，减轻了自己国内的环境压力和实现自己国内自然资本的积累，以巩固自己在国际上的有力地位并扩大自己在世界上的竞争优势。

这样一进一出，一买一卖，有着本质的差别。在资源领域，买方是最大的赢家。中国必须认真汲取半个世纪以来在资源利用方面的教训，虚心学习别国的有益经验，制定并实施新的中国资源政策——进口零关税（低关税）以及出口高关税政策。通过实施新的资源政策，让国内那些靠高消耗、高污染换取低效益、低增长的小造纸、小冶炼等资源加工产业和企业自然消亡，从政策源头上促进国家产业结构的调整，实现经济增长方式的转变。

人类社会发展的历史以及未来将反复验证这样一个道理：任何一个国家和民族要想实现持久的发展，就必须拥有非常雄厚的自然资本，谁无视这个道理，谁将被历史所淘汰。

（4）可持续的环境战略

可持续的环境战略是可持续发展战略的重要组成部分，具有什么样的环境战略，可以透视出一个国家有什么样的发展战略。

对于中国而言，可持续的环境战略是一个全新的内容，它与传统的环境战略存在着本质上的差别。但在以往的理论研究中，很少有人对可持续的环境战略进行过认真的研究，国内一些专家学者往往把可持续发展战略看成或定义为可持续的环境战略，还有许多人把环境战略与可持续的环境战略混为一谈。这种错误的认识和理解，不仅造成了理论上的混乱，而且给环境保护实践造成了不利的影响。

有关可持续的环境战略内容将在第四节作专门的论述。

（5）可持续的农业战略

中国是一个农业大国，农业人口占全国总人口的 73%，所以农业可持续发展是国家可持续发展的根本保证和优先领域。要实现农业的可持续发展，就要转变传统的农业模式，走可持续的农业发展道路——可持续农业。

所谓可持续农业，就是高科技的生态农业，由生态农业和高科技农业两部分组成。生态农业是在传统的立体农业基础上发展起来的一种符合环境保护要求的新型农业，它主要解决农业资源的持续利用和生态保护两个问题以提高自然系统的再生产能力。

自1996年以后，中国的生态农业进展很快，到2002年3月，全国已有2500多个生态农业示范点，215个国家级生态农业示范区建设试点。其中，3个生态省（海南、吉林、黑龙江），36个生态市（地、盟、州），169个生态县(区、旗)，其它7个。各地在实践中探索出了许多可以借鉴的成功做法和经验，对全国的生态环境保护必将发挥重要的任用。

但是，仅仅依靠生态农业，不能从根本上消除粮食供给不足的问题，不能从根本上解决由于人口增长对食物总量增长的需求与耕地面积锐减、淡水资源日趋不足的矛盾。因此，要在实施生态农业的基础上发展高科技农业，这是中国可持续农业的重要组成部分。一个拥有13亿人口的大国，单纯地向土地要粮食已不能满足发展的需求，在这种情况下，通过高新技术解决中国的粮食问题就成为一条必由之路。高新农业技术包括航天育种、生物工程育种、从石油及其它传统的非食用品中提取高质量食用蛋白、利用生物技术研制生物农药等。

生态农业与高科技农业互补，构成了中国的可持续农业，而任何一种单一的农业模式都无法实现其农业的可持续发展。

目前，中国实施可持续农业面临着四个重大问题。一是人口递增与耕地锐减的矛盾日益突出，二是农业自然资源日趋短缺、农业生态环境不断恶化，三是农业经济结构不合理、自然资源配置不协调，四是农民综合素质低及农村相对贫困化加剧。这四大问题是导致中国粮食生产成本过高、产量不足、发展缓慢的主要原因。今后依靠提高价格来刺激粮食生产将受到加入世界贸易组织的制约，回旋余地不大。因此，中国以精耕细作的小农经济为主要特征的农业已接近或达到其土地承载力的临界状态，必须转变农业的发展模式，走可持续的农业道路。

发展可持续农业要解决五个方面的问题：一是调整农业内部结构，限制种植业盲目扩张，大力发展林果生产、坡地种草和舍饲养畜。二是要改变耕作制度，减少耕作次数以降低耕作压力，提高植被覆盖面积。三是要明确土地产权制度，鼓励农民投资促进资源的合理利用和保护，改善农村信贷服务，促进不发达地区农村庭院经济的发展。四是要调整黄土高原农业的发展规划和对策，将黄土高原能源与矿产资源开发规划相结合、资源开发与生态建设相结合，增加生态补偿、控制水土流失、遏制生态退化。五是要加强黄河等重点流域的资源管理，增强流域管理机构的权威性，有效协调各部门与地方在资源分配、生态保护与资源补偿等方面的责、权、利的关系。

我们要有这样一个认识，农业是中国可持续发展的基础和优先领域，农业如果解决不好，根基动摇了，整个国家的发展就成了问题。所以，在所有的可持续发展问题中，农业的可持续发展是必须优先考虑的，确立可持续的农业战略应放在与确立可持续的经济、人口与资源战略同等重要的地位。

（6）可持续的城市战略

就全球范围而言，城市规模不断扩大和膨胀，这是一个总的趋势。但城市规模过大、过于集中，对区域经济发展是不利的，容易产生区域发展的不平衡。同时，也给城市的建设和管理增加了难度。诸多的问题相互影响、相互促进和相互制约，使城市的发展成为区域社会发展中最具代表性、最复杂的控制问题。

就我国而言，城市总体规模在不断扩大，城市发展过程中存在着许多难以解决的问题，如城市的人口问题、环境问题、就业问题、交通问题、住房问题、文化教育和犯罪等问题都是困扰城市可持续发展的重大问题。在全国660多个大、中、小城市中，表现最为普遍、最为突出的问题是城市发展缺乏长远规划。二三十年期限的城市发展规划无法满足城市长久发展的需要。正是由于缺乏长远规划，才导致了城市的所有问题交织在一起，相互制约、相互影响，长期得不到解决。

比如，由于缺乏长远规划，城市的工业区、商业区、居住区、文化教育区以及文物古迹保护区环绕交错，不仅增加了大量的环境问题，而且因不断的城市扩建和旧城改造延缓了城市的发展，同时也给城市的综合管理增加了困难。另外，由于城市规划缺乏生态理论的指导，密度过大的建筑物和面积过大的水泥路面阻隔了天然降雨对城市地下水源的补充，导致城市水资源紧缺和其它一系列生态问题的发生。

确立可持续的城市发展战略，就要由集中式向均衡式转变，从正确处理和解决人类住区与可持续发展的关系入手，采用生态学方法进行城市规划，以城市生态化为发展目标进行生态城市建设，同时建立高效的城市管理体制和能为环境保护作出承诺的城市政府。

城市生态系统是一个结构复杂、功能多样、规模巨大的开放系统。与自然生态系统的最大区别在于自然生态系统能够自给自足、自我维持，呈现植物多、动物少的营养金字塔形态，而城市生态系统则不同，呈现出人口多、动物植物少的倒营养金字塔形态。在城市生态系统中，光合作用对整个系统的运转并不发挥决定性的作用，需要从系统外部补充食物和能源等以维持系统自身的正常运转。同时，系统所产生的各种废物也不能靠系统自身进行自然分解，必须输送到系统外加以消化。由于环境资源不足，动植物生存空间小，生物种群极不发达，生态链被极度简化。因此，城市生态系统是一个不完全、不独立的非自律生态系统。

城市的自然植被少，人工绿化用的树木、花卉和草坪占有很大的比重，生态系统“生产者”功能被弱化；野生动物几乎灭绝，“四害”等常见害虫基本被控制在最低的种群数量水平之内，人工饲养的城市动物主要用以食用或观赏，自然“消费者”功能被大为弱化；微生物因普遍使用的消毒方法和日益发达的洗涤技术而基本上与人类的生产生活相隔绝，土壤微生物则因养分元素循环的不畅通而保持在较低水平，自然“分解者”功能同样被弱化，与此相对应，只有人与人之间的生态关系得到了丰富和加强。

由此可见，城市生态系统中许多生态链锁关系，特别是“还原”性的生态链锁关系被简化、省略、甚至被消灭。其造成的最为严重的后果是，容易致使城市生态系统的开放式闭合循环过程被割裂。这就是城市生态系统自我调节能力小，比自然生态系统更为脆弱，更易遭受破坏的原因。

城市生态化已不再是单纯生物学的含义，而是综合的、整体的概念，蕴涵着社会、经济、自然的复合内容。主要包含三个方面：一是社会生态化，主要表现为人类有自觉的生态意识和环境价值观，生活质量、人口素质、健康水平与社会进步、经济发展相适应，有一个尊重人权、保障人人平等、自由、教育、安全的社会环境；二是经济生态化，主要表现为采用可持续的生产、消费、交通和住区发展模式，在经济发展上追求质量和效益的提高，努力提高资源的再生和综合利用水平，致力于实现绿色价格体系下的发展运行；三是自然生态化，主要表现为发展以保护自然为基础，最大限度地维持生物及生物遗传的多样性，最大限度地保护生命支持系统、自然环境及其演进过程，保证人类的一切开发建设活动始终保持在环境承载力之内。在这三个生态化中，自然生态化是基础，经济生态化是条件，社会生态化是目的。

城市生态化作为对传统的以工业文明为核心的城市化运动的反思与扬弃，体现了工业化、城市化与现代文明的交融与协调，是人类自觉克服“城市病”，从灰色文明走向绿色文明的伟大创新。它在本质上适应了城市可持续发展的内在要求，标志着城市由传统的唯经济增长模式向经济、社会、生态有机融合的复合发展模式的转变，体现了城市发展理念中传统的人本主义向理性的人本主义的转变。城市走生态化发展之路的目标是建设生态城市，这是城市生态化发展的高级境界和必然结果。

所谓生态城市就是要在城市这一人类聚集地，努力实现社会生态化、经济生态化、自然生态化以及社会—经济—自然复合生态化。从城市生态学角度看，生态城市的社会—经济—自然复合生态系统结构合理，功能稳定，物流、能流、信息流高效利用，既具备自组织、自协调的竞争序主导城市的健康发展，又具有自调节、自抑制的共生序保证生态城市的持续稳定。从生态经济学角度看，生态城市的经济增长是“集约内涵式”的，通过广泛建立生态化产业体系，实现物质生产与社会生活的“生态化”，太阳能、水电、风能等绿色能源将成为主要能源形式，智力将成为资源的主要开发方向。从生态社会学角度看，生态城市倡导生态价值观与生态伦理，追求生态文明，努力创造公正、平等、安全、舒适的社会环境。

与传统城市相比，生态城市具有和谐性、高效性、持续性和整体性特点。生态城市的建设不是城市回归自然的原始生态，而是积极意义上的发展生态。通过生态环境、生态产业和生态文化的建设与发展，持续、高效、有序地保证城市生态系统的平衡与演进，努力塑造人与自然高效和谐的生态关系。

如何用具体的定量指标反映、衡量或评价生态城市的建设目标、建设状况与建设成果，是必须解决的一个前提性问题。一般情况下，指标的选择要遵循以下三个原则：一是实用性与可靠性相统一的原则；二是系统性与层次性相统一的原则；三是动态性与静态性相统一的原则。

根据上述原则，生态城市评价指标大约可分为四类：经济指标、人口指标、资源环境指标和社会指标。其中，每类指标又可分为存量指标、质量指标、结构指标和变动度指标四小类指标*。有关生态城市评价指标的研究在国内外已经取得了许多重要的成果，本书不再重复。

（7）可持续的消费战略

不可持续的消费战略引导着人类不可持续的经济发展战略，是产生环境问题并使之不断恶化的根本原因之一。从这个意义上说，确立可持续的消费战略是确立可持续的经济战略的前提。

---

* 王富玉．生态城市发展之路．北京：中国物资出版社，2002．65

可持续的消费并不是介于因贫困引起的消费不足和因富裕引起的过度消费的折衷，而是一种全新的消费模式。所谓可持续消费是指在提供服务以及相关产品以满足人类的基本需求，提高生活质量的过程中，减少自然资源的消耗和有毒、有害材料的使用量，使服务或产品的生命周期中所产生的废物最少，对人类的经济活动产生一种持续和健康的刺激和引导作用。可持续消费适用于全球各国各种收入水平的人们。可持续消费概念涉及范围和领域非常广泛，而不仅仅是产品本身。例如，对汽车的消费既包含了生产和使用汽车本身所造成的环境影响，又包含了汽油的生产和使用、高速公路的建设、停车场地建设，还涉及到国际贸易问题等。

影响可持续消费的因素很多，联合国环境署组织专家讨论，认为主要有三个影响因素。一是社会心理因素，二是技术因素，三是法律、经济因素。

首先，最主要的是社会心理因素。长期以来，受传统的价值观和消费观的影响，人们把物质消费当作个人经济成就和个人地位的象征，认为生活资料占有多、消费多就是成功，把追求奢侈当作人生的重要目标。不可持续的消费心理助长了不可持续的消费模式和经济发展模式，使本来不可持续的经济增长更加不可持续。

其次，技术因素对消费的影响也是相当的重要。先进的技术可以促进清洁生产和引导清洁消费，可以节省资源、能源的消耗和浪费。反之，则加快了资源与能源的消耗和浪费。例如，电子模拟技术可以用模拟的经历取代真实试验，从而减少对材料和能源的物质消费；计算机技术可以通过网络系统提供全方位的信息服务以取代人们对报纸、杂志等纸张的需求以及相关的生产和运输行为；新的通讯系统可以减少对办公楼的需求，因而可以减少由此所产生的各类资源消耗、各类环境污染问题、交通安全问题等；先进的生产和综合利用技术可以提高资源的利用率和废物回收率。

还有，法律和经济因素对消费也产生重大的影响。国家通过经济立法可以调整现有的价格体系，充分考虑自然资本和环境成本对发展的影响，引导人们的消费取向，促进社会向着可持续消费的方向发展。

实现可持续消费要从减少消费、降低资源消耗和改变消费模式入手。减少消费的途径包括转变传统的消费观和减少收入，消费拉动生产，但消费水平必须与环境资源基础相一致，符合可持续发展的原则，过度消费和不合理的消费结构都会通过生产规模的扩大，影响到环境资源基础。降低资源消耗的途径包括转变经济增长方式和提高生产技术与资源回收技术，实现资源在物质生产过程中的闭路循环。改变消费模式的途径主要是由高增长、高消费转变为低增长、低消费和提倡绿色消费。

目前，发达国家的消费结构和消费方式已对全球可持续发展构成威胁，发达国家与发展中国家消费领域的不公平现象十分突出，直接影响到可持续发展战略在全球的实施，这是问题的一个方面。问题的另一方面，可持续发展模式的多样性决定了可持续消费模式的多样性。对于发展中国家来说盲目追求西方发达国家的消费方式对实施本国的可持续发展是十分不可取的、甚至是十分有害的。各个国家应当根据本国的经济、政治、文化、宗教信仰等具体国情来确定适合自己的可持续消费模式与消费战略。

第四节　可持续的环境战略

作为可持续发展战略的一个子战略，可持续的环境战略涉及到社会、经济、资源、科技、教育等各个领域的各个方面。因此说，可持续的环境战略在可持续的国家发展战略中具有特殊的地位并将发挥特殊的作用。

一、可持续的环境战略内涵

关于什么是可持续的环境战略，作者在这里不准备给出一个确切的定义，而只是从理解的角度对其内涵加以简单描述。

所谓可持续的环境战略有两个方面的涵义：一是国家或区域环境保护的可持续，包括环境保护政策、法律、法规和标准之间的连续性、一致性以及环境政策、对策、法律、法规对环境保护影响的相对稳定性和持久性；二是环境保护对社会、经济发展的持续影响和持续促进作用，这两个方面构成了国家可持续环境战略的完整内涵。

1．环境保护的可持续性

环境保护的可持续是可持续的环境战略的基础，没有环境保护的可持续就没有环境保护对社会、经济发展的持续促进作用。环境保护的可持续性并非人们单纯理解的关于时间和空间的连续性，还包括许多其它方面的影响因素。如环境政策是否具有连续性和稳定性，环境保护的法律、法规是否具有连续性和稳定性，国家环境管理体制是否具有连续性和稳定性，国家的环境保护方针、政策、对策之间是否具有连续性和一致性等等。

从整体看，中国几十年来的环境保护工作具有一定的连续性和稳定性。比如国家在80年代所制定的环境保护“三同步、三统一”方针和环境保护的三项基本政策一直在指导着中国的环境保护实践。但在某些方面，或者说从局部来说，中国的环境保护工作又缺乏相对的持续性和稳定性。具体表现在以下几方面：

一是以分散的浓度控制为主要特征的污染防治仍处于初级阶段，与快速发展的环境保护形势不相适应。

二是“预防为主”的环境战略思想没有得到很好地贯彻，“先污染、后治理”依然是当前环境保护的主导思想。

三是忽视宏观环境决策，缺乏大环境管理思想和全局观念，决策者总是以“头痛医头、脚痛医脚”的思维方式认识和解决环境问题，常常是顾此失彼，被动地面对环境问题。

四是国家的环境战略已经由污染防治为中心转移到污染防治与生态保护并重上来，但是国家有关环境保护的政策、法律和制度并没有实现和完成这个转变，仍然停留在污染防治阶段，有关生态保护的政策、法律和制度的制定严重滞后，大多处于空白状态。另外，以区域行政管理为特征的“块块管理”模式无法适应具有跨区域、跨流域、跨领域、综合性强等特征的环境保护的客观需要。

所有这些说明，建立可持续的环境战略，首先要实现国家环境保护政策和体制的持续和统一。

2. 环境保护对经济发展的持续促进

环境保护与经济建设是一种既对立又统一的关系，实现环境保护对经济建设的持续促进，就是要通过环境保护调整人们的经济行为和生产方式，变对立关系为统一关系以促进三种再生产的和谐运行，实现区域社会的可持续发展。

可持续发展在当代对特定地区而言，就是资源、环境可持续支撑下的经济持续增长和社会持续进步。实现这种支撑的基础是发展资源节约型经济，加强生态建设和环境保护等。同时，环境保护也要摆脱为人类自身生存和发展而进行的具体的实践活动的传统思维模式，进入为人口、资源、环境、社会和经济协调发展服务的更高层次。因此，确立可持续的环境战略就要紧紧围绕经济增长方式的转变这一中心，制定可持续的环境经济政策、产业政策、技术政策，通过产业结构调整，加快增长方式的转变，这是可持续的环境战略的准确定位。唯有如此，才能真正统一和协调环境与发展的关系，达到环境保护为经济建设服务的目的。

所以，传统意义上的环境战略并不等同于可持续的环境战略。只有既保证环境政策与法律、法规体系的持续稳定和协调统一，又能持续促进经济发展和有利于实现增长方式转变的环境战略才是可持续的环境战略。

二、可持续的环境战略思想

中国的可持续环境战略思想概括为“四个促进”——即优化产业结构促进增长方式转变，强化宏观决策促进微观管理，依靠科技进步促进污染防治和生态保护，加强法制建设依法促进环境保护。这四个促进是未来一定时期内中国可持续环境战略的指导思想。

1. 优化产业结构促进增长方式的转变

不可持续的增长方式是产生环境问题的根源，要从根本上解决环境污染和生态破坏问题必须转变传统的经济增长方式。增长方式的转变涉及到许多方面的因素，如经济体制改革、管理体制改革、消费模式与结构的调整、产业结构与产品结构的调整等，其中产业结构调整是关键。

当前，世界产业结构的调整正在向资源利用合理化、废物产生减量化、生产过程无害化的方向发展，发展的主导趋势是经济社会和环境的协调统一。20 世纪 90 年代之前，中国的产业结构没有进行过认真的调整，一些大型企业是建国初期创建的，落后的生产工艺和陈旧的设备仍在低效运行。虽然有许多企业是 80 年代出现的，但基本上都属于高消耗、高污染、低产出、低效益的重复建设项目，尤其是乡镇企业所暴露出的问题突出。应当承认，乡镇企业的快速发展是中国改革开放的产物，对国家经济的发展作出了重要贡献。但也要看到，乡镇企业是造成农业环境污染和生态破坏的重要来源。问题最大的是小造纸、小电镀、小炼焦、小硫磺、小制革、小冶炼、小化工、小水泥等企业。这些小企业，很多是土法生产的，生产工艺落后，设备简陋，管理水平差，资源消耗大，能源利用率低，污染严重。

解决这些问题的出路有两条：一是通过产业结构和产品结构调整，鼓励发展科技先导型和资源节约型的产业和产品，严格限制和禁止发展科技含量低、资源消耗大、生产工艺落后、污染严重的产业和产品，对生态环境造成严重污染和破坏的小火电、小煤矿、小水泥、小冶炼、小炼油等实行限产和关停。二是进行技术改造，推广清洁生产，建立设备强制淘汰制度，积极利用先进适用技术装备，逐步淘汰落后设备。

我国各地区经济发展不平衡必然带来环境管理力度的差异。加快中西部地区经济的发展，缩小地区之间的差距，这是调整国家经济发展格局的目的。在这个过程中，既要注意防止污染严重的产业和产品由城市向农村转移，由东部地区转向中西部地区，又要防止资源开发过程中造成生态环境的破坏。

优化产业结构要以科技为先导，有全球意识，把目光瞄准国际市场，有效借鉴国外的成功经验和做法，使制定的产业政策具有很好的前瞻性和持续稳定性。

2. 强化宏观决策促进微观管理

开展环境管理首先要高度重视宏观调控的作用。实施有效的宏观调控，离不开科学的宏观决策，没有科学的宏观决策，就没有明确的环境保护实践。实施可持续的环境战略，就要解决宏观决策问题，强化宏观环境管理，通过综合决策与规划，对经济和社会发展政策进行可持续性评估，为开展微观管理提供科学的宏观指导。

开展环境保护要从宏观管理入手，通过强化宏观决策以指导具体的环境保护实践。这些宏观决策问题往往不是以单一的宏观经济决策、宏观环境决策和宏观发展决策等面貌出现，而是以综合的形式提出来要求人们去解决。所以，建立环境与发展综合决策机制与制度已成为当务之急，是实现宏观决策的保障，是实施可持续环境战略的重要方面，也是开展宏观环境管理的重要内容。

1999 年 3 月在北京召开的人口、资源、环境工作座谈会，是国家从宏观决策层次上实施可持续发展战略的重要会议，座谈会所确定的环境保护思想是可持续的环境战略思想的重要内容。这次会议是在 1997—1998 连续两年的计划生育和环境保护工作座谈会基础上召开的反映当前可持续的中国环境战略思想的会议，这不仅是表面上的名称改变，而是有其深刻的思想内涵，表明了国家对宏观决策的高度重视，表明了国家对人口、资源与环境这三者之间关系在认识上的深化。

同年 6 月，国家计委在提出研究和制定国民经济和社会发展第十个“五年计划”时确定了 6 项基本原则，其中有一项是从环境与发展相协调的角度进行阐述的，是可持续的环境战略思想的具体体现。

资源与环境问题大多是人为的经济和社会活动造成的，政策的不合理或不协调也是其中的一个重要的原因。可持续发展的一个重要课题就是解决资源与环境对发展的制约问题，因此，有必要研究有效的方法，对拟实施的各项经济和社会发展政策进行可持续性评估，以避免发生严重的失误。实现对发展政策的可持续性评估，也需要建立环境与发展综合决策机制，这是确保环境与经济协调发展的重要手段。通过综合决策，有利于克服狭隘的部门利益，避免决策上的短期行为，实现政策的公平性、持续性和政策之间的协调性。

强化宏观决策，还要注意发挥计划手段的宏观调控作用。尽管中国的经济体制发生了很大变化，已经从高度集中的计划经济体制向市场经济体制转变，国民经济和社会发展计划在社会经济生活中的作用也随之发生了变化，然而，计划管理仍然是宏观经济管理的一种重要方式，尤其是宏观环境管理的一种重要方式。即使在市场经济的国家，国家政府对于宏观的经济活动、社会活动和环境保护活动也要进行必要的干预，特别是公益性事业更是如此。另外，为实现经济增长方式的转变，国家所确定的产业政策、经济政策、资源政策和环境政策的贯彻实施都离不开计划手段的宏观调控。

所有这些，无一不与宏观决策有关。只有从决策层次上确立可持续的环境战略思想和指导方针，才能促进微观的环境管理，促进经济的持续增长。

3．依靠科技进步促进污染防治和生态保护

如果说不可持续的传统发展模式和消费模式是环境问题产生的宏观根源。那么，科学技术落后是导致环境问题产生的微观原因。我们说，传统的发展模式之所以不可持续，在很大程度上是因为现有的科学技术水平落后，不能适应人类对各种自然资源的开发、利用的持续性要求。因此，科技进步是可持续发展的内在动力，依靠科技进步促进污染防治和生态保护是可持续的环境战略重要组成部分。

科技进步是社会生产力发展的重要标志，可以使人们开发、生产和利用资源的方式发生变化，从而使人类的环境保护进入一个新的发展时期。这是因为，科学技术的进步不仅推动经济的发展，而且可以降低单位国内生产总值的资源、能源消耗量，污染物的产生量以及对生态环境的破坏程度，并能开发替代性资源，减轻现有资源的压力。同时，科学技术的进步可以为环境保护提供技术装备支持，提高污染防治以及生态建设水平，实现对资源的重复利用。从人口、资源与环境的关系来看，在相同的科技、管理水平之下，人均生活需求水平越高，生活需求总量越大，资源的损耗量也越大。一般而言，资源的损耗量越大，污染产生量和生态损耗量也越大，环境污染与生态破坏问题也就越严重。

因此，不论是从环境保护的历史与现状来看，还是从未来环境保护发展的趋势来看，从根本上解决环境问题，实现经济的持续增长，除了转变经济增长方式，转变消费模式之外，最终还要依靠科技进步，提高资源的重复利用率，减少资源的过量消耗和浪费。

从这个意义上说，加快科学技术进步不仅是一个国家的战略目标，而且是全球所有国家的战略目标，不仅是环境保护的客观需要，而且是经济与社会发展的客观需要。

4．加强环境法制建设，依法促进环境保护

法律是人类社会的最高行为准则。不论是开展环境保护，还是加快经济增长方式的转变都必须依靠法律的保障，变“人治”为法治，走依法治国的道路。这是社会发展的必然要求，是实施可持续的环境战略的必然要求。

通过加强环境法制建设来规范三个行为——政府的决策行为，企业的生产行为，公众的消费行为。

（1）依法规范政府的决策行为是落实地方政府环境责任的重要保障。这就要求将各级地方政府的行政权限置于法律的监督制约之下，依法行政、依法开展环境管理。用法律、法规代替行政命令，用法律、法规代替长官意志，将政府的环境责任、政府决策者和执法者的环境行为统一在国家的法律、法规监督之下，使政府的决策行为和执法行为法制化、制度化和程序化。谁违反了国家环境法律、法规，谁就要承担相应的法律责任，这是有效避免形式主义，杜绝以罚代刑、以权代法、有法不依、执法不严等腐败现象发生的最有效的保障。

（2）依法规范企业的生产行为，使企业的一切经济活动置于法律的有力监督之下。企业是经济行为的主体，也是开展环境保护的行为主体，如何把经济建设和环境保护的双重责任有机地统一起来，将环境管理寓于经济活动的全过程，使企业真正履行环境保护的责任和义务，必须依靠环境法制建设加以解决。可以说，在关系到千万人的环境权益问题上，除了法律手段之外，其它的手段如传统的行政命令、领导人装腔作势的说教和文过饰非的讲话以及思想政治工作都显得不痛不痒和苍白无力。唯有法律的效力才能迫使企业认真遵守国家的环境保护要求，使其生产行为更加规范和符合环境准则。

（3）依法规范公众的消费行为。在所有的行为中，公众的消费行为是最复杂的一种行为，不同的人有不同的消费需求、有不同的消费心理、有不同的消费模式。千差万别的消费行为，对环境产生千差万别的影响。除了法律手段之外，任何形式的行政命令、行政管理手段和方法都不能对公众千差万别的消费行为产生强制的、规范的、持续的效力和作用。

因此，只有加强环境法制建设，环境保护才能成为人们的自觉行动。在这里，特别需要指出的是应着重加强国家的环境经济法规建设，尤其是加快消费领域中环境经济立法工作，充分发挥经济法规对人们各种经济行为的激励作用。同时，要加大执法力度，通过执法强化人们的法制观念，在全社会形成一个有利于环境保护的法治环境。

三、可持续的环境战略内容

中国的可持续环境战略包括三个方面，一是污染防治与生态保护并重，二是以防为主，实施全过程控制，三是以流域环境综合治理带动区域环境保护。

1．污染防治与生态保护并重

污染防治与生态保护并重是在 1996 年第四次全国环境保护会议上确定下来的新战略，是对中国过去二十多年来以污染防治为中心的环境战略的重新调整，是中国环境问题的发展以及对环境问题认识不断深化的结果。

传统的环境战略都是围绕环境污染防治而制定的，有其历史的局限性和必然性。但是，随着经济的增长、人口的增加和城市化进程的加快，中国的环境形势日趋严峻，以城市为中心的环境污染正在加剧并向农村蔓延，生态破坏的范围在扩大，程度在加重。区域性和流域性的环境污染与生态破坏已成为制约区域经济发展、影响改革开放和社会稳定、威胁人民生命健康的重要因素。

事实证明，环境问题产生的原因是多方面的：人口增加与经济增长加快了资源的消耗速度；产业结构不合理和生产技术落后导致了严重的环境污染；只强调开发不注重保护的资源管理战略导致了严重的资源浪费和生态破坏；规划布局不当和城市化进程加快带来了一系列的城市环境问题。同样，环境问题的表现形式也是综合性的：既有生产领域的环境问题，又有消费领域的环境问题；既有工业污染问题，还有生态破坏问题。尤其是生态破坏对人类的生存与发展所产生的影响更严重、更持久，不断恶化的生态环境大大削弱了自然系统的再生产能力，如同雪上加霜使得工业污染问题变得更加错综复杂，难以解决。同时又严重地破坏了国民经济赖以持续发展的生态基础。

因此，以污染防治为中心的环境战略不能适应环境保护发展的需要，影响到环境战略的有效实施，必须进行调整。由以污染防治为中心转变到污染防治与生态保护并重上来，并不是环境保护重点的转移，而是中心的调整。就是说，在今后的一个较长时期内，工业污染防治仍然是我国环境保护工作的重点之一，这符合中国的国情，也与发展中国家在世界环境保护的发展历程中所处的阶段相一致。但污染防治并不是环境保护工作的全部，也不是环境保护工作的中心。在继续抓好工业污染防治的同时，还要加强生态保护和生态建设，对破坏了的生态系统进行重建，以进行结构性修复。

污染防治与生态保护二者处于同等重要的地位，不可偏废、不能替代。由以污染防治为中心转向污染防治与生态保护并重，这是环境战略的一个重大转变。不仅是解决区域环境问题的需要，更是实施区域可持续发展战略的需要。

2．以防为主实施全过程控制

对环境污染和生态破坏实施全过程控制，就是从“源头”上控制环境问题的产生，是体现环境战略思想和预防为主环境政策的另一个重要环境管理战略。以防为主实施全过程控制包括三个方面的内容：

（1）经济决策的全过程控制。经济决策是可持续发展决策的重要组成部分，它涉及到环境与发展的方方面面，已不是传统意义上的纯经济领域的决策问题。对经济决策进行全过程控制是实施环境污染与生态破坏全过程控制的先决条件，它要求建立环境与发展综合决策机制，对区域经济政策进行环境影响评价，在宏观经济决策层次将未来可能的环境污染与生态破坏问题控制在最低的限度。

经济决策要考虑经济总量与经济结构两个方面内容。确定经济发展的总量时，要充分考虑环境、资源的持续支撑能力，发展的速度要服从于发展的可持续性，发展的数量要服从于发展的质量。确定经济结构时，既要考虑经济结构的合理性，又要考虑产业结构的合理性，还要考虑到区域产业结构之间的关系，从有利于可持续发展的角度进行决策，以实现经济结构和产业结构的优化，促进经济增长方式的转变。

经济决策的全过程控制还包括对决策方案实施的监督与反馈控制，通过监督与反馈，加强对经济决策的宏观调控与管理，使之不断完善和更加有效。

（2）物质流通的全过程控制。物质流通是在生产和消费两个领域中完成的，污染物也是在这两个领域中产生的。对污染物的全过程控制包括生产领域和消费领域的全过程控制。生产领域全过程控制是从资源的开发与管理开始，到产品的开发、生产方向的确定、生产方式的选择、企业生产管理对策的选择等。消费领域的全过程控制包括消费方式的选择、消费结构的调整、消费市场的管理、消费过程的环境保护对策的选择等。

现在世界上很多国家，包括中国在内都先后建立了环境标志产品制度，实行产品的市场环境准入。然而，产品进入市场后，还要运用经济、法规手段，加强环境管理，如推行垃圾袋装化、部分固体废物的押金制、消费型的污染付费制度等。

（3）企业生产的全过程控制。企业是环境污染与破坏的制造者，企业生产的全过程控制是有效防治工业污染的关键，要通过清洁生产来实现。清洁生产是国家环境政策、产业政策、技术政策、资源政策、经济政策和环境科技等在污染防治方面的综合体现，是实施污染物总量控制的根本性措施，是贯彻“三同步、三统一”方针，转变企业投资方向，解决工业环境问题，推进经济持续增长的根本途径和最终出路。

从全球环境保护的发展进程看，清洁生产是一种必然的选择过程，无论是发达国家，还是发展中国家，都把清洁生产作为防治工业环境污染的一个策略对待。当然，由于世界各国的经济发展水平和科技发展水平的差异，有些国家已经进入了污染全过程控制阶段即清洁生产阶段，有些国家还正处于研究和探索阶段。可以相信，在加快污染物总量控制的步伐和不断推进经济增长方式转变进程的新形势下，清洁生产必将成为中国企业发展的一种自觉选择。

3．以流域环境综合治理带动区域环境保护

中国的环境问题错综复杂，从环境问题产生的范围看，既有区域性环境问题，又有流域性环境问题，还有行业性环境问题。从环境问题的表现形式看，既有环境污染，又有生态破坏。在所有这些环境问题中，流域环境问题最具代表性。不论是跨省域的流域，还是跨市域的流域，或者是跨县域的流域，都集环境污染和生态破坏于一身，集区域环境问题和行业环境问题于一体。

因此，解决流域的环境问题具有牵一发而动全身的作用，能充分体现和贯彻污染防治与生态保护并重的战略，有利于建立和完善区域与行业治理相结合的大系统管理模式。从流域环境综合治理入手，可以推动城市、乡镇、农业、生态和海洋环境保护工作，促进区域和行业污染防治，实现区域资源的合理开发、利用与保护，从而促进流域经济的发展。以流域环境综合治理带动区域环境保护是当今世界的环境战略之一，也是中国环境战略的重要组成部分之一。

中国自 1996 年以来所实施的“33211”计划，实质上就是以流域环境综合治理带动区域环境保护工作的这一环境战略的具体行动计划。不论是三河流域的污染防治，还是三湖流域的污染防治，都紧紧抓住了流域环境问题的主要特征和流域环境保护工作的特殊地位，有力地促进了全国范围的以城市和乡镇为主要对象、以污染防治为主要内容的区域环境保护工作，有力地促进了以农业和流域上游为主要对象、以资源持续利用为主要内容的区域生态保护工作。

开展流域环境综合治理，是做好城市和农业环境保护工作的结合点，也是做好污染防治和生态保护工作的切入点。这是一个反映大环境管理思想的新战略，在中国今后的环境保护实践中必将产生重大的影响并继续发挥重大的作用。

思考题

1．全球环境保护的发展历程有哪几个阶段？
2．清洁生产的内容是什么？能否解决所有的环境问题？
3．中国环境保护的发展历程有哪几个阶段？是如何划分的？
4．几次重大的环境保护会议在中国环境保护发展进程中所起的作用是什么？
5．什么是环境战略？有什么特点？
6．什么叫可持续发展？与传统的发展有何区别？
7．可持续发展的内涵是什么？

8. 可持续发展的理论基础是什么？
9. 改变不可持续的生产和消费方式的途径是什么？
10. 为什么说中国实施可持续发展战略具有紧迫性？
11. 可持续发展战略的子战略有哪些？
12. 可持续的环境战略涵义是什么？一般的环境战略是否具有可持续的含义？
13. 可持续的资源战略在国家可持续发展战略中的作用和地位是什么？
14. 可持续的环境战略思想有哪些？
15. 可持续的环境战略内容是什么？
16. 你怎样认识当前人类的消费观点和消费模式？
17. 环境保护与可持续发展的关系是什么？

第七章　环境保护方针、政策

环境保护方针、政策是体现环境战略思想和内容，将环境战略与对策，将环境保护理论与实践联接为一个有机整体的桥梁，是实现一定历史时期环境保护任务和目标的行动准则和指南。没有明确的环境保护方针、政策，就没有明确的环境保护实践，环境管理就会迷失方向。

第一节　中国环境保护的基本方针

一、环境保护的“三十二字”方针

中国的环境保护起步于 20 世纪 70 年代，在此之前虽然已经出现了环境问题，但没有引起警觉，也没有开始真正的环境保护行动。1972 年的斯德哥尔摩人类环境会议促进了中国环境保护事业的发展。这次会议，使中国认识到了环境问题的严重性，开始着手制定国家的环境保护方针政策。

这次会议上中国提出了“全面规划、合理布局、综合利用、化害为利、依靠群众、大家动手、保护环境、造福人民”的方针，简称为“三十二字”方针。在 1973 年的第一次全国环境保护会议上被确定为环境保护的指导方针，并写进了《关于保护和改善环境的若干规定》试行草案，后来又写进了试行的《中华人民共和国环境保护法》。

“三十二字”方针明确提出了保护环境的目的和基本措施，被认为是我国当时历史条件下环境保护工作的指导方针。因为这个方针在前所未有的环境保护实践中规定了总的原则和方向，抓住了环境保护的一些主要方面和问题。在 70 年代所制定的环境管理制度就是在这一方针指导下制定的出来的，其它一些环境保护的规定和管理办法也是这一方针的具体化和延伸。中国的环境保护实践证明，这一方针虽然存在着不足和局限性，但基本是正确的，符合当时的中国国情，在 1973 年至 1983 年期间，对中国的环境保护工作起到了积极的指导作用。

二、环境保护的“三同步、三统一”方针

进入 80 年代之后，国家政治、经济形势发生了重大变化。随着经济体制改革的深入、环境问题的发展以及人类对环境问题认识的不断深化，我国环境保护的形势也发生了很大

变化。

在新的历史条件下，环境保护的规律是什么？环境保护与经济建设的关系是什么？如何正确处理环境与发展的关系？等问题无法从原有的指导方针中找到答案。继续运用“三十二字”方针来指导我国环境保护工作显然是不行的。因此，在认真总结过去十年环境保护实践的基础上，于 1983 年第二次全国环境保护会议上提出了“三同步、三统一”的环境战略方针，这也是至今为止一直在指导着我国环境保护实践的基本方针。

所谓“三同步、三统一”方针是指经济建设、城乡建设、环境建设同步规划、同步实施、同步发展，实现经济效益、社会效益和环境效益的统一。

这一指导方针是对“三十二字”方针的重大发展，是环境管理思想与理论的重大进步，体现了可持续发展的观念，指明了解决我国环境问题的正确途径，同时也为制定我国的环境政策奠定了基础。

“三同步”的前提是同步规划。实际上是预防为主思想的具体体现。它要求把环境保护作为国家发展规划的一个组成部分，在计划阶段将环境保护与经济建设和社会发展作为一个整体同时考虑，通过规划实现工业的合理布局。

“三同步”的关键是同步实施。其实质就是要将经济建设、城乡建设和环境建设作为一个系统整体纳入实施过程，以可持续发展思想为指导，采取各种有效措施，运用各种管理手段落实规划目标。只有在同步规划的基础上，做到同步实施，才能使环境保护与经济建设、社会发展相互协调统一。

“三同步”的目的是同步发展。它是制定环境保护规划的出发点和落脚点，它既要求把环境问题解决在经济建设和社会发展过程中，又要求经济增长不能以牺牲环境为代价，要实现持续、高质量的发展。

“三统一”实际上是贯穿于“三同步”全过程的一条最基本原则，充分体现了当今的可持续发展思想，要求克服传统的发展观，调整传统的经济增长模式，强调发展的整体和综合效益，使发展既能满足人们对物质利益的整体需求，又能满足人们对生存环境质量的整体需求。

在以后的两次全国环境保护会议上，国家又重申了这一基本方针，并加以逐步完善。特别是在 1996 年第四次全国环境保护会议上，国家政府把这一方针与国家的发展战略紧密联系起来，阐述为：推行可持续发展战略，贯彻“三同步”方针，推进两个根本性转变，实现“三效益”统一。这是长期指导中国今后环境保护工作的根本性方针。

第二节　中国环境保护的基本政策

一、中国环境政策产生的背景

在将近半个世纪的时间里，中国环境问题的发展和人们对环境问题的认识经历了几个不同的阶段，与此相对应，中国环境政策的形成也经历了几个不同的阶段。

在 20 世纪 70 年代以前，中国还没有形成保护环境的明确概念，只是提出了水土保持、森林保护、劳动保护和环境卫生等与环境保护相关的一些政策措施。其中有两个特定的时期，对今天环境保护政策的形成有直接的影响。一是 50 年代初的三年恢复时期，虽然国家没有明确的环境保护目标和政策，但在工业建设中提出了注意规划与布局的问题，在城市基础设施建设、江河治理及改善城市环境卫生和工厂劳动保护等方面，都取得了一定进展，有关领域的行政管理工作也开始起步，如颁发了《工业企业设计暂行卫生标准》和《中华人民共和国水土保持暂行纲要》。二是 60 年代初，中国政府针对 50 年代末期冒进的经济发展战略所造成的严重生态破坏和资源浪费问题，提出了“调整、巩固、充实、提高”的新方针，压缩了大批盲目上马的工业项目，混乱的工业布局得到一定程度的调整。为加强资源管理，于 1963 年连续发布了《森林保护条例》和《矿产资源保护条例》。

和人口控制一样，环境危机启动了中国的环境政策。到了 70 年代初，经过长期积累和潜伏的环境问题逐一暴露出来。中国的环境形势要求政府采取保护环境的行动，在这一重要的时刻，世界为中国的环境保护提供了一个极好的机遇。1972 年的人类环境会议揭开了全球环境保护的序幕，也成为中国环境保护事业的新开端和新起点。

1973 年 8 月，国务院召开了第一次全国环境保护会议，审议通过了环境保护“三十二字”方针和中国第一个环境保护文件——《关于保护和改善环境的若干规定》。1973 年 11 月 17 日，国家计委、国家建委、卫生部联合批准颁布了我国第一个环境标准——《工业“三废”排放试行标准》，为开展“三废”治理和综合利用提供了政策依据。1977 年 4 月，国家计委、国家建委、财政部和国务院环境保护领导小组联合下发了《关于治理工业“三废”，开展综合利用的几项规定》的通知。1979 年 12 月，由国家财政部、国务院环境保护领导小组联合下发了《关于工矿企业治理“三废”开展综合利用产品利润提留办法》的通知。这些就是 70 年代关于“三废”治理的环境保护经济政策的雏形，对当时的环境保护工作起到了指导作用。

1979 年 9 月，颁布了新中国第一部试行的环境保护基本法——《中华人民共和国环境保护法》，以后国家陆续对海洋环境、陆地水环境、大气环境、自然保护等领域作出了环境保护的法律规定，并制定了一些相应的环境标准。

1983 年末召开的第二次全国环境保护会议把环境保护事业推进到一个新的阶段，在这次会议上环境保护被确定为中国的一项基本国策，并确定了“三同步、三统一”的环境保护方针。与此同时，又确定了预防为主、谁污染谁治理、强化管理的三项基本环境政策。

如果说，1973 年第一次全国环境保护会议揭开了中国环境保护的序幕，那么十年之后的 1983 年召开的第二次全国环境保护会议便是中国环境保护政策体系形成的新起点，是中国环境保护事业进入发展阶段的重要标志。

二、环境保护是基本国策

1983 年底召开的第二次全国环境保护会议明确提出了环境保护是现代化建设中的一项战略任务，是一项基本国策，确立了环境保护在经济和社会发展中的重要地位。

基本国策属于政策的范畴，但它超出了一般意义和层次，是国家发展政策的组成部分，是立国之策、治国之策、兴国之策，是关系全局、涉及国家可持续发展的重大政策。在所有的环境政策中，基本国策居于最高的地位，是制定其它各种环境政策的依据和指导。

为什么要把环境保护作为中国的基本国策呢？这是由以下三个方面原因所决定的。

1．是由中国的基本国情决定的

解决中国的环境问题，首先要了解中国的基本国情，这是一个最重要而又最起码的常识。众所周知，中国是一个人口大国，人均资源绝对短缺，加上科技水平落后，经济基础薄弱，环境问题历史欠帐较多，使得发展难以持续，这是对中国基本国情的总体归纳。可以用一句话来概括：人口众多，资源紧缺！或者说，中国是世界上最多人口使用最少资源的国家。

一方面，由于人口众多，使人均拥有的有效生存空间变得相对狭小，给生态环境造成了巨大的压力，使本来脆弱的生态环境更加脆弱。另一方面，由于人口众多，资源和能源的绝对消耗量大，加上科技、生产水平低，导致了资源与能源利用率低、浪费严重，生产和生活领域中向自然环境排放的各种污染物量在不断增加，使本来严重的环境污染更加严重。同时，由于人口众多，造成了人均资源占有量绝对不足，使本来不足的各种自然资源变得更加紧张，降低了经济、社会发展的持续支撑能力，使本来不可持续的发展更加不可持续。

环境保护的目的不仅仅是单纯保护和改善人类的生活环境质量，更重要的在于通过人类保护环境的行动来保护人类赖以生存和人类社会赖以持续发展的各类资源不遭受破坏和浪费。正是基于这一点，才使得人口、资源、环境、经济问题紧密联系在一起而无法分割。

在这里，关于人均资源占有量的问题，作者没有采用相对不足的提法，而是用了绝对不足的概念。这绝不是危言耸听，而是希望引起人们对资源观的重新思考，以正视我们今天中国所面对的处境和严峻的现实。

长期以来，受中国传统教育的影响，中国的国民缺少忧患意识，“人多力量大”和“地大物博”的思想根深蒂固。开展国民教育应当实事求是，既要看到我们的优势和长处，更要看到我们的劣势和不足，要让国人以客观的态度认识自己的过去、现在和未来。那种盲目乐观、夜郎自大的国民教育方法有百害而无一利。可以说，一个没有忧患意识的人是不能进步的，一个没有忧患意识的国家是不能发展的，一个没有忧患意识的民族是不能屹立于世界民族之林的。古今中外人类社会的发展史已无数次地证明了这一点。

人既是一个创造者，又是一个消费者，而且是先消费后创造，这是符合逻辑的基本定律。在过去，我们只看到了人多力量大的一面，而忽视了人多消耗多的另一面，这个错误是致命的。“地大物博”是引导人们对资源无节制开发、无代价消耗、无限制消费的一个重要原因。地大是事实，但物博纯属虚夸，习惯于用总量的概念来解释问题，而缺乏人均意识，这是孤芳自赏、自欺欺人的作法。

中国的资源究竟有多少，是用总量的概念还是用人均的概念来认识，其结论相差甚远。

例如，中国的水资源总量占世界第 6 位，但人均拥有量仅为世界人均水平的 1/4，排世界第 103 位，是世界上 13 个贫水国之一。中国的森林资源总量占世界第 5 位，但人均占有森林面积相当于世界人均森林面积的 1/6；人均蓄积量仅为世界人均水平的 1/8，排世界第 119 位。中国是一个草地资源大国，拥有各类天然草地 3.9 亿公顷，约占国土面积的40%，居世界第二位，但人均占有草地面积仅为0.33公顷，是世界人均占有面积的1/2。中国也是土地资源大国，居世界第三位，但人均耕地面积仅为 0.10 公顷，是世界人均水平的43%。

用总量的概念来解释，使人产生一种高枕无忧的安全感，泱泱的资源大国，不存在资源短缺的问题，节约能源和资源纯属庸人自扰。用人均的概念来解释，使人产生一种危机感，中国是一个资源贫穷的国家，节约能源和资源就会成为一种自觉行动。

仅从以上几例就可以看出，从不同的角度去认识，会得出完全不同的结论并产生完全不同的心理。类似情况可以在其它领域找到无数个例证。比如一谈到经济问题，总是说国内生产总值或（国民生产总值）增长了多少，经济总量排世界第几，而不谈人均国内生产总值增长了没有，人均经济总量排世界第几。从什么角度去认识，这不是一个方法论问题，而是一个原则问题，是关系到一个国家和民族的发展动力问题。

很显然，用人均的概念看待中国的基本国情，才会激发出人的忧患意识和危机感，才能使一个国家和民族从梦幻中走出，百倍珍惜紧缺的资源和正确认识自己在国际社会中的地位，从而才能确立自己的可持续发展战略。

资源绝对不足正是基于人均概念而提出来的，是对中国基本国情的正确认识。中国是一个人口大国、资源小国，人口众多、资源紧缺这一基本国情决定了环境保护在经济、社会发展过程中的地位和作用，只有加强环境保护，遏制日益严重的生态破坏，保护有限的自然资源，才能使国家的持续发展成为可能。所以，把环境保护作为基本国策，作为国家发展政策的重要组成部分是非常及时和非常正确的。

2. 是由中国的环境状况决定的

同世界各国的环境问题一样，中国的环境问题也有一个不断产生、积累与发展的过程。进入20世纪80年代以后，中国的环境保护工作虽然取得了多项进展，但形势仍然非常严峻，环境污染和生态破坏不断加重的趋势一直未得到有效控制，总体形势是“局部有所控制、总体还在恶化、前景令人担忧”。

环境问题表现为：以城市为中心的环境污染仍在发展，并急剧向农村蔓延；以农业为中心的生态破坏范围在扩大，程度在加剧。这两个方面的问题相互影响、相互作用构成了复杂和严峻的中国环境形势。虽然中国的国内生产总值只有美国和日本的1/10—1/12，但生态破坏和环境污染却远远超过这两个国家。

（1）环境污染问题

中国的环境污染主要包括水环境污染、大气环境污染、固体废弃物污染和噪声污染。其中水污染、大气污染和固体废物污染非常严重，相当于发达国家60—70年代的水平。

中国的水环境污染来自于工业和生活废水两部分，主要污染物是氨氮、耗氧有机物和挥发酚。据2001年《中国环境状况公报》的统计数据，2001年全国工业和城镇生活废水排放总量为428亿吨，其中工业废水排放总量为200亿吨，生活废水排放总量达到228亿吨。废水中化学需氧量（COD）排放总量为1407万吨，其中工业COD为608万吨，生活COD为799万吨。

相对于 20 世纪 90 年代初的统计数字，工业废水排放量及主要污染指标增长的趋势已有所减缓，但由于人口的快速增长，生活废水的排放总量在逐年上升，总的污染负荷仍保持相当高的水平。

全国除少数部分内陆河流和大型水库外，其余流域普遍受到不同程度的污染，并呈发展趋势，主要污染指标为氨氮、高锰酸盐、石油类、生化需氧量、溶解氧和挥发酚。据2001年《中国环境状况公报》统计数字，中国主要河流有机污染普遍，面源污染日益突出。长江、黄河、松花江、珠江、辽河、海河和淮河七大水系中，辽河、海河、淮河污染仍然相当严重，黄河水体污染呈恶化的趋势。其中辽河五类或劣五类水质断面占70%以上；海河五类或劣五类水质断面占75%；淮河在山东境内以五类或劣五类水质为主；黄河五类或劣五类水质断面占63%。其它流域的水污染问题也十分突出，特别是城市附近的水域污染尤为严重。

全国大的淡水湖泊富营养化问题依然突出，除极少数湖泊为轻度污染外，普遍为中度污染水平。其中白洋淀、达赉湖和南四湖污染严重，均为劣五类水质。巢湖、滇池和太湖等重点湖泊污染加重的趋势虽然有所遏制，部分水域的环境质量有所改善，但总体形势仍然严重。城市湖泊多数达到重度污染并存在着严重的水体富营养化问题。

我国近岸海域水体污染严重，主要由陆源污染和海上船舶污染所致，主要污染物为无机氮、活性磷酸盐、化学需氧量、石油类和铅。局部海域环境质量仍呈继续恶化趋势，其中，东海近岸海域污染最重，超四类海水比例占52%，其次是渤海，黄海污染较轻，南海整体水质较好但珠江口局部污染严重。

近年来，由于近岸海域水环境污染的发展所导致的重大海洋生态破坏问题不断发生。进入90年代以后，中国近岸海域每年发生的赤潮多达几十起，尤其是近年来赤潮发生次数增多，发生时间提前，赤潮生物种类增多。仅2001年四大海区共发现赤潮77次，比2000年增加49次，累计面积达15000多平方公里，给海洋渔业生产造成了巨大的经济损失。

由于严重的水环境污染，城市水资源短缺问题日益突出。全国668个城市，缺水城市已达到66%以上，严重缺水的城市达到16%左右。流经城市的河流中80%的河流受到比较严重的污染，在城市附近很难看见一条非常干净的河流。

中国大气环境污染严重，从全国来看，大气污染主要是煤烟型污染，其中以二氧化硫和烟尘污染危害最大，并呈发展趋势。目前中国每年二氧化硫排放量约为2000万吨，占全世界总量的1/10，排名世界第一位，每年的烟尘排放量为1060万吨。全国600多个城市中，按照SO_2、NO_X、TSP和降尘四项指标真正达到一级大气质量标准的城市仅占1%左右，城市空气质量满足国家二级质量标准、三级质量标准和劣于三级质量标准的城市比例各占1/3。60%多的城市TSP年均浓度超过国家空气质量二级标准，其中北方城市大气中降尘和TSP年均浓度80%超过三级质量标准，南方城市约有50%超标。

90年代中期，来自于世界资源研究所和中国环境监测总站的统计资料显示，全球十个大气环境质量最差城市中，中国占了70%多，如太原、北京、乌鲁木齐、贵阳、兰州、重庆、济南、石家庄都榜上有名。应当说明的是，虽然近年来中国加大了城市大气污染治理工作，一些大气污染严重甚至曾经从卫星上消失的城市，其大气质量有了明显的改善，但总体上说，中国城市的大气环境质量普遍较差，特别是北方地区的城市大气污染还相当严重。

中国酸雨污染发展很快，酸雨区域已由90年代初的广东、广西、四川盆地和贵州大部分地区形成的华南、西南酸雨区发展成为以长沙、南昌为中心的华中酸雨区和以厦门、上海为中心的华东沿海酸雨区，还有以青岛为中心的北方酸雨区，酸雨面积已达到国土面积的30%。其中，华中酸雨区污染危害最为严重，局部地区酸雨频率达到70%以上。

随着城市机动车数量的迅速增加，汽车尾气污染成为城市大气环境问题的一个主要方面，城市大气中的氮氧化物含量逐年递增。

固体废弃物污染严重，垃圾围城、垃圾围湖现象非常突出。每年的工业固体废弃物产生量约为8.9亿吨，其中县及县以上工业固体废物产生量为6.4亿吨，乡镇企业的产生量为1.6亿吨，累计堆存量近80亿吨，占地约5.6万公顷，其中含有大量的重金属和有毒有害物质。危险废物每年产生量接近1000万吨，城市人均生活垃圾年产生量为440公斤，而且每年还以10%左右的速度增加。固体废物的扬尘污染大气，渗滤液污染地表水和地下水，堆存物污染农田，造成土壤质量下降，成为重大的环境隐患。

在固体废物污染中，引人注目的是铁路沿线和流域沿岸的“白色污染”问题，特别是长江等特大流域的“白色污染”问题已成为区域环境问题中的顽症。这类问题对生态环境和水源造成了严重的污染和破坏，解决的难度大、任务重。随着人口的增长和环境形势的发展，流域和铁路沿岸的“白色污染”问题将成为区域污染防治中的一个重点问题。

城市噪声污染问题也十分突出，全国多数城市处于中等污染水平，全国2/3的城市居民在噪声超标的环境下工作和生活。在影响城市环境的各类噪声源中，社会生活噪声约占47%，交通噪声约占20%，工业噪声约占8%—10%，建筑噪声约占15%。随着城市的发展，建筑噪声的比例呈上升趋势。

中国的环境污染程度非常严重，有关专家对中国环境污染造成的经济损失进行了估算，结果表明，按人民币计算，仅水、大气和固体废物污染三项年损失合计为4000亿元左右，约占国内生产总值的5%。根据联合国环境规划署的资料，美国、日本等发达国家环境污染造成的经济损失占国内生产总值的3%—5%，这表明中国目前的环境污染明显高于发达国家的污染水平。

（2）生态破坏问题

中国的生态问题十分突出，生态破坏形势非常严峻。从整体上看，生态破坏范围在扩大，程度在加剧，危害在加重，深层次的生态问题更加尖锐和突出。生态问题主要表现为植被破坏、水土流失、土地盐碱化、荒漠化及气候异常、物种减少、资源枯竭、生态系统生产力下降等。

中国的森林资源紧缺，但森林破坏严重，可供采伐的成熟林和过熟林蓄积量大幅度减少，森林资源锐减，覆盖率下降。据联合国粮农组织统计，自1950年以来，全世界森林已减少一半，目前中国的森林覆盖率仅为13.9%，在全世界200个国家和地区中名列第119位。由于原始森林面积的锐减，次生林比重过高，林相单一，森林的实际生态功能大为降低，形成了森林赤字。森林赤字是最典型的生态赤字，当代人已经过早地消耗了后代人应享有的森林资源。

中国的水土流失严重，治理的速度赶不上破坏的速度。据1992年卫星遥感测算，中国的水土流失面积达到356万平方公里，约占国土面积的38%，其中水蚀面积为165万平方公里，风蚀面积为191万平方公里。每年的表土流失量接近60亿吨，占全球年水土流失量的1/4。60亿吨水土流失量相当于全国耕地每年剥去0.5厘米厚的肥土层，据中国科学院测算，每年因水土流失所损失的土壤有机质及氮、磷、钾等达5590万吨，这个数字已超过了全国年化肥产量。

严重的水土流失和农药、化肥污染造成了严重的土地退化、水资源和水生生态系统的破坏。一些地区农药、化肥的过量和不合理使用给农村环境造成了严重污染，部分地区土壤营养元素失衡、板结，地力下降，农作物减产。大量的化肥、农药流失到环境中，造成了湖泊、河流、近海海域的污染。许多湖泊和水库逐步萎缩，地下水位下降，一些河流下游断流，各种类型的湿地在逐渐消失，淡水和近海天然渔业资源面临衰竭。这已成为中国面临的更为棘手的水环境问题。

中国是全球土地荒漠化严重的国家之一，全国荒漠化面积已达 262 万平方公里。目前，荒漠化仍在发展，全国受荒漠化影响的人口达 4 亿多，每年因自然灾害损毁的土地约为 13 万公顷，因矿产资源开发累计破坏的土地面积达 200 万公顷，目前仍以每年 4 万公顷的速度在递增，而恢复治理率仅为 4%，远远低于国外 50%的恢复治理率水平。草原退化、沙化和盐碱化面积在逐年增加，“三化”草地总面积为 1.35 亿公顷，约占草地总面积 1/3，并且每年还在以 200 万公顷的速度增加。森林、植被的破坏和草原的退化加剧了水土流失的发展，这些生态问题相互影响和相互作用引发了一系列的自然灾害。“日见消瘦的湖泊”、“即将消失的绿洲”和“长江之水天上来”便是植被破坏与水土流失相互影响、相互作用的后果。

在荒漠化的影响下，我国沙尘暴灾害越来越频繁，风沙灾害已成为中国的心腹之患。据统计，从 20 世纪 50 年代以来造成重大损失的沙尘暴就有 70 多次，全国每年因沙害造成的损失达 540 亿元，约占全球荒漠化损失的 16%。新中国成立以来，全国已有 1000 万亩耕地、3525 万亩草地和 9585 万亩林地与灌草地沙化，土地沙化面积已达 161 万平方公里，且每年以 2460 平方公里的速度扩展。全国已有 2.4 万多村庄被掩埋，1400 公里铁路、3 万公里公路和 5 万多公里灌渠常年遭受沙害的威胁。

与风沙灾害密切相关，作为生态破坏的后果之一，中国的洪涝灾害也是空前，与风沙灾害遥相呼应，成为中国的两大生态灾害。仅 1998 年的洪涝灾害，全国受灾人口达 2.23 亿，死亡 3004 人，直接经济损失超过 2000 亿元。

中国是世界上生物多样性最丰富的国家之一，高等植物、野生动物占世界总量的 10%左右，居世界第三位。但由于严重的环境污染和生态破坏，使生物多样性锐减，到现在为止，已有近 200 个特有物种锐减，有些已经灭绝。有 15%—20%的野生动植物物种处于濒危或接近濒危状态，高于世界 10%—15%的平均水平。在《濒危野生动植物物种国际公约》中列出的 640 个世界性的濒危物种中，中国占 156 种，约占其总数的 1/4。

（3）对中国生态问题的认识

日益恶化的生态环境给中国经济和社会的发展带来极大的危害。一是加剧了贫困程度，目前全国农村贫困人口 90%以上生活在生态环境比较恶劣的地区，恶劣的生态环境是当地群众贫困的主要根源。二是加剧了经济和社会发展的压力，中国人多地少，土地后备资源匮乏，如果不能有效控制水土流失和土地荒漠化问题，将严重影响到国家的可持续发展。三是加剧了自然灾害的发生，由于降雨量减少和水土流失等原因，黄河河道淤积越来越严重，加之超量用水，断流时间越来越长，长此下去，黄河有可能成为间歇性河流。由于不合理的资源开发，造成长江流域的植被减少、土壤流失、崩塌和泥石流等灾害频繁发生，长江泥沙含量越来越高，威胁中下游地区经济和社会发展。据统计，建国以来全国共修建8.6万座水库，到目前为此，45%的水库蓄水量明显减少，有些已减少库容1/3—1/2，甚至已经干涸。这种情况如不得到有效遏制，在不久的将来，“长江变黄河，黄河变湖泊（内河），湖泊变沼泽”的民谣将成为现实。

造成生态环境退化有多方面的原因：一是过快的人口增长，对生态环境构成巨大压力；二是有限的自然资源无法满足过多的人口对生产和生活不断增长的需求，这是造成自然环境退化和自然资源匮乏的一个重要原因；三是政策失误是造成生态环境退化的历史原因。

从20世纪50年代开始，在“以粮为纲”的口号影响下，片面追求粮食产量，造成盲目开荒，毁掉大片森林、草场，围海造田、围湖造田，导致湿地减少，破坏了生态平衡。政策的失误助长了人们只顾眼前利益、忽视长远利益，只顾经济效益、忽视环境效益的错误倾向，导致了自然环境的急剧恶化。粗放的经济活动方式是导致自然环境恶化的直接原因。中国是一个经济、技术落后的国家，受资源无价、资源无限思想的影响，在传统发展模式下，人们往往急功近利，采取掠夺式的经营方式，造成生态环境的破坏和自然资源的浪费。有法不依、执法不严是导致生态环境恶化的主要原因。这些年来，国家相继颁布了一系列的环境法律、资源法律和自然保护区条例等。但有法不依、执法不严的现象仍普遍存在，在一些地区，乱捕乱杀野生动物，滥砍盗伐森林的犯罪行为屡禁不止。由此可见，中国生态环境的恶化既有天灾又有人祸，而且是人祸大于天灾！根源在于人类自身。

如此严峻的环境形势和迅速发展的生态问题，不仅制约了中国经济的发展，而且对国家和区域的环境安全与社会稳定构成了极大的威胁。生态保护刻不容缓！把环境保护作为一项基本国策是国家可持续发展的需要，也是确保中华民族生存的需要。

3．是由国际履约责任决定的

中国不仅是一个人口大国，也是一个环境大国。作为环境大国的中国，不仅要对本国承担环境保护的责任与义务，而且要对世界承担环境保护的责任和义务。

随着全球环境问题的加剧，环境安全已逐渐成为国家或区域安全的重要组成部分，政治化趋势日益明显的环境问题对国际政治、经济和贸易关系产生了深远的影响，正在深刻影响着国际关系的格局和发展。因此，作为最大的发展中国家和环境大国，中国必须承担自己在国际社会中的责任与义务，在努力解决本国环境问题的同时，也要为全球的环境保护做出自己应有的贡献。

众所周知，全球变暖、臭氧层破坏、酸雨污染、物种消失等是由于人类不可持续的生产方式和消费方式所造成的世界范围环境问题。因此，这些问题的解决就需要全球的共同行动。

自从1992年联合国环境与发展大会以来，为了主动适应世界发展趋势，积极开展环境外交和国际环境合作，提高中国的国际地位和影响，推进本国的可持续发展进程，中国先后签署加入了《控制危险废物越境转移及其处置的巴塞尔公约》、关于消耗臭氧层物质的《蒙特利尔议定书》、防止全球变暖的《气候变化框架公约》、《生物多样性公约》、《湿地保护公约》等多项国际公约和议定书。

为实施已加入的各项国际环境条约，中国政府于1994年制定了《中国21世纪议程》、《中国消耗臭氧层物质逐步淘汰国家方案》和《中国生物多样性保护行动计划》等10多项对策和行动方案。

签约与履约是对等的，权利与义务是共生的。中国要想在国际关系中发挥更大的作用，就要承担更大的责任与义务。然而，中国是排放SO_2、CO_2和消耗臭氧层物质的大国，实质上是一个排污大国，这些污染物不仅直接影响到中国自身，也对世界产生了较大的影响，中国因此要承受巨大的履约压力。这种压力来自于多方面，其中最大的压力是《气候变化框架公约》和《蒙特利尔议定书》。

《蒙特利尔议定书》规定了所有缔约方为防止臭氧层破坏应尽的责任与义务，中国是消耗臭氧层物质的排放大国，解决全球的臭氧层破坏问题，离不开中国的积极参与，这就意味着中国要严格控制氟利昂物质（CFCs）的排放。按照第 11 次国际蒙特利尔缔约方会议要求，到目前为止的 168 个缔约方中的发达国家从 2000 年 1 月 1 日开始停止使用氟利昂物质。中国虽然不是 100%的停止使用，但也要执行更加严格的排放标准，这就需要调整相关的国家产业政策，强行淘汰一大批使用氟利昂物质的生产技术。这对中国的环境保护提出了更高的要求，也对经济增长产生很大的冲击和影响。

《气候变化框架公约》规定了所有缔约方为防止全球气候变暖有效控制温室气体所应承担的责任与义务，并在公约的范围内采取一致性行动。气候变暖是一种自然过程，但由于人类对能源的不合理使用和过量的消耗，使大气中CO_2、CO、甲烷、CFCs 等温室气体快速增加，近百年来加快了气候变暖的进程。联合国组织在 1990 年气候变化评估报告中指出，在过去的一百年中，全球平均地面温度上升了 0.3—0.6℃，而从 1981—1990 年的 10 年间，全球平均气温上升了 0.48℃。据预测，21 世纪世界能源消费的总格局不会发生根本性变化，人类将继续以矿物燃料作为主要能源，而且人类对能源的需求还将增加，如不采取措施 21 世纪气温将上升 3℃。其结果会导致雪线上升、冰川后退，海平面将升高 60 厘米，这意味着许多沿海城市和岛屿将在海平面上消失。

为了减缓全球变暖的速度，就必须有效控制主要温室气体CO_2的排放。CO_2是在能源使用过程中产生的，中国的能源结构以煤炭为主，在一次性能源中，煤炭占总能源的 74%，这种能源结构在下一个世纪不会有根本性的改变。目前中国的CO_2年排放量为 2000 多万吨，与美国并列全球第一排放大国。因此，履行《气候变化框架公约》就是要限制CO_2的排放，实质上等于限制能源的消耗，这对中国经济增长将产生巨大的制约作用，同时也对中国的环境保护提出了更高、更严格的要求。

另外，履行其它国际公约也存在很大的压力和挑战，同样对中国的环境保护提出了较高的要求。

还有，妥善处理跨国界环境纠纷也是中国对世界应承担的环境责任与义务的重要内容。进入 90 年代以后，因酸雨污染、核污染、危险废物污染等环境问题引发的国际纠纷时有发生，尤其是与中国毗邻的周边国家如韩国、日本等在酸雨问题上常提出不同的异议，这对我国产生了一定的压力和影响，是作为中国政府需要面对和解决的环境问题。

综上所述，不论哪一个方面的问题都与环境保护密切相关，都需要把环境保护放在一个特别重要的地位来考虑、来认识，这就决定了环境保护的基本国策地位。只有把环境保护作为国家发展的重大政策来对待，才能为有效解决中国目前严重的环境问题创造良好的社会环境，才能在国际事务中发挥更大的作用。

三、环境保护的基本政策

中国环境保护的基本政策包括“预防为主、防治结合、综合治理”政策，“谁污染、谁治理”政策和“强化管理”政策，简称为环境保护的“三大政策”。这三大政策是以中国的基本国情为出发点，以解决环境问题为基本前提，在总结多年来中国环境保护实践经验和教训的基础上而制定的具有中国特色的环境保护政策。

1.“预防为主”政策

这一政策的基本思想是把消除环境污染和生态破坏的行为实施在经济开发和建设的过程之中，实施全过程控制，从源头解决环境问题，减少污染治理和生态保护所付出的沉重代价。实施这一环境政策，就要转变所有发达国家都走过的“先污染、后治理”的环境保护道路。

世界上几乎所有的发达国家，在他们大力发展经济时，都曾因忽视了环境保护，而导致了严重的环境问题，最后又不得不回过头集中力量解决这些问题。到目前为止，虽然这些国家当年出现的严重环境问题已得到解决和有效控制，环境质量有了明显的改善，但这些国家为此却付出了巨大的努力和代价。

实际上，西方工业国家都走了一条“先污染、后治理”的环境保护道路。现在许多发展中国家环境保护工作也是在有了环境问题之后起步的，已经走了或正在走着这条人家走过的路。中国环境问题的发生和发展，实质上也是这种发展模式的延续。这是一个普遍的现象，没有污染，没有环境问题，自然不需要环境保护。因此，有人就由此得出结论：“先污染、后治理”是一条客观规律。更有人认为，在中国目前经济还比较落后的情况下，环境保护是一个次要的问题，应集中精力去发展经济，待经济上去了，回过头来解决环境问题也不迟。持这种观点的人不仅在学术界有，在各级决策层中也大有人在。实际上，这是一种消极的、无所作为的思想和情绪，是对环境保护规律的错误理解。

关于环境保护的规律是什么，人们有过长时间的讨论。总结全球环境保护的经验和教训，不难发现，在人类社会的发展过程中，环境问题的产生是必然的，是不以人的意志为转移的客观事实。但由于采取的对策不同，所产生的环境问题的多少、范围大不一样，人类所付出的治理代价也不相同。事实证明，若能及时采取预防对策，所产生的环境问题就少，所付出的污染治理成本就低。若事先不采取预防对策，所产生的环境问题就多，等环境问题成了堆再去解决，所付出的代价就高。

由此可见：环境保护与经济发展是一个对立统一的整体，环境问题的产生贯穿于经济建设的全过程。因此，环境问题的解决也必须贯穿于经济建设的全过程，这就决定了环境保护与经济建设必须同步进行。任何一种把环境保护与经济建设分离和对立的认识都是错误的，基于这种认识的环境保护实践是不能成功的，甚至是愚蠢的，人们最终要为此付出巨大的代价。

这就是环境保护的客观规律！只要在发展中实行统筹兼顾的预防为主政策，把眼前利益与长远利益、局部利益与整体利益结合起来，做到既发展经济，又保护环境，许多环境问题是可以避免的，即使出现一些环境问题，也会控制在一定的限度之内。从 20 世纪

70 年代后期西方工业发达国家的许多实践和我们自己的一些实践来看，都证明了这一判断是正确的。正是基于这样的认识，1983 年末召开的第二次全国环境保护会议确立了“三同步、三统一”的环境保护指导方针。

因此，预防为主的政策是符合环境保护规律的政策。贯彻执行这一政策，包括以下三方面内容：

（1）按照“三同步、三统一”的方针，把环境保护纳入国民经济和社会发展计划之中，进行综合平衡，这是从宏观层次上贯彻预防为主环境政策的先决条件。

在操作上具体分为：一是将环境保护纳入国民经济和社会发展的中长期计划之中，实施国家和地方政府指导下的宏观调控与管理，使环境保护与各项建设事业统筹兼顾，协调发展。二是以中长期计划为指导，通过计划指标的层层分解，将环境保护纳入国民经济和社会发展的年度计划之中。三是将环境保护计划纳入国民经济和社会发展的重点项目之中，落实并增加环境保护的资金投入。

（2）环境保护与产业结构调整、优化资源配置相结合，促进经济增长方式的转变，这是从宏观和微观两个层次上贯彻预防为主环境政策的根本保证。

环境保护的目的是促进经济的持续增长，因此要与产业结构调整紧密结合，通过优化资源配置，提高资源的持续利用潜力、减少资源的损耗和污染排放。既达到经济的稳步、持续增长，又能实现环境质量的持续改善。

（3）加强建设项目的环境管理，严格控制新污染的产生，这是从微观层次上贯彻预防为主环境政策的关键。只有从源头上严格控制新污染的产生，才能有效地治理老污染。控制新污染必须从建设项目管理入手，严格按照国家的环境保护产业政策、技术政策、清洁生产规范和规划布局要求，运用建设项目环境管理的有关制度对其进行立项把关、施工审查和竣工验收，将可能产生的环境问题消除在萌芽之中。

贯彻预防为主环境政策包括的这三个方面内容，既要加强宏观的计划调控，又要做好微观的项目管理，宏观调控与微观管理相结合，几个方面缺一不可。

2.“谁污染、谁治理”政策

自 20 世纪 70 年代初经济合作与发展组织把日本环境政策中的“污染者负担”作为一项经济原则提出来以后，被世界上许多国家所采用，中国的“谁污染、谁治理”环境政策也是从这一原则引伸过来的。实行这一政策，主要解决两个问题，一是要明确经济行为主体的环境责任问题，二是要解决环境保护的资金问题。

（1）明确经济行为主体的环境责任

环境污染是工业生产的产物。因此，治理污染，保护环境是生产者不可推卸的责任和义务。在 70 年代，由于中国实行的是计划经济，企业是国家的企业，从一定意义上说，企业的行为也是国家的行为。在这种情况下，企业排放大量的污染物，却不履行环境保护的义务，把污染治理的责任推给了政府和社会。

实行“谁污染、谁治理”的政策，其原始含义就是要明确企业的污染治理责任。在当时历史条件下，由于中国环境保护的重点是工业污染防治，对“谁污染、谁治理”政策的这种理解显然是客观和现实的，是由当时中国环境保护工作重点所确定的。

随着环境保护形势的发展，到了 1996 年第四次全国环境保护会议，国家对环境保护工作中心进行了重大调整，由过去的以工业污染防治为中心转变到污染防治与生态保护并重上来。这个转变是实施可持续发展战略的需要，是国家环境保护形势发展的必然。环境保护工作中心的调整，使“谁污染、谁治理”政策关于环境责任的内涵发生了深刻的变化。

那么，“谁污染、谁治理”这一环境政策在当今形势下环境责任的全部内涵是什么呢？

环境问题是在资源开发、生产、消费领域中产生的，由环境污染和生态破坏两部分组成。因此说环境责任包括两部分内容，一是污染防治责任，二是生态保护责任。污染防治责任就是谁污染了环境谁就要承担治理污染的责任，或者叫做污染者付费，使生产活动的“外部不经济性”内化到企业自身的生产中去。生态保护责任叫做开发者保护，利用者补偿和破坏者恢复。具体来说，就是谁开发资源，谁就要承担保护环境的责任；谁利用资源，谁就要承担补偿的责任；谁破坏生态环境，谁就要承担恢复的责任。这三个方面共同构成了生态保护的环境责任，三者之间不可以相互替代和相互转嫁。

由此可见，“谁污染、谁治理”政策中涉及的“环境责任者”的内涵也发生了变化，已由过去的生产企业扩展为“经济行为主体”。其中既包括了资源开发行为主体，也包括了生产行为主体，又包括了消费行为主体，这一点是非常清楚的。

因此，站在今天的角度来认识过去既定的“谁污染、谁治理”环境政策，环境责任的内涵已由过去单一的“污染者付费”扩展到“污染者付费、开发者保护、利用者补偿、破坏者恢复”四个方面内容。

（2）解决环境保护的资金问题

过去由于环境责任倒置，大量的污染治理资金要由国家来承担，而国家却难以承受这种巨大的经济负担和压力，其结果就使得环境污染问题长期得不到解决。实行“谁污染、谁治理”政策，在明确了环境责任的同时，也解决了环境保护的资金问题。在当时的历史情况下，就是要解决企业的污染治理资金问题。征收排污费就是为了落实这一环境政策所引进的一项环境管理制度，通过征收排污费为解决污染治理资金不足问题开辟了一条筹集环境保护资金的渠道。

但是，这一政策在 70 年代开始实施时遇到很大的困难，在计划经济体制下，政府对企业管得过多、过细，不仅企业的生产计划由政府下达，原材料、能源由政府统一调拨，而且企业产品由国家包销，企业扩大再生产计划由政府批准。同样，企业治理污染也是由国家列入计划，分配资金。在这种情况下，企业缺乏自主权，既没有治理污染的积极性，也没有治理污染的能力。

到了 80 年代，国家实行经济体制改革，对政府职能进行了调整，企业有了经营主动权，企业开展治理污染的外部环境和内在条件开始具备。至此，“谁污染、谁治理”政策才真正开始得到执行。

“谁污染、谁治理”政策所规定的环境责任与环境保护资金范围是一一对应的，这意味着经济行为主体的环境责任有多大，环境保护资金的范围就有多大。随着经济行为主体环境责任的扩大，由其所规定的环境保护资金的范围也在扩大，即由过去单纯解决污染治理资金扩展为目前的解决污染防治与生态保护的两部分资金问题。但是，由于征收排污费只是与污染治理相对应的一项制度，仅仅落实了一部分环境责任和解决了一部分环境保护资金问题，有关生态保护的资金还不能通过征收排污费来解决。

这意味着“谁污染、谁治理”政策还不能完全适应新形势下环境保护发展的客观要求，需要给这一政策赋予新的内涵："谁污染、谁治理，谁开发、谁保护，谁利用、谁补偿，谁破坏、谁恢复"。这是确定一切环境责任的政策标准，也是解决一切环境保护资金的政策依据。只有全面落实环境保护的责任并全面解决环境保护的资金问题，这项环境政策才能在实践中真正发挥其应有的作用。

3."强化管理"政策

强化管理是 1983 年第二次全国环境保护会议上提出的、符合中国国情的一项环境政策。

对于如何解决中国的环境问题，我们曾经走过一段弯路。在 70 年代初，中国曾一度效仿工业发达国家集中治理污染的作法，提出了"五年控制，十年解决"的目标，结果落空了。以后又曾提出过一些过高、过急的目标，也没能实现。环境保护目标之所以落空，除了其它原因之外，一条重要的原因就是脱离了中国的经济承受能力，国家和企业拿不出那么多钱来治理污染。

一个严酷的事实摆在了人们面前：中国的环境污染严重，需要治理，并且要投入巨大的资金和先进的治理技术，而国家却拿不出那么多钱，也没有好的治理技术，出路何在？经过多年的思考，我们认识到两个简单却重要的事实：第一，中国是发展中国家，经济相对落后，在今后一个相当长的时间内不可能超越经济实力和科技水平拿出很多钱来搞污染治理。就是说，中国在短期内不具备依靠高投入治理污染的条件。第二，中国现有的许多环境问题是由于管理不善造成的。这意味着，只要加强管理，不需要花费很多的资金，就可以解决大量的环境问题。

基于以上两点认识，国家在 1983 年底提出了强化管理的环境政策，通过强化管理纠正那种"有钱铺摊子，没钱治污染"的行为。强化环境管理，主要措施包括：

（1）加强环境立法和执法

首先，要加强环境立法工作。自 1979 年颁布了试行的《中华人民共和国环境保护法》以来，已先后出台了《海洋环境保护法》、《大气污染防治法》、《水污染防治法》、《固体废物污染防治法》、《噪声污染防治法》和《中华人民共和国防沙治沙法》等单项环境保护法律。同时又修改、完善以及相继出台了一些与环境保护密切相关的资源法规，如《森林法》、《草原法》、《土地管理法》、《矿产资源法》、《水法》和《野生动植物保护法》、《渔业法》等，从资源保护的角度提出了环境保护的要求。另外，先后制定了 30 多件国家环境行政法规，70 多件环保部门规章和 1000 多件地方环境法规和规章。从而形成了一个以《环境保护法》为核心的比较完善的环境保护法律、法规体系。

其次，作为环境法律、法规体系的重要组成部分，国家在加强环境立法的同时，从"七五"至"十五"期间加强了对环境标准的制定和修改工作。到目前为止，国家已先后制定并发布了 460 项环境标准，其中国家环境标准 365 项，行业环境标准 95 项。形成了比较完备的环境标准体系。

再次，加强环境执法，解决有法不依、执法不严的问题。以国家的环境法律、法规和标准为依据，通过严格执法规范人们的环境行为，促使人们自觉履行环境保护的责任和义务。相对于环境立法而言，环境执法更重要，中国大量的环境问题和严重的环境形势不是由于环境立法不足导致的，而是由于环境执法不严造成的。因此，在环境法制建设过程中，从严执法是关键，强化环境管理必须做到有法可依、有法必依、执法必严。

（2）建立健全环境管理机构

开展环境管理必须有健全、高效的管理机构，再好的环境方针、政策、规划和法规，如果没有相应的组织机构作保证，一切都是空话，都是毫无意义的。

中国的环境管理机构建设经历了从无到有、从小到大、从不健全到比较健全的发展过程。特别是 1983 年第二次全国环境保护会议以来，各级环境管理机构得到不断的加强，已初步建立起五级环境管理组织机构体系，即国家、省、市、县、乡镇五级环境管理体系（如图 7-1 所示）。其中，国家、省、市三级还建立起了科学研究、监测、宣传教育中心等配套机构。

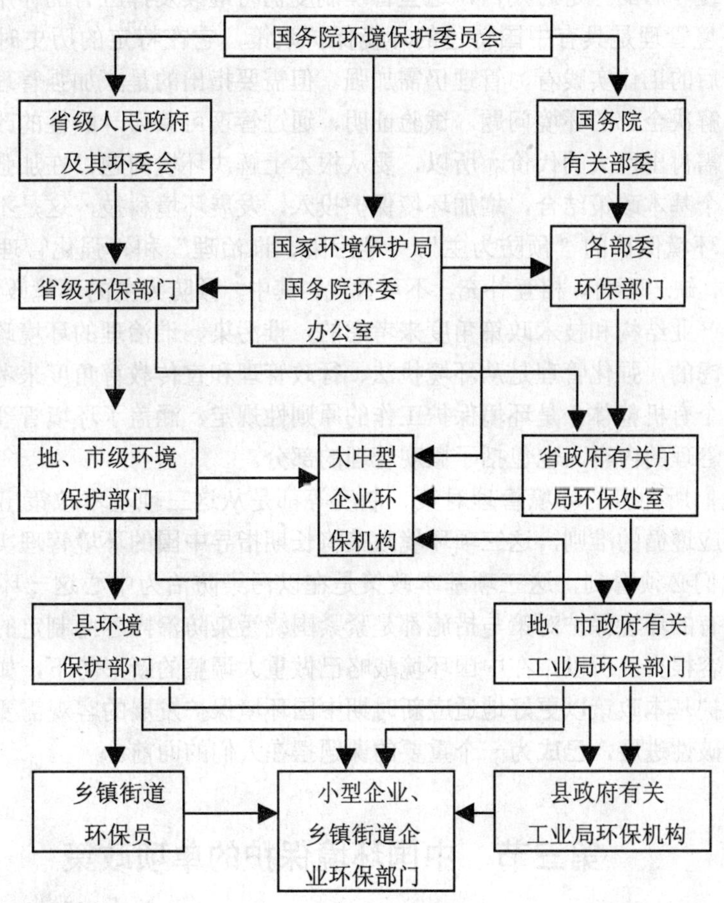

图 7-1　中国环境管理组织机构体系

（3）建立健全环境管理制度

强化环境管理不仅要有环境保护的战略方针、政策、法律、法规和管理机构，还必须有可操作的管理制度。通过建立有效的环境管理制度，实现环境管理的制度化、规范化和程序化，使之形成一个以环境保护的战略方针、政策、法律、法规和管理制度为内容的完整的环境管理体系。

在 20 世纪 70 年代，中国引进和建立了环境影响评价、排污收费和“三同时”制度。其中，环境影响评价和排污收费制度是借鉴国外环境管理的经验和作法而引进的两项制度，“三同时”制度是中国自己独创的管理制度。这三项管理制度在 70—80 年代期间曾被誉为环境管理的“三大法宝”，在我国环境保护的初期发挥了重要作用。

到了 80 年代中期以后，随着我国环境保护形势的发展和环境管理实践的不断深化，原有的三项管理制度已不能完全满足新形势的需要。经过几年的实践摸索，国家在总结了各地环境管理试点经验和成功作法的基础上，推出了以落实地方政府环境保护责任为主要内容的环境保护目标责任制、城市环境综合整治定量考核、污染限期治理等管理制度。

实践证明，进入 90 年代以后，这些制度在强化微观环境管理方面起到了重要的作用，可以肯定，在今后的一定时期内，这些管理制度仍将继续发挥应有的作用。

强化环境管理是具有中国特色的环境保护政策，它在特定的历史时期发挥了特定的作用，从今后的工作实践看，管理仍需加强。但需要指出的是，加强管理固然重要，但不能从根本上解决全部的环境问题。试验证明，通过管理可获得一般性的改进，若想得到额外的改进，需付出巨大的代价。所以，要从根本上解决环境问题，在加强管理的同时，必须与其它两个基本政策结合，增加环境保护投入，发展环境科技，这是不可缺少的条件。

总之，环境保护的“预防为主”，“谁污染、谁治理”和“强化管理”的三项基本政策互为支撑，缺一不可，相互补充，不可替代。其中，预防为主的环境政策是从增长方式、规划布局、产业结构和技术政策角度来考虑的，谁污染、谁治理的环境政策是从经济和技术角度来考虑的，强化管理是从环境执法、行政管理和宣传教育角度来考虑的。这三项环境政策是一个有机整体，是环境保护工作的原则性规定，涵盖了环境管理的各个方面，既包括了宏观管理的内容，也包括了微观管理的部分。

今天我们所拥有的环境管理对策、制度等都是从这三项基本政策出发而制定的，作为环境管理应遵循的准则，这三项环境政策将长期指导中国的环境管理实践。

但是我们必须看到，这三项基本政策是在以污染防治为中心这一环境战略指导下出台的，所拥有的环境保护对策与措施都是紧紧围绕污染防治内容而制定的，能用以指导生态保护的内容很少。所以，在中国环境战略已做重大调整的新形势下，如何改进和完善现有的环境保护基本政策以更好地适应新时期中国环境保护发展的客观需要，使中国的生态保护取得突破性进展，已成为一个重要的课题摆在人们的面前。

第三节　中国环境保护的单项政策

基本政策只是一种原则性规定和宏观指导，做好环境保护工作还需要具体的单项政策作为补充。这是因为，作为一个完整的政策体系，它由基本政策和单项政策两部分组成。只有基本政策而没有单项政策，微观环境管理是无法开展的，环境保护工作将寸步难行。

中国环境保护的单项政策主要包括环境保护的产业政策、行业政策、技术政策、经济政策、能源政策。

一、环境保护的产业政策

所谓环境保护的产业政策是指有利于产业结构调整和发展的专项环境政策。环境保护的产业政策包括两个方面，一是环境保护产业发展政策，二是产业结构调整的环境政策。

1. 环保产业发展政策

环保产业是国民经济结构中以防治环境污染、改善生态环境、保护自然资源为目的所进行的技术开发、产品生产、商业流通、资源利用、信息服务、技术咨询、工程承包等活动的总称。主要包括环境保护机械设备制造、生态工程技术推广、环境工程建设和服务等方面。

环保产业是国民经济的重要组成部分，也是防治环境污染、改善生态环境质量的物质技术基础。国内外的实践证明，要搞好环境保护，提高环境保护的投资效益，除制定法规、强化环境管理外，还必须具有先进的技术和优良的设备作保障。发展环保产业，既是国民经济发展的需要，也是保护环境的需要。没有环保产业的发展，环保目标就难以实现，国民经济的持续发展就会受到影响。因此，制定符合中国国情的环境保护产业政策对加快发展中国的环保产业具有十分重要的战略意义。

目前，中国的环境科技水平相当于发达国家 70 年代的水平，环境科技和环保产业的落后，已经成为制约污染防治和生态保护的“瓶颈”。在“七五”和“八五”期间，国家环境保护投资占 GNP 的比例徘徊在 0.7%左右，“九五”期间国家增加了环境保护的投入，由 0.7%上升为 0.9%左右。国家计划在“十五”期间，环保投入比例不低于 GNP 的 1.5%，这意味着我国环保产业具有广阔的市场前景，对环境保护适用技术的需求十分迫切，这给中国环保产业的发展提供了机遇。我们必须加速污染防治等关键技术的研究和开发，努力缩短与发达国家的距离，适应中国环保事业发展的需要。否则，开放的环境技术市场将使中国环境科技和产业失去竞争力。

在第三次全国环境保护会议之后，国家相继制定并颁布了一系列关于环保产业发展的法规和政策。1990 年国务院办公厅转发了国务院环境保护委员会《关于积极发展环境保护产业若干意见》的通知，1992 年国家环保局发布了由国务院环境保护委员会制定的《关于促进环境保护产业发展的若干措施》的 24 号文件，1994 年国家环保局出台了《建设项目环境保护设施竣工验收管理规定》的 14 号令和试行的《建设项目环境保护设施竣工验收监测办法》，1995 年国家环保局发布了《环境工程设计证书管理办法》的 15 号文件和《关于环保产业科技开发贷款有关事项的通知》的 234 号文件，1997 年发布了由国家环境科学产业学会制定的《关于加强环保产业管理工作的通知》的 31 号文件，同年国家环保局颁发了《关于环境科学技术和环保产业若干问题的决定》，2000 年 2 月由国家经贸委和国家税务总局联合发布的《当前国家鼓励发展的环保产业设备（产品）目录》（第一批）的 159 号文件，等等。

所有这些文件和规定都是当前中国关于环境保护产业发展的若干指导性政策，这些政策的制定与实施对环境保护产业的发展起到了促进作用。

发展环保产业需要有政策的指导，并要求国家从税收、信贷等方面给予政策支持。

要坚持扶持优强的原则，以名优产品为龙头，组建跨地区、跨行业的大型环保产业集团，积极引进先进技术、装备，提高环境咨询、环境影响评价、环境规划、环境工程设计与施工等技术服务的能力和水平，逐步形成基本满足国内环保市场需求，并具有国际竞争能力的环保产业体系。

环保产业是一个极具发展潜力并拥有良好市场前景的重要高新技术产业。作为当今和未来的主导性产业，它与机械、电子、石油化工、汽车、航空航天、生物工程等产业一样，已经并将继续成为世界主要工业化国家竞争的焦点之一。作为发展中国家，中国应当抓住当前国际、国内这一有利时机，制定既有利于发展民族经济，又有利于环境保护的可持续的环保产业发展政策，加快发展自己的环保产业，使这一新的朝阳产业快速成为国家经济的增长点，并成为21世纪国家的主导产业之一。

2. 环境保护的产业结构调整政策

实现国家的可持续发展，关键是要转变经济增长方式。实现经济增长方式的转变，要从产业结构和产品结构调整入手，减少重复建设，这就需要制定有利于环境保护的产业结构调整政策。

当前，世界产业结构的调整正在向资源利用合理化、废物产生最小化、生产过程无害化的方向发展，这是一个符合可持续发展要求的总趋势。进入 80 年代以来，许多工业发达国家都对本国的产业结构进行了有针对性的调整。而大多数发展中国家由于工业基础薄弱，科学技术落后，没有及时调整自己的产业结构，从而影响了经济的持续增长，也给本国的环境保护造成了更大的压力。

中国作为最大的发展中国家，产业结构不合理问题十分突出，第一、二、三产业比例严重失调和重复建设问题大大降低了国家经济的持续发展潜力，这既有历史的原因，也有现实的原因。为了推进国家的产业结构调整，自第三次全国环境保护会议以来，国务院及有关政府职能部门相继制定并出台了若干个关于产业结构调整的政策性文件和规定。

这些政策性文件和规定主要有《关于当前产业政策要点的决定》、《90 年代国家产业政策纲要》、《汽车工业产业政策》、《固定资产投资方向调节税暂行条例》、《关于全国第三产业发展规划的通知》、《指导外商投资方向暂行规定》、《外商投资产业指导目录》、《关于严禁引进小型化学制浆造纸设备防止污染转移的紧急通知》和《水利产业政策》等。

这些政策都是从有利于环境保护，实现可持续发展的角度规定了不同时期内国家产业结构调整的具体指导思想和原则。调整产业结构应当在提高产业内在素质、优化规模结构和企业组织结构的同时，改进产品结构，淘汰资源能源消耗高、污染严重的生产技术、设备和产品，大力降低结构性破坏。并要充分利用发达国家在经济全球化进程中进行产业结构调整的机会，积极引进资本、技术密集型产业，包括那些技术先进的劳动密集型产业，使增量资本为实现产业结构优化升级和推行清洁生产服务。通过产业结构调整限制高投入、高消耗、高污染、低产出、低效益、低增长产业的发展，鼓励发展低投入、低消耗、低污染、高产出、高效益、高增长的“清、新、小”的第三产业。

当前，中国已有的产业结构调整政策还不完备，有些政策还正在制定之中，个别领域的产业调整政策仍是空白，还不能完全适应国家产业结构调整的需要。但毫无疑问，随着中国加入世界贸易组织步伐的加快，面对科学技术日新月异的变化和经济全球化的大背景，中国第二次产业结构调整的高潮将迅速到来，并为国家经济的持续增长注入新的活力。

二、环境保护的行业政策

所谓环境保护的行业政策是指以特定的行业为对象开展环境保护的专项政策。行业不同，其行业环境保护政策也不一样，具有明显的行业特点。根据行业生产的规模、特点、生产工艺水平以及污染物的产生情况，各行业的环境保护政策均可分为鼓励发展、限制发展和禁止发展三类政策。

1. 鼓励发展的行业政策

对于那些具有先进的生产工艺、资源利用率高、污染排放量小、且具有规模经济效益的企业，国家采取鼓励发展的政策。例如，在 1997 年国家规定：造纸行业中木浆年产量在 10 万吨以上的新建、扩建项目，以芦苇、蔗渣、竹等为原料生产非木浆年产量在 5 万吨以上的新建、扩建项目，麦草浆年产量在 3.4 万吨以上、布局合理的新建、扩建项目均属于鼓励发展的范畴。皮革行业中，高档鞋面革、软面革、高档服装革、汽车座垫革、家具革属于国家鼓励发展的范畴。

2. 限制发展的行业政策

对于那些生产工艺一般、资源利用率不高、污染排放量较大且规模效益不明显的企业，国家采取限制发展的政策。例如，1997 年国家规定：造纸行业中玻璃纸、低档瓦楞原纸、低档黄板纸、油毡原纸属于限制发展的范畴，皮革行业中低档修面革、劳保手套革，年生产能力折牛皮 10 万张以下的新建、改扩建项目属于国家限制发展的范畴。另外，1996 年国家在规定关闭“15 小”乡镇企业的同时，也规定了限制发展的 8 个行业，它们是造纸、制革、印染、电镀、化工、农药、酿造、有色金属冶炼等。

3. 禁止发展的行业政策

对于那些生产工艺落后、资源利用率低、污染严重的企业，国家采取禁止发展的政策。例如，1997 年国家规定：造纸行业中年产在 1.7 万吨以下禾草碱法化学浆的新建、改扩建项目，年产在 1.7 万吨以下半化学禾草本色浆的新建、改扩建项目均属于禁止发展的范畴；在皮革行业中，年生产能力折合牛皮在 3 万张以下的新建、改扩建项目和在淮河流域、旅游风景区、饮用水源地、经济渔业区、自然生态保护区等环境敏感区域新建小型制革项目属于国家禁止发展的范畴。还有被列入“15 小”关闭对象的乡镇企业也是国家禁止发展的范畴。

自 1996 年第四次全国环境保护会议以来，中国相继制定并颁布了一系列的行业环境保护政策。如 1996 年 8 月国家颁发的《国务院关于环境保护若干问题的决定》和同时由国家环保局发布的《坚决贯彻〈国务院关于环境保护若干问题的决定〉有关问题的通知》都具体规定了禁止发展即予以取缔和关闭的“15 小”企业名录和限制发展的 8 个行业企业名录。1997 年 6 月由国家经贸委、国家环保局和机械工业部联合发布了《关于公布第一批严重污染大气环境的淘汰工艺与设备名录的通知》，规定了 15 种污染工艺和设备的淘汰期限以及可替代的工艺和设备。同年8月，由中国轻工总会和国家经贸委联合发布了关于制浆造纸工业、皮革工业、酿酒工业环境保护的行业政策，还有国家的电冰箱行业环境保护政策等。

另外，为加强行业环境保护工作，自90年代以来，由国家各部委制定了若干个行业环境管理规定、条例和办法。诸如《冶金工业环境管理若干规定》、《钢铁企业环境保护设施划分范围暂行规定》、《建材工业环境保护工作条例》、《医药工业环境保护管理办法》、《化学工业环境保护管理规定》、《电力工业环境保护管理办法》、《关于加强机械工业建设项目环境保护管理工作的通知》、《关于加强砖瓦行业环境保护工作的通知》、《关于进一步加强乡镇企业土法炼硫磺污染防治工作的通知》、《关于加强乡镇企业环境保护工作的规定》、《关于禁止新建生产、使用消耗臭氧层物质生产设施的通知》、《关于在气雾剂行业禁止使用氯氟化碳物质的通告》和《关闭乡镇煤矿整顿国有煤矿的决定》等。实际上，这些行业环境管理规定、条例和办法都是不同时期国家环境保护行业政策的具体体现。

当然，这些行业政策在实践中并没有得到完全的贯彻落实，原因有很多。其中最主要的原因是由于国家是在区域管理模式下推行和落实国家的环保行业政策，地方保护主义的干扰和阻挠必然使其效果大打折扣。在一些地区和城市，严重的地方保护主义使国家的环境保护行业政策成为一纸空文，无法落实。

三、环境保护的技术政策

所谓环境保护的技术政策是指以特定的行业或领域为对象，在行业政策许可范围内引导企业采取有利于保护环境的生产和污染防治技术的政策。环境保护的技术政策是企业制定污染防治对策的依据，也是开展环境监督管理的出发点。由于行业和领域不同，环境问题产生的途径和方式就不同，解决环境问题所采用的污染治理技术和生产技术也不一样，这就决定了有不同的环境保护技术政策。

环境保护技术政策的总体思想是重点发展高质量、低消耗、高效率的适用生产技术，重点发展技术含量高、附加值高、满足环保要求的产品，重点发展投入成本低、去除效率较高的污染治理适用技术。

到目前为止，中国已经制定了若干个环境保护技术政策。比如，在1986年5月，国务院颁布了《环境保护技术政策要点》，并从解决特定环境问题的角度出发制定了《关于防治水污染的技术政策》、《关于防治煤烟型污染的技术政策》等。到了90年代，为了强化行业环境管理，国家对环境保护的技术政策进行了适当调整，提出了由环境问题分类过渡到以行业分类的各种技术政策。90年代初，国家环保局制定了《防治汽车摩托车排气污染的技术政策》，化工部制定了《化工环境保护41项技术政策》。1997年4月由国家环保局制定了在国家重点环境保护区域和全国十几个行业《推行清洁生产的若干意见》，同年8月由中国轻工总会和国家经贸委从行业管理角度联合发布了关于制浆造纸工业、皮革工业、酿酒工业等多个行业环境保护技术政策。1999年6月，由国家环保总局、科学技术部、国家机械工业部联合发布了《机动车排放污染防治技术政策》，2000年由国家环保总局和建设部联合发布了《城市生活污水处理及污染防治技术政策》和《城市生活垃圾处理及污染防治技术政策》。2001年12月和2002年1月由国家环保总局、国家经贸委和科学技术部分别联合发布了《危险废物污染防治技术政策》和《燃煤 SO_2 排放污染防治技术政策》等。

例如，制浆造纸工业的环境保护技术政策中规定：在化学制浆方法上，主要发展硫酸盐法，适当发展半化学制浆和化学机械制浆，限制发展亚硫酸盐法。漂白向多段漂白发展，并逐步推广二氧化氯、过氧化氢、氧碱、氧脱木素、臭氧等漂白技术。木浆要采用三段至五段漂白，草浆要采用三段漂白。该政策还对发展废水回收和综合利用技术作出了具体规定：硫酸盐法化学制浆必须采用碱回收技术，回收碱及热能，并对废水进行以生化法为主的二级处理，实现达标排放。酸法化学浆及亚铵法制浆废水，要采用综合利用技术减少污染负荷，并在此基础上进行二级处理，使之达标排放。半化学浆、石灰法浆废水处理可采用厌氧发酵技术生产沼气回收能源，并对废水进行二级处理，使之达标排放。造纸白水要采用封闭循环节水技术、同时回收纸浆等。与此同时，在造纸工业环境保护技术政策中还提出了相应的污染防治对策。

在其它行业的环境保护技术政策中对所应采用的生产技术和污染防治技术均提出了具体规定和要求。明确规定了哪些是限制和淘汰的生产技术，哪些是适宜推广的生产技术，哪些是适宜推广应用的综合利用技术，哪些是适宜推广的污染治理技术，哪些是优先发展的生产技术，等等。

环境保护的行业政策与技术政策是紧密联系、相互影响的，是制定行业环境保护对策，加快工业污染防治的政策依据。开展行业环境管理既需要行业政策的指导，更需要技术政策的指导，二者缺一不可。目前，中国环境保护的行业政策和技术政策还不完备，应当根据环境保护的实践需要不断完善现有的环境保护行业、技术政策，并陆续出台更多更新更严格的环境保护行业和技术政策。

四、环境保护的经济政策

所谓环境保护的经济政策是指运用税收、信贷、财政补贴、收费等各种有效经济手段引导和促进环境保护的政策。从环境经济学的角度看，环境保护的经济政策是通过市场解决环境资源配置中“市场失灵”和“计划失灵”问题的一种经济方法。这种“市场失灵”和“计划失灵”问题是由环境问题的外部性决定的，环境保护的经济政策就是要把外部环境费用内部化，促成环境问题的解决。环境保护的经济政策按照内容可分为三大类：污染防治的经济优惠政策；资源、生态补偿政策；污染税和污染费政策等。

1．污染防治的经济优惠政策

自 20 世纪 70 年代以来，中国政府先后制定了一些污染防治的经济优惠政策和环境法规。首先是在 70 年代末，国家颁布了关于治理“三废”开展综合利用的政策规定和关于工矿企业治理“三废”开展综合利用产品利润提留的经济优惠政策。在 80 年代中期，国家颁布了《关于结合技术改造防治工业污染的几项规定》和《关于开展资源综合利用若干问题的暂行规定》。在 90 年代，国家先后出台了若干有利于环境保护的污染防治优惠政策。比如，1994 年由财政部和国家税务总局发布的《关于企业所得税若干优惠政策的通知》，1996 年发布的《关于继续对部分资源综合利用产品等实行增值税优惠政策的通知》

及《关于继续对废旧物质回收经营企业等实行增值税优惠政策的通知》，还有1994年由国家税务总局发布的《关于印发固定资产投资方向调节税的通知》，1998年由国家经贸委和国家税务总局联合发布的《资源综合利用认定管理办法》，1999年由国家财政部和国家税务总局联合发布的《关于印发〈技术改造国产设备投资抵免企业所得税暂行办法〉的通知》的290号文件等。另外，中国政府将有关土地沙化预防和治理方面的资金补助、财政贴息及税费减免等政策优惠内容以法律的形式写进了2002年1月1日开始施行的《中华人民共和国防沙治沙法》中。

从整体上讲，这些经济政策在近二十年来的环境保护工作中发挥了一定的作用。但由于中国正处于经济体制转轨过程中，现存的经济政策中还带有一定计划体制的痕迹，对企业开展环境保护的刺激作用被大大削弱，经济政策的持续调控能力不适应于环境保护事业快速发展的需要。在实践中，国家有关环境保护的经济优惠政策并没有得到很好地贯彻和落实，在制定和运用环境保护经济政策的时候，往往把经济政策的筹集资金功能列为第一功能，以致于一提到经济政策，就想到收费，把获取直接效益放在首位，而把经济政策的诱导功能放在次要的位置。实际上，筹集资金是环境经济政策的一项功能，但绝不是一项主要的功能。环境政策的主要功能是引导和激励企业及一切经济行为主体积极、主动开展环境保护工作以促进经济的持续增长，通过污染防治的经济优惠政策所体现出来的效益主要是综合性、整体性和间接性三个方面。只有当间接效益大于直接效益时，环境保护的经济政策才真正发挥了应有的作用。

为了使环境保护的经济政策产生应有的激励作用，有时不但不能收费，甚至还要为此花钱、增加收入。在实践中，正是由于倒置了经济政策的两个功能，才导致了环境保护投入过低的问题，从而造成了经济低增长和环境问题的积重难返。由此看来，转变人们对经济政策的认识，增强环境保护经济政策的诱导功能，通过实施污染防治的优惠政策促进资源的综合利用势在必行。从另一个侧面也告诉我们，能否有效落实污染防治的各种经济优惠政策是衡量各级地方政府是否重视环境保护工作的一项重要标志。

2. 资源与生态补偿政策

自然资源和环境质量是经济发展和人们福利改善的物质基础。资源的消耗和环境退化必然引起自然资本和人造资本的变化，从而使社会成本增高，降低经济持续发展的能力和潜力。因此，要实现可持续发展，就要建立资源与生态的补偿机制，制定有利于环境保护的资源、生态补偿政策。作为环境保护经济政策的一个重要组成部分，制定和实施资源、生态补偿政策的目的在于通过对生态环境和资源的各种用途的定价来改善环境和实现资源的有效配置，以影响特定的生产方式和消费方式，减缓生产过程和消费过程中资源的消耗速度以维持稳定的自然资本贮量，并鼓励有益于环境的利用方式以减少环境退化，从而达到可持续利用环境和自然资源的目标。概括起来说，资源、生态补偿政策是对生产和消费领域中的资源进行“全成本”定价的政策。自然资源的价格由生产成本、使用成本和外部成本或环境成本三部分组成。其中，各种资源税和资源补偿费属于使用成本，生态补偿费属于外部成本或环境成本。

在中国，有关资源、生态补偿主要包括以下几方面：矿产资源补偿；土地损失补偿；水资源补偿；森林资源补偿和生态农业补偿等。按照“谁污染、谁治理，谁开发、谁保护，谁利用、谁补偿，谁破坏、谁恢复”的基本环境政策，国家环保局于 1992 年发布了《关于确定国家环境保护局生态环境补偿费试点的通知》，规定了全国 14 个省的 18 个市、县（区）为试点单位，这是中国第一个关于资源与生态补偿的政策性文件，是资源与生态补偿的新开端。

在环境保护的经济政策中，资源、生态补偿政策是最基本、最重要的政策，在目前也是最薄弱的方面，急需国家制定和出台相关的资源、生态补偿政策。从 1996 年以来，国家已经对此予以高度的重视，加大了资源、生态补偿的政策研究和立法研究，但是进展缓慢。这是中国制定《国民经济与社会发展“十五”计划及 2015 年远景目标》时在环境与发展领域应予以优先考虑的问题之一。

3. 污染税和污染费政策

污染税和污染费政策是根据“污染者负担原则”所制定的要求经济行为主体对环境污染和破坏承担经济补偿责任的一类环境政策。从全球范围来看，污染费政策是应用最早、最为广泛的一种环境经济政策，它可为环境保护提供最直接的经济动力。污染税政策是发达国家较为普遍采用的一种环境经济政策，后者比前者更具有法律效力，对环境保护所产生的积极影响更广泛、更深刻、更持久，但对社会的法制建设要求更高。

污染税和污染费政策的目的是利用价值规律，通过征收税和费来规范企业的排污行为，引导企业积极开展污染治理，并由此促进企业内部的经营管理，节约使用资源，减少或消除污染物的排放，实现经济与环境的协调发展。迄今为止，在中国长期以来采用的主要环境经济政策是污染费政策。

污染费政策就是通常所说的排污收费政策，一般有两个层次。一是超标收费，二是排污就收费。目前，中国所实行的污染费政策主要是第一种——超标收费政策，由于收费标准偏低、收费因子单一，无法有效规范企业的排污行为，在环境保护实践中没有发挥这项政策应有的作用。进入 90 年代以来，特别是 1996 年以后，中国政府对现有的污染费政策进行了调整，扩大了排污收费的范围，提高了排污收费的标准。对“超标收费”政策进行改革，准备从立法的角度制定“排污收费、超标罚款”的新政策，并逐步由污染费过渡到污染税环境经济政策上来。

完善现有的环境保护经济政策对中国环境保护事业的发展至关重要。以下几点是必须考虑的：一是调整资源价格体系，使资源价格能够真正反映出生产成本与环境成本，有助于实现资源的有效管理与节约。二是改革现行的国民经济核算体系，将环境成本与资源成本纳入现行的国民经济核算体系。三是改革现行的污染费政策，排污费标准要与污染损失相当，并把环境税纳入财政改革内容，利用边际成本原理制定水利、电力、城市管道燃气、集中供热、污水处理、垃圾处理和交通基础设施建设的价格。四是实施优惠税收政策以鼓励和刺激清洁生产、综合回收利用、生态保护等方面的投资建设项目。五是制定有利于城市可持续发展的交通价格政策，通过交通税费的征收与管理促进那些有益于环境保护的交通方式，鼓励发展城市公共交通。

五、环境保护的能源政策

所谓环境保护的能源政策是指以提高能源利用率、开发无污染和少污染的清洁能源为主要内容，开展环境保护的能源政策。今后一个相当长的时期内，中国总的能源政策是：坚持开源与节流并重，改善能源结构，提高能源效率。在以煤炭为主要能源的情况下，优先开发水、电、天然气等清洁能源，提高清洁能源在一次性能源中的比重。

具体来说，一是要引进煤的气化、热电循环、煤床甲烷气回收先进技术、清洁高效的净煤技术和能源综合利用技术，努力降低煤炭能源在一次性能源中的比重，提高城市能源利用率。二是要制定国家的产品能效标准，推动高能效产品的开发和利用，提高工业能源利用率。三是在能源紧缺地区有计划地发展核能源，发展农村的秸秆气化和生物能发电，改善农村能源结构和能源利用方式。

长期以来，由于产业结构和产品结构不合理，加上不可持续的资源与能源开发战略，造成了大量的环境问题和严重的能源消耗。坚持能源开发与节约并重，把节约放在首位，这是中国能源政策中一条重要的方针。随着经济发展和人民生活水平的提高，能源消耗必然随之增加。如何节约能源，提高能源使用效率，是摆在中国政府面前的重要课题。以较少的能源消耗，创造更多的物质财富，是转变经济增长方式的一项重要内容。

开发能源是发展的需要，节约能源更是发展的需要，而且是可持续发展的需要。目前，我国一方面是能源紧张，另一方面又普遍存在着消耗高、浪费大的现象，能源利用率与国际先进水平相比还有很大差距。据初步统计，我国能源利用率只有 30%，比国际先进水平平均低 20 个百分点，单位国内生产总值的能耗是发达国家的几倍至十几倍，与其它发展中国家相比，也要高出许多，节能潜力很大。

因此，大力提倡节约能源、提高能源的利用率特别是提高工业和交通的能源利用率对中国来说十分重要，不仅有利于环境保护，而且有利于国家经济的持续增长和社会的持续进步。

1．城市环境保护的能源政策

煤炭的不合理、过量使用是造成城市大气污染的主要原因，为此，制定有利于环境保护的能源政策是改善城市大气环境质量的关键。一是调整能源结构，开发无污染和少污染的新能源，限制高硫煤的使用，提高电能和天然气的比重。二是实行集中供热，提高工业用能的综合利用率。三是发展民用节能技术，开发研究生物型煤，改变煤炭利用方式，普及电气化等。

2．农村环境保护的能源政策

农村能源结构单一、能源效率低。在以秸秆为主要能源的农业地区，不合理的能源利用方式造成了植被覆盖率下降、水土流失等严重的生态问题。农村环境保护的能源政策主要包括：一是通过发展沼气、天然气、小水电、太阳能、风能等能源改变不合理的农村能源结构。二是通过推广节能灶，改变煤炭散烧，大力发展薪炭林，建设农村新区，有条件地实施集中供热等改变农村落后的能源利用方式。

3. 工业、交通环境保护的能源政策

工业环境保护的能源政策主要有：开发工业节能技术，回收可燃气体等工业废能，提高能源综合利用率，淘汰耗能高的工业锅炉和技术，增加电能和天然气等清洁能源的比重。交通环境保护的能源政策主要有：一是按照国家的汽车产业政策，加速淘汰耗能高、尾气排放严重的各种机动车，二是推广使用无铅汽油等清洁燃料。

以上介绍了环境保护的五个单项政策，这些政策是国家环境保护政策体系中的重要组成部分，是当前形势下做好环境保护工作的政策依据。可以说，环境保护的基本政策是单项政策的制定依据，环境保护的单项政策是基本政策在各个领域、各个方面关于环境保护阶段性目标和要求的具体体现，是开展环境保护工作的具体指导。如果说基本政策是纲和总则，那么单项政策则是目和细则，二者相互影响和补充、不能替代和分割，基本政策与单项政策共同构成了较为完整的中国环境保护政策体系。

然而，我们还必须清楚地认识到，这些单项环境政策大多数是以污染防治为中心这一环境战略和基本环境政策的派生物。因此上，这些单项环境政策在污染防治方面已经或者必将发挥很好的指导作用，而在生态保护方面所具有的指导作用是非常有限的，甚至是无效的。

在这里，我们会发现，中国的环境战略和政策之间缺乏连续性和协调一致性。一方面，1996 年以后中国的环境战略已进行了重大调整，由过去的以污染防治为中心转变到污染防治与生态保护并重上来。这意味着，在生态保护领域出现了暂时的政策空白，有关以污染防治为基本内容的各种环境政策必须进行重大调整。另一方面，近年来，中国在完善原有的环境政策基础上相继制定了更为具体的有利于污染防治的单项环境政策，但却没有出台一项关于生态保护的环境政策。

这充分说明，中国环境保护的政策体系还不完善，与环境战略之间存在着不协调的现象。环境政策并没有实现同环境战略的同步转变。可以肯定地说，在今后的一个时期内，国家应当将其作为重点问题加以解决，加快制定有利于生态保护的环境政策，确保环境保护政策体系与环境战略的连续性、完整性和一致性。

思考题

1. 中国环境保护的基本方针是什么？
2. 为什么把环境保护确定为中国的一项基本国策？它的作用是什么？
3. 中国环境保护的基本政策和单项政策各有哪些？它们之间的关系是什么？
4. 为什么说“先污染、后治理”不是环境保护的客观规律？
5. 如何理解“谁污染、谁治理”这一环境政策的全部含义？
6. 为什么说“强化管理”是具有中国特色的环境政策？
7. 环境保护行业政策与产业结构调整的关系是什么？

第八章　环境保护对策和措施

从广义上讲，环境保护的对策和措施是环境保护政策体系的组成部分。但从系统的联系和逻辑关系角度看，环境保护的对策和措施又具有相对的独立性。这是因为，环境保护的对策和措施不完全受环境政策的制约和影响，而主要是环境战略思想的具体体现，是在环境战略方针指导下，反映环境战略思想并用以解决各种环境问题的具体原则。它告诉人们，环境保护应该做什么、应该怎么做，环境管理应该管什么和怎么管的问题。

因此，在了解国家环境保护政策的基础上，了解环境保护的对策和措施对于开展环境管理是十分必要的。中国的环境保护对策可分为污染防治对策、生态保护对策和强化环境管理对策三大方面。

第一节　污染防治对策和措施

污染防治对策可以概括为“四个基础、四个结合”，即以浓度控制为基础，浓度控制与总量控制相结合；以末端控制为基础，末端控制与全过程控制相结合；以分散控制为基础，分散控制与集中控制相结合；以区域治理为基础，区域治理与行业治理相结合。

一、以浓度控制为基础，浓度控制与总量控制相结合

浓度控制是一种原始的、传统的控制方法，它在工业污染防治过程中发挥了巨大作用。特别是对于环境污染负荷较小，通过浓度控制可以有效改善区域环境质量以达到环境目标的国家和地区，浓度控制仍然是一种首选的和易于操作的污染控制对策。

但是，随着环境问题的不断发展，对于那些环境污染严重，运用浓度控制已不能有效改善区域环境质量的区域，浓度控制对策暴露出了不足和局限性，20 世纪 80 年代由发达国家首先提出了总量控制的思想和方法，这个方法一经提出便受到了世界各国的关注。事实证明，总量控制是具有大环境管理思想的控制方法，是对传统的污染控制在思维方式和控制方法上的重大变革。

但是，实施污染总量控制需要具备一定的客观条件，如区域环境容量的科学评估，排污口的规范化整治，有效的排污申报与审核，排污交易市场的建立，建立和健全有利于总量控制的环境法律、法规和技术标准等。

从实践来看，浓度控制与总量控制各有特点，是一种相互补充的关系，二者不能相互替代。采取什么样的控制方法来解决工业污染问题要根据本国和本地区的实际情况进行

选择。

在中国，要有效控制环境污染的发展趋势并使环境质量有明显的改善，选择总量控制方法是一种客观必然。但从目前来看，还不完全具备实施总量控制的条件和基础，因此，要采用以浓度控制为基础，实施浓度控制与总量控制相结合的污染防治对策，这是符合中国国情，在近期内要遵循的环境对策之一。比如为实现国家“九五”环保目标所提出的“一控双达标”计划就是这一环境保护对策的具体体现。

随着中国环境保护的深入发展和污染物总量控制条件的逐步成熟，将来需要对目前的这一对策做进一步调整。即由以浓度控制为基础，实施浓度控制与总量控制相结合的污染防治对策转变到以总量控制为基础，实施总量控制与浓度控制相结合的污染防治对策上来，这是中国环境保护所应遵循的长远环境对策。

二、以末端控制为基础，末端控制与全过程控制相结合

末端控制是针对污染物产生的状态所采取的一种原始的、传统的污染控制方法。这种方法与浓度控制相对应，在长期的环境保护实践中发挥了应有的作用。由于这种控制方法是对生产系统的输出进行开环控制的方法，无法对系统的输入进行再控制，进而不能对整个生产过程进行有效和主动的控制，因此属于被动、消极的控制方法。

正因为如此，由西方发达国家提出了以清洁生产为主要内容的全过程污染控制方法。这种控制方法是针对污染物产生的技术路线而采取的纯技术控制方法，通过对生产系统中的物质转化进行连续的、动态的闭环控制，以实现资源利用的最大化和废物排放的最小化。全过程控制具有显著的经济效益、环境效益和社会效益，因此属于主动、积极的控制方法。《中国 21 世纪议程》中明确指出：环境问题的产生，不仅仅是生产末端的问题，在整个生产过程及其各个环节中都有产生环境问题的可能。因此，只对生产末端进行污染控制是一种非常落后的污染控制方法，无法从根本上解决中国的环境污染问题。只有发展清洁生产技术和生产绿色产品，推行生产全过程控制，才能建立节能、降耗、节水的资源节约型经济，实现生产方式的变革，加速生产模式和消费模式的全面转换，实现以尽可能小的环境代价和最小的能源、资源消耗，获取最大的经济发展效益。

21 世纪初是中国环境保护事业发展的关键时期，也是扩展和深化清洁生产的重要阶段。不仅要将清洁生产作为转变经济增长方式、实现可持续发展的一项关键手段在所有企业中推行，还应将此概念与方法推广到市政、农业、交通、建筑和第三产业中的一些紧迫问题，如产业结构调整、能源结构优化、价格体系改革、推动非物质化进程、开发清洁煤技术等。

然而，以清洁生产为主要内容的全过程控制是一种技术性很强的控制方法，其内容涉及到环保领域、经济领域和技术领域等多方面，并且需要有法律保证。所以实施全过程污染控制要具备较高的条件，需要诸多部门的配合与协作才能完成。另外，污染防治的全过程控制不仅仅包括技术路线的全过程控制，还应当包括非技术路线的全过程控制即决策管理的全过程控制，实施环境与发展综合决策，努力从决策的“源头”控制环境问题的产生。

这要求各地区和各部门在制订区域开发、城市发展和行业发展规划时，在进行产业

结构调整和生产力布局等重大决策时，都必须综合考虑经济、社会和环境因素，进行宏观环境影响评估，以宏观环境管理促进微观环境管理，避免走“先污染、后治理”的老路。相对于技术路线的污染全过程控制，决策管理的全过程控制更为重要，这二者缺一不可。需要指出的是，不论是哪一类形式的控制，末端控制都是全过程控制的一个环节，因此说，全过程控制是可以替代末端控制的。

在目前的情况下，中国还不能由末端控制完全过渡到全过程控制，或者说还不能用全过程控制完全取代末端控制。仅就技术路线的全过程控制而言，清洁生产还没有作为一种强制性要求在全国推广，只是在国家环境保护重点区域的部分城市和地区进行试点以积累成功的经验。所以，在今后一个较长的历史时期内，中国仍将坚持以末端控制为主，实施末端控制与全过程控制相结合的污染防治对策。此后，随着国家形势的发展，当全过程污染控制条件成熟的时候，再进行调整，由以末端控制为主，实施末端控制与全过程控制相结合的污染防治对策调整到实施全过程控制的污染防治对策上来。

三、以分散控制为基础，分散控制与集中控制相结合

分散控制是以单一污染源为主要控制对象的一种控制方法，也称为点源控制方法。

在很多情况下，人们把分散控制与末端控制视为同一个控制类型，实际上这是一种错误的认识，二者有很大的区别。末端控制是针对排放口所采取的污染控制方法，而分散控制既包含了单一污染源的末端控制，也包含了单一污染源的全过程控制。很显然这两种控制方法不能混为一谈。

与浓度控制和末端控制一样，分散控制一直是普遍推行的控制方法，在污染控制中发挥了一定的作用。然而，由于这种控制方法是传统决策理论的产物，反映了“要素最佳等同于系统整体最优”的传统决策思想，在过去很长的一个时期内，分散治理虽然花了很大的财力、物力，但污染控制的整体效果并不显著。于是又提出了与分散控制相对立的一种污染控制方法——集中控制，也叫做“面源”控制。从理论上说，这是体现系统整体优化思想、以众多污染源为控制对象的区域污染控制方法。很显然，建一个100万吨日处理能力的污水处理厂比建十个 10 万吨日处理能力的污水处理厂的经济效益和环境效益都要好得多。因此，不论从经济效益上看，还是从环境效益来认识，集中控制比分散控制具有很大的优点。

但是，实施集中控制要求有完备的城市基础设施和合理的工业布局。对于那些工业布局不合理、城市基础设施落后的区域而言，集中控制比分散控制要求更大的环保投入。当这种客观要求超过了当地经济承受能力的时候，污染分散控制就是一种首选的方案，而集中控制就成为只具有理论价值而没有应用价值的一种愿望和设想。特别是对于水污染控制而言，即便具备了集中控制的客观条件，由于行业的特点，各个污染源的废水浓度存在很大的差别，废水排放浓度过高的企业在实施集中控制之前要进行预处理。另外，对于一些污染危害严重、不易实行集中治理的污染企业，还要进行分散治理；对于少数大型企业或远离城镇的个别污染企业，也应以单独点源治理为主。

因此，分散控制在任何情况下都是必要的。集中控制与分散控制是污染治理的两种不可缺少又不能替代的形式，分散控制是集中控制的基础，二者之间存在着互补的关系。

在环境保护实践中，选择什么样的污染控制方式，要从客观实际情况出发，既要考虑到国情，又要考虑到地情，有针对性地进行选择。

需要指出的是，实行集中控制，并不意味着企业可以减轻污染防治的责任，污染集中处理的资金仍然要按照“谁污染、谁治理”的原则，根据污染贡献率大小由排污单位和受益单位承担。

在当前，就中国的整体国情而言，应当坚持以分散控制为基础，实施分散控制与集中控制相结合的污染防治对策，这是近一二十年要坚持的对策。那种强调以集中控制为主，实施集中控制与分散控制相结合的观点是以国家的科技不断进步、工业布局不断趋于合理、城市基础设施不断完善为前提的一种未来的污染防治对策。在目前情况下，这种观点是一种盲目的、脱离中国具体国情的、理论色彩浓厚的过急观点。

四、以区域治理为基础，区域治理与行业治理相结合

区域污染治理模式是国家区域行政管理体制在环境保护领域的延伸，是“地方政府对本辖区环境质量负责”法律规定的一种解析形式，也是中国普遍采用的一种传统污染治理模式。

随着中国经济体制由计划经济向市场经济的转变，原有的区域污染治理模式在市场经济体制下，已不能很好地发挥对区域经济持续促进的作用，单纯的区域治理不是弱化，而是强化了地方保护主义，在一定程度上影响到国家整体经济的持续增长。发展的可持续性和公平性使原有的这种污染治理模式在市场经济体制下遇到了极大的挑战，特别是市场经济准则要求对现有的区域治理模式进行调整，由单纯的区域污染治理逐步转向区域治理与行业治理相结合的方向上来。即由单纯的“块块治理”模式逐步转向“条块结合”的模式上来已势所必然。

实现这种转变具有重要的意义，它不仅要求对原有的环境管理体制进行改革以建立新的管理模式，而且从环境立法、执法等方面对环境保护提出了更高的要求。进入 90 年代以来，特别是 1996 年以来，中国对区域管理模式进行了较大的调整，出台了一系列关于行业环境管理的政策、法规和规定，加快了行业环境管理的步伐和力度。

事实证明，这种管理模式的转变对促进国家“两个根本性转变”起到了积极的促进作用，特别是对经济体制的转变、建立有序的市场经济，促进地区之间经济的协调、公平发展起到了重要作用。

在这里，区域治理是一种永远坚持的宏观模式，而实施区域治理与行业治理相结合是永远不变的污染防治对策。强调行业治理的重要性并不否定区域治理的作用，而是对区域治理模式的完善和补充。不论是哪一类环境问题的解决，都需要在区域管理模式下，开展不同行业、不同领域的污染治理。事实证明，缺乏行业治理的区域治理是低效的，单纯的区域治理和单纯的行业治理对策都是不可持续的环境对策。

与污染防治对策相对应的污染防治措施包括如下方面：

第一，推行清洁生产，做好污染预防工作。

做好这项工作要以国家“预防为主”的环境保护基本政策、环境保护产业政策、行业政策和技术政策为指导，严格建设项目的环境管理，采用能耗物耗小、污染物产生量少

的清洁生产工艺，在末端控制的基础上，对企业生产实行全过程控制，这是做好工业污染预防的根本性措施。除此之外，要提倡和推广清洁消费，加强对流域和铁路沿线生活垃圾的管理，提高生活废弃物的回收和利用率，严格控制“白色污染”的产生与发展。

第二，抓住重点问题，实施限期治理。

就全国范围而言，重点的环境污染问题是大气和水体污染，就局部地区而言，重点的环境污染问题存在很大差别。在城市地区，有的城市大气环境污染是重点，有的城市水体污染是重点，有的城市固体废弃物污染和噪声污染非常突出，有的城市这些环境污染问题兼而有之。在农业地区，重点环境污染问题是农药、化肥污染。在流域沿岸，乡镇企业废水污染和固体废弃物污染尤其是“白色污染”是重点污染问题。做好区域污染防治工作就要围绕国家和地区这些重点环境问题，依据国家的环境保护产业政策、行业政策和技术政策，以改善区域环境质量为目的、以达标排放为基本要求，实施限期治理。

第三，全面达标排放，有条件实施总量控制。

在污染治理工作中，按照污染物控制标准要求所有的工业企业限期实现达标排放，这是改善区域环境质量的大前提。这里的达标排放主要是指工业水污染物、大气污染物、固体废弃物要达到国家或地方的排放标准。全面达标排放是指所有企业关于主要污染物达到国家污染排放标准，不论是经济发达地区，还是经济落后地区都是一个标准、一个要求。在污染严重地区，要积极创造条件逐步实施总量控制。坚持浓度控制与总量控制相结合，通过达标排放为污染总量控制创造条件，通过污染总量控制促进达标排放，这是开展污染防治有效改善区域环境质量最基本的指导思想。

第四，加快城镇基础设施建设，合理工业布局，有条件实施污染集中控制。

分散的点源治理是污染防治的一种主要形式，但由于众多的中、小型企业和复杂的生产技术问题，分散的点源治理给环境监督管理和环境执法带来了难度，降低了环境设施的整体效益，造成了环境保护投入的巨大消费，同时也给企业逃脱环境责任造成了很多的可乘之机。在今后的污染防治工作中，各级政府要采取有力措施，加快城镇基础设施建设，调整不合理的工业布局，为实施污染集中控制创造有力的条件。要在分散治理的基础上，结合清洁生产和总量控制，分步骤、有计划地开展污染集中控制。

第二节　生态保护对策和措施

生态保护关系到社会稳定和国家安全，是中国可持续环境战略的重要组成部分，与污染防治具有同等重要的地位，两手都要抓，两手都要硬。

在中国，生态保护能真正引起政府的高度重视并成为国家的行动是始于 20 世纪 90 年代后期，从时间上看仅仅是近几年的事情。相对于污染防治而言，生态保护工作还很不成熟。一方面缺少国家法律、法规的支撑，环保部门的执法权限太小，执法空间过于狭窄。另一方面，生态保护缺乏足够的实践经验，处于“摸着石头过河”阶段，还没有形成一整套可供操作的、适用的生态保护政策和对策，生态保护措施也不到位。

生态问题可分为四大类：一是水土流失；二是荒漠化；三是生物多样性减少；四是资源破坏。在这些生态问题中有些属于区域性生态问题，有些属于流域性生态问题。因此，生态保护应采取以下四个对策：加强植被保护，防治水土流失和荒漠化；加强资源规划和管理，促进资源保护；加强自然保护区和湿地建设，保护生物多样性；加强江河源头生态建设，做好流域生态保护。

一、加强植被保护，防止水土流失和荒漠化

植被破坏是导致水土流失和荒漠化的根源，有效防止此类生态问题的产生，必须从植被保护抓起。由于水土流失和荒漠化问题属于区域性生态问题，是在发展传统农业、牧业和不合理开发与利用资源过程中产生的。因此，加强植被保护要与农业生态保护和资源保护联系起来，通过建设生态农业和加强资源开发活动的生态保护两个途径来解决。

发展生态农业（包括生态牧业）是加强植被保护的主要途径之一，首先要解决认识上的问题，正确处理生态保护与脱贫的关系。在生态保护与脱贫这一典型问题上，我们必须清醒认识到，恶劣的生态环境制约着区域经济发展，是导致贫困的重要因素之一。据统计，中国有 78%左右的贫困县分布在土地严重退化、生态环境十分恶劣的地区。而贫穷落后又是造成生态环境恶化的主要原因。一方面，为了生存，当地居民不得不在脆弱的生态环境中、在贫瘠的土地上扩大垦荒耕种，用极其落后的技术设备开发资源。另一方面，为了解决能源问题，不得不砍伐林木和灌木。其结果是生态环境进一步恶化，水土流失严重，荒漠化程度加剧，从而陷入了一种越穷越破坏，越破坏越贫困的恶性循环之中。

因此，在这些地区必须把生态环境的保护和改善与经济发展和脱贫致富有机结合起来，以生态环境保护与建设带动和促进当地经济的发展。通过发展生态经济推动生态环境的保护与建设，这是摆脱生态破坏与贫穷落后恶性循环的一条途径。只有如此才能调动人们生态保护的积极性，才能从思想认识上真正解决人们保护生态环境的动力问题。

为此，要做好以下几方面的工作：

1. 加强政策引导

继续深化荒山、荒地、荒丘和荒滩的综合治理与开发，加大农业生态保护的投入并制定相应的生态建设鼓励政策和生态补偿政策。使植被保护既体现出生态效益又体现出经济效益，让人们既得到眼前好处又能看到长远利益，通过发展生态经济促进植被保护。

2. 加强农业住区建设

农村能源结构不合理是造成植被破坏的重要原因之一，要改善农村能源结构就必须加强农村规划，建设农村新区，改变传统落后的居住环境和条件。在此基础上开发农村小水电等新型能源，通过改善农村能源结构，降低人们对乔木与灌木的需求，减少人为的植被破坏。

3. 加强法制建设，依法保护植被

在山区要改革农业耕作技术，调整农作物结构，发展果林经济，种植经济作物，增加木本植物覆盖面积，强化小流域综合治理。加强生态保护的法制宣传教育，严厉打击毁林开荒等违法行为，提高人们保护生态环境的自觉意识。坚决实行退耕还草、退耕还林、

退耕还牧，加强草原区的植被保护。

4. 加强资源开发活动的生态保护

矿产资源开发和大型的铁路及公路建设项目是造成植被破坏的另一个重要原因。据有关部门统计，在中国，80%以上的资源开发和大型建设项目都缺少相应的水土保持措施和植被恢复措施或者这些措施不到位，土地复垦率在4%—6%之间，植被和土地资源破坏相当严重，是引发局部地区水土流失和山体滑坡的主要原因。所以，必须加强对所有矿产资源开发和大型铁路、公路建设项目的环境管理，严格执行环境影响评价，并在水利部门和环保部门的监督下落实水土保持工程措施，恢复植被，扩大复垦面积。

5. 加强生态脆弱区环境综合治理

进入80年代以后，随着生态破坏的加剧，中国以荒漠化地区和风沙区为主的生态脆弱区的面积在不断扩大，风沙危害在逐年增加，这给中国的生态保护敲响了最后的警钟：荒漠化问题已经对国家的发展产生了严重威胁，荒漠化治理已经到了不能再退的境地！

所谓生态脆弱区是指生态基础差、生态条件脆弱，极易遭受破坏的一类区域，如荒漠化地区、风沙区、草原区等。生态脆弱区往往处于干旱或半干旱的地区，人口稀少、动植物资源缺乏、自然生态环境差，气候条件恶劣。在这样的区域里，任何外部微小的干扰或轻度影响都会导致严重的甚至是不可逆转的生态破坏，这给生态保护工作带来了很大的难度。

与其它类型的区域环境综合治理不同，开展生态脆弱区的环境综合治理是一项艰巨的、复杂的、长期的系统工程，它所体现出来的往往是生态效益，生态经济成分较小。因此，做好生态脆弱区的生态保护要以治沙为主，主要采取建设风沙防护林、植树种草、禁挖、禁牧、禁垦等措施。

（1）加大生态建设投入，植树种草、营造风沙防护林

从建国以来，中国政府一直重视荒漠化治理，营造了“三北防护林”工程，防沙、治沙取得了重大进展。但由于中国经济发展缓慢，一直存在着生态建设投入不足的问题，加上管理落后，原有的生态建设成果没能得到有效巩固，荒漠化加剧的趋势没能从根本上得到控制。

开展生态脆弱区综合治理，首先要抓好生态建设。这就需要各级政府增加生态建设投入，保证有足够的资金用于生态脆弱区生态保护的基础设施建设，植树种草，营造风沙防护林，建立农田防护网，改造沙漠滩地，因地制宜发展生态农业、生态牧业和治沙产业。

（2）依法禁挖、禁牧、禁垦，加强植被保护

在草原区和干旱荒漠区要采取禁垦、禁挖、禁牧等有力措施，防止过量放牧、滥挖草药和毁草开荒。加强生态建设是基础，加强生态管理是关键。几十年来，由于缺乏有效的管理，形成了年年植树、年年毁林，这边植树、那边毁林，一方建设、多方破坏的局面。另外，由于过量放牧、毁林开荒和乱挖乱垦等原因，使荒漠区域内非常脆弱的植被资源遭到了毁灭性的破坏，这些无疑都是造成生态脆弱区环境恶化的重要原因。

例如，90年代初在宁夏回族自治区发生的“甘草事件”就是典型的例子。甘草既是著名的中草药，又是很好的固沙植物，恰恰生长在自然生态环境脆弱的地带，在沙漠与绿

洲之间连成一片，能有效地防止沙蔓延。据专家测定，一亩甘草所发挥的生态功能相当于三亩草场的生态功能，也就是说，挖掉一亩甘草相当于破坏三亩的草场。当地的农民为了挖甘草卖钱，竟对草原实行“梳篦清剿”政策，几千人一个山头，不分草药，挖地三尺，一律连根拔掉，造成了该地区草原资源的严重破坏。1993 年，宁夏的甘草价格由 1983 年的每公斤 0.25 元涨至 8 元，于是一些地区的农民男女老少齐上阵，最多时竟达 5000 人，形成了一支挖甘草的大军。一时间形成了十分矛盾的场面：天上是飞机低空作业、飞播造林、治理沙化；地上却是成群结伙拼命滥挖，加重沙化。几年内，盐池、同心两县因挖甘草被直接破坏的草场达 400 万—500 万亩，间接破坏则超过 1000 万亩。

虽然国务院针对此类问题于 2000 年 6 月颁布了《关于禁止采集、销售发菜，制止滥挖甘草和麻黄草有关问题的通知》的 13 号文件，又在 2001 年 8 月颁布的《中华人民共和国防沙治沙法》中写进了在土地沙化区禁挖、禁垦、禁牧的法律规定。但为时已晚，这些土地基本上已经沙化，有的地方寸草不生，那里的人们就是伴随着这一片新生的沙漠进入 21 世纪的。

加强生态脆弱区的环境综合治理，要加大执法力度，依法制止乱挖、乱垦、乱牧等各种破坏植被的行为。这就需要国家和地方政府加强有关生态保护的资源立法，特别是加强中、西部地区和生态脆弱区的资源立法，将生态保护纳入法制化轨道，并建立健全生态保护的管理体制。

常言道，十年树木，百年树人。这主要是用来强调人的教育的艰巨性和长期性。其实，荒漠化治理和生态破坏的恢复如同对人的教育一样，需要半个世纪甚至更长时间艰苦不懈的努力才能体现出应有的生态效应。也就是说，荒漠化治理和生态恢复周期与森林的生长期限是一样的。所以，植树造林，保护生态环境是一项纯粹为后人谋福利的事业，正所谓前人栽树、后人乘凉，功在当代、利在千秋。

二、加强资源规划和管理，促进资源保护

资源破坏是在资源开发和利用过程中产生的另一类生态环境问题，其直接后果降低或削弱了经济与社会的发展潜力，因而构成了生态保护的重要内容。这类生态问题主要包括土地资源、矿产资源、水资源、旅游资源和野生动植物资源的浪费与破坏几个方面。

在生态环境问题中，由于资源开发活动所导致的生态破坏占有很大的比例，特别是在资源开发区，这类问题就更为突出。资源开发区是指资源开发强度和规模大，人类经济活动频繁，因资源开发活动给生态环境造成大范围影响或破坏的一类区域。

如矿产资源开发、旅游资源开发、土地资源开发的区域等。这类区域没有特定的范围，主要取决于资源的开发强度和规模。资源开发区的生态问题主要是在资源开发过程中产生的植被破坏、水土流失、矿区固体废弃物污染和旅游区“白色污染”。

在 21 世纪初，中国实施西部大开发战略，资源开发将成为西部经济活动的轴心和主线。这在给西部经济发展带来机遇的同时，也使非常脆弱的西部自然生态环境面临新的挑战。在这种情况下，资源开发区的生态环境综合治理就成为西部地区生态保护工作的一个非常重要内容。

资源开发区的生态环境保护工作要坚持“谁开发、谁保护，谁利用、谁补偿，谁破

坏、谁恢复”的原则，做好以下四方面工作：

1. 加强土地资源开发的环境管理

加强土地资源开发的环境管理要与农业生态环境治理工作紧密配合，依据《土地管理法》实行更加严格的土地管理，禁止非法占用土地和浪费耕地资源。坚持保护与开发并重的原则。在保护中合理开发土地资源。对新的土地开发项目要严格审批并认真执行环境影响评价，落实土地和植被保护措施。对正在进行中的土地开发项目要加强监督管理，采取有力措施制止非法占用和浪费土地资源行为，防止产生新的土地破坏和污染问题。

2. 加强矿产资源开发的环境管理

做好矿产资源开发的环境管理，要与区域生态环境综合治理工作紧密配合，加强植被保护，防止水土流失。对新的矿产资源开发项目要进行生态环境影响评价，加强项目管理，并落实水土保持措施。对正在进行中的资源开发项目，要按照《水土保持法》搞好矿区的生态建设和综合治理，防止矿区废物污染和占有土地资源。对即将结束的资源开发项目，要做好矿区的生态恢复和土地复垦工作。寓资源保护于资源开发的整个过程之中，做到在保护中开发，防止因资源开发导致的各种地质灾害。

3. 加强水资源保护

水是一种可再生的资源，但具有不可替代的生态功能，加强水资源保护是资源保护中的当务之急。一是要发展生产和生活节水技术，改进农业用水方式，提高现有水资源的综合利用率。二是提高水价，发挥经济杠杆作用，真正体现水资源在经济发展中的资源价值。三是加强水源保护，防治工农业水源污染，增加工业和农业用水的循环使用功能。四是严格水资源开发，在解决生产和生活用水的同时，要确保生态用水的比例。五是严禁围湖造田，禁止过量开采地下水，确保水资源的持续利用。

4. 加强旅游资源和野生动植物资源保护

改革开放以来，中国的旅游业发展迅速。到目前为止，经县、市以上人民政府命名的风景名胜区已达690处，森林公园已建立1078个，地质公园44个。一些自然保护区也不同程度地开展了旅游业务，旅游经济已成为国民经济的重要组成部分。特别是在国家“假日旅游”消费策略的引导下，旅游经济将呈现出一个持续的高增长势头，预计旅游业将成为21世纪中国国民经济发展的支柱产业之一。

与此同时，旅游业的过快发展将对中国脆弱的旅游资源产生巨大的压力，由此所产生的旅游生态问题也将突出地显现出来，对旅游资源开发与建设过程中生态保护提出新的挑战。这意味着加强旅游资源开发的生态保护是中国在未来一个时期内一项重要的生态保护任务。旅游生态环境问题主要表现为三个方面：

一是在旅游资源开发与建设过程中造成的植被破坏和水土流失。造成这类生态破坏问题的原因是受急功近利和短期效益思想的影响，只注重开发、不注重保护，破坏性的旅游开发是国家风景名胜区和森林公园所共同面临的一个威胁。

二是盲目开发旅游资源。在旅游区内乱建宾馆、别墅及其它建筑物，人工建筑与自然风貌不相协调现象非常普遍，破坏了自然景观。个别地区甚至还在风景旅游区内建设生产项目，如世界著名的石林风景区内曾经上马了一个水泥厂，对石林风景区产生了严重的环境污染和生态破坏。造成这类生态问题的原因是缺乏旅游资源开发的长远统一规划，对新旅游区的开发缺少全面的科学论证和生态环境影响评价。

三是旅游区生活垃圾污染特别是"白色污染"严重。造成这类生态问题的原因是旅游景区环境管理滞后和超载旅游。以上这些旅游生态问题的大量存在，反过来又降低了旅游资源的价值，从而制约了旅游经济的持续发展。

正确处理保护、开发与利用三者之间的关系，在注重保护的前提下加强旅游资源的开发与利用，在开发与利用过程中有效解决已经出现的旅游生态问题，这是加强旅游资源开发与保护，实现旅游经济的可持续发展的基本原则。

为此，要采取有力措施，加强对旅游资源开发与利用的综合治理。

（1）要以可持续发展思想为指导，制定可持续的区域旅游经济发展战略和行动计划，克服急功近利和短期效应行为。

（2）要制定区域旅游资源开发的长远规划和相应的旅游生态保护规划。以规划为依据进行旅游资源的开发、利用与保护，加强旅游资源开发与建设的生态治理。对新开发的旅游景区进行严格的生态论证和项目管理，充分考虑到景区基本生态过程的抗干扰水平及其生态系统的可持续支撑能力，使旅游资源的开发与利用强度不超出自然生态系统的承载力。

（3）要发展生态旅游。严格控制人文景观和人造资源的开发与建设，适当减少旅游资源开发投入，增加生态保护与建设的投入，提高自然资源价值。通过生态旅游引导人们的绿色消费，提高人们的环境保护意识。

（4）要加强旅游区的环境管理。严格执行有关法规，控制旅游区生活垃圾和"白色污染"，实行严格的旅游容量控制，保障旅游业的良性循环。同时，要加大执法力度，依法取缔旅游区域内的非法建设项目，严厉打击破坏旅游资源的违法犯罪行为，促进区域旅游经济的持续发展。

做好野生动植物资源保护工作有利于生物多样性保护，要通过加强自然保护区和湿地建设来解决。有关内容将在以下讲述。

三、加强自然保护区和湿地建设，保护生物多样性

自然保护区和湿地是野生动植物资源丰富、生态环境质量良好的自然系统，是保护生物多样性的基地。所谓生物多样性是指自然界中生物基因的多样性、物种的多样性以及生态系统多样性的总和，是多样化的生命实体群特征。保护生物多样性是对特定区域内所存在的生物基因和物种的总体保护。

生物多样性是生态系统的核心，为人类社会的生存和发展提供了保障，对维持生态平衡起到关键的作用。现存的动植物和微生物物种及其基因资源，为今天和未来的人类社会提供丰富的食物、药物和工业原料。同时，生物多样性也是科学发明和艺术创造的不竭资源。相对于其它的环境问题，物种的灭绝以及遗传基因的丧失，将使我们遭受更严重的损失。"一个基因关系到一个国家经济的兴衰"，"一个物种影响到一个国家的经济命脉"。

从这个意义上说，保护生物多样性就是保护人类自己。

森林和湿地是生物多样性最丰富的生态系统，是维系地球陆地生态系统平衡的屏障。所以，保护森林和湿地对保护生物多样性具有重要的意义，通过森林和湿地保护来促进生物多样性保护是中国政府应长期坚持的生态保护对策之一。

森林植被是陆地生物圈的主体，具有涵养水源、过滤空气的作用，是维持水、土、大气等生态环境的屏障。据科学研究，1 公顷的林地每天可吸收 1 吨 CO_2，释放 0.73 吨 O_2。1 公顷森林与裸地相比至少可以多蓄水 2500 立方米，1 万亩森林的蓄水能力相当于一个蓄水量为 100 万立方米的水库。根据 1997 年美国华盛顿的世界资源研究所的研究报告，8000 年前的原始森林今天只剩约 1/5 还保留着本来面目，地球上原有的 2/3 陆地，约 76 亿公顷的面积为森林所覆盖，而到 20 世纪 80 年代所余已不足 28 亿公顷。

目前，全世界的森林正以每年 1800 万公顷速度从地球上消失。森林被毁，不仅大大降低了森林对空气的净化作用，而且大大加快了物种消失的速度。近 200 年来，濒于灭绝的已有 593 种鸟类、400 多种兽类、209 种两栖爬行类以及 2 万多种植物，比自然淘汰的灭绝速度快了 1000 倍！因此，森林的破坏对全球气候变暖、生物多样性的减少以及水土流失有重大影响。

其实，保护森林和湿地的意义莫过于英国环境生态学家 E·格兰杰的精辟论述。他说：森林是一切生命之源，当一种文化达到成熟或过熟时，它必须返回森林，来使自己返老还童。如果一种文化错误地冒犯森林，生物衰败就不可避免。

沼泽湿地是地球自然生态系统的重要组成部分，是人类的一项宝贵的自然资源，被称为“自然之肾”。它具有调节气候、涵养水分、防止土壤侵蚀、降解污染等功能。湿地还是众多野生动植物，特别是珍稀濒危水禽生存和繁衍的场所。

中国湿地资源十分丰富，目前，全国有沼泽、湖泊、河滩、河口、海岸滩涂等各种类型的天然湿地 2500 多万公顷和以稻田和池塘为主的人工湿地 3800 万公顷。在亚洲 947 块国际重要湿地（非人工湿地）中，中国占有 192 块，占这一地区国际重要湿地数量的 1/5，居亚洲第一位，世界第四位。是世界上湿地类型最多、面积最大、分布最广的国家之一。但同时也是破坏最多、最严重的国家之一。由于严重的环境污染以及因围湖造田、乱挖乱垦等人为破坏，自 20 世纪 50 年代以来，原有的这些湿地面积已经减少 72%，并且质量在不断下降，这是导致中国生物多样性不断减少和受到严重威胁的一个重要原因。

近年来，中国政府加强了对自然保护区和湿地的保护工作，到 2001 年底，全国已建立了 1500 多个自然保护区，总面积约占国土面积的 12%，其中国家级自然保护区 171 个，湿地类型的自然保护区 140 多处，各种类型的湿地资源得到了较好保护。其中有 15 个自然保护区列入联合国教科文组织“人与生物圈保护区网”，江西鄱阳湖、湖南东洞庭湖、海南东寨港、黑龙江扎龙、吉林向海、青海湖和香港米浦 7 处列入《国际重要湿地名录》，九寨沟、武夷山、张家界和庐山 4 个自然保护区被联合国教科文组织列为世界自然遗产或自然文化遗产。

这些数据无疑说明了中国在自然保护区建设方面的成就和付出的巨大努力。中国政府自 1992 年加入《湿地公约》之后，把湿地的保护与合理利用列入了《中国 21 世纪议程林业行动计划》和《中国生物多样性保护行动计划》之中，作为国家可持续发展战略的一项重要措施来抓。

然而，中国的自然保护区不论在数量上还是在管理质量上，都难以适应可持续发展的需要。一方面，一些该建的保护区没有建起来，建起来的自然保护区占国土面积比例还很低，有国际影响和示范作用的保护区为数不多，与生物多样性的大国地位很不相称。另一方面，已建的保护区普遍经费不足，管理不到位。受到良好保护并具有完整生态结构的自然保护区还仅仅是其中的一部分。有许多自然保护区存在程度不同的生态破坏，个别自然保护区内砍伐森林现象屡禁不止，偷猎、走私野生动物的违法犯罪行为十分猖獗，森林资源和野生动植物资源受到严重的破坏。此外，已经制定的生物多样性保护计划缺少针对性，有关如何加强湿地保护问题，国家还没有出台具体的有针对性的法规、政策和实施办法，往往是参照国务院在 1994 年颁布的《中华人民共和国自然保护区条例》和有关规定及其它相关法律进行的，这一点显然滞后于生态保护发展的需要。

为此，需要采取以下有效措施综合治理自然保护区和湿地生态环境，加强生物多样性的保护：

（1）抢救性地建立一批新的自然保护区，增加自然保护区占国土面积的比例，扩大野生动植物的生存空间。

（2）加强生物多样性保护的法制建设。首先要加强立法工作，制定《湿地法》使湿地保护与森林保护具有同样的法律地位。其次要加大执法力度，严厉打击砍伐森林、围湖造田和乱挖乱垦等破坏自然保护区及湿地生态环境的违法行为；依法严惩偷猎、走私国家珍稀、濒危野生动植物的违法犯罪行为，保护国家经济赖以持续发展的森林资源和野生动植物资源。

（3）要建立一个有足够权威的全国生物多样性保护的管理组织机构，并负有对自然保护区和湿地的直接监督管理权，协调各部门之间的资源与生态保护以及履约活动。要高度重视对生物多样性保护的基础研究，建立国家自然生态博物馆与数据网络，并制定重点地区、重点专题和特定物种类群的生物多样性保护行动计划。加强对一些有特殊生态功能区域的保护，如对重要湿地、江河源头、沙漠绿洲、天然林区和生物多样性丰富或独特的区域和珍稀濒危动植物集中分布区，建立特殊生态保护区实施特殊的保护。

（4）要加强对森林、湿地和自然保护区的管理。加强河道、湖泊的疏浚，建立天然林禁伐区，禁止在自然保护区内毁林开荒、非法占用保护区土地和掠夺保护区资源，禁止在自然保护区的中心区和缓冲区内建设对生态环境有影响的资源开发项目和生产项目。对必须建设的开发建设项目，要严格执行《自然保护区条例》和国家关于自然保护区开发建设项目环境管理的有关规定，进行建设项目的生态环境影响评价。

（5）要建立生物多样性保护的经济补偿政策和制度，加大政策和资金投入力度。大多数自然保护区地处贫困地区，加上批建自然保护区后资源开发与利用受到限制，一些地方扶贫的优惠政策无法落实，从客观上拉大了自然保护区与其它地区的差距。这就需要国家和地方政府尽快制定有利于生态建设的经济政策，如生态补偿政策、野生动物损害补偿政策、绿色产品减免税政策等。同时，要加大国家和地方政府对自然保护区建设的资金投入，加强自然保护区的基础设施建设和队伍建设，确保开展有效的执法监督，提高生态保护的质量和水平。

四、加强江河源头生态建设，做好流域生态保护

流域是生物多样性数量仅次于湿地的一类特殊区域，是一种比较完整的生态系统，具有湿地系统的许多特征。同样，流域生态破坏也是一种典型的生态破坏。因此，流域生态保护与生态农业建设和生物多样性保护之间既有联系又有区别，是区域生态保护中的重要内容。

1. 流域生态破坏的危害

流域生态破坏同流域环境污染一样，构成了影响和制约流域经济可持续发展的另一个环境问题。虽然人们对流域生态破坏的认识时间很短，但随着生态破坏所产生影响的不断扩大，其认识在不断深化。特别是 1998 年中国的洪涝灾害，唤醒了国家政府和社会公众的流域生态安全意识。

中国境内自然水域众多，以河流、湖泊为中心的流域分布广泛。如著名的长江、黄河、淮河、松花江、珠江、辽河、海河、太湖和巢湖流域等。另外，还有数百个地方性及内陆流域，这些流域都存在着生态破坏和环境污染这一双重的环境问题。由于历史和现实原因，这些流域所存在的环境问题在影响的范围和深度上有一定的差异，有的是以生态破坏为主，有的是以环境污染为主，但多数是二者同时并存相互影响，给当地人民的生命财产造成了巨大损失，严重地影响了区域经济的持续发展。

流域生态环境问题主要是植被破坏所导致的水土流失和洪涝灾害，其影响不论是在深度上还是在广度上都已超过了环境污染所造成的影响，对环境的结构性破坏大大降低了流域乃至国家经济与社会可持续发展的能力与潜力。造成流域植被破坏的原因有两点：一是流域源头和上游大量的砍伐森林和毁林开荒，降低或丧失了植被固土、固水的生态功能；二是缺少水土保持的资源开发活动及农业生产活动造成了植被的严重破坏。植被破坏造成了流域的水土流失，导致湖、河、水库底泥增多，河床抬升，容易引起洪涝灾害，给人们的生命财产造成重大损失。同时，也造成水资源容量减少，进一步制约了区域经济的发展。另外，还造成土壤中有机质的大量流失，降低了土壤的肥力。为提高农作物产量，就不得不大量使用化肥，从而加重了土壤和水体的污染，形成了恶性循环，影响到农业的持续增长。

造成 1998 年长江特大洪水的根本原因是长江流域生态破坏严重，泥沙淤积，河床抬高，河流的调洪、蓄洪和行洪能力大大降低。在湖北省境内的荆江河段已高出地面 10 米以上，是继黄河之后又一条更大的“地上悬河”。目前，长江流域水土流失面积已达 73 万平方公里，每年进入长江入海口的泥沙相当于尼罗河、亚马孙河及密西西比河冲刷量的总和。在长江流域的河川、湖泊、水库中淤积的泥沙达 17.4 亿吨，若将其筑成一条高、宽各一米的长堤，可以绕地球 30 多圈。如此巨大的泥沙流失量是长江流域生态破坏的结果。

还有，众所周知的黄河流域生态问题已经引起了国际社会的广泛关注。其中，黄河断流问题就是流域生态破坏的一个典型代表。黄河是中华民族的母亲河，是中华民族五千年文化发祥地，黄河安危关系到中华民族的长远利益和国家的安全。然而，黄河流域洪涝干旱灾害频繁，水资源短缺和断流已经引起了一系列严重的经济、社会和新的生态问题。

作为中国的第二大河流，黄河断流始于1972年。据统计，70年代共有6次断流，80年代有7次断流，90年代有9次断流，而且呈现出断流时段增长、断流日期提前、断流河段逐年由河口向上延伸的特点。

黄河断流是黄河流域生态环境破坏的结果，不仅给工农业生产造成了重大的经济损失，反过来对黄河下游的生态环境又产生一系列重大影响，进一步加剧了黄河流域的生态破坏，形成了一个难以遏制的恶性循环。造成黄河断流的原因有自然因素、人为因素和社会因素三种。其中，黄河上游滥建水库，不合理开发、利用和分配黄河水资源以及工农业用水增多等人为因素是导致黄河断流的主要原因。类似的问题还有很多，如长江流域的生态破坏问题也非常突出，这些严重的流域生态问题不仅极大地制约了区域经济的持续发展，而且对区域乃至国家的安全构成了威胁。

2．流域生态保护的意义

流域生态保护不单纯解决以植被破坏、水土流失、生物多样性减少等为主要内容的生态破坏问题，而且还包括解决以工业点源污染、农业面源污染、“白色污染”为主要内容的环境污染问题。生态保护与污染防治构成了流域环境保护的两个基本组成部分，二者相互联系、相互制约又相互依存。所以，流域生态保护在环境保护中具有特殊的作用和意义，是充分体现“污染防治与生态保护并重”这一环境战略的环境对策，将污染防治与生态保护二者结合成为一个有机整体的理想模式，集中体现了全过程控制和大环境管理思想。

加强流域生态保护既可以带动区域生态保护，又可以有效促进工业污染防治，还可以有效促进农业环境保护。针对不同的流域及不同的环境问题，生态保护对策有其不同的侧重点，其基本原则是：流域“源头”或上游以生态建设为主，流域中游坚持生态建设与污染防治并重，流域下游或河口以污染防治为主。

3．流域生态保护措施

做好流域生态保护要坚持统筹规划、突出重点、量力而行、分步实施的原则，采取以下措施：

（1）大力植树造林，增加植被覆盖率

治水须先治山，治山须先兴林。治理流域的水土流失，首先要以国家的生态环境建设规划为指导，针对流域内的不同生态问题，确定重点、分步实施，实施山、林综合治理，抓好流域源头及上游地区的生态保护。尤其要抓好长江、黄河等国家重点流域源头的生态保护，建立特殊生态功能区，实行封山育林并大力营造流域风沙防护林和人工草地。同时要加大执法力度，依法严惩毁林开荒和偷盗林木等一切破坏森林资源的违法行为，加强对现有天然林的保护。其次，对流域的中下游人口稠密地区要采取植树造林、植树种草、退耕还林、退耕还湖等措施，增加植被固土固水的生态功能。再次，小流域生态治理要以县为基本单位，大力营造流域水土保持林和发展山地经济果林，综合运用生物工程措施推广水土保持耕作技术。

（2）搞好水土保持，加强流域资源开发的环境管理

在人类社会的发展进程中，流域往往是人口最集中、人类的经济活动最频繁、开发

活动最密集的区域，因而是生态环境最易遭受破坏的区域。其中，人类各种开发活动对流域的生态环境冲击最严重，影响最深刻、最持久。

因此，开展流域生态保护防治水土流失，除大力植树造林、植树种草，增加流域的植被覆盖率之外，还要加强土地与矿产资源开发活动的水土保持工作。例如铁路、公路建设工程，矿产资源开发活动等都需要相应的水土保持措施。长期以来，由于人们只注重开发而忽视保护，在各种开发、建设活动中缺少配套的水土保持措施，致使各种开发活动变成了破坏性的开发，造成了一系列严重的流域性水土流失问题。

解决开发、建设活动产生的水土流失问题，必须加强建设项目的环境管理，在开发、建设项目的环境影响评价中要认真落实水土保持对策和措施。任何土地与矿产资源开发项目的环境影响评价中都需要有水利部门审批的水土保持措施，凡是缺少水土保持措施的资源开发项目不能通过环境影响评价审批。同时，要根据国家有关的水资源保护法规，严禁在河道两侧乱垦乱耕，取缔一切影响行洪、泄洪、威胁河堤安全的违法建设项目。

（3）加强流域水利工程保护

一些流域的防洪堤坝、蓄水、调洪等水利工程设施由于缺少投入，年久失修，加上人为毁坏和生态破坏，已经无法发挥或者说已经丧失了防洪、调洪、蓄洪和防止水土流失的作用。加强流域防洪堤坝等水利工程设施的保护，防止水资源流失和流域生态环境恶化是流域生态环境综合治理的一个重要内容。主要对策是增加投入和加强管理，一方面要增加投入积极修复水毁工程，加固堤坝。另一方面要加强对水利工程设施的规划与管理，防止滥建水利工程项目。第三方面要加强法制教育和水利安全教育，依法制止破坏水利工程设施的违法犯罪行为。

（4）加强流域水资源管理

进入 20 世纪 80 年代后，流域水资源短缺已成为中国流域生态环境问题之一，直接影响到区域经济、社会的可持续发展，又进一步加剧了流域生态环境恶化的趋势。造成流域水资源短缺有多方面的原因：一是工、农业用水和生活用水的增加；二是工业污染造成水资源的浪费；三是重经济用水、轻生态用水，过量引水、蓄水；四是农业用水技术落后，水资源浪费严重；五是缺乏流域水资源的统一管理，为发展地方经济各地盲目兴修各种截流水利工程，造成流域的中下游水资源匮乏甚至断流。

例如，长达 1321 公里的新疆塔里木河是中国最长的一条内陆河。同黄河流域一样，由于严重的生态破坏和超量、不合理的用水，使该流域的水资源总量由 20 世纪 70 年代的 12 亿吨减少到目前的 1.5 亿吨左右。流域下游的荒漠化速度非常惊人，在不到三十年的时间里，整个河流已缩短了 1/3，而且这种恶化的趋势还在不断发展。经预测，这种状况如果继续下去的话，到 21 世纪中叶整个河流将消失。

加强流域水资源管理是流域生态保护的重要方面。其主要内容包括：

一是以国家生态建设规划为指导，制定有针对性的流域生态保护规划，建立流域源头生态保护区，通过禁伐、禁牧和禁垦对流域源头和上游实行特殊的保护。

二是要制定流域性生态保护法规，运用法规来调整和规范各级地方政府的生态保护行为。同时要根据“保护者受益、受益者补偿”的原则制定流域生态保护的经济补偿政策，以增加流域源头生态保护和建设的投入，调动流域源头生态保护和建设的积极性，促进流域生态经济的发展。

三是建立流域水资源统一管理机构，理顺上、中、下游责、权、利和经济补偿关系，打破行业和区域的地方保护主义，从全局出发对流域水资源进行统一的调配，慎重建设流域水利工程，合理分配和使用流域水资源。

四是优化产业结构，建立节水型产业。在工业中推行节水的生产工艺和技术，在农业中推广节水灌溉技术和方法。

五是加强流域水污染治理，从污染防治中节约水资源，获取生态效益。

六是对城乡和工农业生产引水实行严格的配给制度。有分析表明，凡生产、生活用水占流域水资源总量 60%以上的河流其生态功能明显降低，当达到 70%以上时，其河流的生态功能基本消失。所以要严格确保生态用水不低于 40%的基本要求，降低经济用水量，提高生态用水量比例以维持流域的生态平衡。

七是提高水资源价格和工农业用水征收标准，制定流域水资源保护和利用的经济补偿政策和市场激励机制。

开展流域水资源管理要充分发挥各级地方政府水利行政主管部门的作用，以《水土保持法》和国家水资源政策为依据，在流域水资源管理机构的领导下，建立统一管理与分级、分部门管理相结合的水资源管理制度。环保部门负责对工、农业行政主管部门以及各资源部门的水资源保护工作实行统一的监督管理。

（5）加强流域污染治理

流域污染主要是水体污染和固体废弃物污染，其次是石油类污染。其中，既有来自城市的“点源污染”，还有来自于分散的乡镇企业和广大农业地区的“面源污染”。流域环境污染是一类特殊的污染问题——跨区域的环境污染问题。因此，在现有的区域环境管理模式和体制下，需要不同地区之间相互配合，采取协调一致的对策与行动。所以，解决流域环境问题难度大，不仅要发挥各级地方政府的作用，而且要发挥国家的宏观调控作用。

正是由于流域环境问题是一种跨区域的环境问题，决定了流域环境污染治理的特殊性。一方面，通过流域特别是重点流域的环境污染治理，可以带动区域环境污染治理，促进城市和乡镇水污染和生活垃圾污染的防治工作。另一方面，流域污染治理要以区域污染治理为基础和前提，离开了区域污染治理则流域污染治理的目标将无法实现，二者相互影响和相互促进。

流域污染防治包括废水污染防治、固体废物污染防治和石油污染防治三个方面，其具体内容将在第十一章第三节区域环境管理中论述。

第三节 环境管理对策和措施

环境管理对策和措施是环境保护对策和措施的重要组成部分，它是从强化管理的角度确定了环境管理实践应遵循的准则和一系列可以操作的具体实施办法。是关于污染防治对策和生态保护对策管理思想的规范化指导，用以解决环境管理中“怎么管”的问题。环境管理对策包括：加强宏观调控，促进微观管理；坚持“以新带老”，以项目管理促进污染治理；坚持“以点带面”，开展区域环境综合整治；坚持“以外促内”，强化企业内部自主管理；强化执法监督，做好指导与服务。

一、加强宏观调控，促进微观管理

中国环境问题的产生与发展在很大程度上是由于宏观决策失误造成的。例如，粗放型的经济发展战略、掠夺式的资源开发战略、不合理的产业结构和工业布局等是造成中国环境问题居高不下、久拖不决的根本原因。解决这些严重的环境问题，必须从宏观调控入手，将环境与发展作为一个统一体纳入政府宏观经济决策之中，实施政策"源头"控制。以宏观管理为指导，宏观管理与微观管理相结合，这是做好环境保护工作的基本管理对策，是有效解决环境问题，实施可持续发展战略的先决条件。

为实施这一管理对策，要采取以下的措施：

1. 实施环境与发展综合决策

在重大决策问题上要充分考虑环境的因素，依据"三同步、三统一"的环境方针，引入环境与发展综合决策机制，对区域政策进行宏观环境影响评价。保证在制定区域经济社会发展规划、城镇发展规划、区域国土整治与资源开发、流域开发、农业扶贫开发计划、城市基础设施建设、产业结构和能源结构调整等重大决策时将环境与发展作为一个整体进行综合决策，提高政府宏观决策的质量和水平。

2. 制定有效的环境经济政策

在"十五"期间，国家要加快经济立法，并制定有效的环境经济政策。一是通过经济立法，调整国家的资源价格体系，使资源价格真正反映出生产成本与环境成本，为建立环境保护补偿机制提供政策依据。二是改革现行的国民经济核算体系，将一些重要的资源指标和环境指标纳入国民经济核算体系之中，逐步完善有利于可持续发展的国民经济核算体系。三是按照排污费略高于治理成本的原则制定新的排污费标准，以刺激污染排放单位自觉开展污染防治工作。同时要把环境税纳入财政改革内容，逐步实现费改税的过渡，以加大环境保护投入的力度，提高环境保护资金的使用效率。

3. 建立高效的环境管理体制

为强化微观环境管理，发挥环保部门统一监督管理的职能，必须改善政府内部的环境保护协调机制，建立高效的环境管理体制，提高重大环境保护行动的管理水平和权力。为此，要理顺现有的以地方政府为主、"条块结合"的管理体制，实施以环保部门为主体的双重领导。唯有如此，才能有效避免部门保护主义和地方保护主义，减少来自于地方政府的行政干预，加大环境保护部门统一监督管理的力度。

二、坚持以新带老，以项目管理促进污染治理

污染防治、预防为主。做好污染预防工作要紧紧抓住建设项目管理这一关键环节，以新建项目管理带动老污染治理，即所谓的"以新带老"原则，在确保杜绝新污染产生的同时，加快老污染治理，这是环境管理的重要对策之一。

改善区域环境质量最终要通过总量控制来实现，第一步是实施浓度控制，做到达标排放，这是污染控制的最基本要求。但达标排放不等于不排污，也不意味着环境中污染物总量的减少，所以最终还是要依靠总量控制来实现区域环境质量的改善。对于新建项目而言，排污权从哪里来？唯一的途径是从老污染治理中获得，就是说，在环境容量一定的条件下，新建项目排污权的取得与老污染治理是相互统一的整体。不论是要求做到增产不增污，还是要求实现增产减污的目标，都必须在污染物削减量不小于污染物排放量的前提下考虑新建项目的管理问题，这就是“以新带老”原则的全部含义。

因此，在环境管理实践中，环境保护部门要坚持这个对策，利用新建项目审批的时机，“趁热打铁”提出污染限期治理的计划和要求。做到上一个新建项目、治理一个老污染、关一个老企业；上一批新建项目、治理一批老污染、关一批老企业。将建设项目管理与污染治理有机结合，有利于提高管理效率，减少来自于政府其它部门的行政干预和部门阻力；有利于取得社会公众的支持；有利于落实“预防为主”的环境政策，促进企业的污染防治，实现“一控双达标”的目标。实施这一管理对策要采取以下措施：

1. 加强行业建设项目环境管理

以国家的环境保护行业政策、技术政策为指导，根据国务院于1998年11月颁布的《建设项目环境保护管理条例》和国家环境保护总局于2001年正式公布的《建设项目环境保护分类管理名录》，运用有关的管理制度加强建设项目环境管理。限期淘汰生产技术落后、资源消耗大的污染工艺和设备，在企业中推广清洁生产，运用“生态工业链”实现污染的零排放。

2. 有效行使“环保审批权”

在建设项目环境管理中，存在着项目的立项预审、环境影响报告书（表）审批、建设项目环保设施竣工验收审批三个重要环节。所谓“环保审批权”就是指不通过环境预审的建设项目不得立项；不通过环境影响报告书审批的建设项目不得施工；不通过环保设施竣工验收的建设项目不得投产。行使环保审批权就是要求环境管理部门要认真执行国家的环境保护产业政策、行业政策、技术政策和规划布局要求，根据有关建设项目的管理条例和分类管理名录，按照建设项目审批程序，对新、改、扩建项目从立项审批、环境影响报告书审批和环保设施竣工验收审批三个环节进行认真审查、严格审批。凡是违反国家环境保护产业政策、行业政策、技术政策、规划布局要求，国家明令禁止建设和投资的项目、列入国家经贸委发布的《淘汰落后生产能力、工艺和产品的目录》和《工商领域禁止投资目录》中的建设项目一律实施否决权。严格遵守项目审批程序，杜绝一切“非法”项目施工、投产。

3. 建立排污交易制度

经过环保审批的建设项目，其排污量和排污权的获得要以污染治理为前提，通过排污交易来实现。这就需要建立排污交易制度，通过市场机制来规范企业的排污行为。这意味着符合国家环境保护产业政策、行业政策、技术政策和规划布局要求，经过环保审批准予立项的任何建设项目能否施工和投入运行，不仅取决于环评报告书的审批和环保设施竣工验收审批，还取决于该建设项目能否从排污交易市场上取得排污权，只有取得相应的排污权，新建项目才有条件施工和投入生产。因此，要从立法角度建立排污许可证制度，把国家排放标准上升为国家法律，确立超标就是违法和排污总量收费的指导思想。这是强化新建项目管理，从源头控制新污染的产生，有效促进老污染治理的根本性措施。

三、坚持以点带面，开展区域环境综合治理

中国的环境问题错综复杂，从表现的形式看，既有环境污染问题，又有生态破坏问题；从存在的领域看，既有生产领域的环境问题，又有消费领域的环境问题；从产生的时间看，既有历史遗留的环境问题，又有现实的环境问题。而且，环境问题产生的速度快于解决的速度，形成了点上治理、面上破坏，一方治理、多方破坏的局面。所有这些环境问题从不同的方面对区域经济和社会发展产生了不同程度的影响，有些环境问题已经对国家环境安全以及社会稳定构成了威胁。

从实现可持续发展的角度，这些环境问题都需要在经济、社会不断发展的过程中加以认真解决。然而，由于国家经济、科技发展水平所限，以及国家法制化建设滞后等原因，决定了中国目前的环境问题不可能面面俱到，同时都得到解决。所以，开展环境管理就要从实际需要出发，根据国家环境保护的战略目标和要求，采取以点带面，分步实施的管理对策。

以点带面就是要抓住重点环境问题，以重点带动一般开展区域环境综合治理。重点环境问题是指影响范围广、持续时间长、危害程度大的一类环境问题。在目前中国诸多的环境问题中，城市大气环境污染、水环境污染和流域生态破坏是重点环境问题。开展区域环境综合治理就要紧紧抓住这些重点环境问题作为突破口，通过解决重点环境问题，全面推进其它各项环境管理工作。落实这一管理对策应采取如下措施：

1. 确定重点环境问题

由于区域和行业的差别，各地的重点环境问题不一样，因而环境管理的重点也不相同。对于城市地区而言，重点的环境问题是大气污染、水环境污染和固体废物污染；对于农业地区而言，重点的环境问题是土壤污染、水源保护和耕地资源破坏；对于流域而言，重点的环境问题是水环境污染和生态破坏；对于行业而言，重点的环境问题则千差万别。

因此，开展区域环境综合治理就要从各地的实际情况出发，结合国家的重点环境保护计划，提出本地区的重点环境问题和解决这些问题的重点措施。

2. 确定重点工程项目

针对重点环境问题，应制定解决这些问题的重点工程项目，比如重点流域的水污染治理工程、城市集中供热工程、农业生态建设工程、退耕还湖还林工程、荒漠化治理工程、“白色污染”治理工程等。通过重点工程项目来推进其它各项环境保护工作。

3. 落实重点工程项目的环保资金

要建立环保投入保障机制，加大政府环境保护投入，提高环保投入占同期国内生产

总值的比重。畅通资金渠道，将环境保护资金落实到具体项目，并做到专款专用。在确保重点工程项目资金的同时，鼓励建立发展投资机制，加快环境基础设施建设。

4．落实责任、分步实施、加强监督

在确定了重点环境问题和重点的工程项目之后，要实施环境保护目标管理，将责任落实到具体部门，认真执行地方政府环境保护目标责任制。另外，要加强分类指导和监督，规范考核程序并严格验收把关，真正做到一个重点项目解决一类环境问题。

从 1996 年以后，中国的环境管理就是采取了以点带面的这一基本对策，很有代表性的是国家环保《“九五”计划和 2010 年远景目标》。在这个规划里，针对国家“九五”期间的重点环境问题，提出了“33211 计划”。所谓“33211”，就是“三河”（即淮河、海河、辽河）、“三湖”（即太湖、巢湖、滇池）、“两控区”（即酸雨控制区和 SO_2 控制区）、“一市”（即北京市）、“一海”（即渤海）。该计划从流域环境综合治理入手，以限期治理为切入点，全面推进国家的水、大气污染防治和生态保护工作。

其中“三河”和“三湖”作为国家流域污染治理的重点，主要抓了淮河流域水污染治理和太湖流域水污染治理，以此为重点促进全国其它流域的水污染防治。“两控区”作为国家大气污染防治的重点，把酸雨污染和 SO_2 污染作为重点解决的环境问题，以此促进全国其它地区的大气污染控制。北京市作为国家城市环境保护工作的重点，把大气污染治理作为全市重点解决的环境问题以促进全国的城市环境综合整治工作。渤海作为国家海洋污染防治的重点对象，把陆源污染治理同海洋生态保护有机地结合起来，来促进中国的海洋环境保护。“33211 计划”就是“以点带面”环境管理对策的具体体现，但这个计划并不完善，没有很好地体现污染防治与生态保护并重的环境战略。其中主要注重了污染防治的内容，而对重点的生态破坏问题考虑不足。因此，在今后“十五”计划期间，国家应当在重点环境保护计划中更多地落实生态保护的内容，把生态破坏作为区域重点环境问题纳入管理对策和措施之中。

四、坚持以外促内，强化企业内部自主管理

强化环境管理是中国三大基本环境政策之一，为实施这一环境政策，国家制定了一系列的环境行政法规和环境管理制度。长期以来，这些行政法规和环境管理制度在污染防治的环境管理实践中发挥了重要的作用，这一点是显而易见的。

所有这些环境行政法规和管理制度有一个共同特点，它们都是依靠强制的行政和法律手段对企业等一切经济行为主体实施外部管理和控制，因而形成了管理者与被管理者之间的一种对立关系。在这种关系中，企业往往是被动、消极和盲目的，作为被管理者，企业缺乏环境保护的主动性和积极性。原因何在？原因就在于我们只有外在管理，而缺少激发企业主动管理的内在激励机制。

所以，开展环境管理，不仅要实现从侧重于说服教育，要求被管理者“应当怎么做”向依照法律“必须怎么做”的转变，而且要调整企业在环境管理活动中的定位，实现从被动的无条件服从到主动的自主选择的转变。实现这种转变使资源开发和生产单位对环境保护保持较高的积极性和主动性，就必须采取“以外促内、内外结合”的管理对策。

所谓“以外促内、内外结合”的对策就是要依靠现行的环境法律、行政法规和管理制度从外部强化企业环境管理，以迫使被管理者转换角色自主选择既有利于环境保护又有利于自身发展的内部管理模式和策略，通过外部管理与内部管理的有机结合推进企业的环境保护工作。采取这一管理对策要落实以下措施：

1．推行 ISO14000 环境管理系列标准

随着全球环境保护的发展和中国在国际事务中发挥越来越重要的作用，特别是中国加入世贸组织（WTO），决定了环境领域的国际合作将越来越广泛。与此同时，也要求加快中国环境管理标准与国际环境管理标准的接轨，实现环境管理标准的国际化和市场化。因此，在企业中推行 ISO14000 环境管理系列标准已势在必行。

ISO14000 环境管理系列标准吸收了发达国家在环境管理上的成功经验和先进的管理思想，提出了从源头到末端全过程控制污染的思想，并要求企业的环境绩效持续改进。ISO14000 系列标准是市场经济体制下的产物，最大特点是变被动管理为主动管理，强调自我约束和自我完善。它将环境保护与企业的内部管理融为一体，运用市场机制突破了单一的环境管理模式，由单纯靠强制性管理的政府行为，转变为引导企业自觉参与的市场行为。使企业在环境保护工作中的地位由被动消极的服从，转变为积极主动的参与。

到目前为止，全球已有近 200 个国家和地区的数万家企业通过了 ISO14000 环境管理系列标准的认证。中国已有近 800 家企业通过了 ISO14001 认证，同时又开展了以经济技术开发区、高新技术开发区、风景（名胜）旅游区为对象的 ISO14000 标准国家示范区试点工作。从实施的现状看，环境管理系列标准给企业带来了两种效益：一种是可以衡量的经济效益，主要体现在降低资源成本、管理成本方面；另一种是无法以数量来衡量的效益，如环境管理水平的提高、员工协作精神的加强等。前一种效益可使企业在短期内获得对建立体系标准花费的人力、物力的补偿，而后一种则可以在企业长期发展过程中带来不可估量的长远利益。

因此，推行这一体系标准，不仅有利于提高企业的环境管理水平，实现企业的持续改进，而且能使企业自主选择清洁生产，转变环境保护投资策略，还能扩大企业的国际影响和产品市场占有率，促进区域经济的发展，对提高国际贸易能力、招商引资起到积极的影响。

2．推行清洁生产

清洁生产与 ISO14000 环境管理系列标准一样，对强化企业内部的环境管理具有重要的作用，是有效贯彻“三同步、三统一”环境战略方针、充分调动企业环境保护积极性，变被动管理为主动管理，加快经济增长方式转变、实现经济持续增长的重要措施。

清洁生产是一种全新的思想，该思想将整体预防的环境战略持续应用于生产过程、产品和服务中，以增加生态效益和减少人类及环境的风险。对于生产过程，清洁生产渗透到从原料投入到产出成品的全过程，要求节约原材料和能源，淘汰有毒原材料，减少所有废弃物的数量和毒性；对于产品，要求减少从原材料提炼到产品最终处置的全生命周期的不利影响；对于服务，要求将环境因素纳入设计和所提供的服务中。

推行清洁生产的前提是实施环境审计，其中，清洁生产审计是最基础的工作。企业

清洁生产审计是对企业现在进行的工业生产实行预防污染的分析程序，是国内外企业实施清洁生产的规范化方法。

清洁生产审计一般可分为七个步骤：筹划和组织 → 预评估 → 评估 → 备选方案的产生与筛选 → 可行性分析 → 方案实施 → 持续清洁生产。其中，有关清洁生产技术及管理方案的制定及筛选是主要内容。

清洁生产的另一个重要内容是产品生命周期分析（LCA），主要考核产品在生命周期的各个阶段，包括从自然界获取资源、能源，经开采、冶炼、加工、制造等生产过程形成最终产品，又经贮存、销售、使用、消费，直至产品报废并处理、处置全过程对环境造成干扰的性质和影响大小，从而发现和确定污染预防的机会。

3．实行环境标志制度

环境标志是张贴在产品表面上的一种图案。在国外有的称之为“生态标签”、“绿色标志”、“环境标签”、“环境的选择”等，后经国际标准化组织（ISO）确认，将其统称为“环境标志”。

环境标志不同于一般的商品商标，是一种与环境保护相联系的产品标志，主要用来标明产品从生产到使用以及回收的整个过程都符合特定的环境保护要求，对生态环境无害或危害极小，有利于资源的回收和再生。

环境标志的实质是对产品从生产到消费全过程的环境行为进行控制与管理。环境标志产品的范围是一些对人类及环境有一定的危害，但采用了适当措施后就可以减少或消除危害的产品。实施环境标志，不仅可以促使社会公众通过选购商品参与环境保护工作，提高和增强环境意识，而且可以促使生产企业调整产品结构、优化资源配置，推行清洁生产技术进而加快产业结构调整，具有深远的作用和意义。

环境标志是市场经济条件下深化环境保护工作的一项重要措施。它可以作为环境保护信息引导广大消费者在购买商品中参与环境保护活动，这对于提高公众的环境保护意识具有明显的促进和推动作用。这种促进和推动，不是依靠行政命令强制执行，而是基于信息引导和市场自由竞争机制来实现的。

以纸张为例：以木浆为原料生产纸张一方面要砍伐大量的森林，对生态环境造成严重破坏；另一方面在生产过程中造纸废水产生严重的环境污染，被废弃的纸张又需要妥善安置，这些都对环境产生压力。当人们去商店购买信纸时发现，一本信纸上贴有环境标志，而另一本没有环境标志，这说明有环境标志的信纸在生产过程中符合特定的环境保护要求，对环境无危害或危害较小。它有可能是利用废纸回收再生产的，它既没有占用木材资源，又解决了废纸处置问题。与没有环境标志的那一种信纸相比，它在具有同类产品的质量水准之外，还有着保护环境的意义。在这里，环境标志向商品消费者指出了标志产品与非标志产品环境行为的差别，以及购买标志产品对环境保护的作用。消费者在日常生活中，通过对标志商品的选购、消费和处置，可以增强公众环境保护的参与意识。

目前全世界已有几十个国家实行了环境标志制度。

世界上最早使用环境标志的国家是德国（西德）。1978 年西德实施的“蓝色天使”计划就是一种环境标志。其后，加拿大、日本、美国于 1988 年开始实行环境标志。澳大利亚、芬兰、法国、挪威、瑞士等国于 1991 年开始实施。1992 年新加坡、马来西亚及台湾地区也开始实施。中国是推行这一制度的国家之一。

中国的环境标志工作于1993年3月开始，1994年5月中国环境标志产品认证委员会正式成立。它是代表国家对环境标志产品实施认证的惟一合法机构，它的成立使中国的环境标志产品认证工作有了组织保证。并已颁布了多项环境标志产品技术要求。截止2001年底，中国已有306家企业和1130多种产品获环境标志产品认证。

环境标志产品的认证同ISO14000系列标准以及清洁生产技术标准一样，均遵循自愿原则，由企业申请，经认证委员会组织有关机构，依据技术要求及认证程序对产品及其企业的环境行为进行测试和综合评定，终审批准。

可以预见，环境标志制度将为促进国家和区域经济与环境协调发展，强化企业内部自主管理发挥重要作用。

五、加强指导与服务，促进环境执法监督

监督是环境管理中的基本职能。加强环境执法监督，指导与服务必须到位，这是新形势下对环境管理工作提出的新要求，是环境管理监督职能的延伸，对强化执法监督起着“软着陆”的作用。加强指导与服务，促进环境执法监督是新形势下应坚持的环境管理对策之一。

长期的环境管理实践证明，环保部门执法监督职能的发挥，离不开指导与服务。只有执法监督，没有指导与服务，容易在管理者与被管理者之间形成对立的关系，不能调动各方面环境保护的积极性，不利于发挥环保部门统一监督管理的职能。加强指导与服务，寓服务于执法之中，是环境保护为经济建设服务这一宗旨的集中体现，不仅有利于协调管理者与被管理者之间的对立统一关系，提高企业的环境保护积极性，而且有利于正确处理环境保护与经济建设的关系，提高地方政府及各行业主管部门的环境保护积极性，促进环境与经济的协调、持续发展。

坚持这一对策，要采取以下措施：

1. 加强分类指导、强化执法监督

依据国家的环境政策、环境法律、行政法规、环境标准和管理制度强化执法监督是环境管理的中心议题。由于管理对象和管理内容的不同，执法监督要求非常具体和有针对性，要具备一定的前提条件。其中，加强环境保护工作的分类指导是执法监督的前提，不论是污染防治、还是生态保护，不论是流域污染治理、还是区域环境综合治理，指导工作要先行、要为执法监督创造条件。可以说，没有指导，就没有监督；没有有效的指导，就没有有效的监督。在环境管理工作中，加强分类指导是环保部门执法监督的前提。

分类指导包括：一是环境保护部门对地方政府和各行业环境保护工作的指导，例如对开展环境保护目标责任制、城市环境综合整治以及创建环保模范城市等工作的指导等。二是环境保护部门对企业开展污染防治工作的指导，如清洁生产审计工作指导、排污口规范化整治工作指导、“一控双达标”工作指导等。三是环保部门对生态保护工作的指导，如流域生态建设工作的指导、水土流失和荒漠化治理工作的指导、资源保护工作和生态农业建设工作的指导等。

在加强分类指导的基础上，执法监督才能到位、才有力度。分类指导与执法监督是一种引导和促进的关系，离开了指导的监督，是一种不负责任的监督，即使有了监督，也达不到应有的目的和效果；同样，离开了有效的监督，指导将失去作用。所以，要正确处理指导与监督的关系，做到二者结合、相互促进。

2．发挥服务职能、促进执法监督

加强服务，是树立良好的环保形象、促进执法监督、缩短环保部门与企业距离的有效措施。从理论上讲，环境保护与经济建设是一致的，但就具体的问题而言，环境保护对人们的各种经济行为提出了许多不同的限制和要求。从这一点上讲，环境保护工作与经济建设往往发生冲突和矛盾，二者之间又似乎是对立的。

如何消除人们关于环境保护的偏见和错误认识，变对立为统一的关系，加强环境教育是必要的，加强环境保护工作的指导也是必不可少的。但仅有这些还不够，还要转变观念、强化服务意识，通过服务消除对立、转化矛盾，从而促进执法监督。环境保护为经济建设服务这一宗旨规定了环保部门为企业服务的义务，在这里，要明确以下两个问题：一是服务要有对象；二是服务要有前提。服务的对象是负有环境保护责任的所有经济行为主体，包括资源开发单位和生产企业，服务的前提是服务的对象有这种客观需求。

服务的内容很多，主要包括国家环境政策、法规、标准的咨询服务，国家环保产业政策、行业政策、技术政策的咨询服务，最佳环保实用技术咨询服务，ISO14000 环境管理体系标准认证咨询服务，建设项目环境管理咨询服务，污染治理咨询服务和生态保护咨询服务等多方面。

指导与服务同属于一个范畴，但指导比服务要求负有更大的责任和义务。强化执法监督不是一句空话，包含了许多方面，既要以完善的环境法律、法规和标准为保障，又要以指导与服务为前提，二者缺一不可。所以，通过加强指导与服务促进环境执法监督是新时期环境管理对策的重要组成部分。

在这一节介绍了环境管理对策与措施，这些对策、措施与污染防治和生态保护的对策、措施是新时期环境战略思想的具体体现，是新时期环境政策的具体应用，是开展环境管理工作应遵循的最基本对策和措施。

思考题

1．污染防治对策有哪些？哪些对策更符合中国国情？

2．在目前情况下，为什么要实施以浓度控制为基础，浓度控制与总量控制相结合的对策？浓度控制与总量控制有何关系？

3．谈谈你对总量控制的认识。

4．为什么要坚持以分散控制为基础，实施分散控制与集中控制相结合的污染防治对策？分散控制与集中控制有何区别？

5．全过程控制的意义是什么？全过程控制是否可以代替末端控制？

6．生态保护对策包括哪些内容？

7．流域生态保护在环境保护中的作用和地位是什么？

8．环境管理对策有哪些？

9．为什么要加强宏观调控？

10．谈谈你对生物多样性保护的认识。

11．为什么要坚持“以外促内”的管理对策？

12．执法监督与指导服务的关系是什么？

第九章　环境管理制度和标准

从广义上讲，环境管理制度和标准属于环境管理对策与措施的范畴，都是从强化管理的角度确定了环境保护实践应遵循的准则和一系列可以操作的具体实施办法，是关于污染防治和生态保护管理思想的规范化指导。但是，环境管理制度和标准与前面所论述的对策与措施又有所不同，最大的区别在于管理制度和标准是一类程序性、规范性、可操作性、实践性很强的管理对策与措施，是体现国家环境保护的法律、法规、方针和政策，对人们环境保护行为的一种具体规定和要求。

第一节　环境管理制度

一、环境管理制度存在的基本条件

作为一项管理制度，不论是经济管理制度、社会管理制度、技术管理制度，还是环境管理制度，都需要具备一定的条件——制度存在的基本要件，也叫做基本特征。制度存在的基本条件包括：强制性、规范性和可操作性。

1．强制性

作为一项管理制度，首先要具有强制性特征。所谓强制性是指制度本身对行为主体、客体双方所具有的强制约束力，要求人们必须按照制度规定的内容和范围来履行自己的职责。由于管理制度的类型不同，制度的强制性也有区别。

具有国家法律法规地位的管理制度，其强制性与国家法律法规的强制性相同，如我国的环境影响评价和“三同时”制度就是具有国家法律、法规地位的管理制度。具有地方行政法规地位的管理制度，其强制性与地方行政法规的强制性一样。具有行业法规地位的管理制度，其强制性与行业法规的强制性一样。但在一般情况下，制度不等同于法律、法规。因此，一般性的管理制度其强制性小于法律、法规的强制性。

2．规范性

作为一项管理制度，除了具有强制性以外，必然存在着相应的管理程序和管理办法，因而具有规范性特征，也叫做程序性特征，这是一切管理制度所具有的基本特征之一。

规范性是确保管理制度得以有效实施的基本条件，没有规范性，制度就无法操作和落实，人们就会在实践中无所遵循。例如财务管理制度、人事管理制度、企业仓储管理制度和环境影响评价制度等都规定了严格的执行程序、原则、管理办法。这种规范性使其实施有了可遵循的尺度。

3. 可操作性

作为一项管理制度，既规定了其实施的管理程序和管理办法，又同时规定了其具体的内容、要求和实施步骤，使制度便于实施和运作，这就是制度的可操作性，也叫做实践性。制度的可操作性是将管理的目标、任务、要求和效果结合成为一个有机整体的程序化方法设计，也是管理理论与管理实践相统一的桥梁。

强制性、规范性和可操作性是任何一项管理制度所必须具有的基本要件，是判别管理措施成为管理制度的标准。可以说，制度首先是一种措施，只有同时具备上述三个基本要件的措施才能成为制度。同样，作为环境管理措施而言，也只有同时具备了上述三个基本要件或特征才能成为环境管理制度。例如，推行清洁生产和ISO14000环境管理体系标准只能看作是重要的环境管理措施，而不能看作是环境管理制度。其原因就在于这两项措施不具备强制性特征。

在这里不难发现，我们熟知的所谓“八项环境管理制度”与上述意义的管理制度是有区别的。很显然，人们通常提到的污染集中控制制度实质上是一种可供选择的管理措施，其原因是污染集中控制不具有强制性、规范性和可操作性三个特征。在污染防治方面，国家没有明确规定在什么时候、什么条件下采用污染集中控制方案，国家也没有明确规定实施污染集中控制要遵循哪些程序和步骤，更没有明确规定不实施污染集中控制应当承担什么样的责任和应当受到什么样的经济、行政乃至法律的处罚。正因为缺少管理制度所具有的强制性、规范性和可操作性特征，污染集中控制在环境管理实践中发挥的作用是非常有限的，也早已失去了作为管理制度所具有的意义。

所以，我们要重新认识以往在环境保护实践中出现的各种管理制度，准确了解管理制度和措施之间的区别对我们今后的环境管理实践是大有好处的。

二、环境管理制度类型

环境管理制度有很多种类型，以中外环境管理制度为例，我们可以按照三种方法对其进行分类。

1. 按照制度的性质划分

按照制度的性质划分，环境管理制度可以分为四种类型：

（1）政策法规型环境管理制度

这是一类以国家的有关政策、法规为基本依据和主要内容开展环境管理的制度。如中国地方性的建设项目环境预审和正在建立中的污染强制淘汰就是以国家的环境保护产业政策、行业政策和技术政策为基本依据和内容的管理制度；“三同时”制度也是以国家环境法律、法规为基本依据的管理制度。

（2）技术法规型环境管理制度

这是一类以国家的有关技术法规为基本依据和主要内容开展环境管理的制度。如建设项目环境影响评价制度就是以国家有关环境法律、法规为依据，以环境预测技术、决策技术为基本内容的一类管理制度。

（3）经济法规型环境管理制度

这是一类以国家的有关经济法规为基本依据和主要内容开展环境管理的制度。如排污收费制度就是以国家的环境经济法律、法规为依据，以征收排污费为基本内容的管理制度。

（4）行政法规型环境管理制度

这是一类以国家的有关行政法规和管理办法为依据，以行政管理为主要内容开展环境管理的制度。如中国的地方政府环境保护目标责任制、城市环境综合整治定量考核和污染限期治理等环境管理制度就是以行政法规为依据，以行政命令和行政手段为主要内容的管理制度。

2．按照制度的功能划分

按照制度的功能划分，环境管理制度可以分为三种类型：

（1）建设项目管理制度

这是一类以建设项目管理为主要内容开展环境保护的微观管理制度。如环境预审、环境影响评价、“三同时”等。这类制度是贯彻“预防为主”环境政策的环境管理制度。

（2）污染控制管理制度

这是一类以污染治理为主要内容开展环境保护的微观管理制度。如中国的排污收费、污染限期治理、污染强制淘汰和美国的排污交易制度等。这类制度是贯彻“谁污染、谁治理”环境政策的环境管理制度。

（3）区域行政管理制度

这是一类以区域行政管理为基本手段、以地方政府为执行主体开展环境保护的管理制度。如环境保护目标责任制、城市环境综合整治定量考核制度等。这类制度是体现地方政府对本辖区环境质量负责、贯彻强化管理这一环境政策、实现宏观管理与微观管理有机结合的管理制度，也可以认为是微观层次上的宏观管理制度。

3．按照制度的层次划分

按照制度的层次划分，环境管理制度可分为两个类型：

（1）宏观管理制度

这是一类以强化宏观环境决策，促进经济增长方式转变为主要内容的管理制度。例如，环境保护目标责任制属于此类制度。这类制度从国家角度规定了强化宏观调控、加强环境与发展综合决策、促进经济增长方式转变、增加环境保护投入等方面的对策、措施和要求。国家和各级地方政府是宏观管理制度的执行主体。宏观管理制度正处于产生和发展之中，是环境管理制度研究的重点任务和内容。

（2）微观管理制度

这是一类用以指导环境管理实践，环境管理部门可以运作和实施的具有程序化、规范化特点的环境保护具体规定。如上所述的环境影响评价、“三同时”、排污收费、污染限期治理等都是微观管理制度，环境保护部门是这类制度的执行主体。到目前为止，微观管理制度基本趋于成熟，具有明显的强制性、规范性和可操作性特征，是中国环境管理制度的主体。

环境管理制度还有其它的分类方法，但以上的划分足以使我们对环境管理制度有一个基本的认识和了解。

三、中国的环境管理制度

环境管理制度是环境保护发展的产物。在中国，环境管理制度的产生与环境保护具有相同的历史，产生于20世纪70年代。到目前为此，环境管理制度经历了三个发展时期，下面按照管理制度存在的基本要件根据各种管理制度产生的历史线索和时间顺序进行介绍。

1. 70年代的“老三项”管理制度

（1）环境影响评价制度

这是20世纪70年代引进的充分体现“预防为主”管理思想的建设项目中期管理制度。其概念最早是1964年在加拿大召开的一次国际环境质量评价学术会上提出来的。

将环境影响评价确立为我国的一项环境管理制度后，国家从立法的角度确立了该项制度的法律地位。首先是在1979年9月，这项制度写进了试行的《中华人民共和国环境保护法》，80年代初，这项制度又分别写进了《海洋环境保护法》、《大气污染防治法》、《水污染防治法》等单项环境保护法律、法规中。此后，该项制度又以独立的篇章写进了1998年11月国务院发布实施的《建设项目环境保护管理条例》之中。由此可见，环境影响评价是一种法律层次上的管理制度——法律制度，在建设项目管理中，违反这项制度实质上是违法行为。

根据建设项目对环境的影响程度，按照2001年国家环保总局发布的《建设项目环境保护分类管理名录》，对所有建设项目实行分类管理：对环境可能造成重大影响的建设项目要编环境影响报告书进行全面、详细评价；对环境可能造成轻度影响的建设项目要编环境影响报告表，进行专项评价；对环境造成的影响很小，不需要进行环境影响评价的，应当填报环境影响登记表。

实施环境影响评价制度具有以下的作用：一是从国家的技术政策方面对新建项目提出了新的要求和限制，以减少重复建设、杜绝新污染的产生，贯彻“预防为主”的环境保护政策。二是对可以开发建设的项目提出了超前的污染预防对策和措施，强化了建设项目的环境管理。三是促进了国家环境科学技术、监测技术、预测技术的发展。四是为开展区域政策环境影响评价，实施环境与发展综合决策创造了条件。

（2）“三同时”管理制度

这是20世纪70年代由我国独创的贯彻“预防为主”管理思想的建设项目后期管理制度。“三同时”这一概念最早是在1973年国务院《关于保护和改善环境的若干规定》中正式提出的。所谓“三同时”是指“建设项目需要配套建设的环境保护设施，必须与主体工程同时设计、同时施工、同时投产使用”。或者说，新建、改建、扩建和技改项目的环保设施必须与建设项目的主体工程同时设计、同时施工、同时投产使用。

同时设计：是要求建设项目配套的环保设施与主体工程同时设计，这是“三同时”的第一阶段。其中，环保设施的设计标准是浓度控制标准（达标排放）或总量控制标准，设计能力要留有发展的余地，设计的依据是建设项目环境影响报告书或者环境影响报告表中的要求和建议。

同时施工：是要求完成同时设计的环保设施与主体工程同时施工，这是“三同时”的第二阶段，其目的是保证同时投产。环保设施施工方案要以设计方案为依据，按照设计方案要求进行施工。达不到设计要求或者不按设计方案进行施工，其结果将无法实现浓度控制或总量控制的目标。

同时投产：是要求完成同时施工的环保设施与建设项目主体工程同时投入运行。其中，同时投产的前提是环保设施与主体工程同时进行竣工验收，分期建设、分期投入生产或使用的建设项目，其相应的环境保护设施应当分期验收，环境保护设施经验收合格，该建设项目方可正式投入生产或者使用。只有同时投产才能有效控制新污染的产生。

同时设计和同时施工是“三同时”的基础，同时投产是“三同时”的关键。三个同时环环相扣，缺一不可。

在建设项目环境管理中，“三同时”与环境影响评价两项制度紧密相联，具有相同的法律地位。因此说，违反“三同时”的行为也是一种违法行为。

（3）排污收费制度

这是在 20 世纪 70 年代引进的一项贯彻“谁污染、谁治理”管理思想以经济手段保护环境的管理制度。这一制度与环境影响评价和“三同时”共同组成了中国的“老三项”环境管理制度。曾被誉为“中国环境管理的三大法宝”，在环境保护初期发挥了一定的作用。

由于这三项制度是在中国环境保护初期建立的，只强调分散、末端、浓度控制而没有集中、全过程和总量控制，强调污染预防过多而注重污染治理不足，强调微观管理过多而注重宏观管理不足，强调定性管理过多而注重定量管理不足，强调环保部门责任过多而注重地方政府的责任不足。因此，面对日益严重的环境问题，这三项管理制度所存在的不足和局限性日见显现，无法适应和满足环境保护不断发展的客观需要。

2. 80 年代后期的环境管理制度

中国的环境问题既有历史原因欠下的老帐，又有不断发展的经济带来的新问题。比如，怎样落实企业的环境保护责任？如何处理污染预防和污染治理的关系？地方政府的环境责任是什么？谁对区域环境质量负责？等一系列新问题需要回答和解决。解决这些新老环境问题，仅仅依靠过去的三项管理制度是远远不够的，中国的环境管理显然不能停留在过去的水平上，建立新的管理制度和措施以强化环境管理就成为一种客观必然。

1989 年 5 月召开的第三次全国环境保护会议推出的管理制度是中国环境管理思想、管理制度和对策的新发展。新的管理制度弥补了原有三项制度的不足，明确了地方政府和企业的环境责任，确立了城市环境保护工作的发展方向，加大了污染治理的力度。在理论上实现了由浓度和末端控制向总量和全过程控制的转变，在思想上实现了由注重微观环境管理向重视宏观调控、实施宏观管理与微观管理相结合的方向转变，在实践中实现了由过去的定性管理向定量管理、由点源防治向区域综合治理的转变。同时，对环境科技发展和环保部门自身建设提出了新的要求。新的管理制度与“老三项”管理制度共同构成了环境管理制度的有机整体，在一定程度上实现了宏观管理与微观管理的结合，实现了污染预防与污染治理的结合。为 90 年代建立具有中国特色的环境管理模式和环境保护道路提供了新的框架和基础。

（1）环境保护目标责任制

环境保护目标责任制是一项依据国家法律规定，具体落实各级地方政府对本辖区环境质量负责的行政管理制度。环境保护目标责任制是一项综合性的管理制度，通过目标责任书确定了一个区域、一个部门环境保护主要责任者和责任范围，运用定量化、制度化的目标管理方法，把贯彻执行环境保护这一基本国策作为各级地方政府和决策者的政绩考核内容，纳入到各级地方政府的任期目标之中。

目标责任书的内容既包含区域环境质量指标，也包含污染控制指标，还可以包含改善区域环境质量所完成的工作指标；既可以将“老三项”制度作为管理内容纳入责任书，又可以将其它管理制度作为内容纳入责任书。因此说，环境保护目标责任制在环境管理制度体系中占有举足轻重的地位。

实施环境保护目标责任制有利于加强各级地方政府对环保工作的重视和领导，增加环境保护的投入，在决策层次落实“三同步、三统一”的环境保护方针；有利于协调政府各职能部门相互配合与协作、齐抓共管，动员全社会力量开展环境保护；有利于强化环保部门的执法监督；有利于由分散的单项治理转向区域综合治理，实现大环境的改善；有利于建立环境与发展综合决策和公众参与机制。

环境保护目标责任制与其它管理制度的主要区别是明确地方政府的区域环境质量责任。因此，这项制度的执行主体是各级地方政府，环保部门作为政府的职能部门具有指导与监督的作用。在环境保护实践中，各级环境保护部门一定要明确自己关于执行该项制度的责任和地位。

（2）城市环境综合整治定量考核制度

这是与目标责任制具有相同历史背景、相同地位和作用的一项城市环境管理制度，城市政府是制度的执行主体，环保部门的职责是指导和监督。所谓城市环境综合整治，就是把城市环境（包括环境问题和解决环境问题的对策和措施）作为一个系统整体，以城市生态学为指导，对城市的环境问题采取多层次、多渠道、综合的对策和措施，对城市环境进行综合规划、综合治理、综合控制，以实现城市的可持续发展。因此，这项制度是城市政府统一领导负总责，有关部门各尽其职、分工负责，环保部门统一监督的管理制度。

中国城市环境保护经历了三个不同的发展阶段：一是“三废”治理阶段；二是综合治理阶段；三是综合整治阶段。

从 70 年代至 80 年代初期，中国城市环境保护的主要内容是水、大气和固体废物的治理，一切管理工作都是围绕“三废”治理而展开的，管理的水平和层次很低，解决的环境问题也非常有限。在这一时期，中国城市的环境保护作为国家环境保护的主体，其指导思想、政策、对策和措施就代表了国家环境保护的指导思想、政策、对策和措施，其环境保护的水平也代表了国家环境保护的水平。由于城市环境保护工作处于起步和探索阶段，在相对于经济低增长的情况下，环境问题的产生却很快，为后来的环境管理工作增加了很大的难度和压力。

从 80 年代初到后期，城市环境保护工作由“三废治理”转向综合治理，城市环境保护的内容增加了，污染防治的范围扩大了。在这一时期，人们已经认识到城市是一个复杂的环境系统，环境问题不仅仅是“三废”污染，还有其它污染问题。而且环境问题产生的原因是多方面的，既有技术因素，也有经济因素，还有城市管理因素。所有这些环境问题以及产生环境问题的原因之间相互影响、相互作用，所以要采取综合治理的办法解决城市环境问题。但是，这一时期的城市环境保护仍然是属于微观层次上的被动管理，综合治理大多局限于工程技术方法和手段，围绕点源而进行的，忽视宏观环境决策。城市环境保护工作从何入手，怎样预防，怎样治理，哪些是环保部门的责任，哪些是地方政府的责任，哪些是生产企业的责任，如何正确处理这三者之间的关系等问题，从理论到实践都不十分清楚。在实际工作中虽然做了不少工作，但是效果不明显，以城市地面水污染、大气污染和固体废物污染为主要内容的城市环境问题呈上升的发展趋势，形势仍然非常严峻。

原因是什么？原因是城市是一个开放的、经济密度大、人口密度大、环境容量小的非自律的人工生态系统。造成城市环境问题的因素是多方面的，因此，解决城市的环境问题，运用单一手段、采取单一措施、针对单一层次进行管理是不够的，必须采取多方面、多层次的综合对策。这就决定了综合整治是城市环保工作的根本出路。

综合整治的概念最早是在 1984 年《中共中央关于经济体制改革的决定》中提出来的。随着国家经济体制的改革，政府职能发生了变化，该决定要求以城市为中心的各地政府要把工作重点从经济建设的计划指导转变到城市基础设施建设、城市公共设施建设和城市环境综合整治上来。1985 年在河南洛阳召开的第一次全国城市环境保护工作会议上，确定了我国城市环境保护工作的发展方向——综合整治的方向。但在当时，如何进行城市环境综合整治以及整治的内容和对策、措施是什么？作为城市政府应当着重抓哪些重点问题，一直没有解决。

此后，国家在认真总结吉林省的作法和经验基础上，于 1989 年初制定了较为完善的考核办法、程序和标准。经过几次调整考核指标由最初的 19 项最后确定为 24 项。有四类指标，包括 7 项环境质量指标、6 项污染控制指标、6 项环境建设指标和 5 项环境管理指标。考核分数满分为 89 分。考核级别分国家级考核和省级考核两种。国家级考核范围是 46 个城市，其中包括 4 个直辖市、26 个省会城市（西藏除外）、5 个经济特区城市、11 个沿海开放城市，均按照统一的指标由国家统一进行考核。省级考核以国家级考核为基准，考核范围和考核指标不确定，由各个省根据具体情况自行决定。

城市环境综合整治定量考核与目标责任制是关系最为密切的两项制度。目标责任制要以城市环境综合整治定量考核为具体内容和实施载体，通过综合整治来体现，而综合整治定量考核是环保目标责任制的量化分解。因此，在后来的城市环境保护实践中，许多省市和地区把这两项制度结合起来去实施，取得了良好的效果。

（3）污染限期治理制度

污染限期治理是环境管理中最为有效的行政管理制度。所谓污染限期治理是指对特定区域内的重点环境问题采取的限定治理时间、治理内容和治理效果的强制性措施。污染限期治理项目的确定要考虑需要和可能两个因素。所谓需要就是对区域环境质量有重大影响、社会公众反映强烈的污染问题作为确定限期治理项目的首选条件，因此说具有指令性和强制性特征。所谓可能就是要考虑限期治理的资金和技术的可能性，具备资金和技术条件的实行限期治理，不具备资金和技术条件的实行关停。

污染限期治理包括三个类型：一是区域限期治理，是指对污染严重的区域或流域实施的限期治理。如淮河流域的限期达标排放、太湖流域限期达标排放等均属于区域限期治理。二是行业限期治理，是指对行业性污染实施的限期治理。如造纸行业污染限期治理、化工行业污染限期治理等。三是点源限期治理，这是指对污染排放源进行的限期治理。我国最初的限期治理就是点源限期治理，这种单纯的点源限期治理对区域环境质量的改善不明显，加之缺少有力的监督和检查，点源限期治理没有收到预期的效果。第四次全国环境保护会议以后，国家加大了区域或行业限期治理的力度，实行区域、行业、点源限期治理齐头并进，有力地促进了区域环境质量的改善。

无论是区域限期治理，还是行业限期治理，最后都要落实到点源限期治理上来。因此，在这三种污染限期治理中，点源限期治理是最基本的形式，是其它限期治理的基础。但这并不意味着点源限期治理可以代替其它形式的限期治理。实际上，这三种形式的污染限期治理是相互促进、相互影响、相互补充的关系，缺一不可。没有点源限期治理，其它形式的限期治理就失去了内容和基础，没有其它形式的限期治理，点源限期治理的作用也无法发挥。将这三种形式的限期治理结合起来，既有利于发挥地方政府环境保护的积极性，又有利于发挥行业环境保护的积极性，还有利于发挥企业环境保护的积极性，也有利于同时明确和区分政府、行业和企业的各自环境责任。所以，在环境污染治理的实践中，要善于将这三种形式的限期治理有机结合起来，充分发挥各方面的环境保护积极性，落实各方面的环境责任。

3．90年代中后期有待完善的管理制度

（1）地方性环境预审制度

在建设项目环境管理实践中，现有的环境影响评价制度存在着不足和局限性：第一，环境影响评价是在建设项目立项之后的一项审查工作，存在着立项阶段的管理空白。第二，不是所有的建设项目都需要做环境影响评价。按照国家的《建设项目环境保护管理条例》规定，针对那些对环境可能产生重大影响和轻度影响的建设项目进行全面或专项环境影响评价，而对那些产生较小环境影响的建设项目只需填写环境影响登记表而不需做环境影响评价。这说明该项制度并没有覆盖所有建设项目的审查范围，存在着管理死角。第三，建设项目环境影响评价需要一定的时间，并需要建设单位支付一定的评价费用。对于那些本来可以在立项阶段按照国家有关的政策、规划布局和生产工艺被否定的建设项目却需要在项目可行性研究阶段被否定。这样一来，既浪费了拟建设单位的宝贵时间又浪费了大量资金，给建设单位造成了不应有的经济损失，势必产生不良的负面影响，不能很好体现环保为经济建设服务的宗旨。

针对这些问题，在90年代中期由江苏省推出了建设项目环境预审制度。该制度弥补了环境影响评价的不足和局限性，完善了建设项目的环境管理。实践证明，这项地方性管理制度在建设项目管理中的作用是其它国家管理制度所不能替代的，到目前为止已经成为国家环境管理制度体系中的一个重要组成部分。

所谓环境预审制度是指根据国家的环境保护产业政策、行业政策、技术政策、规划

布局和建设项目的生产工艺，在项目立项阶段进行审批的一项政策法规型管理制度。这是建设项目前期管理的环境管理制度。

环境预审的作用有两点：一是对违反国家环保产业、行业、技术政策，不符合环境规划和清洁生产要求的拟建项目在立项阶段予以否定。经过环境预审被否定的建设项目不能立项，自然不能进入项目可行性研究阶段，从而减少了拟立项单位因作环境影响评价而造成的不必要经济损失和时间浪费，真正体现了环境保护为经济建设服务的宗旨。二是对符合国家环保产业、行业、技术政策，符合环境规划和清洁生产要求的项目批准立项，同时进一步提出是否进行环境影响评价的要求。

任何项目都会产生不同的环境问题或影响，这种影响不是普通意义上的水体污染、大气污染、噪声污染、固废污染等，还存在其它方面的环境问题。因此，有无污染的项目审批权限归环保部门，这不是一个理解问题，而是一个原则问题。实施环境预审就是要求一切建设项目在立项前到环保部门申报，经环保部门预审后方可决定是否立项。如果不经环境预审，一些对环境产生很小影响的建设项目也会引发很大的环境问题和社会不安定因素。

例如，房地产开发建设项目对环境的影响是轻微的，按照《建设项目环境保护管理条例》之规定，较小规模的房地产开发建设项目只需填环境影响登记表而不需要进行环境影响评价。但这类建设项目必须做环境预审，对立项进行审查，这是因为此类建设项目涉及到规划布局方面的问题。

受土地资源的限制和价格的影响，有些房地产开发商往往把商住楼建在工业区里或工厂附近。如果不经环境预审，这样一个本来不会产生明显环境问题的建设项目却可能因选址不当，违反规划布局而造成严重的环境问题。一方面，入住的居民要求享有良好的大气和声环境质量，对周围造成大气污染和噪声污染的企业提出经济、精神赔偿以及关闭、拆迁等要求，并要求地方政府和环保部门予以解决。另一方面，作为企业也有充分的理由推脱责任：我这里是工业区，先有工厂后有居民！不是我违反了环境法规，而是建设单位违反了规划布局要求，作为工业区要执行国家关于工业区的大气环境质量标准和噪声标准，等等。企业要发展，居民要生活，这类环境纠纷难以解决，不仅增加了地方政府的压力和麻烦，而且增加了社会的不安定因素。

问题出在哪里？就出在建设项目选址不当，违背了规划布局要求。这类环境问题经过环境预审完全可以避免。

还有，建在旅游区的高层建筑容易造成视觉污染，临街的建筑用大面积有色玻璃进行外装修造成光污染等。这些问题不必通过环境影响评价来审查，在项目立项阶段经过环境预审就完全可以杜绝此类环境问题的发生。

这里有一个问题需要明确指出：经环境预审被否定的建设项目不需要再做环境影响评价，而经环境预审批准立项的建设项目并不等于通过了环境影响评价，并不意味着该建设项目可以直接进入施工建设阶段。是否可以施工建设要视两种情况而定，一种情况是通过了环境预审并且不需要做环境影响评价的项目，在获得立项审批的同时，也获得了施工建设的环保审批。另一种情况是通过了环境预审但需要做环境影响评价的建设项目，此时该建设项目能否进入施工建设阶段要依据环境影响评价的结论而定。

环境预审是从政策、规划布局和生产工艺角度来审查建设项目合理性问题的。因此，环境预审的标准有三种：第一是否符合国家环境政策包括环境产业政策、行业政策和技术政策，第二是否符合规划布局要求，第三是否符合生产工艺要求。以上三类标准不可或缺，必须同时满足才能批准立项。

环境预审与环境影响评价都是贯彻“预防为主”环境政策的建设项目管理制度，二者之间既有区别又有联系。其区别在于二者对应于建设项目管理的两个不同阶段，前者要求环保工作提前介入项目审批过程，属于建设项目的前期管理制度，由环保部门进行审查。而后者属于建设项目的中期管理制度，需要由专门的机构进行环境影响评价，二者不能替代、缺一不可。但二者之间又存在一定的联系，环境预审是从环境保护的相关政策、规划布局和生产工艺角度对建设项目进行定性审查，而环境影响评价是从技术角度对建设项目进行定量审查。定性与定量二者结合起到了建设项目管理的“双保险”作用。

环境预审制度是执法监督与指导服务的有机结合，是政策监督与规划监督的有机结合，与环境影响评价和“三同时”制度共同构成了建设项目环境管理的全部内容，在今后的环境管理实践中将发挥重要的作用。执行环境预审制度要求管理者具有较高的政策水平并具有主动的服务意识。因此，实施环境预审制度不仅有利于强化建设项目的环境管理，而且有利于加强环保队伍建设和提高环境执法水平，寓服务于执法之中，实现经济与环境的协调发展。

（2）不完善的污染强制淘汰制度

自 1996 年以来，国家在环境保护领域引入了污染强制淘汰制度。这项制度在限期取缔造纸、制革等“15 小”以及流域、区域污染防治工作中发挥了巨大的作用，有效地促进了产业结构的调整，在转变经济增长方式过程中显示出强大的威力。

所谓污染强制淘汰制度是指国家以调整产业结构、促进经济增长方式转变、防止环境污染为目的，定期公布严重污染环境的工艺、设备、产品或者项目名录，并通过行政和法律的强制措施，限期禁止其生产、销售、进口、使用或者转让的一种管理制度。

这项制度于 1995 年写进了全国人大常委会通过的《关于修改〈中华人民共和国大气污染防治法〉的决定》第 3 条和《固体废物污染环境防治法》第 27 条，1996 年先后通过的《关于修改〈中华人民共和国水污染防治法〉的决定》第 11 条和《环境噪声污染防治法》第 18 条均分别规定了污染强制淘汰制度的法律内容。另外，在 1997 年制定的《节约能源法》第 17 条中也规定了这项制度。可见，污染强制淘汰制度具有充分的法律基础，是中国环保领域的一项基本法律制度。

还有，在中国环境保护行政法规和规章中对污染强制淘汰制度作了具体的规定，如 1984 年发布的《国务院关于加强乡镇街道企业环境管理的规定》、1995 年国务院制定的《淮河流域水污染防治暂行条例》和 1996 年国务院发布的《关于环境保护若干问题的决定》中都明确提出了限期取缔和责令关停“15 小”等要求。

污染强制淘汰的内容非常广泛，不仅仅局限于“15 小”产业，还包括大量的污染工艺、设备和产品。如 1997 年 6 月 5 日由原国家经贸委、国家环保局和机械部联合发布的《第一批严重污染大气环境的淘汰工艺与设备名录》中提出了小水泥、小平拉玻璃、土窑烧砖、铁合金电炉、平炉炼钢及使用 CFC 生产气溶胶等 15 种污染工艺及设备。在 1999 年 1 月 22 日，国家经贸委以 6 号令发布了《淘汰落后生产能力、工艺和产品的目录（第一批）》，涉及到 10 个行业，共 114 个项目，均属于违反国家法律、法规、生产方式落后、产品质量低劣、环境污染严重、原材料和能源消耗高的落后生产工艺和产品。如一次性发泡塑料餐具均列入了强制限期淘汰产品的范畴。同年 8 月 9 日国家经贸委以 14 号令发布了第一批《工商投资领域制止重复建设目录》，该目录涉及 17 个行业，共 201 个项目。其中有相当部分属于严重污染环境的落后工艺项目。如单机容量在 10 万千瓦以下的常规燃煤火电机组、3.4 万吨/年以下的禾草碱法化学浆生产线、超薄型塑料袋生产线等均属于强制限期淘汰的生产工艺项目。

另外，高硫分、高灰分的煤矿，技术落后、浪费资源、污染环境的小玻璃厂、小水泥厂、小炼油厂、小火电厂和小炼钢厂（简称“5 小”）也属于强制限期淘汰的范畴。其它如含铅汽油、落后汽车、消耗臭氧层物质、含汞电池和塑料包装等都列入了强制淘汰和限期淘汰的内容。

污染强制淘汰制度不同于其它管理制度，只是规定了强制淘汰的内容和时间，而无法规定强制淘汰的程序和办法，具有明显的非程序化特征，这给制度的执行带来了很大的难度。另外，对污染工艺、设备和产品的强制淘汰，必将直接触及一些企业、部门和地方经济利益，必然阻力重重。因此，必须实行强有力的保障措施，这是该制度能否发挥应有作用的关键。

为加强淘汰的执行保障，国家在有关强制淘汰制度的规定中提出了一系列的具体措施。如第一批的《淘汰落后生产能力、工艺和产品的目录》中明确规定，“对拒不执行淘汰目录的企业，工商行政部门要依法吊销营业执照，各有关部门要取消生产许可证，各商业银行要停止贷款”，在《工商投资领域制止重复建设目录》中也作出了相应的规定。污染强制淘汰制度是一项宏观管理制度，执行主体是各级地方政府、行业、产业主管部门，环保部门只能履行有效但有限的执法监督职责，监督的重点对象主要放在拒不执行淘汰目录的工商企业和企业行政管理部门。

可以相信，随着国家环境保护事业的发展和法制建设的不断完善，污染强制淘汰制度对解决中国的环境污染问题，有效促进产业结构调整，实现经济增长方式转变将发挥极其重要的作用。

四、环境管理制度的改革与发展

中国的环境保护历经了 30 年的发展过程，环境管理制度也历经了 3 个发展阶段。从历史的角度看，这些管理制度是中国环境保护不断成熟的标志，基本涵盖了各个不同历史时期的管理思想和措施。但从发展的角度看，这些管理制度又很不完善，存在着改革与发展的问题。一方面，现有的管理制度在实践中暴露出了许多不足和局限性；另一方面，不断发展的中国环境保护事业给环境管理提出了许多新的问题，需要从管理制度上加以解决。

1. 现有管理制度的不足和局限性

（1）管理制度与形势发展不相适应。自 1996 年以来，国家的环境战略做了重大调整，由过去的以污染防治为中心转变到污染防治与生态保护并重的新战略上来。但现有的各项制度仍然是在以污染防治为中心的环境战略指导下制定出来的管理制度，缺少生态保护的内容，生态保护方面的管理制度建设处于空白，这种状态与快速发展的环境保护形势不相适应。这种管理制度的滞后性和不对称性导致了环境管理工作的不平衡性。

（2）管理制度与环境保护任务和要求不相适应。强化宏观管理是做好环境保护工作的大前提，因此要注重宏观决策研究。但现有的环境影响评价范围过窄，主要着眼于单一建设项目评价，局限于微观管理的范畴，而对涉及宏观的重大政策、决策和规划的评价还仅仅处于理论研究阶段。

另外，在市场经济条件下，原有的评价程序和时间往往不适应经济建设的需求，不能很好地体现环境保护为经济建设服务的宗旨。现在国家已把推行清洁生产，实施污染全过程控制作为中国环境保护的主要对策，但现有的管理制度基本上立足于污染末端控制，与新形势下的环境战略和对策不相适应。怎样将清洁生产与管理制度有机结合，从管理制度上确保污染全过程控制的顺利实施是管理制度建设的新课题。

（3）管理制度之间不协调、不统一。这种不协调和不统一的问题主要表现在环境管理制度之间。例如，环境影响评价、“三同时”和排污收费制度都是建立在污染物浓度控制基础上的管理制度，如何适应总量控制的需要，都是一个亟待解决的问题。又如，环境影响评价和“三同时”制度都是以点源治理为前提的，与推行污染集中控制措施相抵触，在实践中需要解决这些制度和措施之间的协调和衔接问题。还有，环境保护目标责任制属于微观层次的宏观管理制度，与综合决策有着密切的联系，但在目标责任制的考核中缺少反映综合决策、环境保护投入、公众参与等方面的指标。

（4）管理制度本身不完善。作为独立的管理制度，各项制度本身都存在着一个不断完善的问题。譬如，环境保护目标责任制和城市环境综合整治定量考核制度在环境管理实践中存在流于形式、不求实效的弱点。表现为考与不考一个样，考好考不好一个样，考核时一阵毛毛雨，考核之后雨过天晴。其原因如下：

一是考核思路不明确。将目的与手段的关系倒置，把改善区域环境质量这一目的所采用的手段、措施作为考核重点，比如，把“水污染防治设施运行率”、“三同时合格执行率”列为考核指标。在国家的环境保护基本法、单项法中都对执行“三同时”做了法律规定，闲置污染防治设施是一种违法行为，违法就要受到处罚，这没有商量的余地。把这样一个必须执行的指标作为一个考核指标提出来的结果不但没有加强环境管理，而是弱化了环境管理。

二是考核主体不对。地方政府对本辖区环境质量负责的实质就是对本辖区的人民负责，一个地区的环境保护工作做得如何谁来评价？谁是考核的主体？当然是本区域的社会公众，而不是地方政府的上级主管部门。上级政府对下级政府进行考核既考不出动力，也考不出压力，当然落实不了环境保护的责任。

三是考核没有可比性。对城市环境综合整治实行规范化、统一化的考核是必要的，但这种考核模式缺乏针对性，“一刀切”式的管理方法是考核流于形式、不求实效的重要原因。不论是国家级考核还是省级考核，不分城市规模、城市类别和城市基础条件，均采用一个标准、一个模式，没有可比性，不能调动各地城市环境综合整治考核的积极性。

原因在于城市性质不同、基础条件不同、环保工作起点不同、所做工作的难易程度也不一样。譬如，工业与旅游城市之间，大城市与中小城市之间，重工业与商业城市之间都存在很大差别，前者的环境问题多、困难大，后者的环境问题相对较少、解决起来比较容易，将所有考核的城市放在一起，采用一个标准，就失去了公平性和可比性，势必影响到该制度在环境保护中作用的有效发挥。

四是奖惩措施不兑现。为什么说考与不考一个样，考好考不好一个样，一个重要原因就是关于实施目标责任制的奖惩措施不落实。考核缺乏监督机制，被考核部门当然也就没有动力。

类似的问题还反映在其它管理制度上。比如有些建设项目的环境影响评价是在厂址选定之后或施工以后进行的，叫做“先上车、后买票”，这就失去了环境影响评价的作用。这个问题从表面上看可归咎于执法不严的结果，但实际上与制度本身不完善有密切的关系。环境影响评价虽然确立了很高的法律地位，但法律上只规定了建设单位必须在项目施工前完成环境影响评价，而没有规定违反该项法律制度所必须承担的法律责任。更严重的是法律上并没有规定管理者不执行法律规定必须承担的法律责任，这是造成执法不严的内在原因。

2. 环境管理制度的改革与发展

针对中国环境管理制度存在的不足和局限性，应当对现有的管理制度进行如下改革：

（1）建立环境与发展综合决策制度，加强宏观环境管理。

开展环境管理要从宏观决策入手，提高可持续发展决策的质量与水平，在宏观决策指导下开展微观的环境管理，这是做好环境保护工作的总体指导思想。因此，要加快建立环境与发展综合决策的保障机制，制定综合决策的管理程序、规范和办法，实现综合决策的规范化。

环境管理离不开综合决策。不论是开展经济建设，还是开展环境保护；不论是实施人口控制，还是进行资源开发和利用；不论是制定东部发展战略，还是制定西部大开发战略；不论是进行国家产业结构调整，还是确定区域投资策略，所有这些重大问题都离不开综合决策，需要从全局的高度、从区域可持续发展的高度进行决断。

要使综合决策成为地方政府必须遵循的准则，就要上升为一项有约束力的工作制度。没有规矩不成方圆，没有制度就没有规范。要使综合决策的设想成为一种可以遵循的制度，还有很远的路程要走，有很多的工作要做。第一，要将综合决策写入相应的国家法律以得到法律的支撑，使其具有强制性。第二，要建立有效的监督制约机制，并规定相应的责任以便对地方政府的决策行为进行及时、有力的监督。第三要明确综合决策的程序、范围和内容，使其具有规范性和可操作性。

（2）加快制定生态保护补偿制度、标准和技术规范。

长期以来，中国环境管理对策、措施和制度都是围绕着城市污染防治这一工作中心而制定的，虽然促进了城市的环境管理工作，但从另一个方面拉大了污染防治与生态保护工作的差距，出现了污染防治与生态保护的失衡现象。近年来，中国政府在生态保护方面制定了一些相关的法律规定并提出了许多的管理对策和措施，但缺少有针对性的管理制度、标准和技术规范，进而影响到这些生态对策和措施的有效实施。

因此，在生态保护领域制定有针对性的生态保护补偿制度、标准和技术规范，使生态保护和生态建设具有强制性、规范性和可操作性，将生态保护的对策和措施落到实处，实现国家的生态保护目标已成为环境管理制度建设的当务之急。其中，生态补偿制度、标准和技术规范主要涉及到水资源、森林资源、草地资源和土地资源等方面内容。

（3）完善污染防治管理制度，实现总量控制与全过程控制的有机结合。

第一，建立清洁生产审计制度，实施污染全过程控制。推行清洁生产是全球环境保护的必然趋势，是在转变经济增长方式实施可持续发展战略形势下最受企业欢迎的工作。其中一项最关键的技术性工作是进行清洁生产审计，这是企业识别清洁生产机会的有效途径和措施。企业通过清洁生产审计，既可以减少污染物排放，又可以增加经济效益，实现环境效益与经济效益双赢的目标。因此，建立清洁生产审计制度是做好企业环境保护工作，实施污染全过程控制的关键性制度。通过这项制度将污染预防与治理紧密结合、宏观管理与微观管理紧密结合、总量控制与浓度控制紧密结合，全面促进企业的环境保护工作。

第二，环境预审应上升为国家制度，完善建设项目环境管理的制度体系。不同于环境影响评价，环境预审是环境保护部门按照国家有关环保产业政策、行业政策和技术政策完全可以独立执行的建设项目管理工作。贯彻预防为主的环境政策离不开环境预审这项管理工作，它不仅是环境影响评价制度的重要补充，而且是一个相对独立的管理内容，应当在建设项目管理中具有更高的地位并发挥更重要的作用，由地方性管理制度上升为国家管理制度。提高环境预审制度的地位和作用有利于促进产业结构调整，加快经济增长方式的转变。

第三，改革环境影响评价方法，开展区域政策环境评价。环境影响评价不仅仅是项目管理的评价手段，而且应当成为政策管理的评价手段。实施可持续发展战略就要努力提高决策的质量和水平，必然涉及到宏观政策的科学评价，因此要在综合决策中引入评价技术和方法，实施区域政策的环境评价。通过环境评价制度将微观项目管理与宏观政策管理有机统一起来，以宏观的政策环境评价指导和促进微观的项目环境评价，这需要改革现有的环境影响评价方法和规范，扩大环境影响评价的适用范围，制定新的评价标准，完善环境影响评价制度。

第四，完善“三同时”管理制度，为实施污染物总量控制和全过程控制服务。“三同时”是一项着眼于浓度控制和末端控制的建设项目管理制度，与总量控制和全过程控制脱节，使污染防治缺少内在的有机联系。为此，应当把总量控制与全过程控制纳入“同时设计”之中，从建设项目的“同时设计”阶段入手实现浓度控制与总量控制、末端控制与全过程控制的有机结合。

第五，完善污染限期治理制度。污染限期治理与污染强制淘汰是环境保护中非常重要的两项管理措施。二者之间有许多共同点，存在着紧密的联系。

污染限期治理是从生产工艺末端入手解决一些重点的区域和流域环境污染问题，促进合理工业布局和产业结构的调整。污染强制淘汰是从产业结构调整入手、从生产工艺源头开始实施的污染全过程控制。二者的控制方向相反，但目的相同，都是加速经济增长方式的转变，实现环境与经济的协调与持续发展。

这就有必要将污染强制淘汰和污染限期治理统一起来，以污染强制淘汰带动污染限期治理，以污染限期治理促进和强化污染强制淘汰，减少管理上的重复和防止出现漏洞，协调一致，共同推进国家的产业结构调整，实现区域经济的持续增长。

另外，应当将污染集中控制作为重要的管理措施纳入污染限期治理制度之中，从实际出发，结合产业结构调整和合理工业布局，有计划、分步骤地推进污染集中控制。

第六，完善环境保护目标责任制，有效履行地方政府的环境保护责任与义务。目前，环境保护目标责任制与城市环境综合整治定量考核有许多共同之处，一是制度的执行主体都是地方政府，二是考核内容相近或相同，将二者合并形成一个制度两个内容是非常必要的。这样不仅有利于减少形式主义，而且可以节省地方政府为此投入的大量人力、物力和时间，还可以减轻环保部门的工作压力，以利于强化执法监督。

目前，环境保护目标责任制的考核指标体系不科学、不完整、不全面，应当增加综合决策、环境保护投入、公众参与等方面的内容。通过完善考核指标体系、端正考核思路、转换考核主体、简化考核过程，达到提高考核水平的目的。

第七，建立排污交易市场，完善排污许可证制度。长期以来，由于中国实行的污染物浓度控制，20 世纪 80 年代末推出的以总量控制为前提的排污许可证制度在实践中没有得到应用和检验。因此，该项制度就成为了一项没有执行的管理措施。

实施总量控制需要解决以下五个方面的问题：一是确立总量控制的国家法律地位，没有国家法律的支撑就没有强制性；二是科学制定区域总量目标和总量目标管理的地方性法规；三是完成排污口规范化整治，实现排污自动化监控；四是制定严格的排污申报、审核程序和管理办法；五是建立排污交易市场，对排污许可证实行市场化管理。

实施污染物总量控制是污染防治的必然选择，因此，完善现有排污许可证制度已经提到了议事日程上来。排污许可证是所有环境管理措施中技术含量最高、规范性最强的一项管理措施。这项措施是否具有强制性和可操作性，关系到总量控制的成败。

第二节　环境标准

环境标准是国家环境保护法律、法规体系的重要组成部分，是环境保护目标的定量化体现，是开展环境管理工作最基本、最直接、最具体的法律依据，也是衡量环境管理工作最简单、最明了、最准确的量化标准。离开了环境标准，环境监督管理将无所适从和寸步难行。

一、环境标准概述

1．环境标准的定义

环境标准是有关污染防治、生态保护和管理技术规范标准的总称。到目前为止，有关环境标准的定义有很多。

亚洲开发银行从环境资源价值角度给环境标准下的定义是：环境标准是为了维持环境资源价值，对某种物质或参量设置的允许极限含量。在环境资源概念下，环境标准可适用的范围很广，可分为水资源环境标准；土壤资源环境标准；大气资源环境标准和森林资源环境标准等。

在中国，有关环境标准的定义也不完全统一。有的专家学者把环境标准定义为：为保护人群健康、社会财产和促进生态良性循环，对环境中有害成分水平及其排放源规定的限量阈值和技术规范。在《中华人民共和国环境保护标准管理办法》中对环境标准的定义是：为了保护人群健康、社会物质财富和维持生态平衡，对大气、水、土壤等环境质量，对污染源的监测方法以及其它需要所制定的标准称为环境标准。

以上几种定义各有特点，相互之间存在着差异，也存在着不足。但我们可以看到以下的共同点：即环境标准是围绕着人群健康、环境资源和生态平衡而对环境中物质存在的数量和方式以及管理规范提出的一种人为要求和限制。总结上述有关环境标准的共同特征，给出以下的定义：

所谓环境标准是指为了保护人群健康和保持资源价值，维持良好的生态环境，对环境中有害物质或成分的存在数量或方式以及人们的管理准则、程序与技术规范所做出的定量化或程序化的人为限制。

在此定义中，由于“人为限制”的内容、对象和环境要素不同，由此可导出不同种类的环境标准。如果限制的对象是物质因素，则“人为限制”指的就是我们常说的有害物质存在的极限含量，如污染物排放标准和总量控制标准等。如果限制的对象是非物质因素，则“人为限制”指的就是环境基础标准、环境方法标准、环境标准样品标准、环境审核标准、环境标志标准和环境行为评价标准等。

2．环境标准的意义和作用

环境标准在环境管理中起着重要的作用。

（1）环境标准是制订环境保护规划、计划的依据。

保护人群健康、保持资源价值、维持良好的生态环境都需要使环境质量维持在一定的水平上，这就要求环境质量或污染物排放达到一定的标准。有了环境质量标准或污染物排放标准，国家和地方政府以及企业就可以较为容易地根据这些标准来制订污染控制规划、计划，也就便于将环境保护纳入国家的经济、社会发展计划中。

（2）环境标准是国家环境法律、法规的重要组成部分。

在国家环境法律、法规体系中，环境标准是最基础的内容，是各类环境法律、法规的具体解析。据统计，世界上有一半以上的国家环境标准是法制性标准。同样，中国的环境标准具有法规约束性，在《中华人民共和国环境保护法》、《大气污染防治法》、《水污染防治法》、《海洋环境保护法》和《噪声污染防治法》等法规中都规定了实施环境标准的条款。应当说，如果没有各类环境标准，这些法律、法规和政策就难以具体落实和执行。离开了环境标准，环境管理将无所适从和寸步难行。

（3）环境标准是环保部门行使监督管理职能的依据。

定量化管理是强化管理并实现管理科学化的重要途径。定量管理就要求在污染源控制与环境目标管理之间建立一个定量评价关系。开展目标管理的实质是运用随机制宜原则，对不同时间、空间、污染类型，确定相应要达到的环境标准，使管理具有针对性。

不论是对污染源的监督管理，还是对企业行政主管部门的监督管理；不论是浓度控制，还是总量控制；不论是末端控制，还是全过程控制；不论是分散控制，还是集中控制，都离不开环境标准。

总之，环境标准是强化环境监督管理的核心。污染物排放标准和环境质量标准提供了衡量环境质量状况的尺度，为判别污染源是否违法提供了判断依据。方法标准、标准样品标准和基础标准统一了环境质量标准和污染物排放标准实施的技术要求。

（4）环境标准具有投资导向作用。

根据“谁污染、谁治理”的原则，对超过污染物排放标准的污染源要征收排污费，而征收排污费的数量主要取决于浓度排放标准的高低。因而环境标准指标值的高低是确定污染源治理资金投入的技术依据，也对新建项目和技术改造项目的投资方向具有导向作用。

二、环境标准的分级和分类

环境标准可分为国家级和地方级两级。但分类却很复杂，由环境标准的定义，因限制的对象不同，会产生不同的环境标准。所以，环境标准有许多种类型和分类方法。

1．按照执行范围划分的环境标准

按照执行范围不同，环境标准可分为国家环境标准、行业环境标准和地方环境标准三种。

（1）国家环境标准是在全国范围内统一执行的环境保护标准。包括国家环境质量标准、国家污染物排放标准、国家监测方法标准、国家基础标准、国家环境标准样品标准以及由国际标准同等转化而来的标准六类。

（2）行业环境标准是依据《标准化法》和《环境标准管理办法》的规定，在没有国家标准而又需要在本行业实行规范化管理的前提下，针对本行业环境问题特点所制定的在本行业范围内执行的环境保护标准。如化工行业、造纸行业、电镀行业、酿造行业、建材行业、电力行业、印染行业、钢铁行业、冶金行业环境保护标准等。

行业环境标准是一种特殊的国家标准，也称为国家环保总局标准。行业标准与国家环境标准一样在全国范围内执行，但必须与国家标准协调一致，已有国家标准的不再制定行业标准；当发布的国家标准与某一行业标准相同时，这一行业标准同时废止。行业环境标准带有行业性特点，是对国家环境标准的补充和具体化。

（3）地方环境标准是由地方政府根据地方环境问题特点所制定的在本辖区内执行的环境保护标准。包括地方环境质量标准和地方污染物排放标准。地方环境标准带有区域性特点，是对国家环境标准的补充和完善。

2．按照功能划分的环境标准

按照标准的功能不同，环境标准可分为环境质量标准、污染控制标准和管理标准三种。

（1）环境质量标准是针对特定环境要素在其一区域内总体环境质量的人为要求和限制。按照环境要素可以分为大气环境质量标准、水环境质量标准、环境噪声质量标准、土壤质量标准、生物环境质量标准以及振动、电磁辐射、放射性辐射等方面的质量标准。

其中，水质质量标准按水体类型又可分为地面水水质标准、地下水水质标准和海水水质标准三种；按水源的用途又可分为生活饮用水水质标准、渔业用水水质标准、农业用水水质标准及工业用水水质标准等。

环境质量标准分国家和地方环境质量标准两种，在执行国家级环境质量标准不能改善区域环境质量时，则可以根据本地区实际情况的需要制订严于国家标准的地方性环境质量标准。这种标准是国家环境质量标准的补充、完善。

（2）污染控制标准可分为污染物排放标准和污染物总量控制标准两种，是根据环境质量标准的要求，结合社会、经济、技术条件针对特定环境要素中某种有害物质产生的数量和方式做出的人为最高允许限值。

污染控制标准可分为国家、行业和地方标准三种。在执行国家级污染控制标准不能解决区域和特定行业的污染控制问题时，则可以根据实际情况需要制订更为严格的地方性污染控制标准或行业性污染控制标准。后两种标准可以起到补充、修订和完善国家标准之不足的作用。其中，当地方污染控制标准与国家污染控制标准同时并存时，执行地方标准。

目前，中国的污染控制标准只有污染物排放标准，而没有总量控制标准。比如 CO_2 排放标准、SO_2 排放标准、COD 排放标准、铅和汞等重金属排放标准，等等。污染物排放标准按污染物的状态分有气态污染物排放标准、液态污染物排放标准、固态污染物排放标准等。

（3）管理标准是指环境质量标准和污染控制标准以外的环境标准。如环境监测方法标准、环境标准样品标准、环境基础标准和 ISO14000 环境管理系列标准等。其中，前三项属于国家标准，而 ISO14000 环境管理系列标准属于国际标准。

3．按照执行强度划分的环境标准

按照标准执行强度不同，环境标准可分为强制性环境标准和推荐性环境标准两种。

（1）凡是环境保护法律、法规和行政法规规定必须强制执行的环境标准称为强制性标准。如环境质量标准、污染控制标准、环境监测方法标准和环境基础标准等均属于强制性标准。

（2）凡是强制性标准以外的环境标准属于推荐性环境标准。如 ISO14000 环境管理系列标准就是推荐性环境标准，清洁生产技术标准也是推荐性标准。国家鼓励采用推荐性环境标准，但如果推荐性环境标准被强制性标准引用，也必须强制执行。目前中国政府正在准备制定《清洁生产法》，一旦这部法律颁布实施，从该法律颁布之日起，清洁生产技术标准将自动转为强制性环境标准。

以上介绍了环境标准的三种分类方法。这些标准构成了以环境质量标准和污染物排放标准为轴线的中国环境标准体系，如图 9-1 所示。

三、环境标准的制定、管理与实施

1．环境标准的制定

（1）为保护自然环境、人体健康和社会物质财富，限制环境中的有害物质和因素，制定环境质量标准。

（2）为实现环境质量标准，结合技术经济条件和环境特点，限制排入环境中的污染物或对环境造成危害的其它因素，制定污染控制标准。

（3）为监测环境质量和污染物排放，规范采样、分析测试、数据处理等技术，制定国家环境监测方法标准。

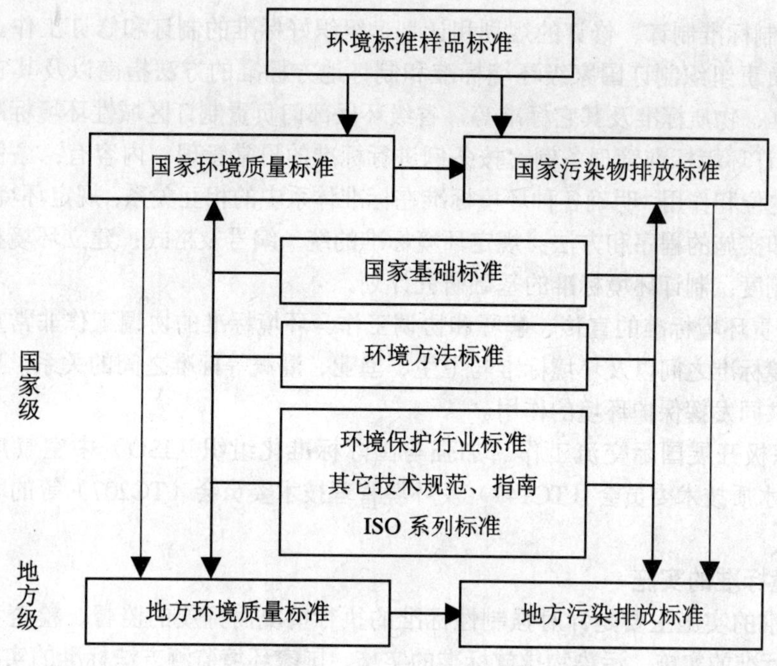

图 9-1　中国环境标准体系

（4）为保证环境监测数据的准确、可靠，对用于量值传递或质量控制的材料、实物样品，制定国家环境标准样品标准。

（5）对环境保护工作中需要统一的技术术语、符号、代码、图形、指南、导则及信息编码等，制定国家环境基础标准。

（6）需要在全国环境保护工作范围内统一的技术要求而又没有国家环境标准时应制定国家环境保护行业标准（国家环境保护总局标准）。

（7）省、自治区、直辖市人民政府对国家环境质量标准中未作规定的项目，可以制定地方环境质量标准；对国家污染物排放标准中未作规定的项目，可以制定地方污染物排放标准；对国家污染物排放标准已作规定的项目，可以制定严于国家污染物排放标准的地方污染物排放标准。

国家环保总局负责制定国家环境标准和行业环境标准并具有解释权，同时负责地方环境标准的备案审查，指导地方环境标准管理工作。省、自治区和直辖市等地方政府负责地方环境标准的制定。

2. 环境标准的管理

国家环保总局于 1999 年 4 月 1 日颁发的《环境标准管理办法》中已经明确规定：环境标准由国家环保总局统一归口管理，县级以上地方人民政府环境保护行政主管部门负责本行政区域内的环境标准管理工作，负责组织实施国家环境标准、行业环境标准。同时，各省、市、自治区和一些重点城市也应设置专门机构或环保局设专人管理。标准管理机构的职责是：

（1）编制标准制订、修订的规划和计划，组织好标准的制订和修订工作。其中，国家环保部门负责组织制订国家级环境标准和制订地方标准的方法指南以及其它的基础标准、方法标准、物质标准及其它标准等，省级环保部门负责制订区域性环境标准。

（2）制订环境标准管理条例，按条例进行标准的日常管理。内容有：条例明确各类环境标准的地位和作用；明确各种环境标准在标准体系中的相互关系；规定环境标准审批、颁发、废止和实施的程序和方法；规定环境标准的统一编号及格式；建立环境标准资料的登记、存档制度；制订环境标准的基础研究计划。

（3）负责环境标准的宣传、解释和协调工作。环境标准的协调工作非常重要，是指协调各类环境标准之间以及环境标准与卫生、渔业、灌溉等标准之间的关系，明确分工，各司其责，共同发挥保护环境的作用。

（4）积极开展国际交流工作。加强与国际标准化组织（ISO）中空气质量委员会（TC146）、水质技术委员会（TC147）及环境管理技术委员会（TC207）等的联系。

3．环境标准的实施

环境标准的实施主要是针对强制性标准的执行情况而开展的监督、检查和处理。包括环境质量标准的实施、污染物排放标准的实施、国家环境监测方法标准的实施、国家环境标准样品标准的实施、国家环境基础标准的实施和行业环境标准的实施等六个方面。

强制性环境标准是必须执行的，任何单位和个人不得更改。省、自治区、直辖市和地、县各级环境保护行政主管部门负责对本行政区域内环境标准的实施进行监督检查。凡生产、销售、运输、使用和进口不符合强制性环境标准产品的，或者违反环境标准造成不良后果，甚至重大事故者按法律有关规定依法处理。

县级以上地方政府环境保护行政主管部门是环境标准的实施主体，各级环境监测站和有关的环境监测机构负责对环境标准的具体实施。对违反此类环境标准，对地方污染控制标准的执行有异议时，由地方环境保护行政主管部门进行协调，并由国家环境保护总局进行协调裁决。

环境标准的管理与实施主要是针对强制性标准而言的。有关推荐性环境标准的管理与实施，因采用的自愿性原则使其具有非强制性特征，不论是在管理与实施的形式上，还是在管理与实施的程序上都与强制性标准有很大的区别，有关内容将在下面单独介绍。

我国现行的各类环境标准基本上是与我国现阶段社会生产力发展水平相适应的。随着经济社会的发展，环境标准也必须要经历一个由宽到严的过程，相对严格的环境标准不仅有利于保护环境，也有助于促进企业的技术进步和科学管理，提高产品的质量和竞争能力。面对来自国际环境标准的压力，我们应加强与 ISO 等国际标准化组织的联系与协调，最大限度地避免因环境标准问题影响我国对外贸易。同时，还应当充分了解世界各国的环境标准体系和各类产品的环境标准，在加强对进口产品环境管理的同时，借鉴国外的先进经验，改进中国的标准管理，实现与国际环境标准接轨。

四、ISO14000 系列标准

ISO14000 系列标准也称环境管理系列标准，是国际标准化组织（ISO）继 ISO9000

系列标准后提出的又一套重要的国际性、环保方面的系列标准。ISO14000 系列标准追求的目标是试图通过实施这套标准，规范全球企业和社会团体等所有组织的环境行为，减少人类各项活动所造成的环境污染，最大限度地节约资源、改善生态环境质量，保持环境与经济发展相协调，促进经济的持续发展，保障全球环境安全。

1．ISO 组织及 TC207 简介

ISO 是当今世界上规模最大的国际科技组织，属于非政府性机构。成立于 1947 年 2 月，任务是制定各行业的国际标准，协调世界范围内的标准化工作。

ISO 下设若干个管理技术委员会（TC），TC207 就是 ISO 为制定环境管理国际标准于 1993 年 6 月成立的一个庞大的技术机构——环境管理标准化技术委员会（ISO/TC207），开始制定环境管理领域的国际标准，即 ISO14000 环境管理系列标准，并于 1996 年首批颁布了与环境管理体系及其审核有关的 5 个标准。

截至 2000 年 6 月，ISO/TC207 环境管理技术委员会由 105 个成员国及 16 个国际组织组成，中国是成员国之一，加拿大是主席秘书国。

（1）TC207 的成立过程

早在 1990 年，在 ISO/IEC 出版的《展望未来——高新技术对标准的需求》一书中，就将“环境与安全”问题列为标准化工作“当前”最紧迫的四个项目之一。随着可持续发展的需要和环境管理工具的发展，国际标准化组织 ISO 把环境管理的标准化问题提到日程。

1991 年 7 月，ISO 成立了“环境战略咨询组”（SAGE）。该咨询组经过一年多的工作，于 1992 年秋给标准化组织 ISO 提出了一个建议，要像质量管理那样对环境也制定一套管理标准，以加强组织获得和衡量改善环境的能力。此外，SAGE 还就环境管理标准化问题提出了三条原则性建议：一是制定标准的基本方法应与 ISO9000 系列标准相似；二是标准应简单，普遍适用，环境绩效应是可验证的；三是应避免形成贸易壁垒。同时，还建议成立专门的技术委员会。

根据 SAGE 的建议，ISO 于 1992 年 10 月作出设立 TC207 的决定。随后于 1993 年 6 月正式成立并着手 ISO14000 系列标准的起草工作。

总之，将标准化手段纳入环境管理是直接导致 TC207 成立的社会原因和历史背景。

（2）ISO/TC207 的任务和业务范围

ISO/TC207 的主要任务是根据 ISO 的宗旨和目的，就涉及环境管理方面的问题广泛研讨；协调世界范围内环境管理标准化方面的工作，共同制定国际标准；进行环境管理的信息交流，并与其它国际组织合作，有效开展环境管理系统的标准化工作。

ISO/TC207 的业务范围主要是环境管理方面的标准化。不包括污染物的测试方法、污染物和排放物的极限值、环境水平或环境质量、产品标准的制定。

（3）ISO/TC207 制定标准的指导思想和原则

TC207 明确规定了起草与制定 ISO14000 系列标准的指导思想：

——ISO14000 系列标准应不增加贸易壁垒，无论是对环境状况好的地区还是环境状况差的地区；

——ISO14000 系列标准可用于对内审核及对外认证、注册等；

——ISO14000系列标准必须回避对改善环境无帮助的任何行政干预。

TC207依据上述指导思想对ISO14000系列标准的制定规定了如下的原则：

——ISO14000系列标准应具有真实性和无欺骗性；

——产品和服务的环境影响评价方法和信息应有意义、准确、可检验；

——评价方法、试验方法不能采用非标准方法，而必须采用国际标准、地区标准、国家标准或技术上能保证再现性的试验方法；

——应具有公开性和透明度，但不应损害商业机密信息；

——具有非歧视性，不产生贸易壁垒；

——能进行特殊的、有效的信息传递和教育培训。

（4）ISO/TC207的组织结构

TC207由六个分技术委员会（SC）和一个工作组（WG）组成，每个分支机构承担各自的任务并对TC207负责。TC207的组织机构如图9-2所示。

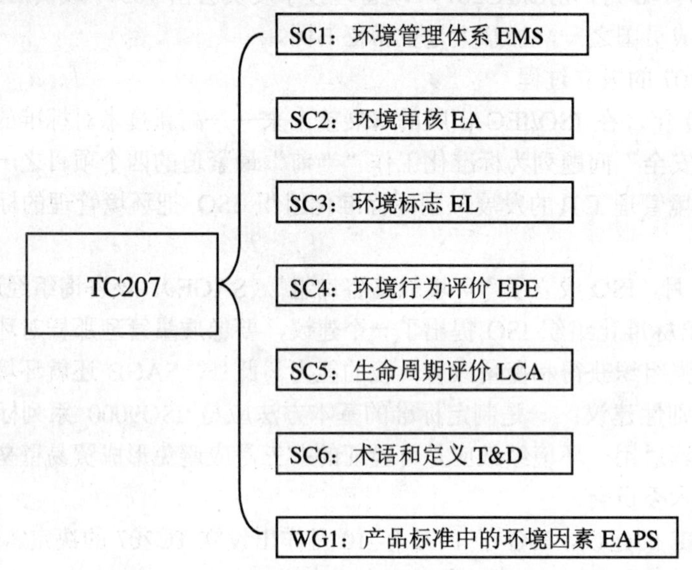

图9-2 ISO/TC207的组织结构及标准号分配

六个分技术委员会分别是：

分技术委员会SC1负责环境管理体系标准的研制；分技术委员会SC2负责环境审核标准的研制；分技术委员会SC3负责环境标志标准的研制；分技术委员会SC4负责环境行为评价标准的研制；分技术委员会SC5负责生命周期评价标准的研制；分技术委员会SC6负责术语和定义的制定。

工作组（WG1）负责产品标准中环境因素导则的制定。

ISO的技术委员会（TC）和分技术委员会（SC）以及工作组（WG）的任务是可变的，当一项标准任务完成后，便开始承担新任务。具体标准的起草由工作组承担，如无制定标准任务，工作组便可撤销。

2. ISO14000 系列标准概述

（1）ISO14000 系列标准构成

ISO14000 系列标准是一个庞大的标准体系。该系列标准涉及到环境管理体系、环境审核、环境标志、环境行为评价、生命周期评价等国际领域内的许多重点问题。

国际标准化组织 ISO 中央秘书处给 ISO14000 系列标准预留了 100 个标准号，编号为 ISO14001—ISO14100。

TC207 作为这个系列标准的研制机构，它的 6 个分技术委员会分别承担了 6 个方面标准的研制任务。这 6 个方面的标准又分别构成 ISO14000 标准子系统，每个子系统又由若干标准构成更小的系统。

每个分技术委员会分配的标准号如下：

分技术委员会 SC1 分配了 9 个标准号 14001—14009；

分技术委员会 SC2 分配了 10 个标准号 14010—14019；

分技术委员会 SC3 分配了 10 个标准号 14020—14029；

分技术委员会 SC4 分配了 10 个标准号 14030—14039；

分技术委员会 SC5 分配了 10 个标准号 14040—14049；

分技术委员会 SC6 分配了 10 个标准号 14050—14059；

工作组 WG1 分配了 1 个标准号　　14060；

备用 40 个标准号　　14061—14100。

ISO14000 系列标准中各标准间的关系如下：

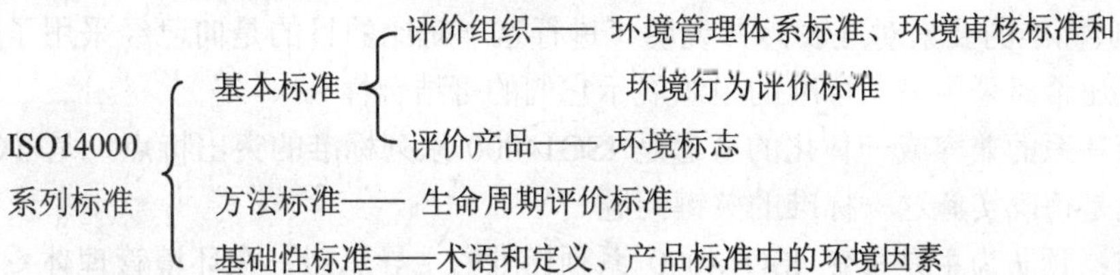

（2）ISO14000 系列标准的特点

区别于传统的水、气、声、渣的环境质量标准和污染控制标准，ISO14000 系列标准是国际上通用的环境自愿性标准，通过第三方认证的方式来实施。它的许多特点使其成为能跨越经济、技术和地域空间差异，被国际社会普遍认同的系列标准。其特点如下：

自愿原则：ISO14000 系列标准的所有标准认证与实施不是强制而是自愿的。这既是该系列标准的一个明显特点，也是保证标准得以有效实施所必须坚持的一项原则。因此，当 ISO14000 系列标准转为国家标准时，仍确定为推荐性标准，坚持自愿性原则不变。

所谓的“自愿”就是排斥任何强迫和不必要的行政干预。也就是说，组织是否实施这套标准，是否申请认证以及向哪个认证机构申请等，完全由企业自主决定。当然，市场、相关方的要求所形成的压力，则是组织实施环境管理、改善环境绩效的外部推动力，应特别予以重视和满足。

ISO14000 系列标准的基本思路是引导企业建立起环境管理的自我约束机制。这种自我约束机制同依法监督机制不仅没有矛盾而且相辅相成。正确处理好两者的关系，运用好这两种机制，充分调动一切积极因素参与环境管理，这是中国政府实施 ISO14000 系列标准的目的。

广泛适用性：ISO14000 系列标准在许多方面借鉴了 ISO9000 系列标准的成功经验，同时也吸收了一些教训，又有所创新。不同于 ISO9000 系列标准那样给出 3 种供选择的模式，ISO14000 系列标准要求建立的环境管理体系只有一种模式（即按 ISO14001 标准建立的框架）。这种模式“适用于任何类型和规模的组织，并适用于各种地理、文化和社会条件”，既可用于内部审核或对外的认证、注册，也可用于自我管理。

灵活性：ISO14000 系列标准的灵活性表现在 ISO14001 标准一不强求编写手册，二是除了要求组织对遵守环境法规、坚持污染预防和持续改进做出承诺外，再无硬性规定。标准的灵活性中体现出合理性，既调动企业的积极性，又允许企业从实际出发量力而行，使各种类型的企业都有可能通过实施这套标准达到改进环境绩效的目的。

兼容性：ISO14000 系列标准是在 ISO9000 系列标准之后制定的，同 ISO9000 系列标准性质相同，两套标准都要求组织建立相应的管理体系。

ISO9000 系列标准实施已经多年，许多企业已经建立了质量体系，在这种情况下，实施 ISO14000 系列标准，要求企业再建一套管理体系，如果处理不好，不仅会加重企业的负担，影响企业实施 ISO14000 系列标准的积极性，而且容易造成矛盾，甚至引起管理上的混乱。TC207 从一开始就特别注意这个问题，为此特地设立了一个“TC207 与 TC176 合作与协调组”，其主要任务就是处理两体系间的协调问题。在 ISO14001 标准的引言中针对兼容问题做了许多说明和规定；在 ISO14004 标准的“原则 3”中还专列了一个“环境管理体系的协调和一体化”条款；并在 ISO14001 标准的“附录 B”中给出了 ISO14001 标准和 ISO9001 标准的要素对应表，并说明“进行这一对比的目的是向已经采用了其中一个标准，可能还希望采用另一标准的组织展示它们的可结合性”。

这表明，对体系的兼容或一体化的考虑是 ISO14000 系列标准的突出特点，是 TC207 的重大决策，也是正确实施这一标准的关键问题。

全过程预防：预防为主是贯穿 ISO14000 系列标准的主导思想。在环境管理体系框架要求中，最重要的环节便是制定环境方针要求企业决策者在方针中必须承诺污染预防，并且还要把这个承诺在环境管理体系中加以具体化和落实，体系中的许多要素都有预防功能。此外， ISO14000 的生命周期评价则把预防思想由制造过程扩展到产品的整个生命周期。环境行为评价通过连续的、动态的监测数据，既可对某一时点的环境行为进行评价，而且还能对发展趋势进行评价和预测。

持续改进：持续改进是 ISO14000 系列标准的灵魂。ISO14000 系列标准总的目的是支持环境保护和污染预防，协调它们与社会需求和经济发展的关系。这个总的目的是要通过各个组织实施这套标准才能实现。就每个组织来说，无论是污染预防还是环境绩效的改善，都不可能一经实施这个标准就能得到完满的解决。

持续的改进过程，对所有的组织来说，都是必不可少的。而且旧的问题解决了，新的问题又会出现，主要问题解决了，次要问题便提到日程，改进是永无止境的。简单地说，一个组织建立了自己的环境管理体系，并不能表明其环境绩效如何，而是表明这个组织决心通过实施这套标准，建立起能够不断改进的机制，通过坚持不懈地改进，实现自己的环境方针和承诺，最终达到改善环境绩效的目的。

（3）推行 ISO14000 系列标准的意义和作用

实施 ISO14000 系列标准特别是环境管理体系 ISO14001 标准有其深刻的社会意义和现实意义：

第一，实施 ISO14000 系列标准有助于提高全民族的环境意识和企业自觉遵法、守法意识。

第二，有利于调动企业的环境保护积极性。ISO14000 系列标准是市场经济体制的产物，它将环境保护与企业管理融为一体。突破了环境管理的单一管理模式，将环境管理单纯靠强制性管理的政府行为转变为引导企业自觉参与的市场行为。使企业在环境保护工作中的地位由被动消极的服从转变为积极主动的参与。

因此，实施 ISO14000 系列标准有助于调动企业防治污染保护环境的主动性，促进企业通过建立自律机制，制定并落实预防为主、从源头抓起实施全过程控制的管理措施，为解决环境问题提供了一套同依法治理相辅相成的科学管理方法，为人类社会解决环境问题开辟了新的思路。

第三，有利于节能、降耗，促进清洁生产。ISO14000 系列标准把治理污染同减少资源、能源的消耗同时并重，视为同一问题的两个方面。ISO14001 标准强调在实施环境管理体系的过程中控制能源和资源的消耗，主要通过体系控制的环境因素来实现。

因此，企业在建立环境管理体系时要对本企业的能源消耗和主要材料的消耗进行分析，找出能源或资源消耗中的主要问题，并针对存在的问题制定技术措施或管理措施，提高能源或资源的利用水平。

第四，有利于提高企业的市场竞争能力。进入 21 世纪，商品文化的内涵已演变为对商品内在素质的要求，而这种要求在世界环境不断恶化的情况下，已转变为对商品是否满足环境保护的要求。因此企业建立环境管理体系所实现的环境绩效满足了消费者的这种追求。同时，由于体系的建立为企业树立了良好的企业形象，进而提高了市场份额的占有率和企业的市场竞争能力。ISO14001 标准就如同在企业和公众之间架起了一座桥梁，使企业能更好地关心社会公众的环保需求，社会公众也能更好地了解企业和企业的产品。

第五，有利于消除国际贸易壁垒。实施统一的国际环境管理标准，有利于实现各国间环境认证的双边和多边互认。从另一个角度看，ISO14001 标准也是一个贸易标准，为国际贸易提供了一套适用的环境准则。这个准则就是：推行 ISO14001 标准的组织必须建立一套严密、科学的环境管理体系，承诺遵守环境保护的法律、法规及其它要求；承诺实施污染预防，采用清洁生产的方式生产清洁、无污染产品。同时，企业也要不断承诺对环境的持续改进。这样的一种环境管理体系必然满足国际贸易的环境要求。任何国家都不得以环境影响为理由设置障碍，所以，ISO14001 标准消除国际贸易壁垒，有利于消除技术贸易壁垒。

第六，有利于强化企业内部自主管理，实现企业的可持续发展。推行 ISO14001 标准，对于企业而言其意义不仅在于保护环境、实现环境绩效的持续改进；也在于通过实施环境管理体系标准提高企业的管理水平，规范企业的管理行为，加强企业内部的自主管理；更在于通过实施这一标准，促进企业节能、降耗，降低生产成本，提高经济效益，使环境与经济两个目标能在企业可持续发展战略中被自觉地加以选择和统一起来，实现企业多赢的发展目标。

总之，企业积极实施ISO14000系列标准，从外部来看，可以减少由于污染事故或违反法律、法规所造成的环境风险；通过获取认证证书，在国际贸易中可避免绿色壁垒；提高企业形象，增强企业市场竞争能力；增加企业获得优惠信贷和保险政策的机会。从内部来看，通过实施ISO14000系列标准可以提高企业自身的管理水平，节能降耗、减少污染，取得经济效益。

3．ISO14001环境管理体系标准简介

（1）ISO14001是ISO14000系列的主体标准

ISO/TC207于1996年9月1日和10月1日先后颁布了5个属于环境管理体系（EMS）和环境审核（EA）方面的标准，这5个标准已等同转化为中国的国家标准。它们分别是：

GB/T24001—1996即ISO14001 环境管理体系——规范及使用指南，GB/T24004—1996即ISO14004 环境管理体系——原则、体系和支持技术指南，于1996年9月1日正式颁布。

GB/T24010—1996 即 ISO14010 环境审核指南通用原则，GB/T24011—1996 即ISO14011 环境审核指南审核程序、环境管理体系审核，GB/T24012—1996即ISO14012 环境审核指南环境审核员资格要求，于1996年10月1日正式颁布。

其中，GB/T24001—ISO14001 是 ISO/TC207 成立后最先着手制定的标准。它是ISO14000 系列标准中唯一的规范性标准，也是最重要、最关键的一个标准，它规定了对环境管理体系的要求。它不仅是对环境管理体系（EMS）进行建立和审核、评审的依据，而且也是制定ISO14000系列其它标准的依据。

该标准由“规范”和“指南”两部分构成。“规范”部分是该标准的主体与核心内容，包括18个条款，除了总要求外，其余17个条款分为环境方针、规划、实施与运行、检查与纠正措施、管理评审等五个方面，规定了环境管理体系 EMS 必须达到的要求，即采用这一标准的组织必须满足本标准规定的所有要求。“指南”部分则是对规范做出解释，不是必须做到的要求，故以“附录”形式列入。目的是为组织提供一些实用方法和指导来帮助组织开展环境管理活动，组织可以根据自身情况和意愿，有选择地采用其中的内容。

可以说，ISO14001 标准奠定了 ISO14000 系列标准的基础，通常称为 ISO14000 系列标准的龙头标准或主体标准。

（2）ISO14001标准与ISO14004标准的关系

与 GB/T24001—ISO14001 同时制定的另一个有关环境管理体系的标准是 GB/T24004—ISO14004 标准，该标准与 ISO14001 是姊妹标准，都是关于环境管理体系的标准。但ISO14001是规范，是环境管理体系必须做到的要求，而ISO14004则属于指南性标准。

制定 ISO14004 审核标准的目的是为组织实施和改进环境管理体系提供帮助。本标准由正文和附录两部分组成。ISO14004标准的正文部分提出了与ISO14001标准的5个部分或要素相对应的5条原则。基本上是针对 ISO14001 环境管理体系要素逐个描述，但条文序号不一一对应。附录部分主要是给出了两份重要的国际性文献《里约热内卢环境与发展宣言》和《国际商会可持续发展宪章》，供组织制定环境方针时参考。

ISO14001 标准是对环境管理体系的规范性要求，其内容全面系统地规定了进行环境管理体系审核的依据。而 ISO14004 标准是关于环境管理体系的指南性标准，它告诉组织

如何做才能满足 ISO14001 标准提出的要求。它的内容除了涵盖 ISO14001 标准的各基本要素外，为使用方便还提供了步骤和方法，以案例和实用技巧的方式为组织实施与改善环境管理体系提供了周到细致的指导。它的内容不能作为审核依据，但能有助于组织建立环境管理体系，以满足认证审核的要求。

ISO14001 标准的模式是描述环境管理体系建成后的运行状态的，而 ISO14004 标准的模式是描述环境管理体系的建立过程的。

关于环境审核指南的三个标准 ISO14010、ISO14011 和 ISO14012 都是与 ISO14001 标准配套使用的，它们为开展环境管理体系审核、认证准备了统一的国际准则。

（3）ISO14001 标准与 ISO9001 标准的关系

ISO14001 环境管理体系标准和 ISO9001 质量管理体系标准分别是 ISO14000 系列标准和 ISO9000 系列标准的核心内容与龙头标准。它们之间存在着以下的共同点：

一是两套标准都是自愿采用的管理型的国际标准；

二是都遵循相同的管理系统原理，通过实施一套完整的标准体系，在组织内部建立起一个完整、有效的文件化管理体系；

三是在管理体系结构和运行模式上十分接近，都要求实现管理体系的持续改进；

四是两套标准均可能成为贸易的条件，都服务于国际贸易，意在消除贸易壁垒。

两套标准之间存在许多区别，其实质差别有以下四点：

一是两套标准的适用对象和目的不同。ISO14001 标准是以组织的环境要素为对象，帮助组织建立环境管理体系，通过体系的运行和持续改进，规范组织的环境管理，达到改善环境绩效的目的，满足社会的要求；ISO9001 标准是针对组织的活动、产品或服务建立质量管理体系，其目的要满足众多相关方的需求，同时还要满足社会对环境保护的要求。

二是 ISO14001 有法规要求，而 ISO9001 没有。各国都有环境立法和执法机构，实施 ISO14001 标准，国家和地方的法规标准以及执法部门的评判与裁决将成为实施 ISO14001 标准的特征之一。

三是 ISO14001 有相关方，而 ISO9001 只有顾客一方。相关方包括政府、银行、保险机构、借贷方、分包方、当地公众等。通过对其施加环境影响，也会因相关方的要求而给自己加压。这就决定了实施 ISO14001 标准的范围，是链式的、动态的、相互促进、互为推动的过程。

四是 ISO14001 有环境影响，而 ISO9001 没有。这是 ISO14001 标准的主线，即根据环境影响确定环境因素，评价重要因素，分解目标为指标，拟定可供选择的方案。并通过不断审核的机制产生环境绩效，实现持续改进，不断减少负面环境影响。正是环境影响分析这一工具，才使 ISO14001 标准具有不断改善环境质量的推动力。

4. ISO14000 系列标准的制定与实施进展情况

（1）ISO14000 系列标准制定的最新进展

根据国际标准化组织（ISO）2001 年 10 月最新资料，已颁布的 ISO14000 系列标准有 6 个方面 26 个标准，见表 9-1 所示。

表 9-1 ISO14000 系列标准制定动态

标准编号	标准名称	颁布时间
ISO 导则 64	产品标准中环境因素导则	1997
ISO/IEC 导则 66	对环境管理体系认证/注册的基本要求	1997
ISO14001	环境管理体系——规范及使用指南	1996
ISO/AWI 14001	ISO14001 修订版	1996
ISO 14004	环境管理体系——原则、体系和支持技术通用指南	1996
ISO/AWI 14004	ISO14004 修订版	1996
ISO 14010	环境审核指南——通用原则	1996
ISO 14011	环境审核指南——审核程序——环境管理体系审核	1996
ISO 14012	环境审核指南——审核员资格要求	1996
ISO 14020	环境标志和声明——通用原则	2000
ISO 14021	环境标志和声明——自我环境声明（2 型环境标志）	1999
ISO 14024	环境标志和声明——原则与程序（1 型环境标志）	1999
ISO/TR 14025	环境标志和声明——（3 型环境标志）	2000
ISO 14031	环境管理——环境行为评价——导则	1999
ISO/TR 14032	环境管理——环境行为评价——案例	1999
ISO 14040	环境管理——生命周期评价——原则和框架	1997
ISO 14041	环境管理——生命周期分析——范围确定及清单分析	1998
ISO 14042	环境管理——生命周期分析——影响评价	2000
ISO 14043	环境管理——生命周期分析——生命周期解释	2000
ISO/WD TR 14047	环境管理——生命周期评价 ISO14042 应用实例	2000
ISO/CD 14048	环境管理——生命周期评价——生命周期评价数据文件格式	2000
ISO/TR 14049	环境管理——生命周期评价——ISO14041 标准中目标范围确定及清单分析的应用实例	2000
ISO 14050	环境管理——术语和定义——术语使用原则和指南	1998
ISO/FDIS 14050	ISO14050 修订版	1998
ISO/TR 14061	帮助组织运用和实施 ISO 14001 和 ISO14004 的信息	1998
ISO/WD 14062	将环境因素结合到产品生产中的指导方针	2000

注：TR——技术报告；AWI——已通过的工作项目；CD——委员会草案；DAM——草案修订；DIS——标准草案；WD——工作草案；FDIS——国际标准最终草案

（2）ISO14000 系列标准的实施情况

自从 1996 年国际标准化组织颁布了 ISO14000 系列的五个标准后，引起了全球的关注与响应，ISO14000 标准的认证与实施非常迅速地在各国展开。为鼓励 ISO14000 系列标准的认证和实施，各国政府分别采取了不同的政策，如澳大利亚、新西兰等国由政府出资对于实施 ISO14000 标准，建立环境管理体系并通过认证的企业给予补贴。

这些鼓励政策均起到了一定的推动作用，在标准公布的当年，全球即有 1491 家企业和组织通过了 ISO14001 认证，到 2001 年 6 月底，全球通过 ISO14001 认证的组织超过 30181 个。

根据统计资料显示，目前，获得环境管理体系认证的组织数量，欧洲占第一位。在全球 30181 张 ISO14001 认证书中，位居前五名的国家和地区依次为日本、英国、德国、瑞典、美国，台湾地区排第 10 位，而中国位于加拿大之后，认证数为 749，排第 14 位。如果按照认证数占本国企业总数的比例排序，则中国与上述国家相比，差距还相当大，实施的力度有待进一步加强。

从全球获证组织的行业分布情况看，获证的企业或组织主要集中在电子行业，其次为化工行业。这一分布情况基本与中国接近。

从实施方式和认证水平比较，中国环境管理体系认证在审核程序、认可制度及管理方法上与国外基本一致。但在企业实施方面，日本以及欧洲发达国家对于节能、降耗、工艺改进等过程控制问题更为关注，很多企业采用生命周期分析的手段进行环境行为与绩效评价，以找出环境管理的薄弱环节，寻求环境行为的持续改进。而中国的很多企业在环境管理上依然停留在污染排放等末端控制问题上，对 ISO14000 标准的理解和应用还不够深入，在环境管理体系审核的深度上和环境审核能力方面还有待提高。

思考题

1. 管理制度有哪些特征？
2. 环境管理制度与环境管理对策和措施是什么关系？
3. 按性质划分环境管理制度有几个层次？按功能划分又有几个层次？
4. 谈谈你对中国环境管理制度的认识和理解。
5. 为什么要进行管理制度的改革，如何改革？
6. 什么是环境标准？在环境管理中的作用是什么？
7. 环境标准有几种分类方法？
8. ISO 是什么组织，其任务是什么？
9. ISO 与 TC207 是什么关系？TC207 的组织结构是什么？
10. ISO14000 系列标准的特点是什么？
11. 实施 ISO14000 系列标准的意义是什么？
12. ISO14001 标准与 ISO14000 系列标准有什么关系？
13. ISO14001 标准与 ISO9001 标准有什么关系？
14. 中国环境战略的体系结构是什么？

第十章　宏观环境管理

宏观环境管理是地方政府开展环境保护的主要任务，其内容主要解决环境与发展综合决策、环境法制建设、落实政府环境责任、加快产业结构调整、环境教育和公众参与等重大问题，对微观环境管理具有居高临下的指导作用。有关宏观环境管理的概念在第一章里已做论述，这里不再重复。

本章从以下五个方面进行系统论述。

第一节　实施环境与发展综合决策

环境与发展综合决策是相对于传统决策而言、建立在可持续发展思想基础之上一种全新的大环境管理对策。实施环境与发展综合决策要求抛弃那种在生物解剖学意义上的单纯就经济问题谈经济建设，就环境问题谈环境保护，就人口问题谈人口控制，就资源问题谈资源利用，追求单一目标最优化的传统决策行为。以大系统思想为指导，建立新的决策机制，综合考虑所有与可持续发展有关问题的复合影响和作用，以使决策所产生的整体效应满足各方面、各层次的利益需求，使发展具有可持续性。

一、建立环境与发展综合决策机制

所谓环境与发展综合决策是指将政府的重大决策行为和决策过程看作一个系统整体，而将环境和资源承载力看作是决策问题中与经济问题对等的两个重要方面，进行综合考虑、综合平衡。综合决策是对传统决策的挑战，是实施可持续发展战略的必然要求。

实施环境与发展综合决策，不能依赖于地方政府领导人的自觉意识，而要有保障机制。这种机制是从法律和制度角度对决策主体的一种制约和限制，以确保综合决策的制度化和规范化。有了这种机制，环境保护才能成为地方政府的自觉行为，才能贯穿于经济活动的全过程，才能在决策阶段落实“三同步、三统一”的环境保护方针。否则，综合决策只能是空中楼阁、纸上谈兵。

建立综合决策机制，是实施可持续发展战略中最重要、也是最困难的事情，是关系到环境保护作为一项基本国策能否在各级地方政府决策层次得以落实的原则性问题。政府是决策主体，这不仅意味着政府具有至高无上的决策权力，也意味着政府要承担由此而引发的一切后果所具有的连带责任。比如环境问题、经济问题、人口问题等。因此，建立环境与发展综合决策机制，就是对这种权力和责任的一种程序化、强制性的法律规定，以明确地方政府在重大决策问题上所应承担的责任和义务。

建立环境与发展综合决策机制是中国可持续发展理论研究的重要内容之一。1996 年以来，从国家政府到环境保护部门都在积极探索，国家领导人也非常重视综合决策问题。但是实际进展缓慢，其重要原因有：一是国家的法制建设滞后，政府权力游离于法律之上。政府的决策行为不受法律制约，决策行为超出了法律规定的范围，如何决策不受约束，由于错误决策所造成严重的环境问题无人负责。在这种情况下，建立环境与发展综合决策机制显然是不可能的。二是一些政府官员素质差，水平低，民主与法制意识淡薄，重大决策缺少透明度和广泛的社会监督，这是影响环境与发展综合决策机制建立的一个重要原因。

那么，如何建立这种机制呢？

第一，要加强立法，依法建立重大决策责任追究制度。通过立法规范政府的决策行为，在法律的监督下履行地方政府保护环境的责任与义务，兑现政府的环境承诺，将可持续发展所涉及到的主体利益关系运用法律加以规范，这是建立综合决策机制的大前提。

第二，要在推进两个根本性转变的同时，加快中国的政治体制改革进程。确保经济体制改革与政治体制改革同步进行，实现政治体制、经济体制和经济增长方式的“三个根本性转变”，这是实现国家长久发展的根本保证。

第三，要改革现有的用人机制和现行的人事制度。改革领导干部的绩效评价标准和评价程序，努力提高各级领导干部的综合素质和决策水平，这是建立一个真正廉洁、勤政、高效、对全体公民负责的人民政府的有效途径。

二、建立并完善环境与发展综合决策制度

1996 年第四次全国环境保护会议以后，国家为了强化宏观调控，有效解决宏观决策中环境保护投入、公众参与和强化环境监督等问题，提出了建立环境与发展综合决策制度的设想。

建立综合决策制度就是要保证综合决策的规范化、制度化、程序化，在促进经济增长方式的转变，从政策“源头”预防环境问题的产生，实现可持续发展。

综合决策的内容非常广泛，有关区域经济发展问题、产业结构调整问题、城乡建设问题、农业发展问题、区域开发问题、资源利用问题、人口控制问题等都需要进行综合决策。由于综合决策是政府行为，环境与发展综合决策的主体是地方政府，所以，加强综合决策的有效监督就成为实施这项制度的关键。从实际情况看，几年来国家加强了宏观决策的调控和管理，在一些关系到国家发展的重大问题上实行了综合决策。但作为一项制度而言，它还非常不完善，还存在着很多问题需要解决。一是缺乏法律支撑没有强制性；二是缺乏公众监督，没有完善的监督制约机制；三是缺乏规范性，没有明确的评判标准，因而缺乏可操作性。

因此，就形成了“国家政府积极、环保部门着急、地方政府消极”的局面。有些决策者习惯于就事论事的传统思维方式，在经济工作会议上气壮山河地高喊发展是硬道理；在环境保护会议上大谈环保是基本国策；在计划生育工作会议上强调控制人口的作用；在乡镇工业会议上又大讲发展乡镇企业的意义；召开社会再就业会议又强调再就业的重要性；如此等等。却很少有人能同时把这些问题放在一起进行综合考虑和决策。让人们感到

什么问题都重要什么问题又都不重要。

所以，要改变这种状况，使综合决策真正成为各级地方政府进行决策的基本选择，就必须建立起有效的监督、制约、保障机制，像其它管理制度一样，确立相应的法律地位，使其具有强制性。唯有如此，环境与发展综合决策才能成为一项名副其实、有用的宏观管理制度。

完善环境与发展综合决策制度的一个基本前提是综合决策机制的建立，这一点在前面已有论述。

当前，从理论上说，作为可持续发展战略的一个重要措施，实施环境与发展综合决策的时机已经成熟。但从实践来看，作为一项具体的宏观环境管理制度，实现环境与发展综合决策的规范化、制度化的条件还不完全具备，还需要不断完善。比如说，如何使综合决策具有强制性、规范性和可操作性，怎样实施综合决策，应当遵循哪些程序，综合决策的评价标准和评价指标是什么，等等。这些都需要通过制度的完善加以解决。

完善这项制度，首先要解决制度的强制性问题。一个没有强制性的制度是一个低效或无效的制度。要解决这个问题，需要国家制定一些行政法规和规定，明确地方政府在实施环境与发展综合决策问题上的权力和责任，以确保综合决策能够成为各级政府进行重大决策的自觉选择。其次是解决制度的规范性问题，这需要国家从宏观角度统一制定一些原则性的规定、评价标准和考核办法，定期发布综合决策的信息，自觉接受社会公众和环保部门的监督，定期听取下级政府综合决策工作汇报并开展定期工作检查，将制度的执行情况纳入各级地方政府政绩考核之中。第三是解决制度的可操作性问题，这需要国家制定有关重大决策问题的环境评价办法，综合决策的执行程序、监督程序、纠错程序和责任追究程序。同时，要将该项制度与环境保护目标责任制紧密结合以发挥两项制度的整体作用。

建立并完善环境与发展综合决策制度，是当前中国环境管理制度建设的主要任务，对完善环境管理制度体系以及发挥其它各项管理制度的作用有着极其重要的影响。

三、环保部门参与环境与发展综合决策

环境与发展综合决策的核心是解决环境保护与经济发展的关系问题。因此，实施综合决策离不开环境保护部门的积极参与和有效监督，这是环境保护实践的需要，是实施可持续发展战略的需要，对推进中国的环境保护事业具有重要的现实意义和深远影响。

在综合决策中，地方政府是决策主体，环保部门是参与者，这是综合决策与一般环境决策的区别，是环保部门在综合决策中的准确定位。由于决策地位不同，决定了环保部门只有高质量地参与综合决策，才能给政府当好参谋，才有可能最大限度地避免地方政府在重大决策问题上的失误。从这个意义上说，怎样参与综合决策至关重要。

实践证明，一个区域的环境保护工作成效如何，很大程度上取决于环保部门参与综合决策的质量和水平。对于环保部门来说，如何有效、高质量地参与地方政府的综合决策，是新形势下面临的一个新任务和新课题。

那么，怎样才能很好地参与综合决策？

1．参与综合决策要有充分的准备

首先，环保部门参与综合决策要有主动意识，这是有效参与综合决策的前提。地方政府关于经济、社会发展的重大决策涉及到各行各业，领域非常广泛。作为综合决策的参与者，环保部门要有主动意识，要根据国家的环境政策、产业政策、行业政策、资源与能源政策及规划布局要求主动向地方政府提出有价值的决策建议和意见。

主动意识是参与综合决策的先决条件。只有主动，才能争取更多参与综合决策的机会；只有主动，才能提高地方政府对环境保护工作的重视；只有主动，才能提高环保部门在政府决策层次中的地位。

其次，环保部门参与综合决策要有充分的准备，这是提高环保部门参与综合决策质量和水平的重要方面。环保部门参与综合决策包括定期汇报、正式会议和随机访问三种形式。这说明参与决策的准备不仅表现在参与综合决策前的临时准备，而且在日常工作中就要积累这种准备。

这就要求环保部门特别是环保部门的领导同志首先要有较高的政策水平，对国家的环境保护方针特别是各种环境政策了如指掌。比如行业环境保护政策中有哪些鼓励政策、哪些限制政策、哪些禁止政策等要一清二楚。其次，要有工作经验和专业知识。丰富的工作经验和深厚的专业知识是成功参与政府决策的两大要素，作为环保部门的领导者应当具备。例如本地区的环境问题是什么，怎样产生的，从战略上应如何解决，解决这些环境问题的难点是什么，需要多大的资金投入，应采取哪些对策和措施等都要做到心中有数。

只有准备充分，才能更好地参与综合决策。

2．参与综合决策要讲究策略

首先，环保部门参与综合决策要把握时机。综合决策问题是错综复杂的，要想更好地参与综合决策，把握好时机显得更为重要。环保部门在参与综合决策时，要根据不同场合，不同氛围提出不同的决策建议。要坚持原则性和灵活性相结合，讲究参与综合决策的策略和艺术。

坚持原则性就是要坚持国家的环境保护方针、政策不动摇，坚持经济增长方式转变不动摇，坚持国家环境保护的工作重心不动摇，坚持可持续发展战略不动摇。讲究灵活性就是在坚持上述原则性的前提下，将国家环保工作重心与地方环保工作重点相结合，针对本地区的环境问题提出科学、客观而符合实际的决策建议和意见。

环保部门参与综合决策要把握时机，只讲原则性，不讲灵活性容易脱离实际，影响参与综合决策的成功率。只讲灵活性，不讲原则性容易使决策偏离方向，走入传统决策的误区。只有把二者结合起来，才能既把握决策方向，又能结合实际，提高参与综合决策的成功率。

其次，环保部门参与综合决策要选准内容。政府综合决策涉及到规划布局、产业结构调整、投资策略、资源开发、利用与保护、能源利用、城市建设等多方面问题。所有这些问题，环保部门不能面面俱到，不能企盼通过一二次综合决策就能解决，这就要求有所选择，要突出重点，抓主要矛盾。

作为环保部门来说，选择综合决策的建议和内容一般应从以下三个方面考虑：一是要考虑决策建议被采纳的可能性。参与综合决策首先要提高成功率问题，因此，环保部门要审时度势，针对不同的决策问题，选择被采纳、被接受可能性大的问题作为参与综合决策的切入点。二是参与综合决策要有针对性，要考虑决策建议与决策内容的密切程度。这就要求环保部门要选择与决策内容密切相关的问题作为建议和意见。三是要考虑地方政府关注和关心的环境问题。地方政府所关注的环境问题往往是本地区的主要环境问题和公众关注的热点问题，这就要求环保部门在参与综合决策时，一定要将决策建议与政府所关心的环境问题紧密联系起来，从政府所关注的环境问题出发提出合理化的决策建议和意见，使环境保护工作贴近政府、贴近实际。只有这样，才容易使决策建议被认可、被采纳。

再次，环保部门参与综合决策要找准切入点。涉及到区域发展的宏观决策内容非常广泛，环保部门在参与重大决策时不仅要把握时机、选准内容，而且要找准切入点，这是成功参与综合决策的关键。

我们知道，经济建设是国家和各级地方政府的工作中心，因而也是宏观决策的中心。环保部门在参与政府的区域开发等重大经济决策时，要以调整产业结构为切入点，围绕当前的国家产业政策提出既有利于发展经济又有利于环境保护的决策建议和意见。目前，国家正处于第二次产业结构调整时期，这是关系到能否实现 21 世纪中国可持续发展的重大战略措施。为此，有关产业结构调整的决策就自然成为政府重大经济决策中的主要内容。环境保护部门一定要紧紧抓住产业结构调整这一有利时机，把握环境保护与经济建设的最佳结合点，从服务于经济建设的大局出发，积极参与综合决策，使政府的宏观决策真正纳入可持续发展的轨道。

3. 参与综合决策要有高度

环保部门参与综合决策应当以规划为依据，以经济增长方式转变为指导，站在可持续发展的高度，从环境与发展的辩证关系上提出问题和提出解决问题的对策。

首先，环保部门要以规划为依据，抓住环境规划与区域经济社会发展规划、城市总体规划及资源规划的结合点，从合理工业布局、产业结构和产品结构调整出发参与综合决策。例如，在区域性建设项目的决策问题上，环保部门要根据国家的产业政策、行业政策、规划布局等方面提出决策建议。

其次，环保部门要紧紧围绕国家关于两个根本性转变的战略目标，以经济增长方式的转变为指导参与综合决策。经济增长方式的转变要求用发展的可持续性标准来衡量经济增长，摒弃那种通过大量消耗有限资源、以牺牲环境为代价、以简单外延扩大再生产来谋求发展的传统经济增长方式。也就是说，以往靠“高投入、高消耗、高污染”来谋求暂时的经济增长是实现经济增长方式转变所不允许的，是实施可持续发展战略所不允许的。

实践中，各地政府在重大经济决策问题上，往往盲目追求企业生产的规模效应，注重外延扩大再生产，而忽视地区资源容量和资源配置，忽视产业结构调整、投资策略和投资方向调整等问题。这种决策所造成的环境问题是严重的，教训也是深刻的。因此，环保部门要以国家经济增长方式转变的战略目标为指导，从挖潜节能、推广清洁生产工艺和调整投资策略、改变投资方向两个方面入手参与综合决策。从决策层次上实现由粗放型向集约型、由外延扩大再生产向挖潜节能的内涵扩大再生产的发展模式转变，实现由选择高消耗、高污染、高风险的发展策略向选择低消耗、低污染、低风险的发展战略转变，实现由污染治理高投入向清洁生产技术低投入的投资策略转变。

再次，环保部门要站在可持续发展的高度，从资源的可持续利用角度参与综合决策。可持续发展的一个重要原则就是持续性原则，要求发展对资源的利用具有持续性。只有对资源的持续利用才能保证经济的持续增长。经济学理论指出，由于生产活动的外部不经济性，决定了经济增长的速度与经济规模及资源利用量不具有完全的线性关系。特别是在资源容量非常有限的条件下，生产活动的外部不经济性更加明显。资源的大量消耗只能增加生产成本和社会成本，导致环境问题恶化而不能带来额外的经济利益。

经济增长是有规律的，这种规律不以人的意志为转移。考虑资源利用的持续性，就是要从经济规律出发，要求经济增长与资源容量相匹配，与资源开发利用的科学技术水平相匹配。将资源的再生能力和恢复速度以及人类对资源的开发和利用水平纳入宏观经济决策之中。那种超过现有的科学技术水平，过度开发、利用资源以寻求眼前的经济增长战略，其结果必然导致经济增长的不可持续，必然导致环境问题的加剧和恶化。经济的持续增长要以资源的持续利用为前提，只有解决资源的持续利用问题，才能减轻环境压力，为区域经济的持续增长创造条件。

因此，环保部门要站在可持续发展的高度参与综合决策，有高度才有高质量，才有高水平，才能达到参与综合决策的目的。

4. 参与综合决策应注意的问题

环保部门在参与综合决策时，除了做到以上几个方面以外，还要注意以下几个问题：一要避免事务主义。如前所述，综合决策是高层次决策，作为决策的参与者，环保部门要善于从具体的工作中解脱出来，要有高层思考，从全局入手，从大局着眼。要思路清晰，抓大放小地参与综合决策，使决策建议与决策内容及决策地位相匹配、相适应。二要努力实现决策建议的定量化。随着科技的发展和社会的进步，各种决策已由经验决策向科学决策过渡，由定性决策向定量决策转变。环保部门参与综合决策也要适应这种转变，用数据说话，努力实现决策建议的科学化和定量化。例如，有关区域性开发的政府决策将会产生多大的环境影响，为消除这种影响应增加多大的环保投入等问题，环保部门不仅要有定性的决策建议和意见，而且还要提出有科学依据的定量化的决策建议和意见。三是不仅要提出问题，还要回答问题。提出问题容易，回答问题难，环保部门在参与综合决策时不仅仅是提出问题，还要从战略、政策和对策三方面回答问题。让地方政府知道，该经济决策会产生多大的环境影响，防治上存在什么困难，需要多大的投入才能消除这种影响以及解决这些问题的宏观对策和途径是什么。也就是说，环保部门在参与综合决策时，一方面要给政府出主意、当参谋，另一方面又要指出决策所存在的环境风险，以避免更多的决策失误。

参与综合决策是新形势下对环保部门提出的一个新任务，各级环保部门要给予高度重视，要认真从理论和实践两个方面进行研究和探索，以提高参与综合决策的质量和水平，强化宏观环境管理，全面推进环境保护工作。

第二节　加强环境法制建设

开展宏观环境管理的另一个方面是加强环境法制建设，主要解决环境立法和提高环境执法地位两个问题。其中，环境立法又包括环境行政立法和环境经济立法两大类以及国家立法和地方立法两个方面。

一、加强环境行政立法

到目前为止，以环境保护基本法和单行法为主体的中国环境法律框架体系已经基本形成，一些相关的环境法规、环境标准和环境保护的行政法规也已确立，标志着中国环境法制建设已取得重大的进展，为今后强化环境管理创造了最基本的条件。然而，这些环境法律、法规普遍存在着可操作性差的弱点，各种环境法律所确定的环境责任不能得以有效落实，进而不能很好地满足环境保护事业不断深入发展的客观需要。因此，环境行政立法工作还需加强。

1. 加强国家环境行政立法

在法律体系中，国家法律是主体，是最高层次的法律，是其它层次法律的制定依据。所以，加强国家环境行政立法是环境法制建设的首要任务。不仅要从法律上规定各种行为主体必须怎么做，还要规定违反国家法律必须要承担什么样的法律责任，应当受到什么样的法律制裁。在这方面要解决三个问题：一是从法律上明确地方政府关于环境保护应承担的具体法律责任。比如违反国家环境保护的有关政策和法规，造成区域性环境污染和生态破坏的法律责任，不执行环境与发展综合决策的法律责任，干扰和阻挠环保部门严格执法监督的法律责任等。二是从法律上明确环保执法部门应承担的法律责任。比如环保部门不作为，不认真履行国家建设项目管理条例而造成重大环境问题的法律责任，有法不依、以权代法、执法犯法行为的法律责任等。三是从法律上明确环境污染和生态破坏行为应承担的法律责任。

中国现有的许多环境行政法律、法规之所以缺乏强制性和可操作性，其中一个重要的原因就是过于空洞。规定的环境保护义务过多，而规定相应的法律责任过少，严重地影响了法律的有效实施，使其权威性和强制性大打折扣。另外，一些与环境保护密切相关的资源法及其它法律、法规也存在着不适应新形势下环境保护发展需要的问题，需要进行修改和完善。

2. 加强地方环境行政立法

中国地域辽阔，各地情况十分复杂，国家的环境法律、法规不可能涵盖和解释司法实践中所有的法律现象，作为国家立法的补充，地方环境行政立法是环境法制建设中一项重要工作。实践证明，凡是环境保护工作比较出色的地区或城市，都制定了具有针对性的地方环境行政法规。这些地方环境行政法规弥补了国家环境行政法规的不足和局限性，强化了环境执法监督力度，促进了区域环境管理。

地方环境行政立法着重于执法程序和执法规范。例如，制定《环境噪声污染防治法》实施细则、《固体废物污染环境防治法》实施细则、机动车污染防治地方行政法规、白色污染防治地方行政法规、产业结构调整地方行政法规、环境监督执法规范、环境标准管理行政法规、第三产业环境保护地方行政法规、综合利用地方行政法规、自然保护地方行政法规和污染事故处理执法规范等都属于地方环境行政立法的范畴。

二、加强环境经济立法

相对于环境行政立法，环境经济立法更为迫切，特别是在市场经济条件下，环境经济法律、法规在环境管理中将发挥更为重要的作用。环境经济立法主要包括环保投入立法、生态建设补偿立法、资源利用补偿立法、污染税立法等。

1. 加强国家环境经济立法

在国家环境法律、法规中，行政管理法规较多，经济法规不足，有些经济法规已严重滞后于环境保护的客观需要，有些领域甚至还存在经济立法空白。比如，长期以来存在的环保投入不足的问题需要通过国家立法加以解决，生态建设补偿问题需要相应的经济立法，资源开发、利用与补偿需要经济立法，由征收污染费改为征收污染税需要经济立法。还有一些现行的经济法规不仅与环境保护背道而驰，而且与国家的可持续发展战略相违背，对调整国家的产业结构，实现增长方式转变产生了极大的反作用。比如现行的税收政策不是限制而是鼓励发展火力发电，不是鼓励而是限制水利发电。

需要决定行为。而一切生产行为、资源开发行为和生态建设行为都归结为直接或间接的经济行为，规范和调整这些经济行为的最基本手段就是经济手段。因此，加强环境经济立法是国家环境法制建设的头等大事，只有通过经济立法，才能有效发挥经济手段的作用。特别是生态建设补偿问题和资源利用的补偿问题，目前还处于无法可依的状态，由于缺乏有力的法律保障，生态建设与生态保护的速度远远小于生态破坏的速度，使“谁利用、谁补偿，谁破坏、谁恢复”的环境政策无法落实。长期以来形成了“保护者没有补偿，利用与破坏者受益”这样一个荒诞的、违背规律的现象。在这样的条件下，有谁还愿意增加生态保护投入，做这种“赔本的买卖”？！

因此，加强环境经济立法是中国环境法制建设的当务之急。尤其是在国家实施西部大开发战略之际，一方面给西部地区的生态建设和环境保护带来了巨大压力，另一方面也给西部地区的生态建设和环境保护带来了机遇，这为环境法制建设提出了更高的要求，加快环境经济立法迫在眉睫。依法保障生态建设的投入，通过立法解决生态补偿问题，这是已被世界各国环境保护实践证明和检验了的必由之路，中国也别无选择。

2. 加强地方环境经济立法

由于各地的经济发展水平不同，在经济结构、经济密度、经济开发强度、资源类型方面存在很大的差异。所以，国家的环境经济法律、法规不可能对所有的经济行为都加以具体的规范。这就需要加强地方环境经济立法工作，针对本地区的实际情况，以国家的环境经济政策和环境经济法律、法规为指导，制定更加有效、更加规范、更加具体、更加严格的环境经济法规。主要包括行业污染防治的地方经济法规，废物综合利用的地方经济法规，“白色污染”防治的地方经济法规，推行清洁生产的地方经济法规，社会噪声污染防治的地方经济法规、生态补偿和资源利用的地方经济法规、产业结构调整的地方经济法规等，使地方环境保护工作更加有所遵循，以强化环境管理。

在这方面，东部沿海地区的许多省份和城市做得比较好，而西部经济相对落后地区的省份和城市存在较大的差距。在今后的环境保护实践中，加快地方环境经济立法就成为西部地区在实施大开发战略中开展宏观环境管理的一项重要任务。

三、提高环境执法地位

强化环保部门的执法监督力度，必须提高环境执法地位，没有地位就没有作为，这是一个最简单的道理和常识。现在我们面对这样一个矛盾的事实：一方面，国家在法律上赋予了环保部门开展环境保护的统一监督管理职能，并要求环保部门要从严执法，加大执法力度；另一方面，国家法律又没有赋予环保部门更多的、强有力的、直接的执法权，使环保部门在具体的环境执法过程中感到力不从心。

面对许多严重污染或破坏环境的违法行为，环保执法人员不能像交通警察立刻扣押汽车司机驾驶证那样，也不能像工商行政管理人员吊销营业执照那样立刻停止单位或个人污染或破坏环境行为并进行即时的行政和经济处罚。环境执法缺少强制性，因而缺乏权威性。另外，在很多情况下，环境执法不能由环保部门单独完成，需要政府相关部门的配合与支持，特别是需要公安机关和司法部门的配合，而且整个执法过程需要较长的时间，使环境执法失去了时效性。

环保部门现有的执法地位与环境保护作为基本国策的地位形成了一个极不协调局面，这种情况必须尽快加以解决。

1. 通过法律授权提高执法地位

提高环境保护地位，要从提高环境执法地位抓起，只有环境执法地位提高了，才能提高环境保护作为基本国策的地位。这意味着应加强国家立法，从法律上给环保部门赋予更多的环境执法权，由监督管理的职能上升为执法监督的职能，特别是增加现场执法的权力和职能。比如，增加污染限期治理、关停和限期淘汰的决定权，增加环境污染和生态破坏的现场处罚权，增加停止污染损害和生态破坏的强制执行权，增加环保部门有关环境保护的统一指导和综合协调权，增加环保部门对地方政府开展区域环境保护的监督权力等等。

2. 通过政府授权提高执法地位

通过制定地方行政法规赋予环保部门的执法权力是提高环境执法地位的另一重要途径，在很多情况下比国家法律授权更为有效。比如，现有的许多行业法规和地方行政法规赋予行业行政主管部门独立行使的执法权在权限作用和范围方面往往大于法律所赋予独立行使的执法权限，这给其它行业和领域的各项管理工作创造了有利条件。

由于环境保护工作具有跨行业、跨领域的特征，国家和地方政府制定的环境保护行政法规不可能像其它行业行政法规那样易于操作和实施，在一定程度上限制或降低了环保部门可以独立行使的执法权。但这不能成为环境执法地位低下的理由，实际上，国家和地方政府完全可以通过行政法规赋予环保部门更多、更大和独立的环境执法权限。比如，授予服务性行业环境污染的经济处罚权，生态破坏的经济处罚权，社会噪声污染设施现场罚没权和施工噪声强制管理权等等。

3. 解决环境监理的定位问题

环境执法的主体是环境监理部门，各级环境监理部门是依法对辖区内一切单位和个人履行环保法律、法规，执行环境保护各项政策、标准的情况进行现场监督、检查、处理的专职机构，是中国的“环境警察”。然而，环境监理人员的公务员化问题一直没有得到解决。长期以来环境监理人员一直属于事业编制，事业单位人员搞行政执法，干公务员的工作却靠排污费养活自己，这在世界上也是创举。不论是从法理，还是从司法实践上讲都是不通的，虽然现在已有了行政代执行制度，但名不正言不顺。作为国家的环境执法队伍理应以公务员身份去执法，为什么要搞代执行制度？难道说国家不能有一支名正言顺的环境执法队伍？

如此低下的环境执法地位和条件，使人们很难相信国家政府对环境保护的高度重视，也使人们对环境保护的基本国策地位提出了疑问。

加强环境法制建设，必须解决上述存在的问题，使环境执法地位与环境保护基本国策的地位相匹配、相协调，这是环境法制建设中的头等大事。首先是环境执法权限要得到加强，其次是环境执法队伍的定位要准确，这二者相辅相成，缺一不可。

第三节 实行环境质量政府负责制

一个区域的环境保护工作做得如何，主要责任在地方政府。实践证明，只要地方政府高度重视环境问题，把环境保护作为区域可持续发展的重要任务来抓，污染防治和生态保护工作就会取得重大进展，经济建设也会实现持续增长。相反，如果地方政府不重视环境保护工作，它那里的环境问题就会不断发展，环境污染和生态破坏加重的趋势就无法得到控制，经济增长也难以持续。因此，做好区域环境保护工作，强化宏观环境管理，除了实施环境与发展综合决策和加强环境法制建设以外，还必须实行环境质量地方政府负责制，全面落实地方政府的环境责任。

一、建立强有力的统一监督管理机制

实行环境质量地方政府负责制不是一句口号，不能作表面文章，而要有务实的行动和有力的保障措施，使地方政府的环境保护责任到人、责任到位。从大的方面讲，地方政府的环境责任就是对本辖区环境质量负责，工作中出了问题，需要政府以及政府领导人对此负责。从具体的内容讲，地方政府的环境责任还包括决策责任和管理责任。决策中出了问题，要由决策机关和决策者对此负责，管理中出了毛病，要由具体的管理部门对此负责。以上两点是地方政府环境责任的全部含义。

缺乏有效的监督，环境保护工作就没有压力和动力，就会逃避应承担的环境责任。为此，就要建立一个以环境监察部门为主体、社会公众广泛参与的统一监督管理机制。这种机制一方面是对生产企业和资源开发单位的环境保护工作进行有力的监督，另一方面是对企业的行政主管部门环境保护工作进行有效的监督，第三方面是对环境保护执法部门进行有效的监督，第四方面是对政府的决策及管理行为进行有效的监督。这种监督机制是独

立于政府行政权限以外的综合监督机制，通过这种多层次、多方面的有力监督，把地方政府、环保部门、企业行政主管部门和企业的环境责任统一起来。其中，对地方政府的监督是最重要的监督。只有加强对地方政府的有效监督，才能真正落实各级地方政府的环境责任，真正实施环境与发展综合决策，有力推动区域环境保护工作。

但也要看到，对地方政府环境保护工作进行有效的监督是环境监督中难度最大的一项任务。在中国目前现有的体制之下，作为政府组成部分的任何行政执法部门的监督都是来自系统内部的自上而下的监督，而缺少来自系统外部自下而上的监督。这种不可逆的单向监督使政府成为唯一不受监督的权力机关，即使国家试图从系统内部建立某种对政府的监督制约机制，也是低效、甚至是无效的。工作出了成绩是政府的，领导人受奖，出了问题是下属的，当兵的受罚，领导人或领导机关总是喜欢以一个执法者的身份出现去监督别人，而自己享受不受监督的特权。在这种条件下，对政府的有效监督只能是一种奢望。

自下而上的外部监督是有效的监督，而这种自下而上的外部监督只有在多元化政治体制下才能产生。解决监督问题必须首先解决机制问题，这种机制的建立与政治体制改革紧密相关。这再一次说明，要推进中国的环境保护事业，实施国家的可持续发展战略，在进行经济体制改革的同时要进行国家政治体制改革，对政府的职能重新定位，对政府的权力、义务重新进行分配，使政府的环境保护权力、义务置于法律和社会公众的广泛监督之下。

二、完善环境管理体制

结构决定功能。有高效的体制，才有高效的管理，才能协调政府内部各职能部门之间环境保护的权力与义务，提高规划、行政和重大行动的管理水平。

1. 完善“条块结合”的行政管理体制

1998 年国家对环保部门的人事管理体制进行了调整，实行地方政府和上级环保部门的“双重领导”，这是对传统的行政管理体制的重大改革，是对地方政府环境保护工作进行环境监督的有效措施。但就如何实施新的管理体制，上级环保部门和当地政府之间如何协调和配合等问题还没有做出明确的规定，在一定程度上影响到地方环境管理体制改革的顺利进行。

另外，还有一些地区的环保局仍为二级局，属于非独立的环境机构，甚至个别地区的环保局属于事业单位，严重地影响到环境保护部门基本职能的正常发挥，影响到微观环境管理的有效开展。关系不顺、定位不准，极大地影响了执法监督的力度。所有这些，急需通过机构改革加以解决。

同时，要转变管理模式。由单纯重视城市环境管理向实行城乡一体化管理模式转变，以适应区域环境综合治理的需要，促使乡镇环保工作与规范化管理接轨。

2. 完善各级政府官员的环保业绩考核制度

在现有的体制下，落实地方政府环境责任的一个有效措施就是实行环境保护的首长负责制，建立领导干部环境保护责任档案，对重大环境事故进行责任追究，并实行量化考核。同时，要逐步推行对于计划生育和各类自然资源环境保护的首长负责制，提高各级地方政府关于人口、资源与环境的综合管理能力。

3．做好区域环境规划，增加环境保护投入

地方政府要根据区域与城市发展的条件和环境容量认真制定区域环境保护规划，并从宏观决策层次将环境保护规划及时、有效地纳入区域经济、社会发展规划之中。同时，要根据环境保护规划的要求，落实环境保护规划资金并适当增加环境保护投入，特别是应加大对生态保护的投入和城市基础设施建设的投入以取得长久的投资回报。并加强对环境保护投入的宏观调控、监督与管理，把握环境保护资金的投资方向，进行环境保护投资评估，提高环境保护资金的使用率，实现经济效益、环境效益与社会效益的三统一。

4．改革现有的国民经济核算管理体制

建立在生产成本基础上的以经济增长为唯一标志的国民经济核算体制不能全面反映自然资源成本的消耗，更不能反映出环境成本的消耗。过去传统的政治经济学认为，没有人类的劳动参与不可能产生价值，从这个角度上讲，环境是没有价值的。随着人类社会的进步和环境保护事业的发展，这种传统观点已被否定。

事实上，人类的物质生产以自然条件为基础，可持续发展也是建立在生态环境对人类生存与发展支撑能力的基础之上。环境是一种特殊的资源，具有特殊的价值，环境的价值可以运用影子价格法来定量化估算。日本曾对全国森林的生态价值进行估算，包括树木涵养水分、防止水土流失、提供生物资源等方面的功能。估算结果是，全国森林一年的生态价值相当于国家全年的财政预算。这说明，生态环境的价值不仅存在，而且是非常惊人的。中国的生态价值远比日本要高，但却不能从国民经济核算体系中体现出来，而流失在物质再生产过程之中。

环境作为一种特殊的可再生资源，对经济活动具有潜在的持久的制约和影响。其再生能力大小完全取决于环境质量的状况，环境污染和破坏程度严重，再生能力就弱，恢复起来就困难。环境污染和破坏程度轻，再生能力就强，恢复起来就容易。然而，在缺少环境成本参与的国民经济核算体系中，势必出现高速度、低增长的现象，势必产生经济建设与环境保护相互矛盾的问题。

要全面、准确地衡量国民经济的增长和发展速度，就必须把环境成本纳入国民经济核算体系之中，对传统的国民经济核算体系进行修正，提高环境资源在人造资本中的比重。建立新的国民经济核算体系，一方面会帮助人们走出产品高价、资源低价、环境无价的认识误区，另一方面会使地方政府、生产企业及资源开发部门自觉、主动地将经济问题与环境问题联系在一起，统筹考虑、全面规划，自觉地做好污染预防和生态保护工作。

三、增加环境保护投入，加强基础设施建设

制约中国环境保护发展的一个重要原因是城市基础设施建设落后。目前，在全国 668 个城市中，普遍存在着基础设施建设落后的问题，污水管网覆盖率低，污水处理厂少，处理规模小，根本无法满足水污染集中控制的需要。据 1999 年统计，全国已建成的污水处理厂不足 400 座，全国城市污水处理率不足实际污水产生量的 20%。由于缺乏环保设施

的市场运行机制，有些污水处理厂建成后在低效运行，极大地影响了城市的水污染治理。固体废弃物污染治理的基础设施也非常落后和陈旧，十分有限的固体废弃物处理设施因管理不力而被闲置，造成“垃圾围城”的现象普遍存在，使固体废弃物污染成为突出的城市环境问题。城市供热管网建设缓慢，严重地影响了城市大气污染集中治理的步伐。至于城镇的基础设施建设更是无章可循，处于无政府状态。

造成上述问题的原因是多方面的，其责任在地方政府。一是地方政府对城市基础设施建设投入不足，这是最主要的原因。二是地方政府对城市基础设施建设重视不够，在市场经济条件下地方政府的基本职能转变不到位。三是地方政府忽视对城市基础设施的管理，使本来非常有限的、功能较低的基础设施无法发挥正常的效用。

1984 年 10 月，中共中央在《关于经济体制改革的决定》中明确指出：城市政府必须实行政企分开，简政放权，集中力量做好城市的规划、建设和管理，加强各种公用设施的建设，进行环境的综合整治。这个决定要求地方政府进行职能的转变，由过去以经济管理为中心转变到加强规划、基础设施建设上来，这是地方政府职能的一个根本性转变。这就是说，加强基础设施建设是地方政府应承担的主要责任，是宏观环境管理的基础性工作。只有加强城市的基础设施建设，才能为区域环境综合整治创造良好的条件。

第四节　加快产业结构调整

产业结构是指一个国家产业在一定时期的结构状况，即各产业的比重、构成并延伸到产业组织结构、技术结构等方面，是一定时期生产力的体现。它的形成是由一定时期经济发展水平和资源配置所决定的，它反映了一定时期一个国家经济的基本构成，并随着经济的发展，在不断变化。产业结构的变化对经济增长有着决定性的影响。

调整产业结构就是通过扩张、收缩、改组、改造等方式，优化各产业之间的生产联系、制约关系和数量比例，对各产业进行动态的资源配置，促使产业结构合理化，以保证国家和区域经济的可持续发展。

一、产业结构调整与环境保护的关系

行为科学理论告诉我们，人的行为受需要的支配，在诸多需要之中，当前的需要是最基本的需要，这种需要支配着人的当前行为。在涉及人的生存与发展需要时，生存需要就成为人们当前的、基本的、内在的需要，发展需要就成为人们非当前的、非基本的、外在需要。在这种情况下，人们对需要的满足顺序是先当前，后长远。

面对经济建设和环境保护两个问题，只有当环境问题对人类的生存构成威胁时，人们才能把环境保护看成是当前需要，放在与经济建设同等重要的位置，才能注重当前利益和长远利益的有机结合，既考虑到经济建设又考虑到环境保护，做到同时选择、统筹兼顾。

而在一般情况下，人们往往把经济建设看成是当前需要，首先考虑的是眼前利益，把经济建设放在第一位。而把环境保护看成是长远需要，放在第二位。这说明，由于需要的层次不同，环境与经济不是一个完全统一体，相对于人这一主体而言，环境保护与经济

建设之间有时是冲突和矛盾的。特别是在传统的发展模式之下，环境保护与经济建设更多地表现出相互制约的关系。

人类如何解决这一矛盾，将环境保护与经济建设的对立关系转化为统一的关系，从宏观理论上讲就是实施可持续发展战略。从具体实践上看，就是调整产业结构和产品结构，淘汰落后的污染工艺和设备，减少重复性建设，杜绝或避免结构性污染和生态破坏，促进经济增长方式的转变。

所以，加快产业结构调整是今后一个时期内国家及各级地方政府做好环境保护工作的中心任务，这不仅是环境与发展综合决策的切入点，也是宏观环境管理与微观环境管理的结合点，还是经济建设与环境保护协调统一的平衡点。以此为突破口，落实环境保护基本国策，实现区域经济的可持续发展。

二、调整产业结构的原则

产业结构不合理是造成中国环境问题的主要原因，而其中大量、盲目的重复性建设是一个重要原因。由于国家在产业发展和产业结构调整问题上缺少宏观的统一规划和指导，加上产业信息管理的不规范和受短期经济行为的影响，在20世纪80年代出现了大批的重复性建设项目。

重复性建设给产业结构调整造成了巨大压力。不仅给环境保护工作增加了难度，使本来非常严重的环境问题更加严重，而且造成了各种资源如人力资源、土地资源、水资源和矿产资源等的浪费和极端不合理的配置，加速了资源消耗，给资源保护增加了空前的难度。更为严重的是由于重复型建设项目产生了重复型的产品，导致了产品在流通和消费领域的恶性、不规则竞争，严重地阻碍了国家经济的健康发展。

产业结构调整对实现经济增长方式的转变和经济体制由计划经济向市场经济的转变具有重大的意义，关系到中国可持续发展战略能否顺利实施。

在调整产业结构时应根据国家可持续发展战略要求坚持以下的原则：

1. 禁止资源粗加工产业的发展

中国工业企业可分为三种类型，一类是建国以前保留下来的少数工业企业，二类是建国初期至70年代上马的工业企业，三类是80年代改革开放以后建设的工业企业。在这三种类型的企业中，大部分工业企业都是资源粗加工企业，特别是80年代以前建设的企业几乎都是资源粗加工企业。这些企业造成了中国的主要环境污染问题。

在产业结构调整中，这种类型的企业是调整的重点，各级地方政府要按照国家制定的强制淘汰政策对这类企业实施分期、分批限期治理和整改。对新、改、扩建项目要按照国家环保产业政策、行业政策、技术政策进行严格管理，禁止资源粗加工项目上马。对批准立项的建设项目明确提出清洁生产要求，并鼓励企业自愿采用ISO14000环境管理系列标准。

2. 限制紧缺资源开发产业的发展

长期以来，由于资源管理无序，在众多的工业企业中以紧缺资源为原材料的生产企业占有较高的比例，加上粗放型的生产与管理模式使本来就紧缺的资源更加紧缺。在人造资本缓慢增长的同时，自然资本在急骤减少，降低了经济持续增长的支撑能力。

在产业结构调整中，各级地方政府要根据本地区的资源配置情况，紧紧抓住企业改制这一有利时机对具备一定发展潜力并具有较好条件的这类生产企业进行技术改造和资产重组，推广清洁生产，促进产品升级换代。对技术落后、设备陈旧、能源消耗大和污染严重的企业实行限期整改和强制淘汰。对资源紧缺的新建项目要严格控制和管理，限制紧缺资源开发与生产项目上马。

3. 鼓励可再生资源产业的发展

由于科学技术落后，受资源无价观念的影响和国家在经济再生产系统中忽视对资源的管理三个方面的原因，使中国的资源利用率长期在低水平徘徊，可再生资源产业发展十分缓慢。一方面是粗加工产业的迅速发展，另一方面可再生资源产业发展缓慢，两方面对比形成了巨大的剪刀差，在资本积累过程中产生了一个巨大的漏斗。各种资源基本是在一次性消耗中完成物质循环过程的。在这种情况下，经济增长必然是低速的，而环境问题的产生必然是高速的。

在产业结构调整中，国家和地方政府应当通过制定有关资源利用的各种经济政策和经济法规，积极引导和鼓励可再生资源产业的发展。在建设项目管理中，对资源综合利用以及资源再生的建设项目实行优先立项、优先贷款、减免税等保护性措施。并通过政府行政手段推广废物再生技术、综合利用技术、节能技术和清洁生产技术等，鼓励企业开展资源综合利用的技术开发和技术创新，走内涵扩大再生产的发展道路。

三、产业结构调整的对策

中国的产业结构在 20 世纪 50 年代初基本上继承了旧中国的经济结构，工业中以轻工业为主，重工业比重较小。到 70 年代末重工业有了较大发展，大致形成了一个重、轻、农排序的结构。到了 80 年代，工业发展迅速，一跃成为第一大产业，第三产业逐步兴起，农业比重下降，产业比例失调，产业的不合理性开始显现出来。进入 90 年代以后，由于产业结构的不合理所导致的环境问题日益严重，影响了中国经济的可持续增长。

为适应 21 世纪经济的快速增长，使中国经济与世界经济很好地接轨，就要对现有的产业结构进行调整。调整产业结构要采取以下的主要对策：一是加快农业的发展；二是加快基础工业的改造；三是加快高新产业的发展。

1. 加快农业的发展

农业是中国的第一产业，同时又是弱质产业。调整农业经济结构，加快农业的发展在国家产业结构调整中必须优先考虑，也是实施中国可持续发展战略的优先领域。目前，中国农业面临着许多棘手的问题需要解决，其中主要问题是由于长期投入不足造成的农业基础薄弱，再加上农业耕作技术落后、基础设施老化、生产条件差等原因，导致农业生产率低、相对贫困化加剧和农业生态环境恶化等问题。在中国的西部地区，农业用水占全国总用水的 16%，但农业附加值仅为 1%左右。所以，在西部地区必须发展节水型生态农业。

加快农业的发展要解决资金、科技、政策的投入问题。一要加大农业资金的投入，加强农业基础建设，改善农业生产条件。要在有关法律中明确规定中央财政与地方财政支农资金的比例及增长幅度，还要多渠道多层次鼓励农业集体和信贷资金、个人资金等的投入，对农产品实行价格支持和税收优惠等各种间接财政资助。二要大力发展高科技生态农业，用先进的科学技术改造传统农业，淘汰落后的农业耕作技术，实现农业技术创新。三要加强农业生态建设和资源保护，发展生态经济，实施生态扶贫。

高科技生态农业是农业发展的方向，不仅有利于搞好农业生态环境保护，而且有利于增强农业的持续发展能力，提高农业人口的生活质量，实现脱贫致富。还有利于促进国家基础工业的发展，扩大内需，开辟广阔的国内工业市场，并引导传统工业向着“生态工业”的方向发展。

2. 加快基础工业的改造

来自于 90 年代中期的统计资料显示，中国工业中的重工业、轻工业和第三产业的比例分别为 21.6%、47.3%和 31.1%。轻工业比例明显偏高，基础工业落后于加工工业的发展，而第三产业中高科技产业明显不足。一些加工企业因原材料缺乏而开工不足，造成生产能力和设备的大量闲置，资源浪费严重，而面向农业的加工工业发展缓慢。另外，由于盲目的重复建设，产业之间趋同现象严重，“大而全”、“小而全”的现象比较普遍，造成生产的盲目竞争和资源的严重浪费，影响了整个国民经济的持续发展。

中国工业不仅结构不合理，而且基础薄弱。在第二产业中，许多工业企业是在 50—60 年代上马的，有些甚至是新中国成立以前建设的。这些企业的生产设备严重老化、技术落后、资源浪费严重，产品能耗高、质量差、附加值低、污染严重。许多企业没有长远打算，不注重基础投入和技术改造，为了眼前的经济利益，产品以短线的资源粗加工为主，生产技术落后、产品科技含量低、管理水平差，造成了严重的环境问题。

调整产业结构要从加快基础工业的改造做起。首先要调整工业内部不合理的产业结构，压缩第二产业的比例，增加第三产业的比重，防止重复性建设与浪费。其次是通过发展高新技术对现有产业进行技术改造，更新陈旧的生产设备，淘汰落后的生产工艺，带动产业结构的调整和升级。中国是一个农业大国，工业产品的市场在国内，农业需求是最大的需求。因此，发展基础工业和基础工业的改造都要立足于国内的基本需求。

3. 加快发展高新技术产业

中国的产业结构不合理还表现为第三产业落后，信息产业发展缓慢。目前中国的第三产业规模小、结构单一、科技含量低，很难为其它产业发展提供高效的服务。特别是以信息产业为主的高新技术产业比重太小，大约占工业总值的 6%左右。技术开发和创新能力差，产品升级慢，远远不能满足经济建设的需要。

高新技术产业具有低能耗、低污染、高产出、高效益的特点。发展高新技术产业有助于实现经济建设与环境保护的协调统一，做到在经济建设中保护环境、在环境保护中发展经济。深圳是 90 年代初发展的新兴特区城市，它的工业产值由 80 年代初的几亿增加到 90 年代末的 800 亿。经济增长如此之快，而大气环境质量和水环境质量均保持在良好的状态，1997 年成为全国环保模范城市，原因在哪里？除了国家政策上的原因之外，一个重要的原因就在于市政府重视产业结构的调整，坚持“清、新、精、小”的产业发展原则，以高新技术产业为龙头带动区域经济的发展。

因此，高技术产业化是中国产业发展的方向，也是中国产业结构调整的关键。发展以高新技术产业为主体的第三产业，需要国家制定和完善配套的产业政策、环境保护产业技术政策、产业的地区布局政策和有利于第三产业发展的经济政策。在高新技术产业中，信息技术、生物工程技术、航天技术、先进制造技术和能源开发技术等是优化发展的重点领域。在发展高新技术产业的同时，要注重用高新技术对传统产业进行改造，扩大高新技术产品的生产能力和生产规模，带动产业结构的调整和升级。

环保产业虽然不属于高新技术产业，但却是 21 世纪有广阔发展前景的“朝阳产业”，在保护环境和发展经济中具有特殊的地位和作用。在产业结构调整中，环保产业是国家鼓励和优先发展的一个产业。

中国的环保产业规模小、起步晚、技术起点低，产品质量处于国际 20 世纪 70 年代水平，与世界先进水平相比，还有相当大的差距。目前，中国环保产业主要存在着以下一些亟待解决的问题：一是缺乏统一的规划和管理；二是产业结构单调，区域发展不平衡；三是环保产品技术含量低，经济效益不明显；四是产品差异化程度低，供需反差较大；五是社会化服务体系不健全；六是环保开发产业规模小，开发能力差。上述这些状况不能适应中国环保事业发展的客观需要。国外的一些污染治理技术成本高，不能拿来为我所用。一些大企业适用的治理技术，对于众多的小企业也不适用。因此，大力发展环保产业，开发适合中国国情的适用环保技术已成为当务之急。

所谓适用环保技术是指污染防治和生态保护效率高、成本低的一类技术。环保适用技术的开发类型包括污染治理技术、清洁生产技术、节能节水技术和以固沙防止水土流失、小流域生态建设技术为主要内容的生态退化防治技术等。发展环保产业的主要措施是制定环保产业发展规划和技术经济政策，建立环保产业基地，创建一批骨干企业和名牌产品，完善环保产品和环境工程的质量标准和监督体系，培育、引导和规范环保产业市场等。

总之，加快产业结构调整要充分发挥政府宏观调控的作用，一方面在资金、税收等方面采取倾斜政策，增加对工业基础建设的投入，支持高新技术的发展和对传统产业的技术改造。另一方面要加强环境管理，防止重复建设和浪费，同时要防止国外技术与产品对中国主要行业和市场的垄断。

第五节 环境教育与公众参与

法律可以控制人的行为，但不能控制人的思想。做好环境保护工作，不仅需要加强环境法制建设，通过强化管理来规范人们的环境行为，而且还需要加强环境教育以提高人们的环境意识，使环境保护成为人们的自觉行动。所以，环境教育是环境保护的一项重要内容，是解决环境保护源动力的一项“治本工程”。

一、环境教育的概念、内容及形式

环境教育是教育理论与方法在环境保护领域的应用，是科教兴国战略和可持续发展战略的重要组成部分。作为环境保护的重要内容，环境教育具有广泛性、综合性、社会性和长期性特点。开展环境教育既要遵循一般教育的规律，还要体现出环境保护的自身特点和特有的规律。

1．环境教育的概念

环境教育是一门新兴的学科，其发展历史尚不足 30 年，有关环境教育的概念仍处在发展和完善过程中。

1970 年，国际自然保护与自然资源联合会提出的环境教育定义是："所谓环境教育，是一个认识价值、弄清概念的过程，其目的是发展一定的技能和态度。对理解和鉴别人类、文化和生物物理环境之间内在关系来说，这些技能和态度是必要的手段。环境教育还促使人们对环境问题的行为准则作出决策。"

这是最早在国际会议上启用的关于环境教育的定义。

1972 年，卢卡斯（A. M. Lucas）教授对环境教育给出了如下的定义："环境教育是关于环境的教育，是为了环境保护的教育，是环境中的教育。"

中国关于环境教育的定义最早见于 1983 年出版的《中国大百科全书・环境科学卷》，书中给环境教育下的定义如下：

"环境教育是借助于教育手段使人们认识环境，了解环境问题，获得治理环境污染和防止新的环境问题产生的知识和技能，并在人与环境的关系上树立正确的态度，以便通过社会成员的共同努力保护人类环境。"

1993 年，杭州大学教育系祝怀新先生提出了如下的环境教育定义：

"环境教育是以跨学科活动为特征，以唤起受教育者的环境意识，理解人类与环境的相互关系，发展解决环境问题的技能，树立正确的环境价值观和态度的一门教育科学。"

目前，国际环境教育出现了新动向，正在由原来帮助人们正确认识环境、掌握解决环境问题的知识和技术，向促进人们树立可持续发展观念、提高有效参与的技能这个方向转变。

综上所述，作者在此给出关于环境教育的如下定义：

所谓环境教育是指以一般的教育规律为指导，以不同的社会群体为教育对象，采用不同的形式和方法，对人们进行有关环境保护知识、技能、可持续发展观念及人与自然关系的教育，以提高受教育者有效参与的能力。

很显然，环境教育的目的是一方面培养受教育者具有相应的环境保护知识，另一方面使受教育者具有较高的环境保护意识，包括资源意识、环境质量意识、参与意识和可持续发展意识等。环境执法与环境教育相互结合构成了外在管理与内在管理的辩证统一体。

针对不同的对象群体，环境教育有不同的手段、内容、形式和途径。环境宣传是环境教育的一种形式和途径，而不是一个独立的内容。国内有些学者和专家把环境宣传当作与环境教育并行的两个独立的方面，这种观点是不正确的，倒置了环境宣传与环境教育的隶属关系，容易产生认识上的混乱和理解上的偏差。这一点有必要明确指出，使所有的环保工作者以及读者能对环境教育和环境宣传的关系有一个正确的认识。

2. **环境教育的内容**

环境教育有广义和狭义之分。广义的环境教育是指面向社会公众的环境教育，狭义的环境教育是指各类学校培养专门环境保护人才的专业环境教育。由于教育的对象不同，决定了环境教育有不同的内容。一般情况下，环境教育均指广义的环境教育。

（1）专业知识教育

环境保护专业知识教育是根据不同层次需求、不同领域的一种规范化、系统化、专业化的环境教育。专业教育的主要内容包括环境工程、环境管理、环境监理、环境法学、环境评价、环境监测、生态保护、环境艺术等方面的专业教育。

环境保护专业知识教育是中国环境教育中发展比较快、内容相对成熟、国家比较重视的一种教育。其教育的实施主体是各类高校，教育对象是大中专院校环境类专业学生以及不同层次和不同领域的专业环保人员，其教育目的是为国家培养环境保护的各类专业人才。

（2）科普知识教育

环保科普知识教育是以普及环境保护基本常识为主要内容的一种环境教育。其教育的实施主体是幼儿园、中小学和相应的环境保护宣传机构，教育对象是幼儿、中小学生和社会公众。主要内容包括自然保护基本常识教育，野生动植物保护基本常识教育，环境污染的基本常识教育，个人环境行为的基本常识教育，环境道德伦理教育等。到目前为止，许多地区和城市的中小学已经开设了相应的环境保护科普知识课程。

（3）环境法律、法规教育

环境保护的法律、法规教育是以遵纪守法为主要内容，以企业等经济行为主体为主要对象的环境教育。教育的实施主体是环境保护行政执法部门。通过环境法律、法规教育提高企业的环境保护意识，使企业停止一切环境污染和生态破坏的违法行为，积极依法履行环境保护的责任与义务，将自己的生产与开发行为纳入到国家环境法律、法规的监督与制约之下。

3. **环境教育的形式**

环境教育内容的多样性决定了环境教育形式的多样性。概括起来可分为四种形式：学历环境教育、基础环境教育、公众环境教育以及成人环境教育。

（1）学历教育

学历教育也称专业教育，这是以高等院校为主体的培养专业环境保护人才的主要形式和途径。中国的学历环境教育始于 70 年代中后期，发展非常迅速，到目前为止已经形成了以 220 多所高等院校和科研院所为主体的学历教育格局，经国务院学位委员会批准，硕士点近 230 个，博士点近 80 个，10 多个博士后流动站。培养出来的大专以上环保专业人才已接近 3 万人，成为国家环境保护事业的骨干力量和主体。

（2）基础教育

这是以中小学和普通高校为主体的广泛的非专业教育，可分为以中、小学生和幼儿为对象的基础教育和以非环境专业的大中专院校和各类职业学校学生为对象的基础教育。这两种教育均以环境保护科普知识教育为主，但二者之间又有差别。

环境保护是一项长期的艰巨任务，需要几代人的不懈努力和奋斗，环境教育必须从儿童抓起。因此，中、小学和幼儿的环境教育是基础的基础，通过对儿童的环境教育去培养和提高家长的环境意识，间接地对家长进行环境教育，进而影响全社会以推动社会的环境教育。但由于中、小学生及幼儿的年龄特点，开展环境教育要以趣味性、感观性内容为主。通过课堂教学、环境征文和征画、环境智力竞赛以及社会宣传相结合的形式进行丰富多彩的教育，培养青少年、儿童热爱大自然、保护生态环境的良好道德风尚。

非环境专业的大中专院校及各类职业学校的环境教育具有一定的强制性、理论性和系统性。要以课堂教学为主，根据所学专业的特点，开设多种环境保护选修课或必修课。如目前在许多高校非环境专业开设的“环境科学概论”和在一些中等专科学校开设的“环境保护”选修课程都已收到了非常好的效果，深受学生欢迎。

（3）公众教育

这是以环保部门、教育部门和社会各界相互配合，以环境宣传为主要形式，以社会公众、企业界和政府决策者为对象的一种环境教育。公众环境教育主要利用“六·五世界环境日”、“世界水日”、“世界地球日”、“世界湿地日”、“国际保护臭氧层日”、“国际生物多样性日”和“世界人口日”等各种重大节日，以广播、电视、报刊杂志等媒体为主要途径，通过公益广告、宣传画廊、标语口号、游行以及拣拾“白色垃圾”等集体活动开展社会公众的环境教育。

开展社会公众环境教育的目的是提高公众的环境意识，增强广大群众参与环境保护的自觉性，加强社会公众对政府和企业环保工作的监督。这是公众环境教育的目的，也是国家和政府部门的一项长期任务。要充分发挥环保部门执法监督的职能和新闻媒体的宣传作用，并辅之以社区、街道的管理优势，通过开展行之有效的宣传培养和提高社会公众的环境意识。

开展企业界的环境教育是环保部门和行业行政主管部门的首要任务，主要抓好三方面工作：一是进行环境法制教育，环保部门要通过严格环境执法和监督，以典型案例为教材，增强企业的环境法制观念，使企业法人和企业职工明确自己所应承担的环境保护责任、义务和应具有的环境权益。二是进行行业环境保护知识教育，使企业的干部和职工了解本行业环境保护的基本知识和基本技能。三是进行环境道德教育，培养企业职工良好的环境道德和行为规范。

开展政府决策者环境教育的目的是努力提高决策者的环境意识和决策水平。现行的主要手段和途径有三：一是通过各种高层次培训有针对性地进行环境保护政策、法规方面的宣传教育，使他们明确自己肩负的责任与义务。二是强化社会公众的环境监督力度，通过社会公众的环境监督促进领导干部环境意识的提高。三是加强环境宣传的力度，通过环境宣传和社会公众的广泛参与推动领导干部环境意识的转变与提高。

（4）成人教育

成人环境教育也叫做在职岗位培训或继续教育，旨在通过在职人员培训提高环保人员的业务水平和环保队伍的素质，做到持证上岗。从受教育人员的构成划分，环境保护成人教育包括环保部门在职教育和企业环保人员在职教育两种。从受教育人员的工作性质划分，环境保护成人教育包括管理人员在职教育和业务人员在职教育两种。

一般说来，环保系统内部的在职培训是成人环境教育的主要方面，也是主要任务。目前，我国环保战线上的大批干部和工作人员大多是从其它行业或部门转过来的，他们中的许多人都未接受过专业培训，缺少环境保护的理论和环境管理的实践经验。有些长期从事环保工作的领导干部和技术人员知识严重老化，无法适应快速发展的环境保护新形势。因此，环保系统职工整体素质不高，需要通过成人教育这条途径提高环保人员的理论与实践水平。在职培训主要解决两个问题：一是提高领导干部等行政管理人员的政策理论水平和微观管理的决策水平。二是提高一般环保工作人员的业务水平和环境执法水平，做到持证上岗。

二、中国环境教育存在的问题

中国的环境教育发展迅速，近 20 年来培养出了大批的环保专业人才，为环保事业做出了巨大的贡献。但由于国家教育基础落后，起步较晚，目前在环境教育中还存在着亟待解决的若干问题。

1．环境教育缺少规范化管理

随着环保事业的不断发展，环境教育的地位越来越高。全国各地的许多中、小学，各类职业学校、成人高校，各类正规院校相继开设了环保专业和环保科普知识等不同内容的课程。

但由于缺少规范化管理，国家没有形成一套完整的法规和管理制度，各类层次的学校应当开设什么样的环保课程，应达到什么样的教学目标，国家没有统一的规定和要求。特别是基础环境教育没有纳入到国家九年义务教育的计划之中，环境教育在整体上存在着各自为政的混乱局面。许多地区的中、小学没有开设环境保护常识课，有的中学生甚至不知道什么是环境保护，这个问题令人深思。尽管问题出在下面，但根源却在上面，国家在教育指导思想上还没有真正把环境教育上升到“基本国策”的高度来认识。

2．环境教育投入不足

由于中国经济发展缓慢，加上对教育的重视程度不够，长期以来存在着环境教育投入不足的问题。特别是在成人环境教育和学历环境教育方面投入不足问题更为明显，主要表现为成人教育基础差、教学条件和手段落后、教育规模小，致使在职环保人员的知识更新非常缓慢，岗位培训达不到应有的目标和效果，各类环境教育特别是成人环境教育无法满足环保事业快速发展的客观需要。另一方面表现为环境教育基础建设投入明显不足，一些环境类的大中专院校缺少环境教育的科研经费和教材建设经费，为教学服务的试验设施、仪器、设备等严重老化，试验室建设投入不足、经费短缺，无法满足教学需要，从整体上影响了环境教育质量的提高。

3．环境教育师资和教材缺乏

环境教育师资力量不足和环境教育教材缺乏是制约中国环境教育发展的重要因素。其中，专业环境教育、成人环境教育、基础环境教育的师资不论在质量上还是在数量上都滞后于环境保护事业发展的需要。另外，环境教育师资在年龄结构和知识结构方面都存在失衡现象。

与师资缺乏相关联的是环境教育教材严重缺乏问题，不论是高等环境教育，还是成人环境教育，普遍存在着教材老化、观点陈旧、知识更新缓慢的问题。而基础环境教育根本就没有适用教材，这是导致基础环境教育落后的重要原因之一。

4. 环境教育发展不平衡

由于对几种环境教育的重视程度不同，各种环境教育之间发展极为不平衡。

成人教育发展相对较快，但教育规模过小，满足不了在职岗位培训的需求，影响到环保队伍整体素质的提高。

相比较而言，学历教育发展最快，但有些专业如环境工程专业是在 70 年代确立的，与当今的环境形势不相适应，人才培养与市场需求不协调，许多学生毕业后很难从事本专业工作，即使从事本专业工作，也很难发挥应有的才能。因此，形成了环保专业人才“实际不足、相对过剩”的局面。环境保护人才资源浪费现象严重，学环保的不能从事环保工作，不学环保的可以随便出入环保系统。

公众教育与基础教育发展缓慢。其中，公众环境教育手段单一，仅以正面宣传说教为主，缺少环境法制教育内容，舆论监督不够，存在不同程度的形式主义。基础环境教育存在较大的区域性差异，相对于农业地区而言，城市地区的基础环境教育开展较好。90 年代中期出现了一批“环保实验学校”、“环保示范学校”和“环保特色学校”等。但城市之间也存在着基础环境教育的不平衡现象。

一般而言，基础教育和公众教育与环境保护工作呈相辅相成的正比例关系。环保工作先进的地区和城市，对基础和公众环境教育也相对重视。相反，环保工作落后的地区和城市，其基础和公众环境教育也相对落后。

三、中国环境教育的对策

作为科教兴国战略的重要组成部分，中国的环境教育要立足于国情，以环保实践的需求为向导，确立环境教育为环境管理服务的指导思想，重新调整各种环境教育的发展方向和对策。

1. 优先发展基础教育

长期以来，中国形成了以学历或专业环境教育为中心，社会公众环境教育次之，基础环境教育最后的发展模式。这种模式虽然在环境保护的初期阶段，是符合中国国情的，在过去的二十多年时间里为国家培养了一大批环境保护专业人才。但随着中国环境保护形势的发展和环境战略的调整，提高全民族的环境意识已成为中国 21 世纪环境教育中最重要的问题，这就使基础教育摆在了优先发展的地位。

优先发展基础教育，一要制定国家的基础环境教育规划，将环境教育依法纳入国家九年义务教育计划，统一要求和标准，并进行规范化管理。二要增加基础环境教育投入，大力开展基础环境教育的理论研究，大力培养环保师资队伍。三要加强环境教育的教材建设，特别是加强中小学环境教育的教材建设，提高教材质量，规范出版全国性环境保护科普教材。

2．加强公众教育

公众环境教育范围广、综合性强，拥有最大的受教育群体。在各种环境教育中，公众环境教育是仅次于基础环境教育的一种教育形式，应当受到国家的重视。但由于环境执法力度不够，对企业界和政府决策层的环境教育往往停留在空洞的传统说教上，缺少必要的新闻舆论监督、法律监督和行政监督，又成为环境教育中的薄弱环节，需要得到加强。

公众环境教育之所以重要，是因为社会公众既是环境污染和生态破坏的受害者，又是环境保护的受益者。因此，开展环境保护没有社会公众的支持将寸步难行，而能否得到社会公众的支持关键取决于社会公众的环境意识如何。事实已经并将继续证明，在今后的环境保护工作中社会公众将成为企业和政府依法履行环境保护责任与义务的监督主体。

加强公众环境教育，第一要建立有效的公众参与制约监督机制，保障社会公众的合法环境权益。第二要避免形式主义，减少空洞的说教，增加司法实践内容，通过具体案例进行环境宣传教育。第三要充分发挥舆论监督作用，强化对政府环境保护工作的舆论监督。其中，发挥新闻媒体的宣传作用至关重要，但前提是要增加新闻工作的独立性和政府环境决策的透明度。有了独立性，新闻媒体才能更有效地发挥其应有的监督作用，有了透明度，才能对地方政府的环境保护工作进行有效的监督。

3．强化成人教育

中国的环境保护队伍知识结构与年龄结构老化现象严重，从业人员素质存在很大的差异，在职培训任务非常繁重，强化成人环境教育势在必行。主要包括环保系统的岗位培训和行业环保人员的岗位培训两部分。

环保系统在职干部是环保队伍的主体。强化环保系统的岗位培训是成人环境教育的主要内容，也是国家环境保护行政主管部门的一项重要任务。要充分发挥现有各类高校在环境教育方面的作用，加大环保岗位培训的力度，特别要加快对县级环保部门领导干部以及基层环保人员的系统培训，尽快提高整体素质，强化环境行政执法水平。

开展行业环保人员的环境教育主要指大、中型企业环保人员的岗位培训。这项工作主要由地方政府或行业行政主管部门负责组织实施。可利用各种形式，举办各类培训班和学习讲座，对企业环保人员进行环保专业知识教育。如开展 ISO14000 环境管理标准体系讲座，环境法律、法规及标准讲座，清洁生产讲座，污染总量控制等内容的培训。

4．调整和优化专业教育

中国的专业环境教育发展很快，但有一定的盲目性。在市场经济条件下，环保专业人员的供需关系不顺，专业方向不能很好适应“两个根本性转变”的需要。有的环保专业人才过剩，如环境工程专业技术人员过多，而有的环保专业人才紧缺，如生态保护、环境监理、海洋环境保护、环境教育、环境法学方面的专业人才匮乏。这样就形成了专业人才的巨大浪费。

国家应当从人才政策和人才分配制度上加强对专业环境教育的宏观调控和指导，规范环保专业人才市场，有效开发和利用各类环保专业人才资源，实现环保专业人才的有序、合理流动。开设专业环境教育的各高等院校要面对环保人才市场需求，调整专业方向和专业设置，限制过剩的环境专业，增加生态保护、环境监理和环境教育等方面的专业，以满足不断发展的环保专业人才需求。

四、公众参与

公众参与和政府重视是环境保护走向成功的两个重要方面，其中，公众是环境保护运动的原动力和主体。全球几十年的环境管理实践，特别是西方发达国家的环境管理实践证明，只有政府的重视，没有广泛的公众参与，环境保护是不能成功的。

环境教育与公众参与密不可分，实现公众的广泛参与，提高公众的环境意识是前提，而环境教育是基础。所以，环境教育的根本目的就是提高公众的环境意识，进而促进社会公众对环境保护的广泛参与，加强对政府和环境执法部门的社会监督。

在 20 世纪 70 年代末和 80 年代初，环境保护对于大多数人来说还是一个新名词，而今天环境保护的概念已被多数人所接受，人们从经济增长所造成的环境问题中认识到了保护环境与资源的重要性，公众在资源与环境方面的危机感日益增强。

虽然公众的环境意识在不断增强，但目前公众的环境意识总体上仍很薄弱，这是制约中国环境保护事业向前发展的主要因素之一。在环境保护领域，无论是加强环境保护的立法与执法，还是推行环境保护政策，无论是污染防治还是生态保护，几乎在所有的方面，社会公众都缺乏环境保护的参与意识。

事实上，正是由于公众环境意识薄弱才导致了大多数环境污染事件的发生和许多环境问题的发展。比如 20 世纪 90 年代中国淮河的污染问题，就是因为公众环境意识淡薄铸就的后果。面对严重的环境污染问题，人们采取了回避和忍让的态度，甚至在有些情况下还对环境保护部门的执法人员进行围攻和对抗，致使环境污染者逍遥法外得不到应有的惩罚。

缺少环境保护的参与意识必然对国家的环境政策采取漠视的态度。从另外的角度为那些违反环境法律、法规的环境污染和生态破坏者提供了保护和支持。实际上也损害了自己的环境权益。

公众是推动社会事业发展的主力军，因此公众能否有效地参与国家和区域的环境保护工作是实现环境管理社会化的前提。公众参与环境保护的程度包括参与的深度和广度两方面，所谓深度是指公众在制定环境政策、法规，开展具体的环境保护行动过程中发挥作用的大小，包括参与决策、参与行动的程度以及参与监督的作用大小。广度是指公众参与环境保护过程中所能发挥作用的范围和公众参与的比例大小。

公众既包括社会群体，也包括公民个体。因此公众参与环境保护的形式有两种，一是以社会群体形式参与环境保护，二是以公民个体形式参与环境保护。一般情况下，社会群体参与环境保护的作用大于公民个体参与环境保护的作用。另外，由于参与者所处的社会地位和在公众中的影响不同，其参与的能力和发挥的作用也是不同的。

公众参与环境保护的途径是多种多样的。因其具体环境和条件的限制，有的可以进入决策层次，在制定环境政策、法规、规划和管理办法方面参与环境保护工作，如人大代表和政协委员。有的可以进入管理层次，在实施具体的环境政策、法规、规章过程中参与环境保护工作，如政府聘用的环境监督员。但大多数的公众参与只是停留在问题层面，包括对环境政策、法规执行情况的意见调查和反馈；对地方政府环境保护工作成效的评价和意见反馈；对环境问题处理的意见调查与反馈；对区域环境质量状况的关注与调查等。

公众有效参与环境保护取决于两个重要因素，一是取决于公众的环境意识强弱，二是取决于社会是否创造了有利于公众参与的外部环境。对于第一个问题要靠环境教育来解决，而对于后一个问题，需要国家政府建立健全公众参与的机制和行为激励的相关法律和制度。

在美国，为鼓励公众的广泛参与，国家采取行政管理与公众参与相结合的措施，在环境影响评价制度和《清洁空气法》中专门规定了“公众诉讼”、“司法审查”等关于公众参与的条款。并把公众参与作为行政管理的一个重要补充，用以弥补行政管理的懈怠和缺陷，提高国家环境管理的效率。

在日本，环境影响评价过程中特别强调资料的公开及公众的参与，以便监察项目建设者提出足以确保环境安全的项目评价报告书。由于评价报告书涉及到专门知识，公众不易了解。因此规定：项目组织者在报告书草案阅览期间，必须召开说明会，征询当地居民意见。居民表达意见的方式有两种：一是提出意见书。任何一个居民都可以从环境保护的立场对评价书草案提出意见书；二是在公众意见听取会上发表意见。评价书草案公开展览期满后要举行听证会，想提意见的居民可将意见要点以书面形式交给当地政府官员，再从中选定公开陈述意见者在听证会上发言。针对公众的意见，工程项目负责人再对评价草案进行必要的修正，如果有必要还可以再次举办听证会，以便进一步征求当地居民的意见。

有了广泛和有效的公众参与，才能提高环境管理的效率，地方政府、环境执法者和经济行为主体三方才能更好地履行各自的环境责任。

思考题

1. 实施环境与发展综合决策要解决哪些问题？
2. 环境与发展综合决策在环境管理中的作用是什么？
3. 谈谈你对环境与发展综合决策问题的认识。
4. 环保部门应怎样参与环境与发展综合决策，并要注意哪些问题？
5. 参与综合决策为什么要以产业结构调整为切入点？
6. 谈谈你对加强环境法制建设的认识。
7. 环境行政法规与经济法规的关系是什么？
8. 落实地方政府的环境责任主要抓哪些工作？
9. 加强基础设施建设在宏观环境管理中的作用是什么？
10. 谈谈你对建立统一监督管理机制的认识。
11. 产业结构调整在宏观环境管理中的作用是什么？
12. 产业结构调整与环境保护的关系是什么？
13. 产业结构调整的原则有哪些？
14. 环境教育在环境保护中的作用是什么？有几种形式？
15. 新形势下的环境教育对策是什么？

第十一章　专项环境管理

专项环境管理属于微观管理的范畴，主要是以各级环境保护部门为主体，在宏观环境管理指导下，结合国家的环境保护形势和地方环境保护工作重点而开展的管理活动。主要包括环境规划管理，建设项目环境管理，区域环境管理、环境监督管理四大方面内容。

这些内容是环境管理理论在环境保护实践中的具体应用，是环境保护的战略、方针、政策、对策和措施的具体贯彻与落实。如何做好专项环境管理，与环保部门密切相关，直接关系到环境保护事业能否向纵深发展的问题。

第一节　环境规划管理

开展环境管理，规划要先行。以环境规划为具体指导再制定针对性的工作计划，这是做好微观环境管理工作的基础和前提。环境保护工作同经济工作一样，是有客观规律的，不能“摸着石头过河”。因此，环境规划管理非常重要，只有做好规划管理，环保部门的工作才会有目标、有方向、有章可循，才能抓大放小地开展具体的环境管理工作。

所谓环境规划管理是指环保部门代表地方政府对制定区域环境保护规划和计划的组织、协调、审批和实施的全过程管理。其中，规划的组织、协调和审批过程是规划管理的主体，从时间上划分属于规划的前期管理。而规划的实施管理属于后期管理，融入在环境执法监督过程中。

区域环境规划可分为若干类型，从大的方面划分有污染防治规划和生态保护规划两大类。具体又可分为城市环境规划、农业环境规划、生态环境规划、总量控制规划、区域或流域污染防治规划、区域或流域生态保护规划、区域或流域环境综合治理规划等。由于认识的角度不同，其划分的方法也不一样，在这里不作详细的介绍。有关内容可参考其它的书籍和资料。

一、环境规划的组织

贯彻环境保护的“三同步、三统一”方针，就必须将环境保护规划纳入到区域经济、社会发展规划之中，用规划来协调环境保护与资源利用和区域经济、社会发展的关系。为了保证环境规划的切实纳入和有效实施，就必须加强环境规划的组织和领导。

1. 建立环境规划领导小组

环境规划的制定同城乡建设规划、区域经济发展规划一样，是一项严肃的工作，是做好本地区环境保护工作的基础前提。为此，需要成立相应的规划领导小组负责对规划的组织、协调和审批，以确保环境规划的严肃性、合理性、权威性和有效性。

环境规划领导小组由地方政府、环保部门和政府的各职能部门三方面组成，按职能进行分工。总的原则是：地方政府牵头，环保部门主抓，相关部门参与。相关部门包括经济部门、计划部门、土地部门、矿产资源部门、城建部门、水利部门、能源部门、交通部门、工业部门、农业部门、林业部门等。由于环境规划的类型和内容不同，所涉及到的相关部门视具体情况而定。

在这个机构中，地方政府是主体，对环境规划的制定与实施负总责。环保部门受政府委托负责规划制定的具体工作，包括规划的准备、组织规划专家组、协调政府各职能部门之间的关系等内容。地方政府的各相关部门作为制定环境规划的参与者负责对规划提出相关的意见和建议、提供有关规划所需的相关资料，包括行业的国家法规、政策、标准、部门与行业发展规划以及相关的统计资料等。

建立规划领导小组并明确各方面的职能分工非常重要，是提高区域环境规划的地位，充分发挥环境规划在区域经济、社会可持续发展中作用的组织保证。

在长期的环境保护实践中，环境规划的执行率很低。许多地区和城市虽然都制定了各种各样的环境规划，但是，大多数的环境规划都没有得到较好的执行和落实，只起到了备忘录的作用，成了一纸空文。那么，为什么环境规划的执行率很低？问题出在哪里？从宏观原因来看，是由于环境规划没有在决策阶段纳入区域经济、社会发展规划之中。但其具体的微观原因是由于环境规划的层次太低所致。各地的环境保护规划基本上是由环保部门一家制订的，属于一厢情愿。

在制订环境规划的过程中，由于没有政府其它部门的参与和支持，所制定的环境规划存在三方面的问题。一方面，不能全面了解其它部门和行业的国家法规、政策和相关标准，不能及时征求和听取其它相关部门的建议和意见，制定出的环境规划与其它部门和行业的发展规划不相衔接，甚至发生冲突和矛盾，因而使环境规划的科学性、可行性变差。另一方面，环保部门自己做规划，而缺少相关部门的参与，这等于只规定了其它部门环境保护的责任与义务，而剥夺了环境规划决策的参与权力，不能充分发挥政府相关部门环境保护的积极性，很难在决策层次得到一致的认可与广泛的支持，因而在实践中各部门很难采取协调一致的行动来履行环境规划所确定的环境保护责任与义务。另外，没有地方政府的牵头，自然降低了环境规划的决策地位，倒置了地方政府和环保部门的职能，也倒置了地方政府与环保部门关于环境保护的责任。在落实环境规划资金，实施区域环境综合整治、城乡基础设施建设和污染限期治理方面人为地增加了阻力和难度。

所以，由环保部门一家制定区域环境规划必然降低环境规划的地位和作用，使规划的制定与实施相互脱节，产生形式主义，不利于建立地方政府负总责、环保部门统一监督管理、相关部门分工负责、社会舆论有效监督的环境管理机制。

2. 做好环境规划的准备工作

制定一个切实可行的区域环境规划，就要做好规划的前期准备。环境规划包括环境调查、环境预测、环境评价、环境区划、环境目标可达性分析、环保投入经济—效益分析、规划方案设计和环境决策等主要内容。其中，环境调查、预测和评价是环境规划的基础性工作。

作为区域环境规划领导小组，要负责地为规划的制定提供全面、真实、有效的信息资料和历史数据。

（1）环境信息资料

环境信息资料是制定环境规划最基本、最关键的信息资料。主要包括气象、水文和地质学方面的资料，生态环境资料，污染源及污染物统计资料，环境基础设施建设资料，环境技术资料，环境管理资料等。这些信息资料由环保部门提供。

（2）相关规划资料

环境规划除了需要全面、科学的环境信息资料之外，还需要其它一些相关的规划资料。包括区域经济、社会发展规划，城市建设规划，农业发展规划，行业发展规划，资源保护规划等信息资料。这些规划资料由地方政府和各行业、各部门提供。

（3）相关政策、法律信息

环境规划的制定需要国家和地方政府有关的政策、法律、法规等背景信息，包括国家和地方政府的资源政策和法规，能源政策和法规，经济政策和法规，交通政策和法规，林业政策和法规，工业和农业政策，产业政策和技术政策等。这些政策和法规由政府的相关部门和各行业提供。

3. 组织规划专家组

制定具体的环境规划要由环境规划领导小组组织专家来完成。一般情况下，规划专家组由有规划经验的高校或科研单位和当地环保部门联合组成，这是一种最有效的、优先考虑的组合形式。其它的以高校或科研单位独立承担或者以当地环保部门独立承担环境规划任务的形式都不是最佳的组合。环境规划的类型是由区域环保工作重点、环境问题的类型和经济、社会发展需要决定的。环境规划的类型不同，规划专家组的成员构成也不同，所以，要针对特定的环境规划和具体的规划要求组织不同结构的规划专家组。

比如，制定生态保护规划，规划专家组成员可由生态经济学专家、农业专家、林业专家、水利专家、地质学专家、生物学专家等构成。制定城市污染防治规划，其规划专家组成员可由环境工程学、城市规划学、环境经济学、城市生态学、环境管理学、环境规划等专家构成。

在完成环境规划的准备工作以后，进入环境规划的编制阶段，由规划专家组具体操作。影响环境规划质量的因素有很多，其中的关键因素是做好规划目标可达性分析和环保投资的经济—效益分析，使所制定的环境规划符合实际、具有可行性。

规划目标可达性分析和环保投资的经济—效益分析是科学制定环境规划的关键。在初步确定总体规划目标和环境投资之后，必须从污染防治技术角度、生态工程治理技术角度、区域经济结构和资源结构的角度以及环境管理角度进行科学的论证。只有从整体上认定目标可达性后，才能确定合理的环境投资，并对规划目标进行分解，落实到具体的污染源、具体的环境工程项目和措施上来。只有从效益角度对环境投资进行量化分析，才能在保证实现规划目标的基础上实现经济效益的最大化。有关环境规划编制的具体内容可参考环境规划教材和相关书籍。

环境规划的编制是一项严肃的工作，除了要进行目标可达性分析和环保投资的经济—效益分析，还要注意环境规划和其它规划的衔接与协调，特别是要与区域经济和社会发展规划、城乡建设规划、资源规划等相衔接和协调。同时，要注意与产业结构调整和生产力布局相结合。在规划的编制过程中，环保部门要代表规划领导小组多层次、广泛地征求社会各方面的建议和意见，以取得社会公众的支持和认可。

二、环境规划的审批

规划专家组编制出的环境规划是否可行，必须经过规划领导小组的初步审查和政府审批，通过政府审批的环境规划要报同级地方政府人大批准后才能实施。对环境规划的审查不是从技术角度，而是从政策、目标可行性、各种规划之间的协调性角度来考虑的。在规划的审查过程中，环保部门的意见具有举足轻重的作用。一般要考虑以下几个方面：

1．环境功能分区要合理

环境规划中的功能分区是指从区域或流域的整体出发，根据自然环境特征和经济、社会发展规划，把特定的区域空间划分为具有不同环境功能单元的方法。通过环境功能分区，可将环境保护的总体目标进行具体分解，使环境保护的对策和措施更具有针对性和可操作性。决策者可根据不同功能区的环境规划目标，选择不同的污染防治和生态保护对策和方案，科学、合理、高效地使用有限的环保投资。另外，通过环境功能分区，可有针对性地调整该环境区域内的工业布局、生产布局，调整经济结构、产业结构和产品结构，以利于加快经济增长方式的转变。

划分环境功能区要坚持环境对策的同一性原则，实行高功能区域高标准保护，低功能区域低标准保护，特殊功能区域特殊保护。要坚持地域空间的有序性原则，不论是流域还是区域功能区划都要按照“自上而下”的顺序进行，不能倒置。要坚持生态系统的同类性原则，具有不同类型的生态系统不宜划分为同一功能区。要坚持环境基础的一致性原则，不论是哪一类环境规划，其功能区划要考虑到自然环境与社会环境的相适宜问题。

2．规划功能不得低于现状功能

不同的功能区具有不同的环境功能，因而应采取不同的环境对策。比如生态脆弱区是指已经遭到严重破坏需要特殊保护的区域，应禁止一切资源开发行为。生态缓冲区是指有可能或者正在遭受破坏需采取预防措施加以保护的区域，应严格控制资源开发行为。生态良好区是指生态状况良好的区域，应在保护的基础上适度开发。但不论是哪一类功能区域，其规划功能不得低于现状功能。另外，除了生态良好区域，其它类型的功能区不得将全部现状功能定为规划功能，而要有所提高，这是规划管理中最基本的原则，任何降低现状功能的作法都是规划所不允许的。

3．环境规划要提出产业结构和生产力布局调整的对策和措施

产业结构和生产力布局调整是环境规划的核心部分。无论是生态保护规划还是污染

防治规划，大的、全局性的环境问题必须通过产业结构和生产力布局调整加以解决，特别是乡镇环境规划更是如此。因此，环境规划中要明确提出区域产业结构调整和生产力布局的对策和措施，缺少产业结构和生产力布局调整的环境规划是不合格的规划，不能予以通过。

4．环境规划要提出资源和能源的开发、利用与保护的对策和措施

区域环境规划的作用是协调资源利用、环境保护、经济建设三者之间的关系以实现区域可持续发展。在规划中，资源和能源的合理开发、利用与保护是环境规划的重点内容。其中，资源的合理开发、利用和保护是生态环境规划和农业环境规划的核心问题，而能源的合理开发、利用和保护既涉及到生态保护的内容，也涉及到污染防治的内容。因此，关于资源与能源合理开发、利用和保护问题在环境规划中占有重要的位置，其对策和措施要具体、要有针对性。

5．各种规划之间要有序衔接、相互协调

环境规划是对区域环境保护目标、对策、措施在时间和空间方面的合理安排，与其它规划之间存在着各种各样的有序联系。所以，各种规划之间的衔接和协调是制定环境规划应注意的一个重要问题，在环境规划审批过程中，一定要予以高度重视。

规划之间的衔接与协调包括两个方面，一是同类环境规划之间要有序衔接、相互协调，坚持“下位规划”以“上位规划”为指导的原则。比如，乡镇环境规划的制定要在城市环境规划或者农业环境规划的指导下进行，以保证规划目标、功能分区、规划布局以及规划措施与“上位规划”相一致，使不同层次的环境规划形成一个有机整体，协调一致地指导区域环境保护工作。二是不同类、同层次之间的规划要有序衔接、相互协调。这里主要指区域环境规划要与城市发展规划、农业发展规划、国土规划、资源规划相衔接，使各种规划在对策、措施上保持一致，减少纰漏和冲突。这不仅有利于环境规划与其它规划形成一个有机整体，而且有利于将环境规划纳入区域经济、社会发展规划之中。

作为环境规划领导小组，尤其是环保部门要从以上五个方面对所制定的环境规划进行审查，把好规划的审批关，提高区域环境规划的质量和水平，为规划的实施创造有利条件。

三、环境规划的实施

通过政府审批的环境规划，经同级政府的人大批准后进入实施阶段。制定规划容易，实施规划难，能否发挥区域环境规划的指导作用，关键在于实施。

首先，要根据区域环境规划制定区域环境保护年度计划。环境保护年度计划是环境规划阶段性目标的具体分解与落实，通过年度计划将环境规划目标纳入到地方政府的经济和社会发展年度计划之中。因此说，规划是总纲，计划是细则。没有总纲，就没有具体的计划，没有具体的计划，总纲的目标就无法实现。

其次，环境规划的实施要与环境监督管理工作相结合。环境规划涉及到建设项目环境管理、区域污染治理、生态保护、产业结构调整和生产力布局等诸多内容。这决定了规

划的实施不是一项单独的工作，而是一项长期的、综合性的工作。所以，环境规划的实施既是环境管理的重要内容，又是环境监督管理的依据，要与环境管理的其它工作紧密结合，纳入到日常的环境监督管理之中。

第三，要抓好环境执法监督，落实责任，定期检查。区域环境规划是对一个区域环境保护工作所制定的中、长期计划，是所有部门、所有行业在经济管理工作中必须共同遵循的环境规则。规划中所确定的目标、对策与措施涉及到社会的各个领域和各个行业，需要政府各部门去认真组织落实。因此，落实责任并加强规划实施的执法监督和检查是非常必要的，只有责任到位，才能实现环境规划所确定的目标和任务。

在微观环境管理中，区域规划管理是环保部门的主要职责。有关行业环境保护规划管理的主要职责归属于行业主管部门，其规划的组织、编制、审批和实施均由行业主管部门负责，环保部门主要负责对行业主管部门及企业开展环境保护的统一监督和检查。行业环境规划是根据国家的环保产业政策、行业政策、技术政策，针对本行业特点而制定的用于指导本行业环境保护的一类规划。在规划目标、对策和措施上比区域环境规划更具体、更有针对性，因而更具有可操作性。行业环境规划与区域环境规划要相互衔接和协调，要落实区域环境规划中有关污染限期治理、污染强制淘汰、产业结构调整等内容和要求。

环境规划是微观环境管理的依据，所以，规划管理是环保部门做好微观环境管理的一项基础性工作，各级环保部门要给予高度重视。特别是对中、西部地区，规划管理更为重要，一定要借助于西部大开发战略的有利时机，做好生态环境规划。通过规划将生态保护与经济建设有机结合起来，以生态规划为指导，加强生态建设和生态保护，发展生态经济，促进区域经济、社会的可持续发展。

第二节　建设项目环境管理

目前，中国的环境保护正处于关键时期。由于历史和现实的原因，环境形势非常严峻，环境问题积重难返。其根本原因有两个方面：从经济角度看，是不可持续的发展模式造成的，需要通过转变经济增长方式来解决。从环境保护角度看，是建设项目管理不严造成的，需要通过强化项目环境管理来解决。

从 80 年代国家改革开放以来，在以经济建设为中心的思想指导下，中国环境保护实际上走了一条“先污染、后治理”的道路。污染预防滞后于污染治理，一大批技术含量低、资源浪费和环境污染严重的开发、建设项目未经严格的环保审批和论证而上马，而且大多为重复建设。不论是生产建设项目还是资源开发项目很少是严格按照国家制定的建设项目环境保护管理条例进行立项审批和施工审批的，上一个项目就增加了一个污染源或破坏源。污染防治和生态保护跟不上环境问题产生的速度，致使环境问题不断增加，污染治理和生态治理难以取得明显的效果。

从根本上有效遏制环境污染和生态破坏恶化的趋势，首先要解决预防问题。只有严格控制住新环境问题的产生，才能逐步解决老的环境问题，这是一个最基本、最简单的常识！因此说，开发、建设项目环境管理是污染防治和生态保护工作的关键，各级环保部门要把此项工作放在首位。

一、建设项目环境管理概念和程序

1. 建设项目环境管理的概念

所谓建设项目环境管理是指环境保护部门根据国家的环保产业政策、行业政策、技术政策、规划布局和清洁生产要求及专业工程验收规范，运用环境预审、环境影响评价和“三同时”管理制度对一切建设项目依法进行的管理活动。

建设项目包括资源开发项目和生产建设项目两种。因此，有关建设项目环境管理的内涵已不局限于生产加工项目的管理，还包括资源开发项目的环境管理。但在较长的时间里，由于建设项目中多以生产项目为主，以及在以污染防治为中心的环境战略思想指导下，建设项目的环境管理多侧重于生产建设项目的管理，而对资源开发项目的环境管理重视不够，一个小小的资源开发项目却可以造成严重的区域植被破坏、水土流失和土地浪费等生态问题。

在今后的建设项目环境管理中要贯彻污染防治与生态保护并重、局部地区各有侧重的环境战略。在东部沿海地区和城市，生产项目的环境管理是建设项目环境管理中的主要内容。在西部地区、广大的农业地区以及江河源头等特大流域范围内，资源开发项目的环境管理是建设项目环境管理的重点。而在乡镇区域，要坚持资源开发项目和生产项目管理相结合。各地环保部门要根据区域特点和本地实际情况有针对性地开展建设项目环境管理。

2. 建设项目环境管理的程序

不论是资源开发项目还是生产建设项目，其管理程序基本是一样的。一般包括前期的立项审批，中期的可行性研究和后期的工程管理三个阶段。与此对应，建设项目的环境管理也分为前期管理、中期管理和后期管理三个阶段，如图 11-1 所示。

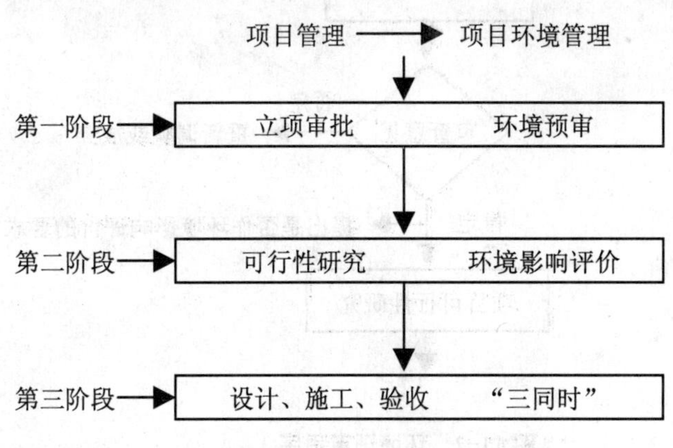

图 11-1 建设项目环境管理程序

这三个阶段环环相扣，前一阶段是后一阶段的前提，后一阶段是前一阶段的继续，三个阶段组成了建设项目环境管理的全过程。

其中，第一阶段是项目的政策与规划审批，以确保立项的建设项目必须符合国家的有关政策和区域环境规划要求。第二阶段是对已经立项的项目进行技术审批，评价该项目可能对环境产生的各种影响，以判定立项的建设项目能否进入施工阶段以及准许施工所应采取的污染预防和生态保护的措施。第三阶段是对配套建设的环保设施进行竣工验收审批，确保环保设施与主体工程同时投入运行，以达到项目设计时的环保要求。

二、建设项目环境管理内容

对应于不同的阶段，建设项目环境管理有不同的内容，一个阶段对应一项环境管理制度，整个管理过程涉及到环境预审、环境影响评价和“三同时”制度。

1. 建设项目前期环境管理

建设项目的管理过程是一个连续的决策过程，项目环境管理必须介入整个决策过程才能真正贯彻预防为主的指导思想。另外，建设项目对环境有无影响，建设单位的主管部门无权决定，需要所有建设项目单位向环保部门申报，统一由环保部门进行预审。因此，环境管理不能仅仅停留在项目的可行性研究阶段，而要提前介入到建设项目的立项审批过程。做好建设项目的前期环境管理，这是环保部门权力与义务的集中体现。

在建设项目的前期环境管理阶段，主要运用环境预审制度按照国家的有关政策（产业政策、行业政策、技术政策）、规划布局和清洁生产要求对拟立项的建设项目进行审查，经环境预审合格的项目才能准予立项并进入到项目管理的第二阶段。审批程序如图 11-2 所示。

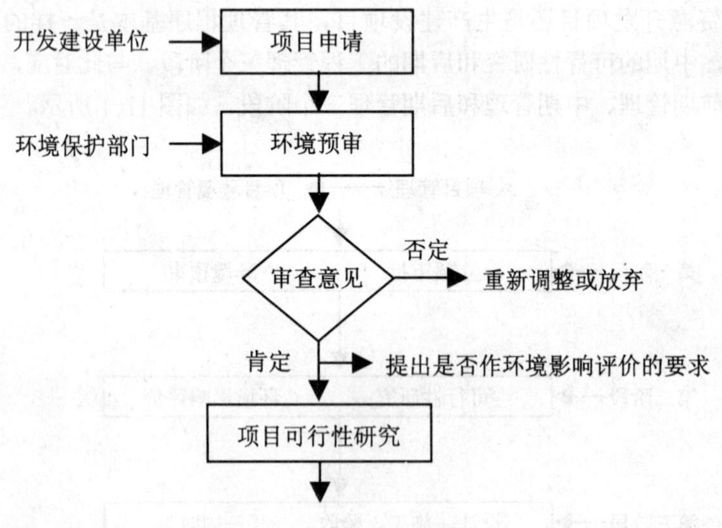

图 11-2 环境预审程序

只有同时满足上述三个方面五个内容的建设项目才能准予立项，而通过清洁生产审核的建设项目在满足其它条件下可优先立项，所需资金优先安排。相反，上述三个方面中只要有一个不满足，不能立项。其中，由于规划布局不合理经环境预审被否定的拟建设项目可以在重新选址后再次向环保部门提出立项申请。但对于不符合国家环保产业政策、行业政策、技术政策和生态保护政策以及清洁生产要求的拟建设项目经环境预审被否定后不得重新提出立项申请。

环境预审是应用于建设项目的前期环境管理过程的一项政策性强、审查过程简单、审查时间短、集中体现环境保护为经济建设服务，为企业服务的基本职能，环保部门可以独立操作的管理制度。在国家实施第二次产业结构调整的新形势下，这项制度在建设项目环境管理中将发挥越来越重要的作用，但要求环境预审人员要具有较高的政策水平，熟悉国家的环保产业政策、行业政策、技术政策和区域环境规划布局，要树立服务意识，简化预审手续。

有关建设项目的前期环境管理内容，目前在国家的《建设项目环境保护管理条例》中没有明确规定，各地可借鉴江苏省的经验制定适合本地区的建设项目环境管理办法或条例。

2．建设项目中期环境管理

经过环境预审立项的建设项目进入项目的可行性研究阶段，此时，环保部门要认真执行 1998 年 11 月国务院颁布的《建设项目环境保护管理条例》，严格按照 1999 年国家环保总局发布的《关于涉及自然保护区的开发建设项目环境管理工作有关问题的通知》及 2001 年正式公布的《建设项目环境保护分类管理名录》，做好建设项目的中期环境管理。在这一阶段，要根据项目前期环境预审的要求从技术角度对建设项目严格把关，严格控制。需要进行环境影响评价的建设项目要按照《管理条例》的要求进行评价，以最终确定该项目是否可以进入施工阶段以及准许施工所应采取的环境预防措施。

（1）环境影响评价的范围

任何开发、建设项目都会产生环境影响，但不是所有的建设项目都要求进行环境影响评价。什么样的开发、建设项目需要进行环境影响评价，什么样的开发、建设项目不需要进行环境影响评价，《建设项目环境保护管理条例》已有明确的规定。对环境可能造成重大影响的建设项目要编制环境影响报告书，对建设项目进行全面、详细的环境影响评价。对环境可能造成轻度影响的建设项目要编制环境影响报告表，对建设项目进行分析或者专项评价。对环境影响很小，不需要进行环境影响评价的建设项目，应当填报环境影响登记表。

环保部门在环境预审阶段要严格执行 1999 年国家环保总局发布的《关于涉及自然保护区的开发建设项目环境管理工作有关问题的通知》，按照 2001 年正式公布的《建设项目环境保护分类管理名录》中关于建设项目对环境产生影响程度的界定标准向拟建设单位提出明确的要求。在这个名录中分别对环境可能产生重大影响、轻度影响和很小影响的各类建设项目以及环境敏感区进行了界定。

比如，对环境可能造成重大影响的建设项目共分为六类，一是所有流域、区域的开发、建设项目，包括城市新区建设和旧区改建等项目。二是所有环境敏感区域内的建设项目。三是对生态功能可能造成重大损失的开发、建设项目。四是所有引进的建设项目。五是污染因子复杂，污染物种类多、污染物产生量大，污染物毒性大或难降解的建设项目。六是易引起跨行政区环境纠纷的建设项目。这些项目建设单位都必须编制环境影响报告书，对建设项目进行全面、详细的环境影响评价。

而对基本不产生废水、废气、废渣、粉尘、恶臭、噪声、振动、放射性、电磁波等不利环境影响的建设项目，基本不改变地形、地貌、水文、植被、野生珍稀动植物等生态条件和不改变生态环境功能的建设项目，不对环境敏感区造成影响的小规模的建设项目，只需建设单位填报环境影响登记表即可。如小规模的房地产开发项目、小规模的校园建设、小规模的社区服务设施、小型农田水利设施建设等都属于对环境影响很小的建设项目。

（2）环保部门在环境影响评价中的职责

在环境影响评价问题上，开发建设单位、环境影响评价单位和环保部门各自承担不同的责任。第一，建设单位要根据环境预审的要求，委托有环评资格证书的单位进行环境影响全面或专项评价，在项目立项后或可行性研究阶段向环境保护行政主管部门报批建设项目环境影响报告书或者报告表。开发、建设项目有行业主管部门的，其环境影响报告书或报告表应当经行业主管部门预审后再报环境保护行政主管部门审批。不需要进行可行性研究的建设项目，建设单位要在项目开工前向环保部门报批环境影响报告书或者环境影响报告表。其中，需要办理营业执照的，建设单位应当在办理营业执照前报批建设项目环境影响报告书或报告表。第二，环境影响评价单位要对环境影响报告书、报告表的结论负责。第三，环保部门负责对建设项目的环境影响报告书和报告表进行统一审批，这是环保部门执行环境影响评价制度的主要职责。

审查结果一般分为三种情况：第一种情况是确认建设项目对环境没有影响或影响不大，基本符合环保要求，可以通过。第二种情况是确认建设项目对环境影响很大，而且很难消除，予以否定。第三种情况是确认建设项目对环境有影响，但可以采取措施将其影响限制在允许范围以内，可以有条件通过。其条件是必须采用清洁生产工艺，并按照环境影响评价的要求制定详细的污染防治或者生态保护的对策与措施，并严格执行“三同时”。

在环境影响评价问题上，开发与建设单位、环评单位和环保部门的三方责任不可替代。开发、建设单位既有履行环境保护的义务，也有选择环评单位的权力，环保行政主管部门不能干预和限制，不能越权管理。但是，应本着环保为经济建设服务、为企业负责的精神，在选择评价单位的问题上提供咨询意见和建议，以保证环评的质量，防止给建设单位造成不应有的经济损失。

（3）建设项目中期环境管理应注意的问题

环境影响评价作为技术法规型的项目管理制度，能否起到控制新污染的作用，关键因素有两个：一是保证时限，除了铁路、交通等特殊的建设项目外，一般的建设项目必须在项目的可行性研究阶段完成环评，即在项目的可行性研究阶段报批建设项目的环境影响报告书、报告表或者登记表。如果时限滞后，就失去了环境评价的作用和意义。二是保证质量，环评的质量如何，对发挥环评的作用关系重大。由于环评的结果正确与否，需要实践的检验，所以应当加强环境影响评价的事后监督和检验，有人把这种检验称为“后环评”。事实说明，建立建设项目的“后环评”或事后责任监督制约机制是十分必要的。

长期以来，在建设项目环境管理中所出现的诸多失误，除了制度本身和管理上原因之外，还有技术上的重要原因。

管理上的原因一是国家对评价证书管理不严，环保部门对环评单位的资审不到位，不能按照 1999 年 3 月国家环保总局颁发《建设项目环境影响评价资格证书管理办法》对环评单位的资质进行严格的审查；二是不能对环境影响报告书实行严格审批、严格管理，严格把关。

制度本身的原因是指缺少对环境评价质量的监督机制，环评的事后法律责任不明。作环评的单位受经济利益驱动，给钱就作，作了就过，只履行义务，而不承担责任。技术上的原因是指没有很好地把握环评的时限与质量。一些建设项目虽然作了环境影响评价，但由于建设单位采取了既成事实的作法，开发与建设项目是先施工甚至是投产以后，才补环评，使项目管理失去了最佳的评价时间。

技术上的原因是环评方法落后。有一些建设项目尽管在项目可行性研究阶段完成了环境影响评价，但由于环评方法落后，环境影响预测和环境影响经济损益分析不科学、不准确，不能保证环评的质量。另外，许多环评中的污染防治对策仍是传统的污染防治对策，没有对清洁生产提出明确要求，致使污染防治措施不能满足环境保护的要求。

所以，加强建设项目中期环境管理，不仅要完善环评制度，而且要强化环评制度的法律责任，还要加强对环评制度的行政与技术管理，实现三个方面的有机结合。

3．建设项目后期环境管理

通过环境影响评价并完成可行性研究的建设项目进入到后期的管理阶段，这一阶段包括建设项目的初步设计、施工和试生产三个过程。“三同时”就是在这一阶段运作并发挥污染预防作用的环境管理制度。要求环保设施与主体工程做到同时设计、同时施工和同时投入使用。三个同时中，同时投入使用是三同时管理的重点，但要与同时设计、同时施工相协调，三者紧密联系，缺一不可。

做好建设项目的后期环境管理，就要抓好“三同时”制度的落实，按照国家环保总局于 2001 年 12 月发布的《建设项目竣工环境保护验收管理办法》和国家有关的专业工程验收规范，把好环保设施的竣工验收关，做到环保设施与主体工程同时验收、同时投入运行。其中有两个值得注意的问题：一是需要进行试生产的建设项目，只有当其需要配套建设的环境保护设施竣工验收合格后才能正式投入生产。二是分期建设、分期投入生产或者使用的建设项目，其相应的环境保护设施应当分期验收。

在建设项目的后期环境管理中，各级环保部门要根据 2001 年 12 月国家环境保护总局发布的《建设项目竣工环境保护验收管理办法》把好环保设施竣工验收关，这是严格执行“三同时”制度的关键。除此之外，环保部门还要按照环评的要求对环保设施的设计与施工加强监督，即按照环评的要求进行设计，按照设计方案进行施工，防止建设单位出现“偷工减料”和“调包”现象。使环评和“三同时”相互衔接与协调。另外，环保部门还要加强项目施工的现场监督管理，防止产生建筑噪声和固体废物污染等新的环境问题。

三、废物进口项目环境管理

废物进口项目环境管理是建设项目环境管理中的一个特殊内容。在微观环境管理中，这部分内容虽然工作量很小，但非常重要，是防止境外污染转移的一种特殊的项目管理，国家对此有严格的规定和特殊的要求。废物进口项目管理之所以特殊，是因为在项目审批的程序和内容上与一般建设项目环境管理有所不同，国家对各级环保部门的审批权限作出了特殊的规定。

1996 年 3 月，由国家环保局、对外贸易经济合作部、海关总署、国家工商局和国家商检局五家联合发布了《废物进口环境保护管理暂行规定》和《国家限制进口可用作原料的废物目录》等政策性文件。在这些文件中，对进口废物的申请、审批程序、废物进口管理、违规处罚、进口废物环境保护控制标准等都作了详细规定。

1. 申请进口废物的条件

申请进口的废物必须符合《国家限制进口可用作原料的废物目录》的规定，而且进口废物作原料利用的单位必须具有进口废物的能力和相应的污染防治设备，二者缺一不可。

2. 进口废物的申请和审批程序

按照《废物目录》，凡属 7204·1000 至 7204·5000 号废物，由废物进口单位或者废物利用单位直接向国家环境保护总局提出废物进口申请，由国家环境保护总局审批。而《废物目录》中所列其它废物，由废物进口单位或者废物利用单位向废物利用单位所在地市级环境保护行政主管部门提出废物进口申请，经所在地市和省（自治区、直辖市）两级环境保护行政主管部门审查同意后，报国家环境保护总局审批。进口废物申请和审批程序如图 11-3 所示。

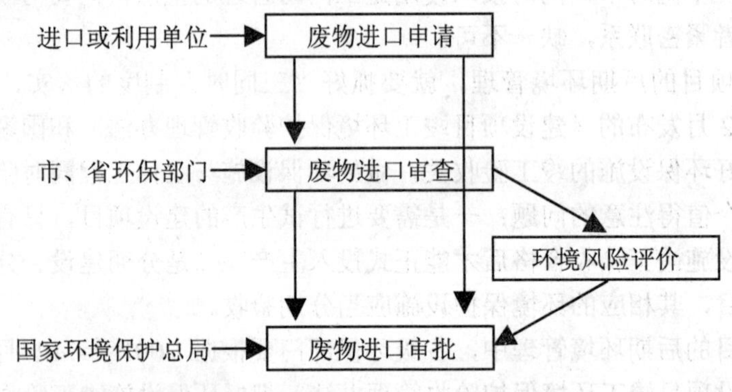

图 11-3 进口废物申请和审批程序

废物进口的项目不论是直接向国家环境保护总局申请，还是先向地市、省两级环保行政主管部门申请，都要按照申请进口废物的条件先进行立项审查，经审查同意后方可立项。其中，直接向国家环保总局申请进口废物的单位或者废物利用单位，通过立项审查后，必须对拟进口作原料的废物及其贮存、运输和利用过程中的环境风险进行评价，并填写《进口废物环境风险报告表》。需经地市、省两级环保行政主管部门审查的废物进口申请单位或者废物利用单位，通过立项审查后，必须对拟进口作原料的废物及其贮存、运输和利用过程中的环境风险进行评价，并填写《进口废物环境风险报告书》。之后再报省环保行政主管部门审查，审查同意后，报国家环保总局审批。

承担进口废物环境风险评价的单位是经国家环保总局认可的特殊环境评价部门，必须持有国家环保总局颁发的《进口废物环境风险评价资格证书》，任何其它环境评价部门不得进行进口废物环境风险评价业务。

3．环保部门在废物进口环境管理中的职责

进口废物项目管理是一类特殊的项目环境管理，各级环保部门具有特定的管理权限。其中，县及县级市环保行政主管部门只负有对所在地废物进口项目的统一监督管理职责。地级市环保行政主管部门负有对所在地废物进口项目申请的初步审查和统一监督管理职责。省级环保行政主管部门负有对废物进口项目申请的审查和进口废物环境风险评价审查职责。国家环保总局负有对所有废物进口项目申请的最终审批职责和对全国各级环保行政主管部门开展废物进口环境管理的监督职责。

获国家环保总局批准的废物进口项目要根据环境风险评价中的技术要求和建议由申请单位对废物的运输、贮存和利用过程制定出切实可行的污染防治对策和措施。其中，利用进口废物作原料的加工生产项目要配套污染防治设施，并要严格执行"三同时"制度。

总之，建设项目环境管理是污染防治的关键。对于一般建设项目环境管理而言，环保部门要认真执行环境管理制度，把住"三关"，有效行使环保第一审批权，坚决控制新污染。具体来说就是运用环境预审把住立项审批关，没有经过环境预审的建设项目不能立项。运用环境影响评价把住施工审批关，没有经过环境影响报告书和报告表审批的建设项目不能施工。运用"三同时"把住正式生产审批关，环保设施没有经过环保竣工验收的主体工程不能投入正式生产。在上述三个环节中，环保部门具有"一票否决权"。对于废物进口项目而言，环保部门要认真执行国家有关的法规和政策，把住"两关"，即废物进口的立项审查关和污染防治对策的审批关，正确行使环保部门的行政管理职能，防止境外污染转嫁。

四、海岸工程及海洋工程建设项目环境管理

海岸工程建设项目和海洋石油勘探开发项目的环境管理与废物进口项目环境管理一样，和陆地的一般开发、生产建设项目的环境管理相比既有共同点，又有其特殊性。

共同点是这些开发、建设项目的环境管理程序是相同的，都存在着项目的前期管理、中期管理和后期管理三个阶段，都要执行环境预审、环境影响评价和"三同时"管理制度。其特殊性主要表现在环保部门在环境影响报告书的审批和管理权限上与陆地开发、生产建设项目的审批管理权限不同。为避免重复，这里只对海岸工程及海洋工程建设项目环境管理的特殊性作一介绍。

1．环保部门关于海岸工程建设项目的审批和管理权限

1999 年 12 月 25 日第九届全国人民代表大会常务委员会第十三次会议修订通过的《中华人民共和国海洋环境保护法》中明确规定：一切海岸工程建设项目和海洋工程建设项目必须进行全面的环境影响评价，并在建设项目可行性研究阶段编报环境影响报告书。同时，就国务院环境保护行政主管部门、国家海洋行政主管部门、国家海事行政主管部门、国家渔业行政主管部门和军队环境保护部门关于海洋环境保护的职责作了法律规定，关于海岸

工程建设项目和海洋工程建设项目的管理权限做了明确的分工。

其中明确规定：环境保护行政主管部门对海岸工程建设项目的环境影响报告书和配套的环保设施竣工验收具有最终审批权限。但在批准环境影响报告书之前，要经过**海洋**行政主管部门的审核，还必须先征求**海事**行政主管部门、**渔业**行政主管部门和**军队**环境保护部门的意见。这是对环境保护行政主管部门在海岸工程建设项目管理权限的法律界定。

2. 环保部门关于海洋工程建设项目的管理权限

按照《中华人民共和国海洋环境保护法》的规定，在海洋石油勘探、开发等海洋工程建设项目的环境管理方面，海洋行政主管部门对海洋环境影响报告书和配套的环境保护设施竣工验收具有最终审批权，同时对海洋工程建设项目环保设施的日常运行、拆除、闲置具有管理权。环境保护行政主管部门只具有监督权而没有管理权，经海洋行政主管部门审核批准的环境影响报告书，上报环境保护行政主管部门备案，环保部门依此开展监督。

另外，海洋行政主管部门在核准海洋环境影响报告书之前，必须征求海事行政主管部门、渔业行政主管部门和军队环境保护部门的意见。

总之，环境保护行政主管部门在海岸工程建设项目的环境管理方面具有监督和管理的双重权限，而在海洋工程建设项目环境管理方面仅具有监督权限，这是环保行政主管部门在海洋工程建设项目管理权限上与一般建设项目管理权限上存在的主要区别。

第三节　区域环境管理

区域环境问题错综复杂，不同的区域环境问题类型决定了有不同内容的区域环境管理。因此，开展区域环境管理要坚持“以新带老”、“先重后轻”、“先急后缓”和“难易并举”的原则，采取综合的措施进行综合治理。

第一，要坚持“以新带老”的原则。实行新项目管理与老污染治理相结合，通过建设项目的环境管理促进区域污染治理。

第二，要坚持“先重后轻”的原则。所谓“先重后轻”就是指解决区域环境问题，要先重点后一般、以点带面，重点问题要优先考虑、优先解决，一般的、较轻的环境问题要放在稍后的顺序来考虑、来解决。

第三，要坚持“先急后缓”的原则。所谓“先急后缓”就是指急迫的环境问题要放在优先的位置和顺序来考虑、来解决，非急迫环境问题的解决应当服从于急迫环境问题的解决，放在稍后的顺序加以考虑。

第四，要坚持“难易并举”的原则。在所有的环境问题中，不论是急迫的环境问题，还是非急迫的环境问题；不论是重点的环境问题，还是非重点的环境问题都存在着难解决的和容易解决的两类问题。所谓“难易并举”就是难解决的环境问题控制不让发展，容易解决的环境问题要彻底根治。

上述四项原则是开展区域环境管理，正确处理环境保护中的重点与一般、急迫与平缓、新与老、难与易等关系的四个最基本的准则。

在 1996 年以前，中国的区域环境管理主要是以工业污染防治为重点，以城市地区为中心而展开的。随着环境问题的发展，国家实施污染防治与生态保护并重的战略，从而扩展了区域环境管理的范围和领域。乡镇、农业、流域和海洋环境管理已成为区域环境管理的重要内容。因此，区域环境管理包括五个方面：城市环境管理，乡镇环境管理，农业环境管理，流域环境管理和海洋环境管理。

在以下的论述中，有关跨省域、跨流域的酸雨污染、二氧化硫污染和“白色污染”的治理问题，将根据其特点把有关内容放在各类区域环境管理部分加以介绍，不再单独进行讲述。

一、城市环境管理

城市是一个人口、经济密度大、环境容量小的特殊区域，大部分工业企业集中在城市，加上多年来城市基础设施欠账多，工业布局不合理等因素，造成了十分突出的综合性环境问题。解决城市环境问题要继续贯彻执行“统一规划、优化结构、合理布局、配套建设、综合整治”的方针，走城市环境综合整治的道路。

开展城市环境综合治理要以现有的环境管理制度为载体，完善环境保护目标责任制，深化城市环境综合整治定量考核，落实城市政府的环境保护责任。主要抓好以下几项工作：

1. 制定城市环境综合治理规划

城市环境综合治理规划是环境保护内容最多、范围最广的一种环境保护规划，也是起步最早的一类环境保护规划。由于各个城市的发展历史、性质和功能不完全一样，因而产生的环境问题也不完全一致，各个城市在制定本市的环境综合治理规划时要结合实际情况，有针对性地确定规划目标和规划对策与措施。

城市环境综合治理规划，一定要体现该城市的特点、性质、功能，要与城市的改造、建设与发展规划相衔接，要与城市的资源类型相匹配。比如，老工业城市的环境污染问题普遍严重，产业结构调整和合理工业布局任务艰巨，资源利用和城市改造所产生的环境问题突出，在制定综合治理规划时要充分反映以上方面内容，以大气和固体废物污染治理为主确定规划目标和对策。又如，新兴工业城市，因资源开发和城市建设所带来的环境问题突出，制定环境综合治理规划时要与资源保护和城市基础设施建设紧密结合，以污染预防为主确定规划目标和对策。

(1) 加快工业污染限期治理，促进产业结构调整

产业结构不合理是造成城市工业污染的一个主要原因，因此，从根本上解决城市的工业污染问题就要调整不合理的产业结构。

在当前，有利于产业结构调整的最直接和最有效的措施就是实施工业污染限期治理和污染强制淘汰。通过污染限期治理，落实国家的环保产业政策、行业政策和技术政策，通过强制淘汰落后的污染工艺和设备，促进城市产业结构的调整。实施工业污染限期治理要抓好四个结合：一要和建设项目环境管理相结合，即坚持“以新带老”的原则，以建设项目管理促进污染限期治理，做到上一个新建项目，限期治理一些老污染；上一批新建项目，限期治理一批老污染。二要和推广清洁生产相结合，通过实施清洁生产，促进企业技术改造，淘汰落后的污染工艺和设备，加快经济增长方式的转变。三要和国家环境保护的

重点任务与目标相结合，按照“一控双达标”的要求开展限期治理。对于一般城市而言，要实现工业污染源限期达标排放。对于 46 个国家重点城市而言，在实现工业污染源限期达标排放的同时，还要实现城市大气和地面水环境功能区达到国家规定的质量标准，即实现“双达标”的要求。以工业污染源限期达标排放为前提，积极创造条件实施大气、水和固体废弃物的污染物总量控制。四要和推行 ISO14000 环境管理标准体系相结合，通过加强企业内部的自主化管理，提高企业环境保护的内在潜力和积极性。

（2）加快城市能源结构调整，促进大气污染治理

大气污染是城市的一个主要环境问题，污染物主要由工业及民用燃煤排放的烟尘和 SO_2、机动车排放的氮氧化物、建筑工地产生的扬尘所组成。涉及到能源、工业、交通、建设等多个部门和领域，具有典型的综合性特征。

因此，解决城市的大气污染问题必须采取综合对策和措施，实施综合治理。具体包括如下措施：一是发展工业脱硫和除尘技术，强制淘汰能耗高、污染重的工业锅炉，提高工业能源利用率，努力发展天然气和电能等清洁能源，改善能源结构。二是建设清洁能源区，积极发展热电联产，实行城市集中供热，降低煤炭的使用。三是推广使用无铅汽油控制机动车污染，加快淘汰污染严重的机动车辆，推广环保型汽车。四是控制建筑扬尘。五是发展城市绿化，建设城市生态防护林。

处于酸雨和二氧化硫控制区的城市，要按照“两控区”二氧化硫污染防治规划的目标和要求，根据当地实际情况对煤炭、电力、化工、建材和冶金等行业采取减排二氧化硫的污染防治对策和措施。

燃煤电厂减排二氧化硫是“两控区”污染防治工作的重点。电力行业要根据国家的产业政策和规定，限期淘汰和关停小机组、老机组，现有的燃煤电厂要尽快采取脱硫和改造措施。煤炭行业要通过关井压产，严格限制高硫煤矿开采，进一步提高煤炭的洗选加工能力。化工、冶金和建材等行业要通过改变原料、改造生产工艺和设备等措施，降低二氧化硫的排放量。

（3）重视城市建设中的环境问题，加快基础设施建设

中国的城市发展比较快，但基础设施建设如污水管网建设、城市污水处理设施建设、生活垃圾处理设施建设、城市公共绿地建设等投入不足，滞后于城市环境保护发展的需要，这是一个比较普遍的现象。因此，开展城市环境综合治理要以城市的新区建设和旧城改造为契机，制定基础设施建设规划，加大基础设施建设的投入，加快工业布局的调整，实现城市建设和城市基础设施建设的“三同步”，为实施污染物集中控制和总量控制创造有利条件。

另外，在新区建设和旧城改造的过程中产生的大气污染、固体废弃物污染和噪声污染问题十分突出，其中大气污染和建筑噪声污染尤为严重。因此，在加强对工业污染限期治理的同时，还要从城市长远发展规划入手，重视解决在城市建设过程中产生的环境问题。

（4）重视服务性行业环境管理，加强生活垃圾污染治理

城市中的服务性行业发展迅速，随之而来的环境污染问题不断增加，生活垃圾污染、“白色污染”、社会噪声污染已成为城市环境综合治理的难点。特别是“白色污染”和“垃圾围城”现象十分突出，是仅次于工业水和大气污染的一类综合性环境问题。在城市环境综合治理中，生活垃圾治理已经摆在了一个重要的位置，需要运用行政法规和经济手段加

强对服务性行业的规范化管理。其主要措施包括：采用行政手段禁止销售和使用一次性难降解的塑料包装物，运用经济手段推广可降解的塑料餐具，加强垃圾分类、回收与管理并实行垃圾无害化处理，鼓励和强制回收废旧电池和废旧塑料制品，加强对车站等重点区域的环境治理，建设清洁住区等。

2. 加强城市水环境治理

水环境治理是城市环境综合治理的重要方面，特别是在工业比较发达的南方地区，水环境综合治理成为城市环境综合治理的首要任务。开展城市水环境综合治理要紧密结合国家"一控双达标"的要求，按期完成一切工业污染源的水污染物达标排放。在加强排污口规范化治理的基础上，逐步实现由污染物浓度控制向总量控制的过渡。另外，开展城市水环境综合治理要与流域水环境综合治理相结合，按照流域水环境综合治理的规划要求，确定本市水环境综合治理的目标、对策和措施。

在城市水环境综合治理中，水源保护既是重点任务，又是急迫的任务。根据"先重后轻"和"先急后缓"的原则，水源保护要放在城市环境综合治理的首要位置予以优先考虑和优先解决。

城市环境保护是中国环保工作的重点之一，是今后一项长期的任务。国家在 1998 年将原《跨世纪绿色工程规划》中的"332"计划修改为"33211"（即三河、三湖、两区、一市、一海）计划，其中的一市就是北京市。把北京市列入国家的"33211"计划，其原因在于北京是一个大气污染非常严重的综合性城市，在全国 668 个城市中具有代表性，其目的是通过北京市的大气环境综合治理带动全国各个城市的环境保护工作。各地可借鉴北京市的作法，针对本地区的环境问题，从实际情况出发开展城市环境综合治理。

二、乡镇环境管理

乡镇是介于城市与农业之间的一个特殊区域，随着乡镇工业的发展，乡镇企业所造成的环境问题占整个环境问题的比重越来越大，乡镇企业污染呈现上升的趋势。

长期以来，由于乡镇工业布局分散、生产工艺落后、生产设备简陋、资源浪费严重，加之乡镇环境管理力量薄弱、环境执法力度不够，从客观上加速了乡镇环境问题的产生与发展。在乡镇经济不断发展的形势下，环境污染和生态破坏问题越来越突出，已严重制约了区域经济的持续增长。20 世纪 90 年代中期中国乡镇企业污染源调查表明，乡镇工业污染接近污染总量的 50%，这其中的数据大多来源于县以上统计数据，真正来源于乡镇企业的很少，这足以说明乡镇环境问题的严重性和加强乡镇环境管理的紧迫性。因此，乡镇环境问题的解决已成为区域环境管理的重点，是落实国家污染防治与生态保护并重这一环境战略开展县级环境保护工作的难点。开展乡镇环境管理主要抓好以下几项工作：

1. 加强乡镇工业规划，建设资源节约型乡镇工业

开展乡镇环境管理要从加强规划、合理布局入手。乡镇环境管理规划的制定要根据本地区的自然资源特点和乡镇环境问题特点，结合乡镇发展规划，以城市或农业环境综合治理规划为指导，以调整产业、产品结构为中心，以发展乡镇生态工业为主导方向，严格控制易造成生态破坏的资源开发项目和易造成环境污染的粗加工生产项目上马。合理乡镇工业布局要以县城、建制镇和现有乡镇企业集中地为依托建立工业园区，按照有利于实行污染集中控制的原则相对集中布局，实现规模经营，提高规模效益，增强污染防治能力。

在水资源紧缺地区，要禁止或严格控制水资源消耗大的生产项目。在土地资源紧缺地区，要严格控制以土地资源利用为主的生产项目，禁止上马固体废弃物产生量大和大量占用耕地的生产项目。在森林资源紧缺地区，要严格控制以森林资源为原料的生产项目，禁止木材加工产业的生产项目上马。在矿产资源紧缺地区，要严格控制矿产资源开发和利用项目，禁止上马无水土保持和无固体废弃物处理措施的资源开发项目。在草原地区，要严格控制以草资源开发和利用为主的生产项目，禁止上马对草资源有较大破坏的生产项目。

对属于国家重点流域或区域范围的乡镇，要结合国家环保工作重点制定乡镇环境管理规划。而对于城乡结合部的乡镇，环境综合治理规划必须要与城市环境规划相统一、相衔接，并纳入城市环境综合治理规划之中。

2．抓好限期治理，坚决关闭“15 小”

水和固体废物污染是乡镇的主要环境问题，乡镇环境管理要围绕这些重点环境问题，以水污染物限期治理为突破口推动其它各项环境治理工作。通过关闭“15 小”，强制淘汰落后的污染工艺和设备，加快产业结构和产品结构调整，促进生态工业的发展，实现乡镇工业由高投入、高消耗、高污染、低效益向低投入、低消耗、低污染、高效益的转变。

乡镇环境的限期治理要以环境污染或生态破坏的点源限期治理为主，县级环保部门要根据国务院《关于环境保护若干问题的决定》以及当前形势下国家区域环境保护的重点任务、重点目标分批、分期，有重点、有计划地落实限期治理任务。在限期治理的问题上，决定权在地方政府，环保部门具有建议权和监督权。什么样的项目需要限期治理，除了要依据国家的产业政策外，地方政府也可以根据实际情况确定本乡镇区域的限期治理标准和要求。

另外，还要考虑到乡镇企业的资金条件和治理技术，对具备限期治理条件的污染企业或资源开发企业要坚决执行限期治理，并加强日常监督管理，巩固限期治理的成果。对不具备限期治理条件、治理无望的污染企业或资源开发企业要坚决实行关、停、转产或搬迁。与此同时，要运用经济政策鼓励和引导乡镇企业开展清洁生产，发展绿色加工产业和生态工业。

在“两控区”内的乡镇地区，要根据所在地市的统一规划采取有效措施加强大气污染防治。禁止开采和坚决关停规模小、含硫分高的乡镇小煤矿，对严重污染大气环境的小建材、小冶炼、小化工等乡镇企业实施限期治理，强制淘汰能耗高、污染重的落后生产工艺和设备。

3．加强项目管理和固体废弃物综合治理，防止污染转嫁

在乡镇环境管理中，一个被忽视的也是非常重要的问题就是要加强项目管理和固体废弃物的综合治理，防止污染转嫁。这是乡镇环境管理与城市环境管理的一个重要区别。

长期以来，由于国家实行的是区域环境管理模式，在区域经济发展不均衡和区域环境管理水平不均衡的前提下，乡镇环境中污染转嫁的现象非常普遍。一是许多资源消耗大、环境污染严重的生产项目如“15 小”建设项目从经济较发达的东部沿海地区转移到落后的中、西部地区，从城市转移到乡镇和农业地区。特别是一大批生产规模小、生产工艺落后、资源消费严重，属于国家明令禁止或者严格限制发展的污染项目打着“帮助贫困地区发展经济”的招牌，利用经济欠发达地区人们急于脱贫的心理实行污染技术和设备的易地转移，到落后地区的乡镇企业安家落户。其结果不仅造成了自然资源的巨大消费，而且给这些地区造成了严重的甚至是不可逆转的环境污染和生态破坏。二是许多属于国家明令禁止或淘汰的生产技术和设备如工业锅炉、小造纸设备和技术、小印染设备和技术、小冶炼设备和技术、小化工设备以及技术和各类资源粗加工设备和技术等以较低的价格销售到乡镇企业，是造成乡镇工业基础落后、设备陈旧、企业升级缓慢的一个重要原因。三是由于地租差价和污染治理成本高昂等原因，大量的城市工业垃圾、生活垃圾和有毒、有害废弃物以及境外（本地区以外）的固体废弃物转移到乡镇区域，造成了严重的农业地区水体污染和土壤污染。

因此，加强项目管理和固体废弃物的综合治理，防止污染转嫁是乡镇环境管理的重要内容，是今后乡镇环境管理的重点和难点，必须引起地方政府和各级环保部门的高度重视。特别是在加快产业结构调整，实现经济增长方式转变的新形势下，要加大乡镇地区污染转嫁的监管力度。

经国务院批准，国家经贸委于 1997 年 6 月和 1999 年 12 月先后两次发布了《第一批严重污染大气环境的淘汰工艺与设备名录的通知》和《第二批淘汰落后生产能力、工艺和产品的目录》，这是开展乡镇环境管理防止污染转嫁的环境保护行政规章，为开展乡镇环境管理提供了法律和政策依据。但做好这项工作，需要县级环保部门和市级环保部门紧密配合，在两级地方政府的支持下和相关部门的配合下，采取统一行动。市级环保部门要把好“出口关”，及时公布淘汰的污染工艺和设备，严格控制被淘汰的污染工艺和设备转移出境。县级环保部门要把好“入口关”，防止淘汰的污染工艺和设备入境产生新的环境问题。

经济建设是建立在资源利用的基础上，因而存在着“外部不经济性”问题。而环境保护则恰恰相反，一方面通过政策、法规调整人们的经济行为，努力消除这种“外部不经济性”问题，另一方面运用各种管理和治理措施在解决本地区环境问题的同时还要将这些环境问题的外部影响降低到最小程度。就是说，一个地区的环境保护工作做得如何在客观上不是必然以牺牲另一个地区的环境质量为代价。所以，环境保护工作要有大环境管理思想，要克服地方保护主义。不论是作为地方政府，还是作为环境保护部门，做好本地区的环境保护工作不能以损害其它地区的环保工作为前提，不能把本区域的环境问题扫地出门，把属于自己的责任推给他人。地方政府对本辖区环境质量负责，同时也要对本辖区的环境问题负责，那种为了自身的利益，把环境问题转嫁给他人的作法是不允许的，不仅违反了环境道德，而且践踏了环境保护的基本宗旨。

4. 加强环境法制教育，依法促进乡镇环境管理

在乡镇地区，人们的环境意识淡薄，缺少法制观念，这给乡镇环境管理工作增加了难度和阻力。许多人既是环境污染和生态破坏的制造者，同时也是环境污染和生态的直接

受害者。但由于缺乏环境意识和法制观念，对环境污染和生态破坏行为的后果不甚了解，在实践中出现了一系列违法和抗法的行为。

所以，加强环境法制教育，提高人们的环境意识，在乡镇环境管理中显得更为重要。环境法制教育要注重实效，不走过场、不搞形式主义。各级环保部门要通过严格环境执法和加强环境保护的科普知识宣传，开展多种形式的环境教育，让人们从身边的污染事件中接受环境法制教育、提高环境保护的认识。

三、农业环境管理

农业是人口、经济密度小、环境容量大、自然资源较丰富、界线明确的特定区域。由于农业的经济结构、物质流通形式和生产生活方式等与城市有所不同，因而农业环境问题的类型以及产生的原因与城市环境问题的类型及产生原因也有很大差别。

农业主要环境问题有水环境污染、土壤污染、耕地减少、植被破坏和水土流失等。由于农村地域广阔，人们基本以农业生产活动为主，因而农业大气环境质量良好，环境噪声问题不突出。除了在机场、高速公路、铁路干线附近的农业地区要实施秸秆禁烧外，在农业环境保护中一般不考虑大气和环境噪声问题，这是农业环境保护与城市环境保护的区别。

农业环境问题产生的原因多种多样，一部分是在农业自身发展过程中产生的，另一部分是由于乡镇工业和城市工业发展所产生的。比如，农业水环境污染主要是由城市、乡镇工业以及各类矿产资源开发企业排放的废水造成的；土壤污染主要是由于污水灌溉、施用农药和废弃农膜所造成的；耕地减少主要是由于农业建设占地、固体废弃物占地、乡镇工业占地所致；植被破坏主要是由于农业能源结构不合理，农民砍伐森林植被、为扩大耕地毁林开荒、过量放牧所致；水土流失主要是流域性资源开发和公路建设过程中缺少水土保持措施所造成的植被破坏所致。

所以，开展农业环境综合治理就要从各地实际情况出发，采取针对性的对策和措施，通过强化环境管理有计划、有重点、分阶段地解决这些环境问题。

1. 制定农业环境保护规划

同其它环境保护一样，开展农业环境管理要制定农业环境保护规划，并纳入到农业发展规划之中，通过规划明确政府及各部门环境保护的职责和权限，在地方政府的统一领导下各部门协调一致、各司其职，各尽其责。

农业环境保护规划要以县为主体、以行政乡镇为环境区划实施单位，制定各乡镇的农业环境综合治理目标和措施。在措施中要明确规定县、乡镇两级政府中农业、林业、土地、水利、工业等部门在农业环境保护中的具体职责和权限、具体落实农业环境保护的投入。环保部门对规划目标、规划措施和政府各部门的职责实行统一监督管理。

属于国家环境保护重点流域或区域内的农业地区，要结合本地区的农业环境问题特点，兼顾不同层次的环境保护目标和基本要求，以流域或区域环境规划为指导来制定本地区的农业环境保护规划。

2. 加强农业水源保护

随着工农业的发展，农业水环境问题越来越突出，水资源紧缺已成为制约农业可持续发展的重要因素。然而，农业水资源紧缺问题的产生有多方面的原因：一是由于农业自身发展用水量的增加和农业用水严重浪费造成的，二是由于植被破坏、水土流失导致湖泊、水库容量减少等原因造成的，三是由于城市和乡镇工业污染导致水体失去使用功能而造成的。另外，农村人、畜粪便和农村生活垃圾污染也造成了一定范围的水体污染。

因此，搞好农业水环境保护不是一个孤立的、单纯的农业领域问题，与工业污染防治密切相关，与生态保护密切相关。这意味着开展农业水环境综合治理是一项复杂的系统工程，需要工农业、林业等各个领域相互配合，采取多层次、综合性对策和措施加以解决。

（1）加强生活水源保护

水是生命之源，是一切发展的先决条件。农业水源保护不仅关系到农业生产的发展，也关系到工业等各行各业生产的发展，不仅关系到农村生活用水，还关系到城市生活用水，是环境保护中最为迫切的问题。

生活水源保护主要是指重点饮用水源地的保护，是农业水源保护中第一位的问题。加强生活水源保护要根据国家和地方政府颁布的饮用水源环境保护法规、条例和管理办法，设立水源保护区，依法强化统一监督管理。在水源保护区内禁止建设和依法取缔一切对水源有影响的生产项目、房地产项目、餐饮和游乐等项目。同时，要禁止修建公路，禁止建设禽、畜养殖场，禁止围网养鱼，禁止开发旅游项目，禁止砍伐林木，禁止放牧，禁止建造垃圾场等。

另外，要加强农业地区地下水的保护，这一部分工作没有特定的规范，主要是加强对乡镇企业和固体废弃物的环境管理。坚决取缔“小冶炼”等严重污染环境的乡镇、私营企业，防止重金属对地下水源的污染。禁止有毒、有害工业固体废弃物的露天堆放。按照《固体废物污染环境防治法》规定，一切固体废弃物的填埋场和处理场都要有防渗漏设施，防止污染地表水和地下水。

（2）加强生产水源保护

生产水源保护是指农业和工业生产用水的保护，相对于生活水源的保护而言，生产水源的保护难度大、任务艰巨，在很大程度上依赖于工业污染防治的情况。因此，加强生产水源保护要与乡镇工业污染防治相结合，将乡镇工业污染防治纳入到农业水环境保护之中，统筹规划、同步实施，实现工业废水达标排放。以确保达到按水环境保护功能分区所要求的工业用水、渔业用水、游乐用水和农业灌溉用水标准。

3. 加强土壤污染防治

土壤污染问题主要是工业污水、农药、化肥和固体废弃物所造成的污染，加强土壤污染防治是农业环境管理的另一个重要内容。

（1）控制污水灌溉

防治工业污水对土壤的污染，主要措施是控制污水灌溉。首先要求城镇排放的生活污水及乡镇工业排放的废水必须经过处理，达到农田灌溉水质标准，才能用于农田灌溉。其次，要对污灌用水量进行严格控制，通过污灌定额，实行清、污轮灌或混灌等措施，尽量减少污水灌溉量。第三，在水资源紧缺或水环境污染严重的农业地区，应调整农作物经济结构，增加旱作物种植比例，减少污水灌溉面积进而减少污灌用水量。

（2）控制农药和化肥污染

农药和化肥产生的环境污染在农业环境问题中已经越来越突出，对农业生产的发展产生了重大影响。尤其是农药污染，其影响的范围广、周期长、危害大已经超出了人们的预料。一方面，土壤中的残留农药被植物吸收后，通过食物链进入人体，对人的生命与健康构成了极大的威胁。据医学的初步研究结果证实，目前人类所发现的与食物链有关的各种疾病中，包括各种癌症在内，大多都与农药污染有密切的关系。另一方面，土壤中的残留农药通过食物链进入鸟类和动物体内，对动物的生存构成了一定的威胁，对生物多样性造成了巨大的破坏。

防治农药对土壤的污染，要严格按照国务院 1997 年 5 月制定并颁布的《农药管理条例》，抓好农药登记、农药经营管理、农药使用三个环节。由县级以上各级人民政府农业行政主管部门实施统一管理，对高残留、毒性大的农药规定其使用范围、使用量、使用次数和使用方法。与此同时，要大力开发、研制和推广高效、低毒、低残留农药和生物农药，并鼓励采用生物工程技术综合防治病虫害以减少化学农药的使用量，降低农药对土壤和食品的污染。

化肥对环境产生的污染有三个方面，一是残留在土壤中的化肥经雨水冲刷进入水体后造成湖泊、水库的富营养化，致使藻类增加、库容减少、水质变差，给渔业生产造成巨大的损失。二是化肥残留在土壤中，造成土地板结、肥力下降，进而形成恶性循环。三是化肥被植物吸收后，导致植物果实品质下降、贮存期缩短，对人体健康造成一种目前还不清楚的严重影响和损害。

防治化肥对土壤和水体的污染，主要抓好四个方面的工作，一是推广平衡施肥、测土施肥、配方施肥和秸秆还田技术；二是提倡和鼓励农民施用有机肥料；三是调整农作物品种，运用生物方法改善土壤结构，提高土壤肥力；四是要加强对向基本农田作为肥料提供的城市垃圾堆肥、污泥的监测和监督管理，避免二次污染。

农药和化肥的污染属于面源污染，来自于农业的这种面源污染在污染总量中占有很大比例，是农业环境保护中的一个“顽症”，综合治理的难度大、周期长。根据“难易并举”的原则，农药和化肥的污染防治在近期内要以控制住污染加重的趋势作为基本目标，在此基础上再逐步削减污染总量。

农药和化肥污染防治的责任主体是县级政府的农业行政主管部门和土地部门，环保部门只参与间接的环境监督。因此，做好这项工作必须落实地方政府的环境保护责任，建立以农业行政管理部门为主体，土地和林业等部门分工负责，环保部门统一监督的管理体系，充分发挥各级农业行政主管部门的管理职能。

（3）控制农用地膜及固体废弃物污染

随着农业技术的发展，农用地膜的使用量越来越大。据统计，到 90 年代末全国农用地膜总产量近 120 万吨/年，残留在土壤中的农用地膜每年有 1/10 以上，加上铁路干线每年产生的大量废弃塑料，使土壤污染问题也越来越突出。

塑料薄膜是一种高分子化合物，进入环境后难以降解，残留在土壤中的废旧塑料阻隔了植物根部对土壤中水分和养分的吸收，导致农作物减产，给农业生产造成损失。另外，还有“视觉污染”，散落在环境中的废旧塑料破坏市容、景观，而后者主要指废旧塑料对城市的环境污染问题。

塑料薄膜产生的环境污染属于功能性污染，是一种特殊的环境问题。到目前为止，人们对此类环境问题的认识还仅仅停留在“视觉污染”的水平，有关塑料薄膜对农田土壤的污染问题还没有引起足够的重视，是农业环境管理中的薄弱环节。

控制农用地膜对土壤的污染主要是运用行政、经济和教育手段加强管理。一是运用行政手段加强对农业物资部门的管理，凡经营和销售农用地膜的单位和部门必须采取强制措施回收废旧农膜，以减少土壤中农用地膜的残留量。二是运用经济手段加强对农用地膜经营、销售和使用的管理，采取激励措施以鼓励那些积极回收利用的单位和个人，惩罚那些浪费和不回收农用地膜的单位和个人。三是加强宣传教育，提高农民环境保护的主动意识和自觉性，积极回收和合理利用废旧农用地膜，加强田间管理。

城镇垃圾和农业废弃物对土壤的污染是农业环境问题之一，这类环境问题在靠近城市的农业地区、城乡结合部的郊区非常突出，也非常普遍，是加强农业环境综合治理的重要内容。做好这项工作要以《固体废物污染环境防治法》为依据，建立以土地行政管理部门为主体、农业和工业行政主管部门分工负责、环保部门统一监督的管理体系，采取城乡结合、农业与工业结合、管理与治理结合、标本兼治的策略，对固体废弃物的堆放和处理实行严格管理，对垃圾场和填埋场的征地与建设实行严格土地审批与环保审批。

4. 加强农田秸秆禁烧管理

在临近机场、高速公路、铁路和国道、省道公路干线的农业地区，农民通过原始的燃烧方法处理农作物秸秆，造成局部的大气污染，对航空、公路和铁路交通运输安全构成了威胁。因此，加强农田秸秆禁烧的环境监督管理势在必行。

1999 年 3 月，国家环保总局、农业部、财政部、铁道部、交通部、中国民用航空总局联合发布了《秸秆禁烧和综合利用管理办法》，这是加强农业秸秆禁烧管理的国家行政规章，各地（省及省辖市两级地方政府）可以根据这个环境保护行政规章设立本地区的秸秆禁烧区域。如设立高压输电线路附近、各级自然保护区和文物保护单位及其它人文遗址、林地、草场、油库、粮库和通讯设施等周边地区的禁止露天焚烧秸秆的区域。

有关设立秸秆禁烧区的权限问题，作者认为应当充分发挥县级政府的作用，以利于调动县级地方政府的环境保护积极性。其原因有两点：一是设立秸秆禁烧区不同于制定地方法律、法规，作为一个地方性的农业环境保护规定，主管农业的县级政府是完全具有这个权力的。二是只授予省及省辖市政府设立农田秸秆禁烧区的权限，而不赋予相应的环境管理权限，权力与义务脱节，与地方政府对本辖区环境质量负责的法律规定是相违背的。这种无谓的权力集中不利于开展农业环境保护工作，不利于调动县及乡镇政府的农业环境保护积极性。

所以，加强农业秸秆禁烧的环境保护工作，要充分发挥县级政府和乡镇政府的作用。以乡、镇为单位落实秸秆禁烧工作，并实施乡镇政府的秸秆禁烧目标责任制，加强环境执法监督。与此同时，要大力推广机械化秸秆还田、秸秆气化、秸秆饲料开发、秸秆微生物高温快速沤肥和秸秆工业原料开发等多种形式的综合利用成果。

5. 加强农业生态建设，综合治理农业生态问题

生态破坏是影响农业可持续发展的另一个严重的环境问题。农业人口的增加和环境污染的不断发展，进一步加剧了农业生态破坏的速度。农业生态问题主要表现为水土流失和农业资源破坏两个方面，而水土流失与资源破坏又有密切的关系，二者相互影响、相互促进，增加了农业生态保护的难度。

如何改善农业的生态环境，实现农业的可持续发展，唯一有效的途径就是发展生态农业，通过发展生态农业解决水土流失和资源破坏问题。

（1）加强植被保护，控制水土流失

对农业威胁最大的生态问题是水土流失，而造成水土流失的原因是植被破坏。所以，要有效控制农业的水土流失，必须加强植被保护。具体的对策和措施是：一要大力开展植树造林、植树种草，扩大森林和植被覆盖率。二要依法防止毁林开荒，采取有效措施退耕还林、退耕还牧。三要发展小水电、煤气、太阳能和沼气，改善农村能源结构，减少人们对植被的破坏。四要调整农作物经济结构，发展立体种植和养殖，在坡地种植有利于固土、固沙和固水的木本经济作物，做好农田的水土保持。五要加强农业地区各类建设项目的环境管理，严格落实各类建设项目的水土保持措施。

（2）发展生态农业，实现资源持续利用

实现农业可持续发展，必须实现农业自然资源的合理、持续利用，这就要建设生态农业，通过生态农业来调整农业的经济结构，合理资源配置，减少环境污染和生态破坏问题。

建设生态农业要坚持因地制宜、链式发展和持续利用的原则，根据当地农业的地理环境，结合水、土地、植物、动物、矿产资源的类型与分布情况，以生态保护和资源的持续利用为前提，确立适合本地区发展的县、乡、村三级生态农业模式。在水资源紧缺地区，以发展旱种农作物为主，改进农业灌溉技术，禁止围湖造田，实施退耕还湖。在森林资源紧缺地区，要以发展种植业和林业为主，实施退耕还林，大力植树造林，以林养农。在草原地区要采取禁挖、禁垦等措施，禁止过量放牧。通过推广优良畜牧品种，建设高标准围栏草场，改变传统放牧技术，实行退耕还草和大力植树种草，建设生态牧场。

自然资源类型及地理特征的多样性决定了生态农业模式的多样性，如农牧型、农林型、农渔型和综合型的生态模式等。无论是哪一种类型的生态农业模式，必须对传统的农业资源利用战略进行重大的改革，变破坏性利用为保护性利用，变充分利用为合理利用，提高资源利用率。另外，还要发展各种配套的生态加工产业，如饲料加工、绿色食品加工、畜禽肉类加工、农副产品加工等。要充分利用生态链功能，吸收和消化生产过程中排放的各种有机废物，实现废物的最小化或资源化，以土地为媒介加快废物的循环转化，促进生态系统的有序、良性循环，以生态经济促进生态保护。

6. 加强农业地区环境法制建设

在农村地区，人们的环境意识和环境法制观念淡薄，环境法制建设存在着死角，这给农业环境保护工作增加了更大的难度和阻力。

由于缺乏环境法制观念，人们往往把环境污染和生态破坏的行为看成是一种经济行为，充其量是一种违规行为，出了问题不过是罚罚款而已。正是基于这样一种错误的认识，

才出现了大量有令不行、有禁不止的破坏和浪费土地、滥砍盗伐森林等违法行为，使环境保护工作难以顺利开展。所以，加强农业地区环境法制建设，提高人们依法保护环境的自觉性是开展农业环境保护的重要内容。

加强农业环境法制建设要做到以下三点：

（1）加强农业环境保护立法。目前，国家已经发布实施了若干有关农业环境保护的行政法规、规定、管理办法和相关的资源法规。如 1994 年国务院发布的《基本农田保护条例》，1999 年 4 月由国家环保总局、农业部、财政部、铁道部、交通部和中国民用航空总局联合发布了《秸秆禁烧和综合利用管理办法》，以及同年 5 月由农业部和国家环保总局联合发布了《做好基本农田环境保护工作的通知》等。但是，现有的这些环境保护行政法规、条例和管理办法还不能满足农业环境管理的需要，这就要求加强地方立法，加快制定和出台地方性的农业环境保护法规和管理办法。

（2）加大环境执法力度。在各个领域的环境保护中，农业环境保护起步较晚，环境执法力度最小，解决农业环境保护执法不严的问题迫在眉睫。只有加大农业环境执法力度，才能有效遏制砍伐森林、浪费和破坏土地资源等违法行为。

（3）加强环境法制教育。在农业地区，人们的环境意识淡薄，尤其是在中、西部落后的农业地区，人们对环境保护的认识非常肤浅，甚至不知道什么叫环境保护。在这种情况下，加强环境法制教育尤为重要，县级环保部门要与农业及其它行政主管部门及教育部门紧密配合，充分利用各种有效形式，以重大的污染事件为案例进行环境法制教育，让人们了解到环境保护的意义和应承担的法律责任。

加强环境立法、严格环境执法与加强环境法制教育，三者是相辅相成、相互促进的关系。立法是为执法服务的，而执法必须要有法可依、要有认识基础。执法主要解决人的外在动力，法制教育解决人的内在动力，只有内在动力与外在动力相结合，才能实现人们在环境保护问题上行为与动机的统一。

四、流域环境管理

流域一般指某一水域以及此水域所邻近的陆域的总称，往往分属于多个同一级别或同一层次的行政单元管辖。如省级流域、市级流域、县级流域等。

流域的这种特殊性决定了流域环境问题是一种跨区域的环境问题，因而决定了流域环境管理的特殊性和在区域环境管理中的特殊地位。通过流域特别是重点流域的环境管理，可以带动和促进城市、乡镇和农业等区域环境管理工作。

流域环境问题包括环境污染和生态破坏两部分内容，有关生态保护的内容在第八章已经讲述，这里仅就流域污染防治的内容进行论述和介绍。

1. 流域水体功能的多样性

任何一段水体它既作为流域水体的一部分，同时又作为区域水体的一部分，因此它可以被赋予不同的水体功能。如饮用水源的功能、航运的功能、水产养殖的功能、农业灌溉的功能、发电的功能和工业用水的功能等。

由此可见，同一个水体，在客观的环境系统中它将同时兼负多种不同的功能，这些功能要求之间因为社会、经济的原因会有一定的差异，甚至会有需要协调的矛盾和冲突。因此，在流域的环境管理上必然存在着复杂性和多样性。

2. 流域环境污染的复杂性

流域水环境污染主要包括废水污染、固体废弃物污染和石油类污染三种，另外还有流域沿岸径流污染，造成流域污染的原因和成分复杂。其中，废水污染主要由流域沿岸城市和乡镇工业废水、农业废水、居民生活污水以及船舶废水排入水体所致。固体废弃物污染主要由流域沿岸城市和乡镇工业固体废弃物、居民生活垃圾以及船舶生活垃圾排入水体所致。石油污染主要是来自于水上运输工具——船舶动力机械漏油、油船石油泄漏、船只修理或停靠设施排入水体的含油废水以及流域沿岸部分工业企业排放的含油废水所致。

造成流域污染的污染源种类繁多，既有工业企业和居民等固定污染源，又有运输工具等流动污染源；既包括作为城市和乡镇工业企业的“点源”，还有作为农业地区土地径流的“面源”；既有工业污染源，也有生活污染源，又有农业污染源，还有交通运输业污染源。

流域污染原因和成分的复杂性从另一方面决定了流域环境管理的艰巨性。

3. 流域环境管理的内容

开展流域环境管理包括三方面内容。首先，要建立一个统一、有权威的流域环境管理机构。这一机构有权协调、检查、监督整个流域各级地方政府、各行业行政主管部门、各行为主体之间有关环境保护和污染治理的关系与行为。其次，要制定流域环境管理规划，作为流域水资源管理规划的组成部分，在规划中要落实各级地方政府、各行业行政主管部门以及所有经济行为主体的环境责任，落实流域资源管理政策、经济政策和各类管理对策，以确保流域管理规划的有效实施。再次，要制定与管理规划相对应的污染治理规划，并落实污染治理资金和污染治理技术。

解决流域污染治理要坚持重点与一般相结合，流域与区域相结合的原则。在国家产业政策指导下，参照国家当前重点流域的环境保护任务和流域环境保护的阶段性目标，结合区域污染防治工作，以工业污染源限期治理为主要措施，以污染源达标排放或污染物总量控制为基本要求，通过污染限期治理促进污染源达标排放或总量控制，实现流域污染治理的目标。

开展流域污染治理要重点抓好城市和乡镇企业污染限期治理工作。第一，要结合企业的联合兼并与改组，关闭一批规模不经济的污染企业，结合企业技术改造推行清洁生产，促进企业环境管理向生产的全过程延伸。第二，要对污染企业实施区别对待、分类管理。对没有达标且已经列入国家淘汰落后生产能力、工艺和产品名录的企业要严格按照淘汰时限实行破产关闭，对达标无望的企业要提前做出安排，采取转产、限产和停产的措施；对符合国家产业政策，尚未建设治理设施的企业，要督促其尽早确立方案，限期治理；对正在运行的企业要加强施工现场环境管理；对已经达标排放的企业要进行指导和监督强化企业的内部管理。第三，要抓好流域污染治理重点工程项目的建设，以重点污染治理项目带动一般的污染治理工作。第四，对重点流域的污染治理，除了抓工业污染源的限期达标排放之外，同时要完善污水收费政策，加快城镇污水处理厂的建设。

流域石油污染虽然不是流域的主要和普遍的环境问题，但在中国南方水上交通繁忙的一些重点流域和水域如长江流域的中、下流水域，由船舶产生的石油污染相当严重和突出。解决流域的石油污染，主要是加强对各种船舶等水上交通工具动力设施的安全检查，防止石油意外泄漏。一是加强对船只修理和停靠设施的环境管理，防止含油废水直接排入自然水体。二是加大对石油污染事故的执法力度，减少或杜绝石油污染。

在流域石油污染防治方面，环境保护的责任主体是各级交通行政管理部门，这些部门要依据国家的《水污染防治法》和有关的交通安全以及地方性流域环境保护法规进行管理，环保部门负责统一的环境监督与监察。

固体废物污染是流域的重点环境问题之一。进入 20 世纪 90 年代以后，随着人口的增加和人们消费水平的提高以及工业的发展，流域固体废物污染问题已越来越突出，特别是“白色污染”已成为仅次于工业污染的另一个流域环境问题。

流域的固体废物污染以生活垃圾为主，而生活垃圾由流域沿岸居民生活垃圾和船舶产生的生活垃圾两部分组成。其中，由一次性的塑料用品特别是塑料餐具所产生的“白色污染”是流域生活垃圾污染的一个主要方面。因此，流域的固体废物污染防治实质上就是“白色污染”防治，解决“白色污染”问题特别是大江大河等重点流域的“白色污染”已成为流域环境管理的一个重要内容。

产生“白色污染”的原因是多方面的：一是缺少全国性的专门法规，因而在治理“白色污染”方面没有强制性措施，对公众、企业、餐饮和交通行业生产、经营和处置废旧塑料制品的行为没有约束力。二是缺少相关的经济政策，不能有效调动人们对废旧塑料制品的回收、加工和利用的积极性。三是行业环境管理工作落后。餐饮、商业、铁路和水运部门对经营活动中产生的废物没有采取严格的管理措施，听任消费者直接丢弃到自然环境中，另外，流域沿岸居民的生活垃圾任意堆放在河道两侧，致使在流域和铁路两侧形成了一道“风景”。四是人们还缺少足够的认识，没有把“白色污染”同废水污染、废气污染等视为同等重要的环境问题，因而采取了视而不见、听之任之、任其发展的态度。

为此，解决流域固体废弃物污染问题，要认真借鉴国外的经验和作法，从中国的国情出发，坚持“以宣传教育为先导，以强化管理为核心，以回收利用为主要手段，以开发替代产品为补充措施”的指导思想。环保部门要与建设、铁路、交通、水利、旅游等部门密切合作，明确分工，按行政区域建立行业环境保护目标责任制，落实各行业主管部门的环境责任。

要采取以下具体措施：

一是在流域沿岸设立固定的垃圾回收站，对水、陆交通运输、旅游过程中的生活垃圾实行封闭式管理。二是提高“白色污染”的收费标准，用经济手段规范人们乱扔垃圾尤其是“白色垃圾”的行为。三是在餐饮业和水上交通部门积极推广可降解的塑料替代用品，定点、强行回收废旧塑料制品。四是在沿岸城镇和人口稠密区建设生活垃圾处理厂，加强执法监督，禁止在流域两岸非法堆放生活垃圾。治理“白色污染”是固体废物污染防治的切入点，通过加强流域“白色污染”的综合治理带动流域固体废物污染治理。

流域环境管理同区域环境管理一样涉及到法制建设、环境教育、科技进步和强化管理等多项内容，需要多领域、多行业和多部门的密切配合，是一项长期、庞大的系统工程。其中，环保部门负有对各领域、各行业、各部门的统一监察职责，而这些具体的行业、部门负有具体监督本行业和本部门开展流域环境管理的职责。

五、海洋环境管理

海洋环境是人类生态环境的重要组成部分，自有人类社会以来人类与海洋便形成了密不可分的关系。人们在充分利用海洋资源的同时，也向海洋排放了大量的废弃物。广泛的经济活动对海洋环境产生了很大影响，海洋环境问题便由此而生。进入 20 世纪中叶以后，随着人口的增长和工业的发展，海洋环境污染和生态破坏问题越来越突出，海洋环境保护成为人类环境保护的重要组成部分。

在中国，海洋环境保护起步于 70 年代末，至今仅有 20 年的历史。改革开放以来，沿海地区经济和社会快速发展，促进了海洋资源的开发与利用，同时也导致了海洋环境问题的快速增长。特别是近岸海域的环境污染和生态破坏形势日趋严重，给海洋环境保护带来巨大压力。正是这种日趋严重的海洋环境问题，使得在所有领域的环境保护中海洋环境保护已占据越来越重要的地位。

1．海洋环境问题

进入 90 年代以后，国家在近岸海域环境保护方面做了大量工作，取得了一定成绩。但中国近岸海域的总体环境形势相当严峻，并呈日趋恶化的态势，主要表现在以下几个方面：

（1）近岸海域环境污染

中国近岸海域环境污染具有以下的特点：一是海域污染范围不断扩大，海水水质呈下降趋势。在 20 世纪 80 年代中期，只有东海近岸海域无机氮平均含量超标。到了 90 年代初，渤海、黄海、东海和南海 4 个海区近岸海域无机氮平均含量全部超标。到了 90 年代末，渤海近岸海域不仅无机氮超标严重，而且无机磷也严重超标。近岸海水水质为三类或超三类水质，渔业资源遭到严重破坏。二是陆源污染呈加重趋势。由于沿江、沿河、沿海地区的工业污水经河流携带入海，加上城市生活污水总量逐年上升，加重了陆源污染对海洋的压力。据统计，在环渤海地区入海污水总量中，生活污水与工业废水所占比例基本持平，沿海城市生活污水已成为近岸海域环境污染的重要污染源。另外，入海江河流域和沿海农业地区每年施用的各种农药、化肥等面源污染物居高不下，对近岸海域环境构成了威胁。三是区域性海洋环境灾害日益突出。据不完全统计，进入 90 年代后，近岸海域每年发生赤潮的频率越来越高，范围越来越大，次数越来越多，每年给沿海海水养殖业造成的经济损失达数亿元。特别是进入 21 世纪以后，每年发生的赤潮面积和次数骤增，造成的海洋渔业生产损失是十年前的数倍甚至十几倍。

（2）近岸海域生态破坏

长期以来，在沿海地区，人们随意围海造田、造地，大量采挖砂石、珊瑚礁，滥伐红树林，向岸滩堆放、处置废弃物的现象非常普遍，造成了近岸海域生态环境的严重破坏。据国家统计，建国以来，由于围海造田的原因海滨滩涂湿地面积累计减少约 100 万公顷，相当于沿海湿地总面积的 50%，目前每年仍以 2 万公顷的速度在减少。珊瑚礁已由解放初期的 5 万公顷减至目前的 1.5 万公顷，下降了 70%。一些地区的沿海防护林体系遭到严重的破坏，红树林砍伐严重。沿海地区和城市超采地下水的现象十分普遍，部分地区和城市出现了海水倒灌和沿海地下水污染问题。海洋自然景观和生态环境的破坏造成了大面积海岸侵蚀、淤积，减少了海洋物种资源，加剧了海洋灾害的程度。

2．海洋环境管理

海洋环境管理要遵循陆地环境保护与海洋环境保护并重，海洋环境污染防治与海洋生态保护并举的方针。实施以陆源污染防治为主，陆源污染防治与海域污染防治相结合；以沿海城市为重点，点、线污染防治相结合；以近岸海域为主，近岸与远岸兼顾的海洋环境战略。在国家“33211”计划指导下，以渤海近岸海域污染防治为突破口，突出重点、分步实施，全面启动国家《碧海行动计划》。

（1）加强近岸海域污染防治

近岸海域污染是海洋环境问题的主要方面。加强近岸海域污染防治要以陆源污染防治为重点，以渤海近岸海域污染防治为突破口，促进《碧海行动计划》的实施。

第一，要抓住重点河口的污染防治。近岸海域的污染物绝大部分来自陆地，而这些污染物是通过排污口和由河流携带入海，其中河流是输送污染物的主要渠道，做好重点河口的污染防治就成为近岸海域污染防治的关键。不同的海区，其河口的数量、分布是不一样的，各地要从实际情况出发，确定本海区的重点控制河口。

渤海是中国的一个半封闭的内海，海水交换持续时间长，自净能力差，环境容量有限。来自国家环保总局的统计资料显示，渤海沿岸共有入海河流和入海排污口 137 个，其中有辽河、海河、五里河、黄河、小清河等主要入海河流 55 条。据初步调查，渤海每年通过这些河流和排污口接纳各类废水 28 亿吨，各类污染物 70 多万吨。在《渤海碧海行动计划》中所确定的重点河口有辽河、海河、黄河、小清河和五里河等河口，通过这些重点河口的污染防治，就可以有效地控制渤海近岸的环境污染。

第二，要抓住重点污染物的防治。我国近岸海域的主要污染物是无机氮、无机磷、COD 和石油类，属于重点控制对象。其中，无机氮、无机磷主要来源于农业面源污染，COD 主要来源于工业有机废水和城镇生活污水两部分，石油类主要来源于船舶等水上运输工具、海岸及河流沿岸船舶停靠码头等造成的污染。不同的海区，这四种主要污染物的产生、排放情况又有所不同，各个海域要针对具体情况制定不同的污染防治对策和措施。

渤海近岸海域重点污染物防治的近期目标是对 COD 和石油类实施浓度控制，要求工业污染源及海上船舶、石油平台污染源限期达标排放。中期目标是到 2010 年控制住氮、磷和石油污染增长趋势，COD 实施总量控制。远期目标是到 2030 年四项污染指标全部达到总量控制要求。

第三，要抓住重点海域的污染防治。根据各个海区的自然地理条件和污染特征，以沿海城市为中心确定出重点控制的海域。针对重点控制海域、重点控制河口和重点控制的污染物制定出具体的污染防治对策。一是加强排污口的规范化整治，逐步解决混合排污口的污染问题，推进污染物的总量控制。二是建设市政污水处理工程和设施，有效解决城镇生活污水的污染问题。三是严格海岸工程、渔业工程项目的环境管理，依法控制新污染产生。四是加快限期淘汰和限期治理步伐，有效解决老污染问题。

《渤海碧海行动计划》中确定的重点控制海域是莱州湾、渤海湾、辽东湾以及 13 个重点城市的毗邻海域，每个重点海域又确定了相应的重点控制河口。如莱州湾的小清河，渤海湾的天津南排污河、沧浪渠、永定新河，辽东湾的辽河、五里河等都是所在重点海域的重点河口。围绕这些重点海域与重点河口，以重点河口的陆源污染防治为前提，以渤海的“一控双达标”为基本要求，采取一系列的控制措施，实现渤海的碧海计划。

渤海的“一控双达标”是指：逐步实施重点污染物有机氮、有机磷、COD 和石油类的总量控制，环渤海的所有工业水污染源必须按照国家或地方规定的标准实现达标排放，渤海沿岸城市地面水必须按功能区达到国家规定的有关环境质量标准。

（2）加强近岸海域生态保护

近岸海域生态保护是海洋环境保护的重要组成部分，加强近岸海域生态保护要以污染防治与生态保护并重的国家环境战略为指导，像重视污染防治工作一样高度重视海洋生态保护和生物多样性的保护工作。

第一，加强海洋渔业资源保护。随着近岸海域环境污染和生态破坏的日益严重，我国海洋渔业生态环境不断恶化，加上对海洋渔业超强的过量捕捞，使海洋渔业资源不断萎缩，在一定程度上和一定范围内严重影响了沿海经济的发展。加强海洋渔业生态保护，首要的工作是加强近岸海域污染防治，特别是要加强对重要渔业水域的污染控制和预防，发展海水养殖要科学确定养殖密度。同时，要继续实行严格的休渔制度，通过划定禁渔区、禁渔期，加强对渔业捕捞强度的控制，实现对海洋渔业资源的持续利用，促进海洋渔业经济的持续增长。

第二，加强海岸带的生态保护。长期以来，对海岸资源的盲目开发与利用所造成的海岸带生态破坏已成为海洋生态环境问题中一个明显而突出的问题，需要采取切实有效的措施加以解决。首先，要加大执法力度，依照《中华人民共和国海洋环境保护法》的规定，严禁在海岸滥采乱挖砂石资源，严禁在海岸乱批乱建旅游景点和游乐设施，加强海滩与海岸线的保护，依法严惩破坏海岸防护设施和沿海防护林的违法犯罪行为。其次，要增加投入，加强海岸防护设施和沿海防护林的建设，对海岸侵蚀和海水入侵地区进行综合治理。再次，对具有特殊保护价值的海岸、岛屿、滨海湿地、入海河口等建立海洋自然保护区，实行重点保护。

第三，加强珊瑚礁的保护。众所周知，森林是维持陆地生态环境的重要屏障，而珊瑚礁是维持海洋生态环境的重要屏障。二者共同维系着地球的生态平衡，并发挥着其它生态要素不可替代的作用。珊瑚礁的大面积毁坏是导致海洋生态环境恶化的主要因素，保护珊瑚礁已成为海洋生态保护中最为重要和最具深刻意义的事情，需要采取有效措施加以解决。其主要途径有两条：一是要严格控制人为的破坏，限制过量的采伐和利用。二是要加强对近岸海域的污染防治。

在中国的四个海区中，南海的珊瑚礁资源最为丰富，但破坏也最为严重，需要国家通过专项立法来规范珊瑚礁的开发与利用行为。目前，有关珊瑚礁保护的力度和重视程度还很不够，从地方政府到公众对保护珊瑚礁的意义和作用缺乏足够的认识，应当引起国家和各级政府的高度重视，并应采取积极的对策和措施，促进中国各海域内珊瑚礁的保护。

海洋是一个特殊的区域，开展海洋环境保护工作有其特殊性，这种特殊性规定了环保部门、海洋、海事、渔业及军队环保部门之间存在一种相互制约、相互监督、相互协作的关系。加强海洋环境综合治理要依据《海洋环境保护法》赋予的权限，充分发挥环境保护部门的协调和监督职能，发挥海洋、海事、渔业和军队环保部门的专项监督与管理职能。五个方面相互配合，统一协作，各尽其职，共同做好海洋环境保护工作。

开展区域环境综合治理，全面推进区域污染防治和生态保护是微观环境管理的中心工作，时间紧、任务重、难度大。各地在实践中要根据随机制宜的管理原则，以国家的环境保护计划为指导，从本地的实际情况出发，有选择地借鉴外地的经验作法，开展高效务实的环境管理工作。

第四节　环境监督管理

环境保护的目的是改善区域环境质量，实现经济与社会的可持续发展。能否达到这一目标，取决于环境保护对策与措施是否落到实处，而环境保护对策与措施的落实需要依法管理——严格的执法和有力的监督。缺乏有效的监督，强化管理将成为空话，因此说执法监督关系到环境保护的成败，是环境管理的关键。

所谓环境执法监督是指以国家环境政策、法律、法规和标准为依据，围绕国家环保工作中心，结合地方环保工作重点，运用国家法律赋予的权力和地方政府授予的行政管理权限，以环保部门为主体，在有关部门的配合下对一切与环境保护有关的经济行为进行的有效监督活动。环境执法监督是基于法律授权的一种管理概念，在一般情况下，人们把执法和监督看成一个内容。但从法律赋予的权限性质进行严格划分，执法监督又可分为执法和监督两方面。

执法是管理主体对客体依法进行直接和间接的处理，其执法权具有明显的强制性。比如各级环境保护行政主管部门依据国家环境保护的有关法律、法规对陆地污染单位擅自拆除、闲置环境保护设施的违法行为，实施现场警告，责令重新安装使用，并处一定数额罚款的权力就是一种执法权。另外，1999 年 8 月国家环保总局发布的《环境保护行政处罚办法》中对县级以上环境保护行政主管部门所规定的一系列行政处罚权也是执法权。**监督**是管理主体对客体依法进行直接和间接的监察和督促，其监督权不具有明显的强制性，但其范围比执法范围广。比如国务院环境保护行政主管部门对海洋环境保护具有监督权，但对海洋开发、建设项目不具有管理权和执法权。对造成海洋环境污染的行为不能实施直接或间接的行政与经济处罚，需要通过海洋、海事、渔业和军队环保部门加强管理和实施必要的行政与经济处罚。

由此可见，执法与监督是有区别的两个概念，不能混为一谈。在环境管理实践中，环保部门应区别对待和正确运用法律所赋予的执法权和监督权。

一、环境监督管理的内容和重点

环境监督是环保部门唯一独立行使的重要职能，也是环境管理的基本职能。几十年来，国内外的环境管理经验告诉我们，环境管理成功与否关键在于监督。

1．环境监督管理的依据

国家环境保护部门开展环境监督管理的依据是通过人大常委会、国务院发布的有关环境保护的方针、政策、法律、法令、条例、规定、决定、办法、标准、意见以及会议决议等；地方环境保护部门开展环境监督管理的依据除了根据国家的规定以外，还要根据地方人大常委会和人民政府发布的环境条例、规定、决定、办法、标准等地方法规。

其中，环境法规、环境标准和环境监测构成了环境监督管理的三个重要依据和手段，三者缺一不可。

2．环境监督管理的内容

环境监督管理的内容相当广泛，应当说，凡是与环境保护有关的所有群体和个体行为都属于监督管理的内容。正如第二章所述，监督作为一种管理职能是普遍存在的，不仅是针对经济行为主体的环境监督，而且还包括对各类经济行为主体行政主管部门的环境监督——行政主体监督；不仅包括对生产行为的环境监督——污染防治监督，还包括对资源开发行为的环境监督——生态保护监督；不仅包括对执法主体的环境监督——内部监督，还包括对执法客体的监督——外部监督；等等。

3．环境监督管理的重点

长期以来不论是在理论界还是在实践中，不论是专家学者还是普通环保工作人员，都把监督的重点与视线放在对经济行为主体的监督上来，一味地强调对生产企业的污染防治监督和资源开发企业的生态保护监督，却很少甚至没有人强调对这些经济行为主体——企业行政主管部门的监督。从表面上看这仅仅是一个对环境监督管理权限的认识与理解问题，但实际上这是对国家环境法律精神的重大曲解和对环境法律内容的重大篡改。

在《中华人民共和国环境保护法》中第七条明确规定："各级环境保护行政主管部门对本辖区的环境保护工作实施统一监督管理"。"国家海洋行政主管部门、港务监督、渔政渔港监督、军队环境保护部门和各级公安、交通、铁道、民航管理部门，依照有关法律的规定对环境污染防治实施监督管理"，"县级以上人民政府的土地、矿产、林业、农业、水利行政主管部门，依照有关法律的规定对资源的保护实施监督管理"。

这一法律规定非常明确地告诉我们，各级环境保护部门的监督管理权限是跨行业和领域的，具有对本辖区环境保护工作的统一监督管理权，其它部门和行业要在环境保护部门的统一监督管理下开展本部门、本行业的环保工作。但在环境管理实践中，各级环境保护部门把眼睛盯在具体的经济行为主体上面，只强调对生产企业污染防治的监督和对资源开发单位生态保护的监督，而放弃了国家环境法律所规定的对其它行业行政主管部门的统一监督管理权，致使各行业行政主管部门不能按法律规定有效履行环境保护的责任与义务，因而也就无法有效发挥行业管理的优势和无法调动行业行政主管部门环境保护的主动性和积极性。这正是中国环境管理工作举步维艰和行业环境管理滞后的重要原因所在。

加强行政主体监督是今后环境监督管理的重点任务之一。各级环保部门要在加强对企业的监督管理，认真规范各类经济行为主体的环境行为的同时，必须要加强对行业的监督管理，认真规范各类行政主体的环境行为，明确行业的环境责任，把行业的环境保护工作纳入到各级环保部门的监督管理范围，通过行业监督与行业自律来强化和促进环保部门的统一监督管理。

二、严格执法，依法开展环境管理

加强环境立法和严格执法是环境法制建设的两个方面。立法要先行、执法要从严，立法为执法服务，这是环境管理从宏观和微观两个层次对环境法制建设提出的基本要求。加强环境立法，属于宏观环境管理的范畴。到目前为止，虽然在个别领域还存在着环境立法不足的问题，需要国家不断加强立法工作以进一步完善环境法律体系，但在大多数领域的环境管理中已基本做到有法可依。

相对于环境立法不足，解决环境执法不严的问题更为迫切和突出，是环境法制建设中的首要任务。长期以来，中国的环境保护之所以举步维艰，旧的环境问题没有解决，新的环境问题不断涌现，原因是多方面的，但执法不严是其中的一个重要原因。

因为执法不严，环境污染和生态破坏问题才屡禁不止！因为执法不严，砍伐森林和滥捕乱杀野生动物的违法行为才得不到有效遏制！因为执法不严，行政干预现象才随处可见！因为执法不严，环保部门的威信才树立不起来！因为执法不严，污染治理资金和生态保护投入问题才很难解决！因为执法不严，人们的环境保护意识才很难提高！

所有这些说明，在环境形势不断发展，环境问题不断增多，环境保护要求不断提高的今天，严格环境执法成为中国环境保护成败的关键。

1. 加大执法力度

加大环境执法力度，不仅要从过去重宣传、重说教、重劝导为主转变到依法强制为主，实现从“应当怎么做”到“必须怎么做”的转变，更要做到有法必依、执法必严、违法必纠、有奖有罚、奖罚分明。长期以来，在环境保护领域普遍存在着有法不依、执法不严的问题。从根本上说，有法不依是一种腐败现象，而执法不严助长了这种腐败现象的发展。虽然这种腐败不属于司法腐败，不会给国家政权造成灾难性的危害，但在社会上产生的负面影响很大，给环境保护事业带来了极大的损害。

为什么执法不严，虽然有深刻的社会背景，但很大程度上在于环保部门自身，在执法过程中心慈手软，不敢碰硬是重要的原因。在环境违法行为面前自己不理直气壮，先软了下来，先退缩下来，在保护大多数人利益和保护少数违法者利益之间选择了后者，这种行为本身实质上就是一种违法甚至是一种犯罪行为。环境执法部门是代表国家执法，维护大多数人的利益，所以要理直气壮地执法，这是法律赋予的职责。只有严格执法，才能树立环保部门的形象和威信！只有严格执法，才能打开环境保护工作局面！只有严格执法，才能有效解决污染治理和生态保护的资金问题！只有严格执法，才能取得社会公众对环保的支持和认可。

总之，不严格执法，环保部门就没有作为。只有严格执法，环保部门才有作为，有作为才有地位。近年来国家重点流域污染治理的实践已经证明了这一点。只要环保部门按照法律、法规办事，该关的坚决关，该停的坚决停，该治的必须治，依法淘汰和依法限期治理，使污染企业丢掉幻想，过去许多无法解决的如污染治理资金问题，污染治理技术问题就会很快地得以落实，久拖不决的环境问题就会得到解决。

2．加强环境监理，规范执法行为

所谓环境监理是指各级地方政府环境保护行政主管部门授权专门环境机构和人员对本辖区环境保护进行现场监督执法活动的统称。简单地说，环境监理是一种直接的现场执法行为，是强化环境保护部门执法监督的重要途径和手段。各级环境监理部门是在各级环境保护行政主管部门领导下，依法对辖区内一切单位和个人履行环境保护法律、法规与执行环境政策、标准的情况进行现场监督、检查、处理的专职机构。

从环境监理的概念不难看出，环境监理属于环境监督管理的范畴，是环境监督管理的重要组成部分，因而具有环境行政执法的属性。因为只有深入现场，才能真正了解有关环境保护法律、规章、制度、标准的实际执行情况，掌握被管理者——经济行为主体的实际环境行为。环境监理将文件管理与现场监督有机统一起来，具有明显的即时性特征，缩短了信息反馈的周期，减少了概念化管理的失误，提高了管理效率。

值得指出的是，环境监理的对象是各类经济行为主体，实行对各经济行为主体的现场监督，而不包括对行政主体的监督。因此，环境监理机构主要担负着环境保护“统一监督管理”中现场监督管理的职责，而不能履行其它的职责。也就是说，环境监理不能代替环境监督管理的全部内容。

我国环境监理内容可以概括为“三查、两调、一收费”。

所谓“三查”是指对生产单位的排污情况和资源开发单位的生态破坏情况进行监督检查，对“三同时”、污染限期治理及其它环境管理制度和措施执行情况进行现场的监督检查，对海洋污染和生态破坏情况进行监督检查。所谓“两调”是指对污染事故进行现场调查和对污染损害赔偿纠纷进行调查。“一收费”就是依法征收超标排污费和排污水费。

严格执法必须要规范执法行为，完善执法程序，做到依法行政，使环境执法规范化、程序化。为此，要解决以下的问题：一是对环境监理人员实施公务员化管理。严格按照公开、公正、公平和择优录用的原则，实行公开招考，对录用的人员加强培训，坚持持证上岗制度。二是严格执行《环境监理工作制度》、《环境监理工作程序》、《环境监理政务公开制度》和《环境监理人员行为规范》，规范环境监理的执法行为，切实做到有法必依、执法必严、违法必纠和文明执法。三是统一规范环境监理机构设置，在省、市、县三级环境保护局中分别设立处、科、股三级环境监理行政机构以及总队、支队、大队三级环境监理业务机构，根据需要还可设立联片的乡镇环境监理中队。

严格执法不仅要规范执法行为，还要有一支合格的环境执法队伍。环境监理是环境执法的主要形式，现场执法是环境监理的基本职能。各级环境监理部门是依法对辖区内一切单位和个人执行环境政策，落实环保法律、法规和标准的情况进行现场监督、检查、处理的专职机构，是中国的“环境警察”。

目前，中国的环境监理队伍只有 4 万人，人数少、人员素质参差不齐，给严格环境执法带来了难度。面对环境监督职能、范围不断扩大的新形势和实现“一控双达标”的艰巨任务，对环境监理队伍的建设以及监理装备、通讯手段、着装等问题都提出了更高的要求。显然，目前这支仅有 4 万人的环境监理队伍将承受巨大的压力和挑战。如果不尽快解决环境执法队伍建设问题，提高环境执法质量和水平显然是不可能的。加强环境监理队伍建设要解决以下几个问题：一是在提高环境监理人员素质的同时，要扩大监理队伍以适应环境保护形势发展的需要。二是增加对环境监理的投入，加快基层环境监理的标准化建设，增强环境监理队伍的机动性和快速反应能力。三是解决监理队伍着装问题，树立环境执法队伍的外在形象，实现环境执法形式与内容的统一。

3．依法征收排污费

征收排污费是运用经济手段促进污染治理，强化环境管理的一种措施，是“谁污染、谁治理”环境政策的具体体现。环境是一种公共资源，谁利用了这一资源，谁就要给以补偿，谁污染了环境，谁就要负责治理，这不仅属于道德范畴，更涉及到法律责任。征收排污费作为中国的一项管理制度，已实行近 30 年，对以往的环境保护工作起到了一定促进作用，开辟了一条污染治理的资金渠道。

但由于是只征收超标排污费，而且是单因子收费，收费范围过窄，收费标准过低，导致污染企业宁交排污费买排污权，而不愿治理污染，致使这项制度没有发挥它应有的作用。显然，现有的这项制度已不能适应新形势下环境保护事业发展的需要，必须通过改革加以解决。

（1）要加强环境立法，确立超标就是违法，排污就要收费的法治观念。

现有的超标征收排污费制度是以浓度控制为前提，建立在原始的“谁污染、谁治理”管理思想基础上的，给排污者一个错觉：只要我排污不超标，就是合法的，就不需要对环境资源进行补偿。于是，排污单位围绕着浓度标准大做文章，想方设法通过大量消耗水资源使其排放的污染物达标，以逃避交纳排污费和逃避污染治理的责任。

确立超标就是违法，排污就要收费的思想，可以使排污单位和个人时刻意识到自己对环境保护所应承担的法律责任，以达标排放作为经济活动的底线，在环境标准以内来安排和支配自己的经济行为。不仅可以提高人们的资源意识，而且有利于贯彻“谁利用、谁补偿”的思想。

（2）变浓度收费为总量收费。

所谓总量收费是指按污染物的排放种类和数量，以污染当量来计算和征收排污费。实行总量收费能较好地体现公平性原则，有利于鼓励企业减少排污量，从经济角度较科学地落实排污单位的环境责任。企业为了少交排污费，就得减少排污总量，总量减少了，环境质量就能得到改善，所以说，总量收费是实施总量控制的需要。

总量收费思想不同于“收费标准要高于治理成本”的思想，前者是与总量控制相匹配的经济管理思想，而后者是针对超标收费而言的，属于浓度控制的范畴。

（3）依法足额征收排污费。

长期以来，人们往往把征收排污费看作是一种纯粹的经济行为。甚至环保执法部门本身也把征收排污费简单地看成是经济管理活动，因而把排污收费当做是可以讨价还价的一种交易，在收费者与交纳排污费者之间便出现了协商收费的问题。这种协商收费的现象十分普遍，几千元的排污费可以协商到几百元甚至是几十元，几万元的排污费可以协商到几千元甚至是几百元。这样做的结果是非常有害的，人们非但没有从交纳排污费的过程中受到环境教育，促进污染治理，反而把征收排污费看成是环保部门的创收行为，大大损害和降低了环保部门的形象和威信。

作为环境执法部门，应当意识到征收排污费的行为首先是一种执法行为，征收排污费的过程是一种执法过程和环境教育的过程。通过征收排污费来贯彻落实国家有关的环境政策、法律、法规和标准，使排污者认识到自己所应承担的环境责任和义务。因此，依法足额征收排污费是严格执法、依法开展环境管理的重要措施和途径，是环境法制教育的集中体现。要提高认识，转变观念，通过依法足额征收排污费使人们感到，在保护环境的问题上是不能协商的，在法律面前是不能讨价还价的。

三、强化环境监督，充分发挥基本职能

环境监督贯穿于环境保护活动的全过程，是环保部门的基本职责，其目的是督促被管理者依法履行环境保护的责任和义务。环境监督有多种形式和分类方法，按照监督的内容可分为污染防治监督、生态保护监督和环境行政执法监督三种，按照监督的对象可分为外部监督、内部监督两种，按照监督的强度可分为直接监督、间接监督两种。在环境管理实践中，环境监督一般是按照内容进行划分的。

1. 加强污染防治监督

在微观环境管理中，各级环保部门主要的工作内容和任务就是对资源开发和生产企业实施污染防治的监督管理。污染防治监督是国家法律赋予环保部门最基本的职能之一。主要包括：污染防治设施运转情况监督，污染物排放情况监督，建设项目“三同时”执行情况监督，限期治理项目完成情况监督，“白色污染”治理监督和核安全设施管理情况监督等。

在当前形势下，“三同时”执行情况监督、污染物排放情况监督和限期治理项目完成情况监督是污染防治监督的重点。通过监督落实企业的污染防治措施，实现污染物的稳定达标排放。在国家的环保法律、法规中不仅赋予了环保部门的监督管理权，而且也赋予了环保部门一定的现场行政处罚权，环保执法部门可根据实际情况对环境污染行为进行即时的处理和行政处罚。因此，加强污染防治的环境监督，就要求环保部门要充分有效地运用国家现有法律、法规所授予的现场行政处罚权限，以严格执法为前提，通过执法强化监督，促进污染防治工作。

2. 加强生态保护监督

在第四次全国环境保护会议上，国家对环境保护工作重心进行了重新调整，提出了污染防治与生态保护并重的方针。从而扩大了环保部门统一监督管理的职能范围，使生态保护监督成为环境监督的另一个重要内容。生态保护监督包括：资源开发和非污染性建设项目监督；自然保护区、风景名胜区、森林公园环境管理监督；流域和海岸生态保护监督；农业生态保护监督等。

从工作量上看，生态保护的监督要小于污染防治的监督，但从监督的难度上看，生态保护的监督又大于污染防治的监督。这是因为，到目前为止，国家虽然已经赋予了环保部门生态保护的监督权限，但没有赋予环保部门关于生态保护方面的现场执法权限——行政处罚权限，这就使得生态保护的监督职能受到很大的影响和制约，大大降低了监督管理的力度。

生态保护涉及到环保部门与资源部门的协作关系问题。加强生态监督要正确处理好

生态保护与资源保护的关系，切实履行统一监督管理职责。如何准确定位、规范职能、有效配合，是建立健全生态保护管理体制要首先解决的重大问题。按照环境保护法律、资源法律和国务院关于各部门的工作分工，资源管理部门（包括林业、矿业、水利和国土部门）与环保部门在自然保护的职能分工、管理范围上都有很大的不同。

首先，从工作分工和目的上看，资源部门主要负责所管辖区域内资源的开发、利用和保护任务，其目的是通过生态建设，开发利用和管理自然资源的存量和增量，以期最大限度地发挥它的资源价值。而环保部门则从生态平衡的角度监督管理整个生态环境，其目的是通过监督管理来促进各资源部门的生态保护，实现资源的持续利用和发挥最大的生态价值。

其次，从管理的范围和层次上讲，资源部门负责单一资源的保护和生态建设任务，很难顾及自然环境的有机整体性，容易造成资源开发、利用和保护上的局限性。环保部门是从系统整体上考虑生态保护问题，负责对资源开发、利用过程中的环境保护实行统一的监督管理，采取综合对策和措施以规范各种资源开发、利用和保护的行为，维持生态系统的整体平衡。

总之，环保部门负责所有资源领域的生态保护任务，对各种影响生态环境的资源开发和保护活动实施统一的监督管理，但不能代替其它各资源部门具体的资源开发、利用与保护工作。各资源部门主要负责生态建设任务，在环保部门的统一监督管理下开展本资源领域的环境保护。

因此，加强生态保护监督要坚持生态建设与生态保护并重的原则，正确处理环保部门与资源部门的关系，充分发挥各自的职能优势，在其它资源部门的积极配合下实现依法统一监督管理的目的。

3．加强环境行政执法监督

环境行政执法监督也叫做环境稽查，是对环境执法者行政行为的监督。具体是指国家环境保护总局和各省（自治区、直辖市）环境保护部门对下级环境监理机构的行政执法情况进行监督、检查和处理，对违反环境保护法律、法规的行政行为责令限期纠正并对情节严重的违法者依法进行行政处罚，对负有责任的下级环境监理机构提出处理的意见。因此，环境行政执法监督的权力归国家和省环境保护部门，地、市级以下的环保行政主管部门属于被监督的对象。

开展环境稽查是严格环保执法，规范执法行为，加强环境执法内部监督的重要措施。通过环境稽查，可以加强环境监理队伍的建设，有效促进依法行政，提高环保部门的执法水平。

四、做好协调与服务，发挥辅助职能

严格环境执法需要加强环境立法和加大执法力度，这是人人容易理解的。但是，严格环境执法同样需要加强综合协调和做好服务工作，这一点也许不被所有的人认识。实际上，忽视协调与服务这一环节，严格环境执法的目标也很难实现。

事实证明，加强综合协调，做好服务工作对促进执法监督具有重要的作用。这是因为，环境管理具有跨行业、跨领域的综合性特征，不论是规划管理，还是建设项目管理；不论是区域环境综合治理，还是流域环境综合治理；不论是污染防治，还是生态保护；不论是执法，还是监督，都需要地方政府相关部门的配合与支持。没有其它部门的配合与支持，环保部门是无法独立完成环境监督管理工作的。这一点是环境管理与行业及部门管理的最大区别。只有加强综合协调，做好服务工作，才能减少政府的行政干预和来自于行业行政主管部门的阻力，才能改变环保部门孤军奋战的被动局面，促进环境执法监督。

1．发挥协调职能，促进执法监督

协调是环境管理的重要职能之一，也是环保部门的主要职能之一。环境管理是政府行为，开展区域环境管理工作需要政府各部门的参与和配合，而这种参与和配合是通过协调来实现的。通过协调可以统一政府各相关部门的认识，形成管理合力，采取协调一致的对策和行动，推进区域环境保护工作，实现预定的环境保护目标。

综合协调的内容非常广泛，同执法监督一样贯穿于环境保护的全过程。

（1）规划管理需要协调

规划管理是微观环境管理的基础工作，是执法监督的重要依据。要使环境规划成为地方政府各行业主管部门开展环境保护的宏观指导，有效落实政府各相关部门的环境责任，就必须最大限度地取得有关部门的认可与支持。因此，在环境规划的组织、审批和实施三个环节上都离不开综合协调，只有做好协调，规划管理才能达到应有的目的，才能为将环境规划纳入区域经济与社会发展规划创造有利条件。

（2）建设项目管理需要协调

从建设项目的环境管理内容可知，一个建设项目从环境预审、环境影响报告书或报告表的审批到环保设施竣工验收的审批，整个过程涉及到建设单位主管部门、土地部门、城建部门、资源部门、工商部门、计划部门、银行部门、科研部门和技术监督部门等。虽然，在建设项目环境管理上，环保部门依法具有“第一审批权”，但仍需要其它相关部门的支持与配合。长期以来，在建设项目管理上，环保部门之所以很难开展工作，一个重要的原因是协调工作没做好。

（3）区域环境综合治理需要协调

区域环境综合治理包括污染防治和生态保护两个方面，不论是污染防治的执法监督，还是生态保护的监督管理，都需要得到行业主管部门的支持与配合。比如在污染限期治理问题上，由于环保部门只具有建议权和监督权，而不具有决定权和强制执行权，因而存在很大的阻力，无法独立开展工作。这种阻力一般来自于三个方面，一是来自企业，二是来自行业行政主管部门，三是来自地方政府。这三方面阻力相互影响和促进，尤其是后两个阻力给环保部门开展执法监督造成了巨大障碍。在这种情况下，就需要做好行业行政主管部门的协调工作，减小阻力，形成合力，共同采取一致行动加快污染限期治理。

在生态保护方面更是如此，环保部门只具有监督权，除了秸秆禁烧现场执法权以外，没有其它现场执法权。开展环境监督只能通过林业部门、土地部门、农业部门、水利部门等多方面配合，实行联合检查和监督才能制止生态破坏的行为。没有这些部门的配合与支持，环保部门的监督管理将寸步难行，所以加强协调显得更为重要。

（4）重大环境行动需要协调

为促进重点城市、区域、流域和海域的环境保护工作，需要采取重大环境行动对重点的环境问题进行重点的联合执法检查。这就需要各级环保部门与各级政府相互配合，统一认识、统一行动、统一对策，集中力量解决事关重大的环境问题。在这个问题上关于协调的重要性已一目了然。

（5）参与综合决策需要协调

综合决策内容非常广泛，决策问题涉及到多个领域和部门。作为环保部门不仅要积极地参与综合决策，而且要发挥协调职能，使参与决策的各个方面形成统一的认识，对环境与发展的重大问题达成共识。这就需要环保部门在参与综合决策之前主动进行协调，形成一致或者比较统一的意见，以取得有利的支持，使地方政府的重大决策符合可持续发展的要求。

协调是为执法监督服务的，是强化执法监督的社会基础，二者成正比例关系。环境管理实践证明，只有各方面协调一致，才能有力地执法和严格地监督，只有各方面协调一致，才能发挥各个领域和行业在环境保护方面具有的特殊管理优势，使各领域、各行业的经济行为较好地统一在国家环境法律和法规的框架之下。另外，综合协调能力也是各级环保部门领导人综合管理能力的重要方面，一个综合协调能力强的领导，可以充分调动各方面的积极性，团结一切力量，变被动为主动，变不利为有利，变对立为统一，实现预期的管理目标。当然我们所讲的协调不是无原则的协调，不是搞一团和气，而是有原则的协调，是在实现可持续发展战略目标大原则之下的协调。

因此，各级环保部门要充分重视协调问题，发挥协调职能，加强同政府各部门的配合与协作。充分利用其它行业行政主管部门在本行业所具有的特殊管理职能与管理优势，调动各行业的环境保护主动性和积极性，通过各行业的环境执法来强化环保部门的环境执法。

2. 发挥服务职能，体现根本宗旨

为经济建设服务是环境保护的根本宗旨，这不仅体现在宏观的决策层次，而且体现在微观的管理层次，也体现在各项具体的环保工作中，还体现在环境执法监督之中。

服务是执法监督的另一种形式，是环保部门监督管理职能的延伸，加大执法监督力度，服务必须到位。做好服务有利于实现经济行为主体由消极的服从到主动参与的转变。有利于在管理者与被管理者之间架设一条情感通道，消除矛盾、减少对抗、增进理解。有利于提高环保部门的威信，强化执法监督的效果。因此说，严格执法与加强服务是相互统一的整体，二者不可分割。

（1）分清职责，正确处理服务与监督的关系。

作为环保部门首先要准确定位，明确职责，时刻清楚依法监督是自己的主要职责，而服务是辅助职责，二者不能相互代替。就是说，在实际工作中，一方面环保部门要把履行主要职责放在首位，把履行辅助职责放在从属的地位。另一方面既要履行主要职责，加强执法监督，又要履行辅助职责，加强服务。同时，还要把二者截然分开，既不能以监督代替服务，更不能以服务取代依法监督。另外还要清楚，履行主要职责是无条件的，是国家法律、法规所赋予的职能，而履行辅助职责是有条件的，要以需求为前提。

所以，在任何情况下环保部门既不能以强调主要职责而放弃辅助职责，也不能以辅助职责冲淡和取代主要职责。监督与服务要截然分开，该监督的要监督，该服务的要服务，二者不能混为一谈。

比如，在污染防治问题上，环保部门负有依法监督职责，企业负有污染预防和污染治理的责任。环保部门不能干预和代替企业选择具体的污染治理方案和污染治理技术，这是一个最基本的事实。但这并不意味着环保部门就无其它事情可做，也不意味着在其它方面就无所作为。在企业需要的情况下向企业提供一些必要的咨询信息，减少企业不必要的决策失误和经济损失也是环保部门义不容辞的责任。

（2）增强服务意识，促进环境执法监督。

环保部门为企业服务，这是环境保护为经济建设服务这一根本宗旨所决定的，是不断发展的环境保护事业对环保部门提出的新任务。企业既是监督的对象，同时也是服务的对象。环保部门在强化执法监督的同时，要树立服务思想，增强服务意识，通过服务促进主要职能的发挥。

一些地区的环保部门，由于受计划观念的影响，为企业服务的意识淡薄，认为环保部门就是一个执法监督部门，自己的全部职责就是依法监督。服务是份外的工作，可有可无，可多可少，作为环保部门只要搞好监督管理就行了，其它与我无关。正是由于缺少服务意识，不知不觉地把自己摆在了与经济建设、与企业对立的位置上，增加了执法监督的难度，环境管理很难取得理想的效果。

环保部门不仅要加强执法监督，而且要加强服务。只抓监督管理，不抓服务，眼看着企业笑话，等出了问题，发生了污染事故，环保部门只会收费和罚款，这种监督管理是低效的管理，是缺乏后动力的管理。就像有些公共场所的环境卫生管理那样，环卫部门只强调管理，不重视服务，管理人员只行使罚款权力，不行使规劝义务，不佩戴管理标志，装作游人在人群中走来走去。当有人因找不到垃圾箱要随地扔废弃物时，管理人员假装没看见不加以提醒或事先制止，等别人完成了这个扔废弃物的行为，他突然出现在行为人面前，要进行罚款。被处罚者若不服，则将受到加倍罚款的处理，再不服有可能被强行押送公共治安派出所，将受到什么样的处罚不得而知。这样的管理行为充其量只能是一种经济行为，所收到的效果不论是对公众，还是对被处罚者本人都只能是口服心不服，产生一种对抗情绪和逆反心理，无法达到管理的目的。

这样的管理行为在社会上几乎随处可见，这样的管理办法让人生厌。一个不符合环境准则或不道德的行为本来可以解决在萌芽之中，但管理者却希望它发生，然后去罚款。社会需要这样的管理岗位，但如此的管理行为是遭人唾弃的。

因此，环保部门要多为企业着想，把许多工作做在执法监督之前。在企业需要的时候，尽量提供必要的服务，防止造成企业的经济决策失误，从而导致不必要的经济损失。做好事先的指导与服务，开展环境执法监督才有力度，企业、行业行政主管部门以及地方政府才能积极主动地给予配合与支持。

总之，执法监督、综合协调、指导与服务三者是不可分割的统一整体。加强环境执法监督，要充分发挥辅助职能的作用，重视和认真做好协调与服务工作。协调与服务在前，执法与监督在后，通过协调与服务促进和强化环境监督管理，这是贯穿在微观环境管理中体现“预防为主”思想的另一深层含义。

思考题

1．何谓环境规划管理？环境规划管理在环境管理中的地位是什么？

2．环境规划管理包括哪些内容？环境规划的组织在规划管理中的作用是什么？

3．环境规划的审批要注意哪些问题？

4．什么是建设项目环境管理，有哪些程序？

5．建设项目环境管理有几个阶段？相互之间有什么关系？

6．建设项目环境管理应注意什么问题？

7．废物进口项目环境管理与一般建设项目环境管理有什么区别？

8．区域环境管理应遵循哪些原则，其内容是什么？

9．城市环境管理与乡镇环境管理有什么联系？

10．为什么说防止污染转嫁是乡镇环境管理的重要内容？

11．农业环境管理包括哪些内容？

12．流域环境问题与区域环境问题有什么区别？

13．在海岸工程建设项目和海洋工程建设项目环境管理方面，环保行政主管部门的权力和职能有何区别？

14．加大环境执法力度要解决哪几方面问题？

15．为什么说征收排污费的行为是一种执法行为，征收排污费的过程是一个执法过程？

16．环境监督包括哪些内容？环境管理的主要职能与辅助职能的关系是什么？

17．在生态保护方面环保部门与资源部门的管理职能有何区别？

作者的话

《环境管理学》一书自 2000 年 9 月首次出版以来，竟相被国内许多高校选为环境类专业的环境管理教材。同时，作为工作读本也为工作在环境保护第一线的广大读者所喜爱，在环境保护领域产生了重大的影响和明显的社会效益。在此，谨表达我对广大读者的谢意。

作者根据国家环境保护形势发展的需要，结合两年来本书在教学实践中的应用情况，借本书再版之机，对其部分内容进行了适当补充和调整，增加了环境标准等一些新的内容。

相信再版后的《环境管理学》将会给广大读者带去更多、更新的知识和信息，使您能永远站在环境科学的前沿，并领略环境管理学给您带来的居高临下的感觉。

*　　*　　*

人类带着迷惘和困惑的心绪步入了 21 世纪。回首刚刚走过的人类历程，应当说，在过去的一百年里，人类既创造了空前的物质与精神文明，同时也创造了空前的环境灾难。人类在享受着因科学技术进步所带来的福利的同时，也正在承受着前所未有的环境伤害。

人类已经走到了一个十字路口。作为当代人的我们，应该怎样认识人类现在的处境？应当如何理解我们肩上的责任？在这必须给出答案的时候，我们不能逃避和麻木不仁！在这必须做出选择的时刻，我们不能放弃和无所事事！

改变传统的思维方式，调整传统的发展模式，实施可持续发展战略是当代人的唯一选择。作为环保人，我们要义不容辞地走在时代的前头，充当人类前行的风标和基石。

创造与破坏共生，获得与失去同在。

我们要时刻牢记：不能因为我们当代人的愚昧和无知而中断人类社会前进的脚步！不能因为我们当代人的错误和贪婪而丧失后代人发展的机遇！

我们是幸运的，但任重而道远。

这是本书作者在 21 世纪初写给您的留言。

2002 年 7 月写于秦皇岛